普通高等学校"十四五"规划土建学科应用型系列教材

U0641882

建筑电气施工 与工程识图实例

（第三版）

主　编　黄晓燕　高光明　赵　磊
副主编　张　成　卫正秀

华中科技大学出版社
http://press.hust.edu.cn
中国·武汉

内 容 提 要

　　本书作为高等学校土木建筑工程类本科及高职院校教学用书,介绍了建筑电气工程施工技术及工程实例图,具有较强的实用性。全书共分 8 个项目,内容包括建筑电气工程识图基本知识,室内外配线工程,变配电工程,灯具及开关、插座的安装,照明、动力工程图实例与工程量的计算,建筑防雷接地工程,低压配电系统的接地及安全防护,智能建筑工程。每个项目均附有习题。

　　本书既可作为建筑专业、建筑电气工程专业、造价工程专业、建筑工程技术专业、工程管理专业、建筑工程监理专业、房屋设备安装工程专业及其他相近专业的教学用书,也可作为建筑安装工程技术管理人员的培训用书。

图书在版编目(CIP)数据

建筑电气施工与工程识图实例 / 黄晓燕,高光明,赵磊主编. -- 3 版. -- 武汉:华中科技大学出版社,2025.7. -- ISBN 978-7-5772-2008-6

Ⅰ. TU85

中国国家版本馆 CIP 数据核字第 2025296TG3 号

建筑电气施工与工程识图实例(第三版)　　　　　黄晓燕　　高光明　　赵　磊　主编
Jianzhu Dianqi Shigong yu Gongcheng Shitu Shili(Di-san Ban)

策划编辑:金　紫
责任编辑:李曜男
封面设计:原色设计
责任监印:朱　玢
出版发行:华中科技大学出版社(中国·武汉)　　　电话:(027)81321913
　　　　　武汉市东湖新技术开发区华工科技园　　　邮编:430223
录　　排:华中科技大学惠友文印中心
印　　刷:武汉市洪林印务有限公司
开　　本:787mm×1092mm　1/16
印　　张:16.75
字　　数:429 千字
版　　次:2025 年 7 月第 3 版第 1 次印刷
定　　价:49.80 元

前　　言

本书体系新颖、内容丰富,服务于"技能型人才"的培养目标。本书以实际建筑电气施工图为主线来设计学生的知识、能力、素质结构,加强学生的识图能力与操作技能、专业技术应用能力与综合实践能力的培养,使理论与实践更好地结合,培养学生分析问题和解决实际问题的能力。本书从建筑电气工程施工最新技术标准、最新规范的角度来编排,不同于其他同类教材,突出了建筑行业职业性、行业性的特点,体现了及时性、实用性和直观性的特点。

本书以实际建筑电气施工图为主,深入浅出,图文并茂,介绍了建筑电气工程识图基本知识,室内外配线工程,变配电工程,灯具及开关、插座的安装,照明、动力工程图实例与工程量的计算,建筑防雷接地工程,低压配电系统的接地及安全防护,智能建筑工程,着重分析了变配电工程系统图实例及照明、动力工程平面图。

本书突出以下几方面特点。

1. 全书内容采用现行建筑电气工程技术标准、最新规范、标准图集,及时汲取了本专业的新技术、新工艺等先进成果,更具针对性、实用性。

2. 注重对学生工程实践能力的培养。本书以电气施工图为主线,在很多任务都加入了一些实际工程施工图,使整个教学过程真正成为看图学施工的过程,使教学更具针对性、实践性。

3. 本书语言通俗易懂、精练准确,图文并茂。

本书由黄晓燕、高光明、赵磊任主编,张成、卫正秀任副主编。黄晓燕负责全书的构思、编写组织和统稿工作。

本书既可作为建筑专业、建筑电气工程专业、造价工程专业、建筑工程技术专业、工程管理专业、建筑工程监理专业、房屋设备安装工程专业及其他相近专业的教学用书,也可作为建筑安装工程技术管理人员的培训用书。不同专业在使用本书时,可根据自身特点对学习内容加以取舍。

由于时间紧迫,加之编者水平有限,书中难免存在缺点和不妥之处,恳请广大读者和同行批评指正,以便修订时改进。

编　者

2025 年 5 月

目　录

项目 1　建筑电气工程识图基本知识

任务 1.1　交流电的基本知识

交流电简称"交流"，一般指大小和方向随时间周期性变化的电压或电流。它的最基本的形式是正弦电流。我国交流电供电的标准频率规定为 50 Hz。交流电的形式随时间的变化可以是多种多样的。不同变化形式的交流电的应用范围和产生的效果也是不同的。正弦交流电应用最为广泛，其他非正弦交流电经过数学处理后，一般都可以转化为正弦交流电的叠加。

图 1-1 表示电流 i 随时间 t 的变化规律，由此可以看出：正弦交流电可以用频率、峰值和相位三个物理量来描述。交流电所要讨论的基本问题是电路中的电流、电压关系以及功率（或能量）的分配问题。交流电具有随时间变化的特点，因此产生了一系列区别于直流电路的特性。在交流电路中使用的元件有电阻、电容和电感。

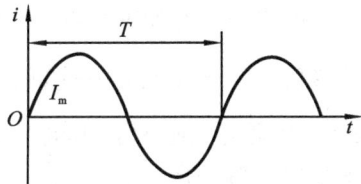

图 1-1　正弦交流电

1.1.1　交流电的表示及相关参数

正弦交流电流（又称简谐电流）是时间 t 的简谐函数，即

$$i = I_m \sin(\omega t + \varphi_0) = I_m \sin(2\pi f t + \varphi_0), \quad \omega = 2\pi f \tag{1-1}$$

ω, f 分别表示角频率和频率，是表示交流电随时间变化快慢的物理量。交流电每秒钟变化的次数叫频率，用符号 f 表示，它的单位为周/秒，也称赫兹，常用"Hz"表示，简称赫。较高的频率还可用 kH 和 MH 作为单位。

交流电随时间变化的快慢还可以用周期这个物理量来描述。交流电变化一次所需的时间叫周期，用符号 T 表示。周期的单位是秒。显然，周期和频率互为倒数，交流电随时间变化越快，其频率 f 越大，周期 T 越小；反之，频率 f 越小，周期 T 越大。$\omega t + \varphi_0$ 称为相位，它表征函数在变化过程中某一时刻达到的状态，φ_0 称为 $t = 0$ 时的初相位。I_m 叫作电流的峰值，也叫幅值，i 为瞬时值。

1.1.2　交流电流的有效值及平均值

在交流电流变化的一个周期内，交流电流在电阻 R 上产生的热量相当于一定数值的直流电流在该电阻上所产生的热量，此直流电流的数值就定义为该交流电流的有效值。例如，在相同的两个电阻内，分别通以交流电和直流电，通电时间相同，如果它们产生的总热量相等，则说明这两个电流是等效的。交流电的有效值通常用 U 或 I 来表示，则有

$$I = \frac{I_m}{\sqrt{2}}, \quad U = \frac{U_m}{\sqrt{2}} \tag{1-2}$$

可见正弦交流电的有效值等于峰值的 0.707 倍。通常，交流电表都是按有效值来刻度的。一般不做特别说明时，交流电的大小均是指有效值。例如，市电 220 V 就是指其有效值

为 220 V,它的峰值为

$$U_m = \sqrt{2}U = 1.414 \times 220 \text{ V} = 311.08 \text{ V}$$

交流电在半周期内,通过电路中导体横截面的电量 Q 和一直流电在同样时间内通过该电路中导体横截面的电量相等时,这个直流电的数值就称为该交流电在半周期内的平均值。

1.1.3 交流电路中的电阻、电感与电容

1. 交流电路中的电阻

纯电阻电路是最简单的一种交流电路。白炽灯、电炉、电烙铁等的电路都可以看成纯电阻电路。虽然纯电阻电路的电压和电流都随时间而变,但在某一时刻,欧姆定律仍然成立,即

$$i = \frac{u}{R} = \frac{U_m}{R}\sin\omega t = I_m\sin\omega t \tag{1-3}$$

纯电阻电路有如下特点。①通过电阻 R 的电流和电压的频率相同。②通过电阻 R 的电流峰值和电压峰值的关系如下:电流峰值 $I_m = U_m/R$,有效值 $I = U/R$,其向量表达式为 $\dot{U} = R\dot{I}$。③通过电阻 R 的电流和电压同相位。纯电阻电路如图 1-2(a)所示,其电压与电流波形图如图 1-2(b)所示。

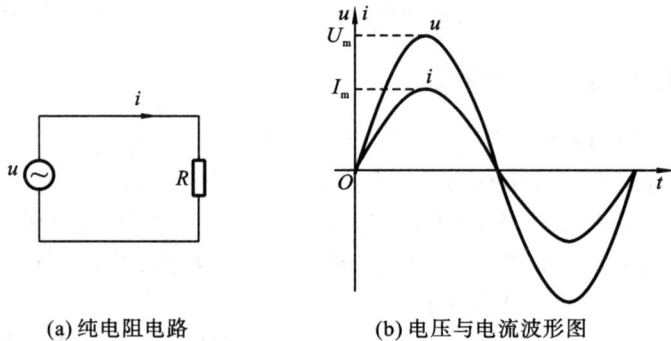

(a)纯电阻电路　　　　　　(b)电压与电流波形图

图 1-2　纯电阻电路及其电压与电流波形图

2. 交流电路中的电感

一个忽略了电阻的空心线圈和交流电流源组成的电路称为"纯电感电路"。在纯电感电路中,电感线圈两端的电压 u 和自感电动势 e_L 间(当约定它们的正方向相同时)有 $u = -e_L$,则自感电动势

$$e_L = -L\frac{di}{dt}, \quad u = L\frac{di}{dt} \tag{1-4}$$

如果电路中的电流为正弦交流电流,$i = I_m\sin\omega t$,则有

$$\begin{aligned} u &= L\frac{di}{dt} = L\frac{d}{dt}(I_m\sin\omega t) \\ &= I_m\omega L\cos\omega t \\ &= I_m\omega L\sin(\omega t + \pi/2) \\ &= U_m\sin(\omega t + \pi/2) \end{aligned} \tag{1-5}$$

纯电感电路中的电压与电流波形图如图 1-3 所示。由此可见,纯电感电路有如下特点。

①通过电感 L 的电流和电压的频率相同。

②通过电感 L 的电流峰值和电压峰值的关系为 $U_m = I_m \omega L$，其有效值之间的关系为 $U = I\omega L = X_L I$。由此可知，纯电感电路的电压大小和电流大小之比为

$$X_L = U/I = 2\pi f L \tag{1-6}$$

X_L 称为电感元件的阻抗，或称感抗，感抗 X_L 的单位为欧姆。这说明，同一电感元件（当 L 一定时），对于不同频率的交流电所呈现的感抗是不同的，这是电感元件和电阻元件不同的地方。电感元件的感抗随交流电的频率正比例增大。电感元件对高频交流电的感抗大，限流作用大，而对于直流电流，因其 $f = 0$，故

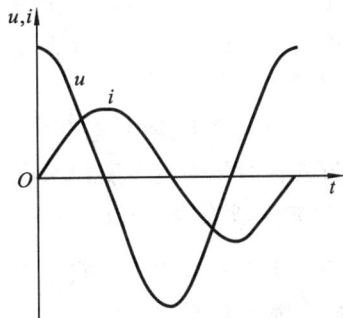

图 1-3　纯电感电路中的电压
与电流波形图

$X_L = 0$，相当于短路，所以电感元件在交流电路中的基本作用之一就是"阻交流、通直流"或"阻高频、通低频"，各种扼流圈就是这方面的应用实例。

在纯电感电路中，电感两端的电压相位超前其电流 $90°$，$u = L\,\mathrm{d}i/\mathrm{d}t$，即电感上的电压与流过电感电流的变化率成正比，而不是和电流的大小成正比。对于正弦交流电，当电流 i 最大时，其变化率 $\mathrm{d}i/\mathrm{d}t = 0$，因此电感两端的电压为零；当电流为零时，其变化率最大，电压也最大。所以两者的相位差为 $90°$，其向量表达式为 $\dot{U} = \mathrm{j}X_L \dot{I}$。

3. 交流电路中的电容

当把正弦电压 $u = U_m \sin\omega t$ 加到电容器上时，由于电压随时间变化，电容器极板上的电量也随着变化。这样，在电容器电路中就有电荷移动。如果在 $\mathrm{d}t$ 时间内，电容器极板上的电荷发生变化，电路中就要有 $\mathrm{d}q$ 的电荷移动，因此电路中的电流 $i = \mathrm{d}q/\mathrm{d}t$。对电容器来说，其极板上的电量和电压的关系是 $q = Cu$，因此有

$$\frac{\mathrm{d}q}{\mathrm{d}t} = \frac{\mathrm{d}}{\mathrm{d}t}(Cu) = C\,\frac{\mathrm{d}u}{\mathrm{d}t} \tag{1-7}$$

$$\begin{aligned}
i &= \frac{\mathrm{d}q}{\mathrm{d}t} = C\,\frac{\mathrm{d}u}{\mathrm{d}t} = C\,\frac{\mathrm{d}}{\mathrm{d}t}(U_m \sin\omega t) \\
&= U_m \omega C \cos\omega t \\
&= U_m \omega C \sin(\omega t + \pi/2) \\
&= I_m \sin(\omega t + \pi/2)
\end{aligned} \tag{1-8}$$

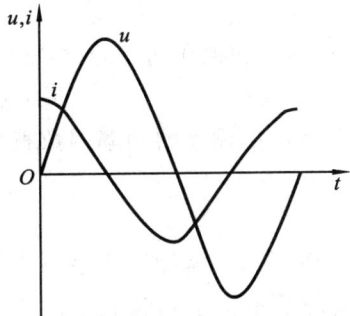

图 1-4　纯电容电路中的电压
与电流波形图

其中 $I_m = U_m \omega C$ 为电路中电流的峰值。纯电容电路中的电压和电流波形图如图 1-4 所示。由此可见，纯电容电路有如下特点。

①通过电容 C 的电流和电压的频率相同。

②通过电容 C 的电流峰值和电压峰值的关系是 $I_m = U_m \omega C$，其有效值之间的关系为 $I = U\omega C$，由式（1-8）可知，纯电容电路中的电压大小与电流大小之比为 $X_C = U/I = 1/\omega C = 1/2\pi f C$，$X_C$ 称为电容元件的阻抗，或称容抗，容抗 X_C 的单位为欧姆。由此可见，同一电容元件（当 C 一定时），对于不同频率的交流电所呈现的容抗是不同的。由于电容元件的容抗与交流电的频率成反比，

因此频率越高,容抗就越小;频率越低,容抗就越大。对直流电来讲,$f=0$,则容抗为无限大,相当于断路。所以电容元件在交流电路中的基本作用之一就是"隔直流,通交流"或"阻低频,通高频"。

③在纯电容电路中,电容两端的电压相位滞后其电流90°,$i=C\mathrm{d}u/\mathrm{d}t$,即电容上流过的电流与电容两端的电压变化率成正比,而不是和电压的大小成正比。对于正弦交流电,当电压为零时,其变化率 $\mathrm{d}u/\mathrm{d}t$ 最大,电流最大。当电容两端的电压最大时,其变化率为零,故电流为零。所以两者的相位差为90°,其向量表达式为 $\dot{U}=-\mathrm{j}X_\mathrm{C}\dot{I}$。

4. 交流电功率

在交流电中,电流、电压都随时间而变化,因此电流和电压的乘积所表示的功率也将随时间而变化。交流电功率可分为瞬时功率、有功功率、视在功率(又叫作总功率)以及无功功率。

(1)瞬时功率(p)

由瞬时电流和电压的乘积所表示的功率称为瞬时功率,它随时间而变化。对任意电路,i 与 u 之间存在着相位差,瞬时功率为

$$\begin{aligned} p &= ui = U_\mathrm{m}I_\mathrm{m}\sin(\omega t+\varphi)\sin\omega t \\ &= UI[\cos\varphi-\cos(2\omega t+\varphi)] \\ &= UI\cos\varphi-UI\cos(2\omega t+\varphi) \end{aligned} \tag{1-9}$$

(2)有功功率(P)

有功功率也称平均功率,纯电阻电路中有功功率和直流电路中的功率计算方法完全一致,电压和电流都用有效值计算,即 $P=UI\cos\varphi$。

(3)视在功率(S)

在交流电路中,电流和电压有效值的乘积叫作视在功率,即 $S=IU$。它可用来表示用电器本身所容许的最大功率(容量)。

(4)无功功率(Q)

在交流电路中,电流、电压的有效值与它们的相位差 φ 的正弦的乘积叫作无功功率 Q,$Q=UI\sin\varphi$,它和电路中实际消耗的功率无关,而只表示电容元件、电感元件和电源之间能量交换的规模。有功功率、无功功率和视在功率之间的关系,可由图1-5所示的功率三角形来表示。

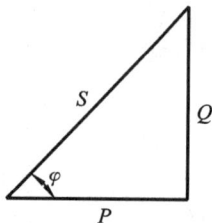

图1-5 功率三角形

(5)功率因数($\cos\varphi$)

功率因数是发电机输送给负载的有功功率和视在功率的比,即

$$P/S=IU\cos\varphi/IU=\cos\varphi \tag{1-10}$$

可见,功率因数 $\cos\varphi$ 是反映电能利用率大小的物理量。提高用电设备的功率因数就可以提高发电机总功率中的有功功率。

5. 变压器

两个(或多个)有互感耦合的静止线圈的组合叫作变压器。变压器的通常用法是一个线圈接交变电源而另一个线圈接负载,通过交变磁场把电源输出的能量传送到负载中。接电源的线圈叫作原线圈,接负载的线圈叫作副线圈。原线圈、副线圈所在的电路分别叫作原电路(原边)及副电路(副边)。原线圈、副线圈的电压(有效值)一般不等,变压器即由此得名。

变压器可分为铁芯变压器及空心变压器两大类。铁芯变压器是将原线圈、副线圈绕在一个铁芯(软磁材料)上,利用铁芯的高 μ 值加强互感耦合,广泛应用于电力输配、电子电路。空心变压器没有铁芯,线圈之间通过空气耦合,可以避免铁芯的非线性、磁滞及涡流的不利影响,广泛用于高频电子电路。图 1-6 是变压器原理

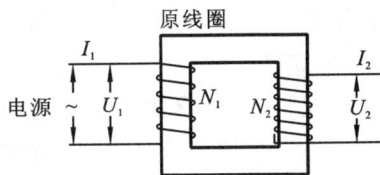

图 1-6 变压器原理图

图。设变压器的原线圈、副线圈中的电流所产生的磁感应线全部集中在铁芯内(忽略漏磁),因此铁芯中各个横截面上的磁感应通量 φ 都相等。φ 的变化将使绕制在铁芯上的每一匝线圈中都产生同样的感应电动势,设变压器的原线圈共有 N_1 匝,则原线圈中总感应电动势

$$\varepsilon_1 = -N_1 \frac{\mathrm{d}\varphi}{\mathrm{d}t} \tag{1-11}$$

副线圈共有 N_2 匝,总感应电动势

$$\varepsilon_2 = -N_2 \frac{\mathrm{d}\varphi}{\mathrm{d}t}$$

$$\frac{\varepsilon_1}{\varepsilon_2} = \left(-N_1 \frac{\mathrm{d}\varphi}{\mathrm{d}t}\right) \Big/ \left(-N_2 \frac{\mathrm{d}\varphi}{\mathrm{d}t}\right) = \frac{N_1}{N_2} \tag{1-12}$$

变压器的原线圈、副线圈中感应电动势的有效值(或峰值)与匝数成正比。在实际的变压器中,原线圈、副线圈都是用漆包线绕制的,其电阻 R 很小,故可忽略由线圈电阻引起的电压降。这样线圈两端的电压在数值上就等于线圈中的感应电动势。原线圈两端的电压即输入电压 U_1,故 $U_1 = \varepsilon_1$,同样,副线圈两端的电压就是加在负载上的输出电压 U_2,$U_2 = \varepsilon_2$,由此得出

$$U_1/U_2 \approx N_1/N_2 \tag{1-13}$$

该式说明:变压器的输入电压与输出电压之比,等于它的原线圈、副线圈匝数之比。这是变压器最重要的一个特性。当 $N_2 > N_1$ 时,$U_2 > U_1$,这时变压器起升压作用;当 $N_2 < N_1$ 时,$U_2 < U_1$,这时变压器起降压作用。

另外还可以推导出:$I_2/I_1 = N_1/N_2$,即变压器接近满载时,原线圈、副线圈中的电流与它们的匝数成反比。对于升压变压器来说,$N_2 > N_1$,故 $I_2 < I_1$,即电流变小;对于降压变压器,由于 $N_2 < N_1$,故 $I_2 > I_1$,即电流变大。通常所说"高压小电流,低压大电流"就是这个道理。这也符合能量守恒定律,其变压器的输入功率应等于输出功率。电压升高,电流必然以相应的比例减小,否则便破坏了能量守恒与转化定律。变压器的种类很多,常用的几种有电力变压器、电源变压器、调压变压器、仪用变压器等。仪用变压器指电流互感器和电压互感器。

(1)电力变压器

电力变压器用于输电网络。因为输电线上的功率损耗正比于电流的平方,所以远距离输电时,就要利用变压器升高电压以减小电流。这种高电压经高压输电线传送到城市、农村后,再用降压变压器逐级把电压降到 380 V 和 220 V,供一般的用电户使用。电力变压器的容量通常较大,都是一些大型的变压器。

(2)电源变压器

不同的电子仪器和设备以及同一仪器电路的不同部位往往需要不同的电压:电子管的灯丝电压是 6.3 V,其电极电压需要 300 V;各种晶体管的集电极工作电压是几伏至几十伏;示波

管的加速极电压达 3000 V。通常都用电源变压器将 220 V 的市电电压变为各种需要的电压。

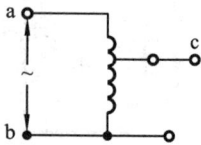
图 1-7 调压变压器原理

（3）调压变压器

调压变压器亦称为自耦变压器。在生产和科学研究中，常需要在一定范围内连续调节交变电压，满足这一需求的变压器叫作调压变压器。通常调压变压器就是一个带有铁芯的线圈，线圈由漆包线绕成，以便滑动触点 c 能在各匝上移动，从而在 a、b 两端获得可调的交流电压，如图 1-7 所示。大容量的调压变压器也用于输电网络，以调节电网中的电压。

6.单相交流电

单相交流电是指在电路中只具有单一的交流电压，在电路中产生的电流、电压都以一定的频率随时间变化，比如在单个线圈的发电机中(只有一个线圈在磁场中转动)，在线圈中只产生一个交变电动势 $e=E_m\sin\omega t$，这样的交流电即单相交流电。

7.三相交流电

一般家庭用电均为单相交流电，而大部分工业用电都以三相交流电路的形式出现，如图 1-8 所示。高压输电线通常是四根线(称为三相四线，其中有一条线为中线)，本质上还是三根导线负载着强度相等、频率相同而相互间具有 120°相位差的交流电，所以代表这三根导线电压变化的曲线为相同频率的正弦波，相位互相错开 1/3 周期。这三根导线分别对接地线的电压叫作"相电压"，图 1-8 中以实线 R、S 和 T 表示。三条线中每两根线之间的电压叫作"线电压"，图中用虚线 S-T、T-R 和 R-S 表示。相电压和线电压对时间的变化以正弦曲线表示，峰值和有效值之间的关系完全与单相交流电的关系相同。三相系统的主要优点在于三相电动机的构造简单而坚固。全世界均用这种电动机作为机械动力。

1)三相交流发电机

三相交流发电机的结构如图 1-9(a)所示。这种发电机由定子和转子两部分组成。转子是一个电磁铁。定子里有三个结构完全相同的绕组，这三个绕组在定子上的位置彼此相隔 120°，三个绕组的始端分别用 A、B、C 来表示，末端分别用 X、Y、Z 来表示。当转子匀速转动时，在定子的三个绕组中就产生按正弦规律变化的感应电动势。因为转子产生的磁场是以一定的速度切割三个绕组，所以三个绕组中交变电动势的频率相同。

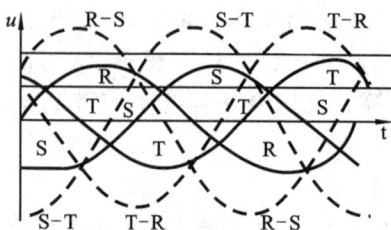
图 1-8 三相交流电的相电压与线电压

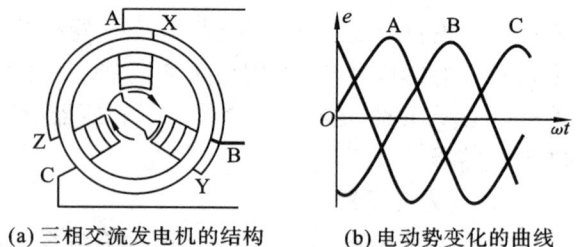
(a)三相交流发电机的结构　(b)电动势变化的曲线
图 1-9 三相交流电的相电压与线电压

由于三个绕组的结构和匝数相同，所以电动势的最大值相等。但由于三个绕组在空间的位置相互相差 120°，它们的电动势的最大值不在同一时间出现，所以这三个绕组中的电动势彼此之间有 120°的相位差，其数学式为 $e_A=E_m\sin\omega t$，$e_B=E_m\sin(\omega t-120°)$，$e_C=E_m\sin(\omega t+120°)$，电动势变化的曲线如图 1-9(b)所示。

发电机中的每个绕组称为一相。AX 绕组称为 A 相绕组,BY 绕组称为 B 相绕组,CZ 绕组称为 C 相绕组。在电气工程中,通常用黄、绿、红三种颜色分别标出各相。图 1-9 中的发电机定子有三个绕组,能产生三个对称的交变电动势,所以称为三相交流发电机。

2)三相电源绕组的连接法

对于三相交流发电机所发出的三相交流电,必须采取适当的连接方法才能发挥三相交流电的功效。如果把三相交流发电机的每一相都用两根导线分别和负载相连,如图 1-10 所示,则每一相均不与另外两相发生关系。这样使用的三相电路称为互不联系的三相电路,它总共需要六根导线来输送电能。这与单相制比较,既不节约导线,也没有任何优越之处,在实际应用中并不采取这种接法。常用的接法有星形接法与三角形接法。

(1)电源绕组的星形接法

把三相电源三个绕组的末端 X、Y、Z 连接在一起,成为一个公共点,从始端 A、B、C 引出三条端线,这种接法称为"星形接法",又称"Y 形接法",如图 1-11 所示。从每相绕组始端引出的导线叫作"相线",又称"火线"。图中的 N 称为"中性点"。从中性点引出的导线称为"中性线",简称"中线"。这种具有中线的三相供电系统称为"三相四线制"。每相相线与中线间的电压称为"相电压",其有效值分别用 U_{AN}、U_{BN}、U_{CN} 表示。每两根相线之间的电压称为"线电压",其有效值分别用 U_{AB}、U_{BC}、U_{CA} 表示。相电压的正方向规定为自始端到中性点。线电压的正方向,例如,$\dot{U}_{AB}$ 的正方向,规定为自始端 A 到始端 B,如图 1-11 中的箭头所示。星形接法中,相电压和线电压显然是不同的,且各相电压之间的相位不同,故在计算相电压和线电压之间的关系时应采用矢量方法。图 1-12(a)表示相电压与线电压的矢量图,即星形接法时,线电压等于相电压的 $\sqrt{3}$ 倍,例如,图 1-12(b)表示线电压 $\dot{U}_{AB}$ 应该等于相电压 $\dot{U}_A$ $+\dot{U}_B$,由于 $\dot{U}_{AN}=-\dot{U}_{NA}$,故 $\dot{U}_{AB}=\dot{U}_{AN}-\dot{U}_{BN}$,同理有 $\dot{U}_{BC}=\dot{U}_{BN}-\dot{U}_{CN}$,$\dot{U}_{CA}=\dot{U}_{CN}-\dot{U}_{AN}$。

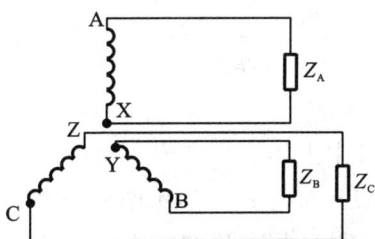

图 1-10　互不联系的三相电路

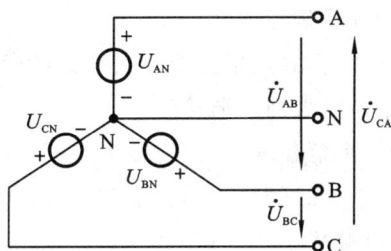

图 1-11　星形连接的对称三相电源

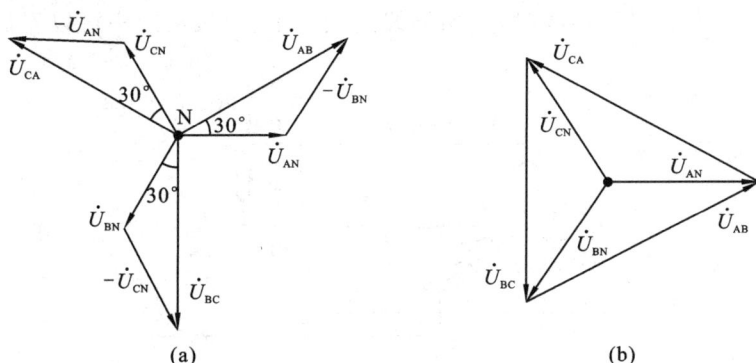

(a)　　　　　　　　　　　　　(b)

图 1-12　星形连接的对称三相电源的电压相量图

采用三相四线制供电时,可以从三相电源获得两种电压。例如,我们所用的市电,其相电压为 220 V,线电压则为 380 V,用作动力电。

(2)电源绕组的三角形接法

将一相绕组的末端与另一相绕组的始端相接,组成一个封闭三角形,再由绕组间彼此连接的各点引出三根导线作为连接负载之用。这样的连接法称为"三角形接法"或"△接法",如图 1-13(a)所示。端线之间的线电压也就是电源每相绕组的相电压。

因此有 $\dot{U}_{AB}=\dot{U}_{AX}$,$\dot{U}_{BC}=\dot{U}_{BY}$,$\dot{U}_{CA}=\dot{U}_{CZ}$,即电源绕组的三角形接法和星形接法不同。在连接负载以前,三角形接法就已经构成了闭合回路,这一闭合回路的阻抗是很小的,所以三角形接法只有在作用于闭合回路的电动势之和为零时才可以采用。否则,在闭合回路中会有很大的电流产生,结果将使电源绕组因过分发热而烧毁。三角形接法若接线正确,就能保证闭合回路中的电动势之和为零,如图 1-13(b)所示,如果将某一相电压源接反了,则会出现如图 1-13(c)所示的严重后果。

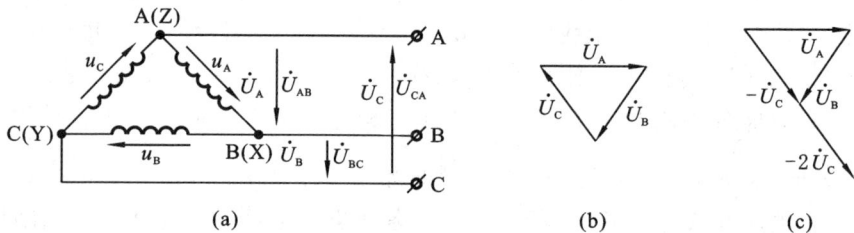

图 1-13　三相电源的三角形接法

3)三相负载

三相负载是指需要三相电源才能工作的负载,如三相交流电动机等。三相负载使用三相电源(通常为 380 V)。

单相负载是指需要单相电源的负载,如各类照明灯具、电风扇等。

(1)负载的星形接法

三个负载的 Z_A、Z_B、Z_C 的一端连接在一起,成为负载中点 N′,并接于三相电源的中线上,三个负载的另一端分别与三根端线(相线)A、B、C 相接。如图 1-14 所示的接法就是负载的星形接法。在三相电路中,各相负载的电流称为"相电流"。相电流的正方向与相电压的正方向一致。各端线中的电流称为"线电流",如图中的 $\dot{I}_A$、$\dot{I}_B$、$\dot{I}_C$,线电流的正方向规定为由电源到负载。负载为星形接法时,一条端线连接一个负载,从图中可以看出,线电流等于相电流。

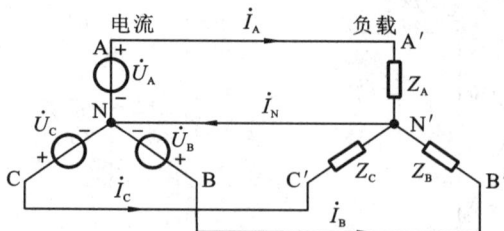

图 1-14　负载的星形接法

在三相四线制中,忽略输电线阻抗时,负载的线电压就是电源的线电压,并且负载中点 N′ 的电位就是电源中点 N 的电位,所以每相负载的相电压就等于电源的相电压。由于电源的相电压和线电压是对称的,因此,中线 $\dot{I}_N$ 为零,可采用三相三线制,如图 1-14 所示。

(2)负载的三角形接法

图 1-15 为负载三角形接法的连接图。因为每相负载接于两根端线（相线）之间,所以负载的相电压就等于电源的线电压,通常电源的线电压是对称的,不会因负载是否对称而改变,所以三角形连接时,负载不论对称与否,其相电压总是对称的。然而,负载的相电流与线电流却不相等。各负载中相电流的正方向分别规定为:从 A 到 B、从 B 到 C、从 C 到 A。线电流的正方向仍规定为从电源到负载。各负载中相电流的计算方法与单相电路完全相同。如果负载是对称的,则各相电流大小相等,线电流的大小为相电流大小的 $\sqrt{3}$ 倍。

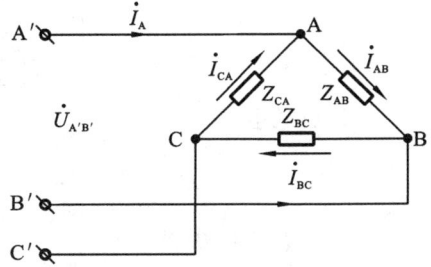

图 1-15　负载的三角形接法

由此可见,对称负载为三角形接法时,线电流的大小等于相电流大小的 $\sqrt{3}$ 倍,线电流的相位比相电流的相位落后 30°。

4)三相功率

三相交流电的功率等于各相功率之和。在对称负载的情形下,各相的电压 U_φ、相电流 I_φ 以及功率因数 $\cos\varphi$ 都相等。因此三相电路的平均功率可写为

$$P = 3UI\cos\varphi$$

当对称负载为星形连接时,则有 $U_L = \sqrt{3}U$,$I_L = I$;当对称负载为三角形连接时,则有 $U_L = U$,$I_L = \sqrt{3}I$。因而无论用哪种连接方式,平均功率都等于 $P = \sqrt{3}U_L I_L \cos\varphi$。

但必须注意,计算三相交流电功率的公式,虽然用星形接法和三角形接法具有同一形式,却并不等于说同一负载在电源的线电压不变的情况下,由星形接法改为三角形接法时所消耗的功率也相等。

【例 1-1】　一对称三相电路如图 1-16(a)所示。对称三相电源电压 $\dot{U}_A = 220\angle 0°$ V,负载阻抗 $Z = 60\angle 60°$ Ω,线路阻抗 $Z_1 = 1 + 1\text{j}$ Ω,求电路中的电压和电流。

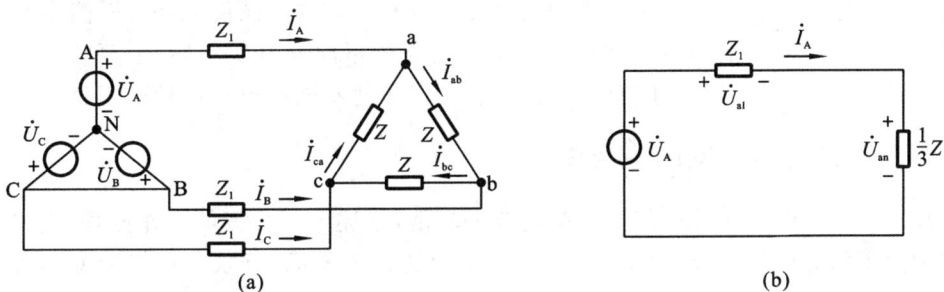

图 1-16　三相电路计算

解 将三角形连接的对称三相负载变换成星形连接的对称三相负载。经变换后的电路中的一相等效电路如图 1-16(b)所示。

(1)线电流

$$\dot{I}_A=\frac{\dot{U}_A}{Z_1+Z/3}=\frac{220\angle0°}{(1+1j)+(60\angle60°)/3}=\frac{220\angle0°}{(1+1j)+(20\angle60°)}$$

$$=\frac{220\angle0°}{(1+1j)+20\cos(60°)+j20\sin(60°)}=\frac{220\angle0°}{21.37\angle59°}=10.3\angle-59°$$

(2)负载电流

$$I_{ab}=\frac{1}{\sqrt{3}}\dot{I}_A\angle30°=\frac{1}{\sqrt{3}}\times(10.3\angle-59°)\angle30°=5.95\angle-29°$$

(3)等效星形负载相电压

$$\dot{U}_{an}=\frac{1}{3}Z\dot{I}_A\angle30°=20\angle60°\times10.3\angle-59°=206\angle1°$$

(4)负载线电压(也是三角形负载相电压)

$$\dot{U}_{ab}=\sqrt{3}\dot{U}_{an}\angle30°=356.8\angle31°$$

(5)线路上的电源

$$\dot{U}_{A1}=Z_1\dot{I}_A=(1+1j)\times10.3\angle-59°=14.6\angle-14°$$

对于对称三相电源是三角形连接的对称三相电路,只要把三角形连接的对称三相电源变成等效的星形连接的对称三相电源,就可以利用前面介绍的方法进行分析,星形连接与三角形连接的两对称三相电源等效的条件是它们的线电压相同。

对于星形连接的对称三相电源为 $\dot{U}_{YA}=\frac{1}{\sqrt{3}}\dot{U}_{AB}\angle-30°$,对于三角形连接的对称三相电源为 $\dot{U}_{\Delta A}=\dot{U}_{AB}$。

任务 1.2　建筑电气识图的基本知识

电气施工图是编制建筑电气工程预算和施工方案,并指导组织施工的重要依据。设计部门用图纸表达设计思想和设计意图;使用部门用图纸作为编制招标标书的依据,或用以指导使用和维护;施工部门用图纸作为编制施工组织计划、编制投标报价及准备材料、组织施工等的依据。建筑工程技术人员和管理人员都要具有一定的绘图能力和读图能力。

电气施工图所涉及的内容往往根据建筑物功能的不同而有所不同,主要涉及建筑供配电、动力与照明、防雷与接地、建筑弱电等方面,用以表达不同的电气设计内容。

1.2.1　电气工程施工图的主要内容

电气工程施工图是阐述电气工程的构成和功能,描述电气装置的工作原理,提供安装接线和维护使用信息的施工图。由于每项电气工程的规模不同,反映各项工程的电气图的种类和数量也是不同的。一项工程的电气工程施工图通常由以下几个部分组成。

1. 首页

首页内容包括电气工程施工图的目录、设计说明、图例、设备明细表等。图例一般是列出本套图纸涉及的一些特殊图例。设备明细表只列出该项电气工程中主要电气设备的名称、型号、规格和数量等。设计说明主要阐述该电气工程设计的依据、基本指导思想与原则,补充图中未能表明的工程特点、安装方法、工艺要求、特殊设备的使用方法及其他使用与维护注意事项等。图纸首页的阅读虽然不存在更多的方法问题,但首页的内容是需要认真读的。

2. 电气系统图

电气系统图主要表示整个工程或其中某一项目的供电方式和电能输送之间的关系,有时也用来表示一个装置和主要组成部分之间的电气关系。

3. 电气平面图

电气平面图是用图形符号和文字符号给出电气设备、灯具、配电线路、通信线路等的安装位置、敷设方法和部位的图纸,属于位置简图。电气平面图是进行建筑电气设备安装的重要依据。电气平面图包括外电总电气平面图和各专业电气平面图。外电总电气平面图是以建筑总平面图为基础,绘出变电所、架空线路、地下电力电缆等的具体位置并注明有关施工方法的图纸。在有些外电总电气平面图中还注明了建筑物的面积、电气负荷分类、电气设备容量等。专业电气平面图有动力电气平面图、照明电气平面图、变电所电气平面图、防雷与接地平面图等。专业电气平面图在建筑平面图的基础上绘制。电气平面图缩小的比例较大,因此不能表现电气设备的具体位置,只能反映电气设备之间的相对位置关系。

4. 主要设备材料表

主要设备材料表以表格的形式给出该工程设计所使用的设备及主要材料,其内容包括序号、设备材料名称、规格型号、单位、数量等主要内容,为编制工程概、预算及设备、材料的订货提供依据。

5. 电路图

电路图是表示某一具体设备或系统电气工作原理的图,用来指导某一设备与系统的安装、接线、调试、使用与维护。

6. 安装接线图

安装接线图是表示某一设备内部各种电气元件之间位置关系及接线关系的图,用来指导电气安装、接线、查线。它是与电路图对应的一种图。

7. 大样图

大样图是表示电气工程中某一部分或某一部件的具体安装要求和做法的图,其中有一部分选用的是国家标准图。

1.2.2 电气识图基本概念

1. 图样的格式与幅面

图样通常由边框线、图框线、标题栏、会签栏等组成,其格式如图 1-17 所示。标题栏又称图标,是用以确定图样名称、图号、比例、张次、日期及有关人员签名等内容的栏目。标题栏一般在图样的右下角,有时也设在下方或右侧。会签栏设在图样的左上角,用于图样会审时各专业负责人签署意见,通常可以省略。

图样的幅面一般分为 A0 号、A1 号、A2 号、A3 号和 A4 号五种标准图幅,具体尺寸见表1-1。A0 号、A1 号、A2 号图样一般不得加长,A3 号、A4 号图样根据需要可以进行加长。

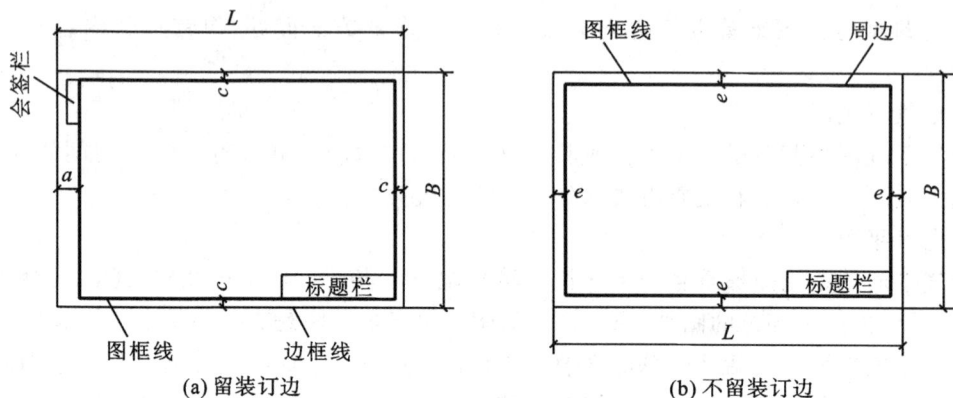

(a) 留装订边   (b) 不留装订边

图 1-17 图样的格式

表 1-1 幅面代号及尺寸   单位:mm

幅面代号	A0	A1	A2	A3	A4
宽×长(B×L)	841×1189	594×841	420×594	297×420	210×297
边宽(c)	10			5	
装订边宽(a)	25				

2. 尺寸标注和标高

图样中的尺寸数据是制作和施工的主要依据。尺寸由尺寸线、尺寸界线、尺寸起止点的箭头或 45°斜划线、尺寸数字 4 个要素组成。尺寸除标高、总平面图和一些特大构件以米(m)为单位外,其余一律以毫米(mm)为单位。所以一般工程图上的尺寸数字都不标注单位。

标高有绝对标高与相对标高两种表示方法。绝对标高是以我国青岛市外黄海平面作为零点而确定的高度尺寸,又称海拔,如海拔 2000 m 表示该地高出海平面 2000 m。相对标高是选定某一参考面或参考点为零点而确定的高度尺寸。在工程图中多采用相对标高,一般取建筑物首层室内地坪高度为±0.00 m。在电气工程图上有时还标有另一种标高,即敷设标高,它是指电气设备或线路安装敷设位置与该层地坪的高差,如某开关箱的敷设标高为 $\overline{\underset{\nabla}{+250}}$,则表示开关箱底边距地坪 0.25 m。

3. 详图及其索引

详图用以详细表明某些细部的结构、做法及安装工艺要求。根据不同的情况,详图可以与总图画在同一张图样上,也可以画在另外的图样上。因此,需要用一个标志将详图和总图联系起来,这种联系标志称为详图索引,如图 1-18 所示。图 1-18(a)表示 2 号详图与总图画在同一张图样上,图 1-18(b)表示 2 号详图画在第 3 张图样上,图 1-18(c)表示 5 号详图被索引在本张图样上,图 1-18(d)表示 5 号详图被索引在第 2 张图样上。

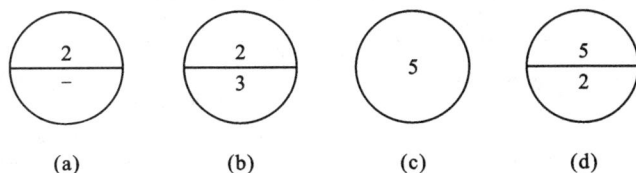

图 1-18　详图索引标志

4. 图例、设备材料表与说明

图例采用表格的形式列出了图样中使用的各种图形符号或文字符号,以便于读图者阅图。设备材料表用以表述图样所涉及的工程设备与主要材料的名称、型号规格和单位数量等内容,设备材料表备注栏内有时还标注了一些特殊的说明。设备材料表中的数量一般只作为粗略概算,不能作为设备和材料的供货依据。目前为了简化,一些流行的电气专业设计软件通常将图例和设备材料表统一列在一起。

图样中的设计说明采用文字表述的形式,用以补充说明工程特点、设计思想、施工方法、维护管理方面的注意事项,以及其他图中交代不清或没有必要用图表示的要求、标准、规范等。

5. 方位与风向频率标记

各类工程图样一般均是按上北下南、左西右东来表示方位的,但在很多情况下尚需要用方位标记表示图样方位。常用方位标记如图 1-19(a)所示,其中箭头方向表示正北方向(N)。

为了表示工程地区一年四季的风向情况,往往还应在图上标注风向频率标记。风向频率标记是根据某一地区多年统计的风向发生频率的平均值,按一定比例绘制而成的。风向频率标记形似一朵

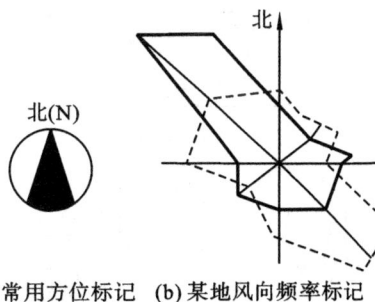

(a)常用方位标记　(b)某地风向频率标记

图 1-19　方位与风向玫瑰图

玫瑰花,故又称为风向玫瑰图。图 1-19(b)为某地的风向频率标记,其箭头表示正北方向,实线表示全年的风向频率,虚线表示夏季(6—8 月)的风向频率。由此可知,该地区常年以西北风为主,而夏季以东南风和西北风为主。

1.2.3　电气工程图中的图形符号和文字符号

1. 图形符号

电气施工图中使用的元件、设备、装置、连接线很多,结构类型千差万别,安装方法多种多样。因此,在电气工程图中,元件、设备、装置、线路及安装方法等,都要用图形符号和文字符号来表示。阅读电气工程图,首先要了解和熟悉这些符号的形式、内容、含义以及它们之间的相互关系,本书采用 2000 年颁布的工程图标准。电气图形符号是电气技术领域的重要信息语言,常用电气图形符号见表 1-2。

表 1-2　电气图形符号

序号	符号	说明	序号	符号	说明
1		双绕组变压器(形式一)	13		接通的连接片
2		双绕组变压器(形式二)	14		断开的连接片
3		三根导线	15		电阻
4		三根导线	16		电容
5		柔性连接	17		半导体二极管
6	B	n 根导线	18		三角形-星形连接的三相变压器
7	+	正极	19	M	电动机
8	—	负极	20	G	发电机
9	N	中性线	21		电压互感器
10	M	中间线	22		三绕组电压互感器
11		接地的一般符号	23		电流互感器
12		端子板,可加端子标志	24		具有两个铁芯,每个铁芯有一个一次绕组的电流互感器

续表

序号	符号	说明	序号	符号	说明
25		整流器	36		接触器的主动合触点
26		逆变器	37		静态开关一般符号
27		原电池或蓄电池组	38		熔断器一般符号
28	G	光电发生器	39		火花间隙
29		隔离开关	40		避雷器
30		具有中间断开位置的双向隔离开关	41		动合（常开）触点开关的一般符号
31		负荷开关（负荷隔离开关）	42		动断（常闭）触点
32		断路器	43		当操作器件被吸合时延时闭合的动合触点
33		熔断器式开关（熔断器式刀开关）	44		当操作器件被释放时延时断开的动合触点
34		熔断器式隔离开关	45		当操作器件被吸合时延时断开的动断触点
35		熔断器式负荷开关	46		当操作器件被释放时延时闭合的动断触点

序号	符号	说明	序号	符号	说明
47		具有动合触点但无自动复位的按钮开关	59		缓慢吸合继电器的线圈
48		具有动合触点但无自动复位的旋转开关	60		热继电器的驱动器件
49		位置开关,动合触点(限位开关、终端开关、接近开关)	61	Wh	电能表(瓦时计)
50		位置开关,动断触点(限位开关、终端开关、接近开关)	62	Wh	复费率电能表,示出二费率
51		手动操作开关一般符号	63	varh	无功电能表
52		一个手动三极开关	64	Wh	带发送器电能表
53		三个手动单极开关	65		电铃
54		热继电器,动断触点	66	⊗	灯一般符号。信号灯一般符号。如果要求指示灯的颜色,则在靠近符号处标出下列代码:RD—红;YE—黄;GN—绿;BU—蓝;WH—白。如果要求指示灯的类型,则在靠近符号处标出下列代码:Xe—氙;Na—钠;Hg—汞;I—碘;IN—白炽;FL—荧光;UV—紫外线;ARC—弧光。如果需要指出灯具种类,则在靠近符号处标出下列字母:W—壁灯;C—吸顶灯;R—筒灯;EN—密闭灯;EX—防爆灯;G—圆球灯;P—吊灯;L—花灯;LL—局部照明灯;SA—安全照明;ST—备用照明
55		液位控制开关,动合触点			
56		液位控制开关,动断触点			
57		操作器件一般符号,继电器线圈一般符号			
58		缓慢释放继电器的线圈			

序号	符号	说明	序号	符号	说明
67		地下线路	81		垂直通过配线
68	E	接地极	82	LP	避雷线、避雷带、避雷网
69	E	接地线	83		电气箱、柜、屏
70		架空线路	84		电动机启动器一般符号
71		电缆桥架线路 注:本符号用电缆桥架轮廓和连线组组合而成	85		星-三角启动器
			86		自耦变压器式启动器
72		电缆沟线路 注:本符号用电缆沟轮廓和连线组组合而成	87		带可控整流器的调节启动器
			88		(电源)插座一般符号
73		过孔线路	89		(电源)多个插座,示出三个
74		中性线	90		带保护接点(电源)插座
75		保护线	91		根据需要,可在"★"处用下述文字区别不同插座: IP—单相(电源)插座;1EX—单相防爆(电源)插座;3P—三相(电源)插座;3EX—三相防爆(电源)插座;1EN—单相密闭(电源)插座;3C—三相暗敷(电源)插座;3EN—三相密闭(电源)插座
76	PE	保护接地线			
77		保护线和中性线共用线	92		
78		示例:具有中性线和保护线的三相配线	93		带隔离变压器的插座,示例:电动剃刀用插座
79		向上配线	94		开关一般符号
80		向下配线			

序号	符号	说明	序号	符号	说明
95	⊗	带指示灯的开关	108	★	如需指出灯具类型,则在"★"位置标出下列字母: EN—密闭灯;EX—防爆灯
96	t	单极限时开关	109	★	
97		多拉单极开关(如用于不同照度)	110	⊗	投光灯一般符号
98		双控单极开关	111	⊗	聚光灯
99		调光器	112	⊗	泛光灯
100		单极拉线开关	113	✕	在专用电路上的事故照明灯
101	⊙	按钮符号。 根据需要,用下述文字标注在图形符号旁边区别不同类型开关: 2—两个按钮单元组成的按钮盒; FX—防爆型按钮; 3—三个按钮单元组成的按钮盒; EN—密闭型按钮	114	⊠	自带电源的事故照明灯
102	⊗	带有指示灯的按钮	115		障碍灯、危险灯、红色闪烁、全向光束
103	t	限时装置定时器	116		热水器示出引线
104		荧光灯一般符号,发光体一般符号	117	∞	风扇示出引线
105		示例:三管荧光灯	118		时钟时间记录器
106	5	示例:五管荧光灯	119		安全隔离变压器
107		两管荧光灯	120	M	电动阀

序号	符号	说明	序号	符号	说明
121		电磁阀	131	IDF	中间配线架
122		风机盘管	132	FD	楼层配线架
123		带有设备箱的固定式分支器的直通区域。 星号应以所用设备符号代替或省略。 例:在例线槽上经插接开关分支的回路	133	简化形	分线盒的一般符号。 可加注:$\dfrac{N-B}{C}\left\vert\dfrac{d}{D}\right.$。 式中:N—编号;B—容量;C—线序;d—现有用户数;D—设计用户数
124					
125		固定式分支带有保护触点的插座的直通段	134	简化形	分线箱的一般符号。 示例:分线箱(简化形加标注)
126		综合布线配线架(用于概略图)	135	⊙TP	电话出线座
127	HUB	集线器	136		电信插座一般符号。 可用以下的文字或符号区别不同插座: TP—电话;M—传声器;FM—调频;FX—传真;◁—扬声器;TV—电视
128	MDF	总配线架	137	nTO	信息插座 n 为信息孔数量,例: TO—单孔信息插座; 2TO—双孔信息插座; 4TO—四孔信息插座; 6TO—六孔信息插座; nTO—n 孔信息插座
			138	⊙nTO	
129	DDF	数字配线架	139	★	需要区分火灾报警装置,"★"用下述字母代替: C—集中型火灾报警控制器;G—通用火灾报警控制器;Z—区域型火灾报警控制器;S—可燃气体报警控制器
130	ODF	光纤配线架			

序号	符号	说明	序号	符号	说明
140	★	需要区分火灾控制、指示设备,"★"用下述字母代替: RS—防火卷帘门控制器;RD—防火门磁释放器;I/O—输入/输出模块;O—输出模块;I—输入模块;P—电源模块;T—电信模块;M—模块箱;SB—安全栅;SI—短路隔离器;MT—对讲电话主机;FPA—火警广播系统;FI—楼层显示盘;D—火灾显示盘;CRT—火灾计算机图形显示系统	149		事故照明配电箱(屏)
141		缆式线型定温探测器	150		室内分线盒
142		感温探测器	151		室外分线盒
143	N	感温探测器(非地址码型)	152		灯的一般符号
144		感烟探测器	153		球形灯
145		三绕组变压器	154		顶棚灯
146		屏、台、箱、柜一般符号	155		花灯
147		动力或动力-照明配电箱	156		弯灯
148		照明配电箱(屏)	157		壁灯

续表

序号	符号	说明	序号	符号	说明
158		壁龛交接箱	176		天线一般符号
159		单极开关(暗装)	177		放大器一般符号
160		双极开关	178		两路分配器
161		双极开关(暗装)	179		三路分配器
162		三极开关	180		四路分配器
163		三极开关(暗装)	181		带接地插孔的三相插座
164		单相插座	182		带接地插孔的三相插座(暗装)
165		暗装	183		插座箱(板)
166		密闭(防水)	184		指示式电流表
167		防爆	185		匹配终端
168		带保护接点插座	186		传声器一般符号
169		带接地插孔的单相插座(暗装)	187		扬声器一般符号
170		广照型灯(配照型灯)	188		感光式火灾探测器
171		防水防尘灯	189		气体火灾探测器
172		单极开关	190		手动火灾报警按钮
173		指示式电压表	191		水流指示器
174		功率因数表	192		火灾报警控制器
175		钥匙开关	193		火灾报警电话机(对讲电话机)

续表

序号	符号	说明	序号	符号	说明
194	EEL	应急疏散指示标志灯	196	◕	消火栓
195	EL	应急疏散照明灯			

2. 文字符号

为了更明确地区分不同的设备、元件,尤其是区分同类设备或元件中不同功能的设备或元件,还必须在图形符号旁标注相应的文字符号,文字符号中的字母为英文字母。文字符号通常由基本文字符号、辅助文字符号和数字序号组成,基本文字符号用来表示电气设备、装置和元件以及线路的基本名称、特性,分为单字母符号和双字母符号。单字母符号用来表示按国家标准划分的23大类电气设备、装置和元器件,见表1-3。双字母符号由表1-3中的单字母符号后面另加一个字母组成。双字母符号用来表示电气设备装置和元器件,也用来表示线路的功能、状态和特征,符号见表1-4。

表 1-3 单字母符号

代码	项目种类	举例
A	组件部件	分离元件放大器、磁放大器、激光器、微波激发器、印制电路板 本表其他地方未提及的组件、部件
B	变换器(从非电量到电量或相反)	热电传感器、热电池、光电池、测功计、晶体换能器、送话器、拾音器、扬声器、耳机、自整角机、旋转变压器
C	电容器	—
D	二进制元件 延迟器件 存储器件	数字集成电路和器件、延迟线、双稳态元件、单稳态元件、磁心存储器、寄存器、磁带记录机、盘式记录机
E	其他元器件	光器件、热器件 本表其他地方未提及的元器件
F	保护器件	熔断器、过电压放电器件、避雷器
G	发电机、电源	旋转发电机、旋转变频机、电池、振荡器、石英晶体振荡器
H	信号器件	光指示器、声指示器
K	继电器、接触器	交流继电器、双稳态继电器
L	电感器 电抗器	感应线圈、线路陷波器 电抗器(并联和串联)
M	电动机	同步电动机、力矩电动机
N	模拟元件	运算放大器、模拟/数字混合器件
P	测量设备 试验设备	指示、记录、积算、测量设备,信号发生器,时钟
Q	电力电路的开关器件	断路器、隔离开关
R	电阻器	可变电阻器、电位器、变阻器、分流器,热敏电阻
S	控制电路的开关选择器	控制开关、按钮、限制开关、选择开关、选择器、拨号接触器、连接器
T	变压器	电压互感器、电流互感器

代码	项目种类	举例
U	调制器 变换器	鉴频器、解调器、变频器、编码器、逆变器、交流器、电报译码器
V	电真空器件 半导体器件	电子管、气体放电管、晶体管、晶闸管、二极管
W	传输通道 波导、天线	导线、电缆、母线、波导、波导定向耦合器、偶极天线、抛物面天线
X	端子 插头 插座	插头和插座、测试塞孔、端子板、焊接端子片、连接片、电缆封端和接头
Y	电气操作的机械装置	制动器、离合器、气阀
Z	终端设备 混合变压器 滤波器、均衡器	电缆平衡网络 压缩扩展器 晶体滤波器

表 1-4 双字母符号

序号	名称	单字母	双字母	序号	名称	单字母	双字母	序号	名称	单字母	双字母
1	发电机	G		4	变压器	T		7	控制开关	S	SA
	直流发电机	G	GD		电力变压器	T	TM		行程开关	S	ST
	交流发电机	G	GA		控制变压器	T	TC		限位开关	S	SL
	同步发电机	G	GS		升压变压器	T	TU		终点开关	S	SE
	异步发电机	G	GA		降压变压器	T	TD		微动开关	S	SS
	永磁发电机	G	GM		自耦变压器	T	TA		脚踏开关	S	SF
	水轮发电机	G	GH		整流变压器	T	TR		按钮开关	S	SB
	汽轮发电机	G	GT		电炉变压器	T	TF		接近开关	S	SP
	励磁机	G	GE		稳压器	T	TF	8	继电器	K	
2	电动机	M			互感器	T	TA		中间继电器	K	KM
	直流电动机	M	MD		电流互感器	T	TA		电压继电器	K	KV
	交流电动机	M	MA		电压互感器	T	TV		电流继电器	K	KA
	同步电动机	M	MS	5	整流器	U			时间继电器	K	KT
	异步电动机	M	MA		变流器	U	—		频率继电器	K	KF
	笼型电动机	M	MC		逆变器	U			压力继电器	K	KP
3	绕组	W			变频器	U			控制继电器	K	KC
	电枢绕组	W	WA	6	断路器	Q	QF		信号继电器	K	KS
	定子绕组	W	WS		隔离开关	Q	QS		接地继电器	K	KE
	转子绕组	W	WR		自动开关	Q	QA		接触器	K	KM
	励磁绕组	W	WE		转换开关	Q	QC				
	控制绕组	W	WC		刀开关	Q	QK				

任务 1.3　阅读建筑电气工程图的一般程序

阅读建筑电气工程图必须熟悉建筑电气工程图基本知识(表达形式、通用画法、图形符号、文字符号)和建筑电气工程图的特点,同时掌握一定的阅读方法,才能比较迅速、全面地读懂图纸,以完全实现读图的目的。

阅读建筑电气工程图的方法没有统一的规定。当拿到一套建筑电气工程图时,面对一大摞图纸,究竟该如何阅读?根据作者经验,通常可按下面的方法,即了解概况先浏览,重点内容反复看,安装方法找大样,技术要求查规范。

阅读一套图纸的一般程序具体如下。

①看标题栏及图纸目录。了解工程名称、项目内容、设计日期及图纸数量和内容等。

②看总说明。了解工程总体概况及设计依据,了解图纸中未能表达清楚的各有关事项,如供电电源的来源、电压等级、线路敷设方法、设备安装高度及安装方式、补充使用的非国标图形符号、施工时应注意的事项等。有些分项局部问题在分项工程的图纸上有说明,看分项工程图时,也要先看设计说明。

③看系统图。各分项工程的图纸都包含系统图,如变配电工程的供电系统图、电力工程的电力系统图、照明工程的照明系统图以及电缆电视系统图等。看系统图的目的是了解系统的基本组成,主要电气设备、元件等的连接关系及它们的规格、型号、参数等,掌握该系统的组成概况。

④看平面布置图。平面布置图是建筑电气工程图纸中的重要图纸之一,如变配电所电气设备安装平面图(还应有剖面图)、电力平面图、照明平面图以及防雷、接地平面图等,都是用来表示设备安装位置、线路敷设部位、敷设方法及所用导线型号、规格、数量、管径大小的。通过阅读系统图,了解系统组成概况之后,就可依据平面图编制工程预算和施工方案,具体组织施工了,所以必须熟读平面图。阅读平面图时,一般可按此顺序:进线—总配电箱—干线—支干线—分配电箱—用电设备。

⑤看电路图。了解各系统中用电设备的电气自动控制原理,用来指导设备的安装和控制系统的调试工作。因电路图多是采用功能布局法绘制的,看图时应依据功能关系从上至下或从左至右,一个回路一个回路地阅读。熟悉电路中各电器的性能和特点,对读懂图纸将有极大的帮助。

⑥看安装接线图。了解设备或电器的布置与接线。与电路图对照阅读,进行控制系统的配线和调校工作。

⑦看安装大样图。安装大样图是用来详细表示设备安装方法的图纸,是依据施工平面图,进行安装施工和编制工程材料计划时的重要参考图纸。该图纸对于初学安装的人员更显重要,甚至可以说是不可缺少的。安装大样图多采用全国通用电气装置标准图集。

⑧看设备材料表。设备材料表提供了该工程所使用的设备、材料的型号、规格和数量,是编制购置设备、材料计划的重要依据之一。

阅读图纸的顺序没有统一的规定,可以根据需要灵活掌握,并应有所侧重。为更好地利用图纸指导施工,使安装施工质量符合要求,还应阅读有关施工及验收规范、质量检验评定标准。以详细了解安装技术要求,保证施工质量。

习　题　1

1. 判断题(正确的画"√",错误的画"×")

(1)电气系统图主要表示电器元件的具体情况、具体安装位置和具体接线方法。　（　　）

(2)在电气平面图上,电气设备和线路的安装精度是用绝对标高来表示的。　（　　）

(3)安装接线图用以分析电路的工作原理,它是调试和维修不可缺少的图纸。　（　　）

(4)电气工程施工要与土建工程及其他(给排水、采暖通风等)配合进行。　（　　）

(5)为了便于阅读与分析控制线路,电气原理图是将电气中各个元件以展开的形式绘制而成的,图中元器件所处的位置并不按实际位置布置。　（　　）

(6)编制施工方案是为了满足业主和监理的需要。　（　　）

(7)电气工程概算是根据施工图编制的。　（　　）

(8)隐蔽工程是指在墙体、楼板、地坪、基础及吊顶内的配电电气管路及接地装置,土建及装饰工程完工后不能检查到的施工内容。　（　　）

(9)设计单位对建筑材料、建筑构配件和设备,不宜指定生产厂、供应商。　（　　）

(10)在设计中宜因地制宜正确选用国家、行业和地方建筑标准设计,并在设计文件的图纸目录或施工图设计说明中注明被应用图集的名称。　（　　）

(11)建筑电气方案设计文件中,防雷系统、接地系统一般不出图纸,特殊工程只出顶视平面图、接地平面图。　（　　）

(12)施工单位必须按设计图纸和标准施工,不得擅自修改及偷工减料。　（　　）

2. 选择题

(1)建筑电气初步设计文件中,防雷系统、接地系统（　　）。

A. 一般不出图纸　　　B. 不出图纸　　　C. 出系统图　　　D. 出系统和平面图

(2)选定建筑物一层地坪为±0.00 m而确定的高度尺寸称为（　　）。

A. 绝对标高　　　B. 相对标高　　　C. 敷设标高

(3)（　　）表示了电气回路中各元件的连接关系,用来说明电能的输送、控制和分配关系。

A. 电路图　　　B. 电气接线图　　　C. 电气系统图

(4)（　　）是表现电气工程中设备的某一部分的具体安装要求和做法的图纸。

A. 详图　　　B. 电气平面图　　　C. 设备布置图

(5)在施工过程中发现设计图纸有问题,要做变更洽谈时,应该在（　　）完成。

A. 施工中　　　B. 施工后　　　C. 施工前

(6)在检查工程质量是否符合要求时,应依据的标准是（　　）。

A. 国家质量评定标准　　　B. 国家设计规程　　　C. 国家施工验收规定

(7)可以将建筑工程（　　）的一项或者多项发包给一个工程总承包单位;但是,不得将应当由一个承包单位完成的建筑工程肢解发包给几个承包单位。

A. 勘察设计　　　　　　　　　　　B. 施工

C. 设计、施工、设备采购　　　　　D. 勘察、设计、施工、设备采购

(8)工程监理人员发现工程设计不符合建筑工程质量标准或者合同约定的质量要求的,

应当报告(　　)要求设计单位改正。

A. 建设单位　　　　　　　　　　　　B. 设计单位

C. 建设单位和设计单位　　　　　　　D. 工程管理单位

(9)初步设计主要由(　　)审批。

A. 政府行政管理部门　　　　　　　　B. 项目法人

C. 投资方　　　　　　　　　　　　　D. 县级以上行政部门

(10)编制施工图设计文件,应当满足(　　)的需要,并注明建设工程使用年限。

A. 设备、材料采购和工程施工

B. 标准设备采购、非标准设备制作和施工

C. 工程材料采购、非标准设备加工和施工

D. 工程材料采购、非标准设备制作和施工

(11)建设工程合同应当采用(　　)。

A. 口头形式　　　　B. 传真形式　　　　C. 文字形式　　　　D. 书面形式

(12)从事建设工程勘察、设计活动,应当坚持(　　)原则。

A. 先勘察,后设计,再施工　　　　　　B. 先策划,后设计,再施工

C. 先勘察,边设计,边施工　　　　　　D. 先设计,后审图,再施工

(13)只有一台变压器的变电所,其变压器的容量一般不大于(　　)。

A. 2250 kVA　　　B. 2050 kVA　　　C. 2500 kVA　　　D. 1250 kVA

(14)对管内敷设的绝缘导线,其额定电压不应低于(　　)。

A. 500 V　　　　B. 300 V　　　　C. 200 V　　　　D. 100 V

3. 简答题

(1)在三相交流电路中,当负载不对称时,是否需要零线? 如果发生一相电源线和零线断线,另外两个单相负载呈现什么电压? 可能发生什么问题?

(2)建筑电气安装工程竣工验收时,一般应提交哪些技术资料?

(3)电气工程施工前应如何做好施工技术交底?

(4)什么叫比例? 如果图纸的比例是 1:150,图中某段电气线路用尺量得为 24 mm,则此电气线路的实际长度是多少?

(5)在地下一层电气平面图中,某母线槽相对标高如图 1-20 所示,试说明母线槽的安装高度。

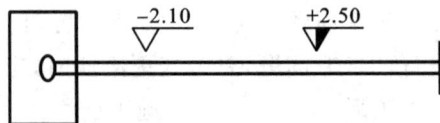

图 1-20　母线槽相对标高

(6)建筑电气安装工程施工前的准备工作有哪些主要内容?

(7)电气工程施工图的组成部分主要包括哪些?

4. 计算题

(1)如图 1-21 所示,已知 $I_2 = 2$ A,$I_3 = 2$ A,$E_1 = 120$ V,$E_2 = 52$ V,$R_2 = 6$ Ω,求电阻 R_1 的大小。

(2)如图 1-22 所示,已知 $R_1 = 0.2\ \Omega$, $R_2 = 2\ \Omega$, $U_{S1} = 12$ V, $U_{S2} = 10$ V, $I_1 = 5$ A,求 U_{ab}、I_2、I_3 和 R_3。

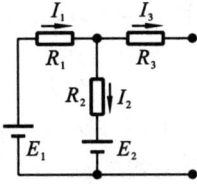

图 1-21 电路图 1

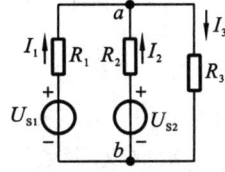

图 1-22 电路图 2

项目 2　室内外配线工程

　　敷设在建筑物内的配线称为室内配线,根据建筑物的性质、要求、用电设备的分布及环境特征等的不同,其敷设或配线方式也有所不同。室内配线工程的施工应按已批准的设计进行,并在施工过程中严格执行《建筑电气工程施工质量验收规范》(GB 50303—2015)相关规定。本项目仅介绍常见的室内配线方式及工艺。

任务 2.1　室内配线的施工要求

2.1.1　线路敷设方式

　　室内配线按其敷设方式可分为明敷设和暗敷设两种,明敷设、暗敷设是以线路在敷设后,导线和保护体能否被人们用肉眼直接观察到而区别的。明敷设就是将绝缘导线直接敷设或穿于管子、线槽等保护体内后敷设于墙壁、顶棚的表面及支架等处。暗敷设就是将绝缘导线穿于管子、线槽等保护体内,敷设于墙壁、顶棚、地坪及楼板等的内部。

　　室内配线的方法应根据建筑物的性质、要求、用电设备的分布及环境特征等因素确定,但主要取决于建筑物的环境特征。常用的敷设(配线)方法有瓷瓶配线、钢索配线、管子配线、线槽配线、塑料护套线配线、桥架配线及电气竖井内配线。

2.1.2　室内配线一般要求

　　①所用导线的额定电压应大于线路的工作电压,导线截面应能满足供电质量和机械强度的要求。不同敷设方式导线线芯允许最小截面见表 2-1。

表 2-1　不同敷设方式导线线芯允许最小截面　　　　　　单位:mm²

敷设方式		线芯允许最小截面		
		铜芯软线	铜线	铝线
敷设在室内绝缘支持件上的裸导线		—	2.5	4
敷设在室内绝缘支持件上的绝缘导线	2 m 及以下	—	—	—
	室内	—	1.0	2.5
	室外	—	1.5	2.5
	6 m 及以下	—	2.5	4
	12 m 及以下	—	2.5	6
穿管敷设的绝缘导线		1.0	1.0	2.5
槽板内敷设的绝缘导线		—	1.0	2.5
塑料护套导线		—	1.0	2.5

　　②1 kV 以下电源中性点直接接地时,三相四线制系统的电缆中性线截面,不得小于按

最大不平衡电流持续工作所需最小截面;有谐波电流影响的回路尚宜符合下列规定。

　　a.气体放电灯为主要负荷的回路,中性线截面不宜小于相线截面。

　　b.除上述情况外,中性线截面不宜小于50％的相线截面。

　　③保护地线的截面,应满足回路保护电器可靠动作的要求,并应符合表2-2的规定。

表 2-2　按热稳定要求的保护地线允许最小截面　　　　　　单位:mm²

电缆相线截面	保护地线允许最小截面
$S \leqslant 16$	S
$16 < S \leqslant 35$	16
$35 < S \leqslant 400$	$S/2$
$400 < S \leqslant 800$	200
$S > 800$	$S/4$

　　④导线敷设时应尽量避免接头;穿入导管内的导线,在任何情况下都不能有接头;若必须有接头,应将接头放在接线盒、开关盒或灯头盒内。

　　⑤各种明配线要求横平竖直,一般导线水平高度距地不应小于2.5 m,垂直敷设不应低于1.8 m,否则应加保护管保护,以防机械损伤。

　　⑥明配线穿墙时应采用经过阻燃处理的保护管保护,穿过楼板时应用钢管保护,其保护高度与楼面的距离不应小于1.8 m。

2.1.3　室内配线工程的施工工序

　　①定位划线。根据施工图纸,确定电器的安装位置、线路敷设途径、线路支持件位置、导线穿过墙壁及楼板的位置等。

　　②预埋支持件。在土建抹灰前,在线路所有固定点处打好孔洞,埋设好支持构件。应尽量配合土建施工完成。

　　③装设绝缘支持物、保护管等。

　　④敷设导线。

　　⑤安装灯具、开关及电气设备等。

　　⑥测试线路绝缘电阻。

　　⑦试通电、校验、自检等。

2.1.4　导线的连接

　　导线连接的方法很多,有铰接、焊接、压板压接、压线帽压接、套管连接、接线端子连接和螺栓连接等,具体的连接方法应视导线的连接点而定,但无论采用哪种方法,都要经过剥导线绝缘层、导线的芯线连接、导线与设备及器具的连接等过程。一般要求如下:①截面为10 mm²及以下的单股导线可以直接与设备、器具的端子连接;②截面为2.5 mm²及以下的多股铜芯线应先拧紧,搪锡或压接端子后再与设备及器具的端子连接;③多股铝芯线和截面大于2.5 mm²的多股铜芯线,在线端与设备连接时应装设接线端子(俗称线鼻子),然后再与设备相接。多芯导线压接接线端子见图2-1。

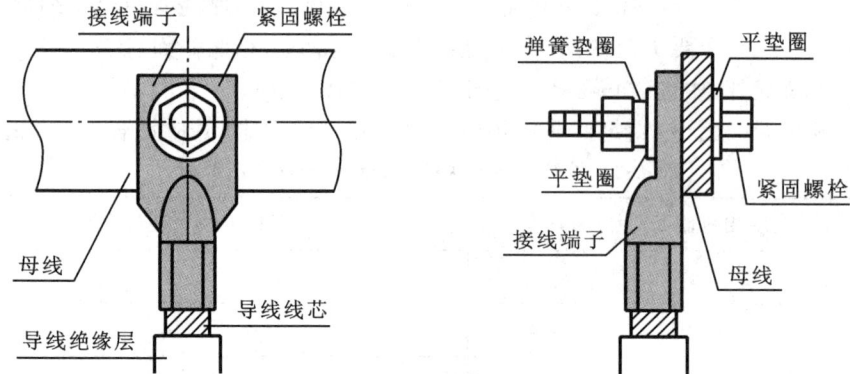

图 2-1　多芯导线压接接线端子

任务 2.2　建筑电气工程安装常用材料

2.2.1　电线、电缆种类

在建筑电气工程中,室内配线最常用的导线主要是绝缘电线和电缆。

1. 绝缘电线

绝缘电线主要有塑料绝缘电线和橡皮绝缘电线两大类。铜芯不表示,铝芯用"L"表示,后几位为绝缘材料或其他。绝缘电线的型号和特点见表 2-3。

表 2-3　绝缘电线的型号和特点

名称	类型		型号		主要特点
			铝芯	铜芯	
塑料绝缘电线	聚氯乙烯绝缘线	普通硬线	BLV BLVV(圆形) BLV-VB(平型)	BV、BVV(圆形) BVVB(平型)	此类电线的绝缘性能良好,制造工艺简便,价格较低。缺点是气候适应能力较差,低温时易变硬发脆,高温或日光照射下增塑剂容易挥发而使绝缘老化加快。因此在未具备有效隔热措施的高温环境、日光经常照射或严寒地区,宜选择相应的特殊类型塑料电线
		绝缘软线		BVR、RV、RVB(平型) RVS(双绞型)	
		阻燃型		ZR-RV、ZR-RVB(平型) ZR、RVS(双绞型)	
		耐热型	BLV105	BV105、RV-105	
橡皮绝缘电线	棉纱编织橡皮绝缘线		BLX	BX	此类电线弯曲性能较好,气温适应性较强,由于这种电线生产工艺复杂、成本较高,已被塑料绝缘线取代
	氯丁橡皮绝缘线		BLXF	BXF	这种电线绝缘性能良好,气候适应性能强,且耐油、不延燃,光老化过程缓慢,老化时间约为普通橡皮绝缘电线的两倍,因此适宜在室外敷设。由于绝缘层机械强度较弱,不推荐用于穿管敷设

2. 电缆

电缆按用途可划分为电力电缆、电气设备用电缆、通信电缆和射频电缆等。电力电缆主要用于输配电能,特点是电压高(分高压和低压)、电流大。电气设备用电缆主要作为电气设备内部或外部的连接线,也可用于输送电能或传递各种电信号。通信电缆主要用于传递音频信息。射频电缆主要用于有线电视(共用天线、电缆电视、卫星电视)系统。

(1)电力电缆的基本结构

电力电缆一般是由导电线芯、绝缘层和保护层 3 个主要部分组成的。

导电线芯用来输送电流,必须具有较高的导电性、一定的抗拉强度和伸长率,具有耐腐蚀性好以及便于加工制造等性能,通常由铜或铝的多股绞线制成,比较柔软,易弯曲。我国制造的电缆线芯的标准截面有 1 mm²、1.5 mm²、2.5 mm²、4 mm²、6 mm²、10 mm²、16 mm²、25 mm²、35 mm²、70 mm²、95 mm²、120 mm²、150 mm²、185 mm²、240 mm²、300 mm²、400 mm²、500 mm²、625 mm²、800 mm² 等。电力电缆按其芯数有单芯、双芯、三芯、四芯、五芯之分,其线芯的形状有圆形、半圆形、扇形和椭圆形等。当线芯截面为 16 mm² 及以上时,通常采用多股导线绞合弯曲,不易损伤。

绝缘层的作用是将导电线芯与相邻导体、保护层隔离,用来抵抗电力、电流、电压、电场对外界的作用,保证电流沿线芯方向传输。绝缘层的好坏直接影响电缆运行的质量。电缆的绝缘层通常采用纸、橡胶、聚氯乙烯、聚乙烯、交联聚乙烯等材料。

保护层简称护层,它是为使电缆适应各种使用环境,而在绝缘层外面施加的保护覆盖层。其主要作用是保护电缆在敷设和运行过程中,免遭机械损伤和各种环境因素(如水、日光、生物、火灾等)的破坏,以长时间保持稳定的电气性能。所以电缆的保护层直接关系到电缆的寿命。电力电缆的保护层较为复杂,分内护层和外护层两部分。内护层用来保护电缆的绝缘层不受潮湿和防止电缆浸渍剂的外流及轻度机械损伤,所用材料有铅护套、铝护套、橡套、聚氯乙烯护套和聚乙烯护套等。外护层是用来保护内护层的,包括铠装层和外被层。

(2)电缆的型号及名称

我国电缆产品的型号由汉语拼音字母表示,有外护层时则在字母后加上两个阿拉伯数字。常用电缆型号中字母的含义及排列顺序如表 2-4 所示。

表 2-4　常用电缆型号中字母的含义及排列顺序

类别	绝缘种类	线芯材料	内护层
电力电缆不表示 K—控制电缆 Y—移动式软电缆 P—信号电缆 H—市内电话电缆	Z—纸绝缘 X—橡胶 V—聚氯乙烯绝缘 Y—聚乙烯绝缘 YJ—交联聚乙烯绝缘	铜不表示 L—铝	Q—铅护套 L—铝护套 H—橡套 V—聚氯乙烯护套 Y—聚乙烯护套

表示电缆外护层的两个数字,前一个数字表示铠装层结构类型,后一个数字表示外被层结构类型。数字代号的含义见表 2-5。

表 2-5　电缆外护层数字代号的含义

第一个数字		第二个数字	
代号	铠装层结构类型	代号	外被层结构类型
0	无	0	无
1	—	1	纤维护套
2	双钢带	2	聚氯乙烯护套
3	细圆钢丝	3	聚乙烯护套
4	粗圆钢丝	4	—

(3)电力电缆的种类

电力电缆按绝缘类型和结构可分成以下几类。

①油浸纸绝缘电力电缆。

②塑料绝缘电力电缆,包括聚氯乙烯绝缘电力电缆、聚乙烯绝缘电力电缆、交联聚乙烯绝缘电力电缆。

③橡皮绝缘电力电缆,包括天然丁苯橡皮绝缘电力电缆、乙基橡皮绝缘电力电缆、丁基橡皮绝缘电力电缆等。

在建筑电气工程中,使用最广泛的是塑料绝缘电力电缆。用于塑料绝缘电力电缆中的塑料材料主要有聚氯乙烯塑料和交联聚乙烯塑料,以及它们的派生产品——阻燃型聚氯乙烯塑料和阻燃型交联聚乙烯塑料。

塑料绝缘电力电缆加工简单,敷设时没有位差限制,非磁性,具有良好的耐热性。随着科技的发展,塑料绝缘电力电缆的耐电压水平不断提高,耐老化性能不断改善,逐渐代替了油浸纸绝缘电力电缆。

常用聚氯乙烯绝缘电力电缆和交联聚乙烯绝缘电力电缆的型号及用途见表 2-6 和表 2-7。

表 2-6　聚氯乙烯绝缘电力电缆

型号		名称
铜芯	铝芯	
VV	VLV	聚氯乙烯绝缘聚氯乙烯护套电力电缆
VY	VLY	聚氯乙烯绝缘聚乙烯护套电力电缆
VV22	VLV22	聚氯乙烯绝缘钢带铠装聚氯乙烯护套电力电缆
VV23	VLV23	聚氯乙烯绝缘钢带铠装聚乙烯护套电力电缆
VV32	VLV32	聚氯乙烯绝缘细钢丝铠装聚氯乙烯护套电力电缆
VV33	VLV33	聚氯乙烯绝缘细钢丝铠装聚乙烯护套电力电缆
VV42	VLV42	聚氯乙烯绝缘粗钢丝铠装聚氯乙烯护套电力电缆
VV43	VLV43	聚氯乙烯绝缘粗钢丝铠装聚乙烯护套电力电缆

表 2-7 交联聚乙烯绝缘电力电缆

型号		名称	主要用途
铜芯	铝芯		
YJV	YJLV	交联聚乙烯绝缘聚氯乙烯护套电力电缆	敷设于室内、隧道、电缆沟及管道中,也可埋在松散的土壤中,电缆不能承受机械外力作用,但可承受一定的敷设牵引
YJY	YJLY	交联聚乙烯绝缘聚乙烯护套电力电缆	
YJV22	YJLV22	交联聚乙烯绝缘钢带铠装聚氯乙烯护套电力电缆	适用于室内、隧道、电缆沟及地下直埋敷设,电缆能承受机械外力作用,但不能承受大的拉力
YJV23	YJLV23	交联聚乙烯绝缘钢带铠装聚乙烯护套电力电缆	
YJV32	YJLV32	交联聚乙烯绝缘细钢丝铠装聚氯乙烯护套电力电缆	敷设在竖井、水下及具有落差条件下的土壤中,电缆能承受机械外力作用和一定的拉力
YJV33	YJLV33	交联聚乙烯绝缘细钢丝铠装聚乙烯护套电力电缆	
YJV42	YJLV42	交联聚乙烯绝缘粗钢丝铠装聚氯乙烯护套电力电缆	适用于水中、海底,电缆能承受较大的正压力和拉力的作用
YJV43	YJLV43	交联聚乙烯绝缘粗钢丝铠装聚乙烯护套电力电缆	

（4）通信电缆

通信电缆按结构类型可分为对称式通信电缆、同轴式通信电缆及光缆。对称式通信电缆的传输频率较低,一般在几百千赫以内。对称式通信电缆的线对的两根绝缘线结构相同,而且对称于线对的纵向轴线。同轴式通信电缆的传输频率可达几十兆赫兹,主要用于几百千米以上的距离。同轴式通信电缆的线对是同轴对,两根绝缘线分为内导线和外导线,内导线在外导线的轴心上。光缆的传输频率大于 10^3 MHz。

通信电缆按其使用范围可分为市内通信电缆、长途通信电缆和特种用途通信电缆。常用的电话电缆有 HYY、HYV 等,铜芯聚乙烯绝缘电话电缆见表 2-8。

表 2-8 铜芯聚乙烯绝缘电话电缆

序号	型号	名称
1	HYA	铜芯聚乙烯绝缘,铝-聚乙烯粘接组合护层电话电缆
2	HYA20	铜芯聚乙烯绝缘,铝-聚乙烯粘接组合护层裸铜铠装电话电缆
3	HYA23	铜芯聚乙烯绝缘,铝-聚乙烯粘接组合护层钢带铠装聚乙烯外护套电话电缆
4	HYV33	铜芯聚乙烯绝缘,铝-聚乙烯粘接组合护层细钢丝铠装聚乙烯外护套电话电缆
5	HYY	铜芯聚乙烯绝缘聚乙烯护套电话电缆
6	HYV	铜芯聚乙烯绝缘聚氯乙烯护套电话电缆
7	HYV20	铜芯聚乙烯绝缘聚氯乙烯护套裸铜铠装电话电缆
8	HYVP	铜芯聚乙烯绝缘屏蔽型聚氯乙烯护套电话电缆

（5）射频电缆

射频电缆又称无线电电缆,绝大多数是同轴电缆,用作无线电设备的连接线。电视信号是以 VHF 和 UHF 频段发射的,它们以直射波和大地反射波两种方式传播,而接收天线接收到的电视信号为直射波和大地反射波的合成波,所以这个频段称为射频(也称高频),其使用频率从几兆赫兹到几十吉赫兹。射频电缆有较高的机械、物理和环境性能要求,是建筑弱电系统应用较普遍的信号传输材料之一,如共用天线电视(有线电视)系统、闭路电视系统以及其他高频信号传输系统,它具有传输频率高、屏蔽性能好和安装方便等优点。

同轴电缆由内外两层相互绝缘的金属体组成,内部为实心铜导线,外层为金属网,与同轴式通信电缆不同的是,其线芯只有一对。在有线电视系统中,各国都规定采用特性阻抗为 75 Ω 的同轴电缆作为传输线路。

2.2.2　配线用管材

配线常用的管材有金属管和塑料管,工程中称为电线保护管。

1. 金属管

配管工程中常使用的金属管有厚壁钢管、薄壁钢管、金属波纹管和普利卡金属套管 4 类。厚壁钢管又称焊接钢管或低压流体输送钢管(水煤气钢管),有镀锌和不镀锌之分。厚壁钢管又可分为普通钢管和加厚钢管两种。薄壁钢管又称电线管。

在工程图中标注的代号:焊接钢管为 SC,薄壁钢管为 MT,薄壁钢管的公称口径按外径标注,厚壁钢管的公称口径按内径标注。

(1)厚壁钢管

厚壁钢管用作电线电缆的保护管,可以暗配于一些潮湿场所或直埋于地下,也可以沿建筑物、墙壁或支架、吊架敷设。明敷设一般在生产厂房中出现较多。厚壁钢管规格如表 2-9 所示。

表 2-9　厚壁钢管规格

公称直径		外径		普通钢管			加厚钢管		
		公称尺寸/mm	允许偏差/mm	壁厚		理论质量/$(kg \cdot m^{-1})$	壁厚		理论质量/$(kg \cdot m^{-1})$
mm	in			公称尺寸/mm	允许偏差率/(%)		公称尺寸/mm	允许偏差率/(%)	
15	1/2	21.3	±0.50	2.75	+12 −15	1.25	3.25	+12 −15	1.45
20	3/4	26.8		2.75		1.63	3.50		2.01
25	1	33.5		3.25		2.42	4.00		2.91
32	$1\frac{1}{4}$	42.3		3.25		3.13	4.00		3.78
40	$1\frac{1}{2}$	48.0		3.50		3.84	4.25		4.58
50	2	60.0		3.50		4.88	4.50		6.16
65	$2\frac{1}{2}$	75.5	±1	3.70		6.64	4.50		7.88
80	3	88.5		4.00		8.34	4.75		9.81
100	4	114.0		4.00		10.85	5.00		13.44
125	5	140.0		4.50		15.04	5.50		18.24
150	6	165.0		4.50		17.81	4.50		21.63

注:①表中的公称直径系近似内径的名义尺寸,它不表示公称外径减去两个公称壁厚所得的内径;

　　②in 为英寸,1 in =25.4 mm。

（2）薄壁钢管

电线管多用作干燥场所的电线、电缆的保护管，可明敷或暗敷。电线管的规格见表 2-10。钢管暗配工程应选用镀锌金属盒，即灯位盒、开关（插座）盒等，其壁厚不应小于 1.2 mm。各种暗装金属盒如图 2-2 所示。常用的八角盒尺寸为 90 mm×90 mm×45 mm。

表 2-10　普通碳素钢电线套管

公称尺寸/mm	外径/mm	外径允许偏差/mm	壁厚/mm	理论质量（不计管接头）/(kg·m^{-1})
15	15.88	±0.20	1.60	0.581
20	19.05	±0.25	1.80	0.766
25	25.40	±0.25	1.80	1.048
32	31.75	±0.25	1.80	1.329
40	38.10	±0.25	1.80	1.611
50	50.80	±0.30	2.00	2.047

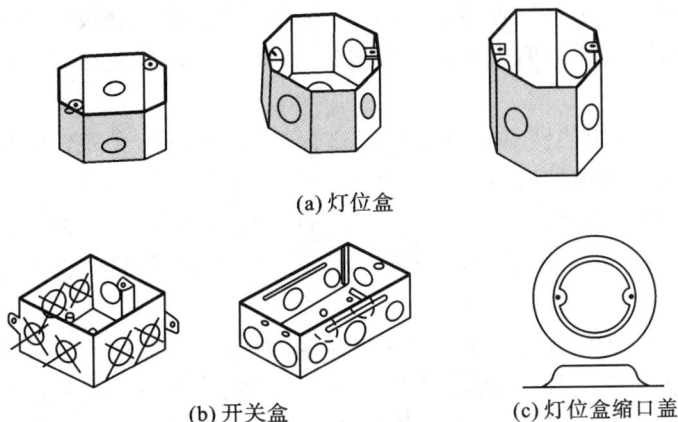

(a) 灯位盒

(b) 开关盒　　　　(c) 灯位盒缩口盖

图 2-2　暗装金属盒

（3）金属波纹管

金属波纹管也叫金属软管或蛇皮管，主要用于设备上的配线，如车床、铣床等。它是用 0.5 mm 以上的双面镀锌薄钢带加工压边卷制而成的，轧缝处有的加石棉垫，有的不加，其规格尺寸与电线管相同。

（4）普利卡金属套管

普利卡金属套管是电线电缆保护套管的更新换代产品，其种类很多，但基本结构类似，都是由镀锌钢带卷绕成螺纹状，属于可挠性金属套管，具有搬运方便、施工容易等特点。它在建筑电气工程中的使用日趋广泛，可用于各种场所的明敷设、暗敷设和现浇混凝土内的暗敷设。

①LZ-4 型普利卡金属套管：LZ-4 型普利卡金属套管为双层金属可挠性保护套管，属于基本型，构造如图 2-3 所示。套管外层为镀锌钢带，中间层为冷轧钢带，里层为电工纸。金属层与电工纸重叠卷绕呈螺旋状，再与卷材方向相反地施行螺纹状折褶，构成可挠性。

②LZ-5 型普利卡金属套管：LZ-5 型普利卡金属套管是用特殊方法在 LZ-4 型普利卡金属套管表面覆一层具有良好韧性的软质聚氯乙烯（PVC）。此管除具有 LZ-4 型普利卡金属

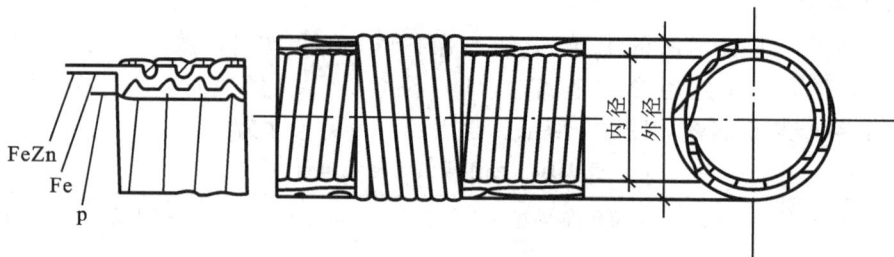

图 2-3　LZ-4 型普利卡金属套管构造图

套管的特点外,还具有优良的耐水性、耐腐蚀性、耐化学稳定性。它适用于室内和室外潮湿及有水蒸气的场所。

　　(5)套接紧定式钢导管和套接扣压式薄壁钢导管

　　套接紧定式钢(JDG)导管和套接扣压式薄壁钢(KBG)导管是专为配线工程研发的电线管,应用非常广泛。套接紧定式钢导管的管路连接为套接,并研发有配套的直管接头和弯管接头,套接后用自带的紧定螺钉拧紧,其直管公称管径是外径。套接扣压式薄壁钢导管的管路连接为扣压套接式,也研发有配套的直管接头和弯管接头,套接后用专用工具扣压。

　　2. 塑料管

　　建筑电气工程中常用的塑料管有硬质塑料管、半硬质塑料管和软塑料管。塑料种类有几十种,配线所用的电线保护管多为 PVC 管,PVC 是聚氯乙烯的简称。聚氯乙烯是用电石和氯气制成的,根据加入增塑剂的多少可制成不同硬度的塑料。它的特点是性质较稳定,有较高的绝缘性能,耐酸、耐腐蚀,能抵抗大气、日光、潮湿的破坏,可作为电缆和导线的良好保护层和绝缘物。

　　PVC 硬质管适用于民用建筑或室内有酸、碱腐蚀性介质的场所。由于塑料管在高温下机械强度下降,老化加速,所以环境温度在 40 ℃以上的高温场所不宜使用塑料管;在经常发生机械冲击、碰撞、摩擦等易受机械损伤的场所也不应使用塑料管。硬质塑料管工程图标注符号为 PC,半硬质塑料管工程图标注符号为 FPC。为了保证建筑电气线路安装布线符合防火要求,工程中采用的塑制电线管及线槽均应采用难燃型材质,氧气指数要在 27% 及以上。

任务 2.3　配管配线

　　将绝缘导线穿入保护管内敷设,称为配管(线管)配线。配管配线对建筑结构的影响比较小,同时可避免导线受机械损伤,更换导线也方便。因此,配管配线方式是目前采用最广泛的一种配线方式。

2.3.1　线管选择

　　线管(导管)明敷设就是把管子敷设于墙壁、桁架、柱子等建筑结构的表面,要求横平竖直、整齐美观、固定牢靠。线管暗敷设就是把管子敷设于墙壁、地坪、楼板内等处,要求管路尽量短、弯曲少、不外露、便于穿线。

　　电线保护管可以分为金属导管和塑料导管两大类。金属导管包括焊接钢管(分镀锌和不镀锌,其管径以内径计算)、电线管(管径较薄,管径以外径计算)、普利卡金属套管、套接紧定式钢导管、套接扣压式薄壁钢导管和金属软管等。塑料导管包括硬塑料管(含 PVC 管)、阻燃半硬聚氯乙烯管、聚氯乙烯塑料波纹电线管等。

金属导管配线适用于室内、室外场所,对金属有严重腐蚀的场所不宜采用。建筑物顶棚内宜采用金属导管配线,穿管管径选择见表 2-11。

表 2-11　BV、BLV 塑料绝缘导线穿管管径选择

导线截面/mm²	PVC 管(外径/mm)							焊接钢管(内径/mm)							电线管(外径/mm)						
	导线数/根							导线数/根							导线数/根						
	2	3	4	5	6	7	8	2	3	4	5	6	7	8	2	3	4	5	6	7	8
1.5	16	16	16	16	16	16	20	15	15	15	15	15	20	20	16	16	16	16	19	19	25
2.5	16	16	16	16	20	20	20	15	15	15	15	15	20	20	16	16	16	19	19	19	25
4	16	16	20	20	20	20	20	15	15	15	20	20	20	20	16	16	19	25	25	25	25
6	16	20	20	20	25	25	25	15	15	20	20	20	25	25	19	19	25	25	25	25	32
10	20	25	25	32	32	32	32	20	20	25	25	25	32	32	25	25	32	32	38	38	38
16	25	32	32	32	40	40	40	25	25	32	32	32	40	40	25	25	32	32	38	38	51
25	32	32	40	40	40	50	50	25	32	32	32	40	40	50	32	32	38	51	51	51	51
35	32	32	40	40	40	50	50	32	32	32	40	40	50	50	38	38	51	51	51		
50	40	40	50	50	50	60	60	32	40	40	50	50	50	65	51	51	51				
70	50	50	50	60	60	80	80	50	50	50	65	65	65	80	51		—		—		
95	50	50	60	60	80	80	—	50	50	50	65	65	80	80	—						
120	50	60	80	80	80	100	100	50	50	50	65	65	80	80	—						

注:管径为 51 mm 的电线管因为管壁太薄,弯曲后易变形,一般不采用。

塑料导管配线一般适用于室内场所和有酸碱腐蚀性介质的场所,但在易受机械损伤的场所不宜采用明敷设。建筑物顶棚内宜采用难燃型 PVC 管配线。

导管的规格应根据管内所穿导线的根数和截面决定。一般规定:管内导线的总截面面积(包括外护层)不应超过管子内径截面积的 40%,导线不应超过 8 根。可参照表 2-11 选择线管的外径。

根据《建筑电气工程施工质量验收规范》(GB 50303—2015),各种配管均应符合如下规定。

①敷设于多尘和潮湿场所的电线保护管、管口及其各连接处均应做密封处理。

②暗配的电线保护管宜沿最近的路径敷设,并应减少弯曲,埋入建筑物、构筑物内的电线保护管与建筑物、构筑物表面的距离不应小于 15 mm。

③进入落地式配电箱的管路,应排列整齐,管口应高出基础面 50~80 mm。

④埋入地下的管路不宜穿过设备基础,在穿过建筑物基础时,应加装保护管。配至用电设备的管子,管口应高出地坪 200 mm 以上。

⑤电线保护管的弯曲处不应有折皱、凹陷和裂缝,弯扁程度不应大于管外径的 10%,其弯曲半径应符合下列规定。

a.当线路明配时,弯曲半径不宜小于管外径的 6 倍;当两个接线盒间只有一个弯时,弯曲半径不宜小于管外径的 4 倍。

b.当线路暗配时,弯曲半径不应小于管外径的 6 倍;当敷设于地下或混凝土楼板内时,其弯曲半径不应小于管外径的 10 倍。

⑥当水平敷设管路遇下列情况之一时,中间应增设接线盒(拉线盒),且接线盒的安装位置应便于穿线。如不增设接线盒,也可以增大管径。

a.管子长度每超过 30 m,无弯曲。

b.管子长度每超过 20 m,有 1 个弯曲。

c.管子长度每超过 15 m,有 2 个弯曲。

d.管子长度每超过 8 m,有 3 个弯曲。

⑦当垂直敷设的管路遇下列情况之一时,应增设固定导线用的接线盒。

a.导线截面为 50 mm² 及以下,长度每超过 30 m。

b.导线截面为 70~95 mm²,长度每超过 20 m。

c.导线截面为 120~240 mm²,长度每超过 18 m。

2.3.2 导管敷设施工工艺

导管敷设的施工工艺流程大致可以分为以下几个部分:熟悉图纸,导管加工,盒、箱固定,线管敷设等。

1.导管加工

导管加工主要包括管子弯曲、线管的切断、套丝等。

(1)管子弯曲

配管之前按照施工图要求选择管子,然后根据现场实际情况进行必要的加工。因为管线改变方向是不可避免的,所以弯曲管子是常见的情况。钢管的弯曲常使用弯管器或弯管机。PVC 管的弯曲可先将弯管专用弹簧插入管子的弯曲部分,然后进行弯曲(冷弯),其目的是避免管子弯曲后变形。

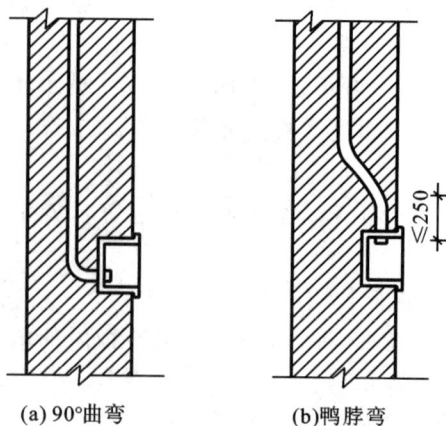

(a) 90°曲弯   (b)鸭脖弯

图 2-4 管端部的弯曲(单位:mm)

导管的端部与盒(箱)的连接处,一般应弯曲成 90°曲弯或鸭脖弯。导管端部的 90°曲弯一般用于盒后面入盒,常用于墙体厚度为 240 mm 处,管端部不应过长,以保证管盒连接后管子在墙体中间位置上。导管端部的鸭脖弯一般用于盒侧面(上或下)入盒,常用于墙体厚度为 120 mm 处的开关盒或薄楼板的灯位盒等,煨制时应注意两直管段间的距离,且端部短管段不应过长,可小于 250 mm,防止造成砌体墙通缝。90°曲弯或鸭脖弯的示意图见图 2-4。

(2)线管的切断

钢管用钢锯、割管器、砂轮切割机等进行切割,严禁使用气焊切割,切割的管口应用圆锉处理光滑。PVC 管用钢锯条或带锯的多用电工刀切断。

(3)套丝

焊接钢管或电线管与钢管的连接,钢管与配电箱、接线盒的连接都需要在钢管端部套丝。套丝多采用管子套丝板或电动套丝机。套丝完毕后,将管口端面和内壁的毛刺用锉刀挫光,使管口保持光滑,以免穿线时割破导线绝缘层。

（4）钢管防腐

非镀锌钢管明敷和敷设于顶棚或地下时,其内、外壁应做防腐处理;埋设于混凝土内的钢管,其外壁可以不做防腐处理,但应除锈。

2. 管路连接

（1）管与管的连接

钢管的连接有螺纹连接、套管连接等。当钢管采用螺纹连接（管接头连接）时,其管端螺纹长度不应小于管接头长度的 1/2,连接后,其螺纹要外露 2～3 扣;钢导管的套管熔焊连接只适用于壁厚大于 2 mm 的非镀锌钢管,套管长度宜为所连接钢管外径的 1.5～3 倍,管与管的对口应位于套管的中心;套接紧定式钢导管的管路连接使用配套的直管接头和弯管接头,用紧定螺钉固定;套接扣压式薄壁钢导管的管路连接用配套的直管接头和弯管接头,套接后用专用工具扣压。

PVC 管常用套接法连接。用套接法连接时,用比连接管管径大一级的塑料管作为套管,长度为连接管外径的 1.5～3 倍,把涂好胶合剂的连接管从两端插入套管内,也可以使用专用成品管接头进行连接。

管与管的连接见图 2-5。

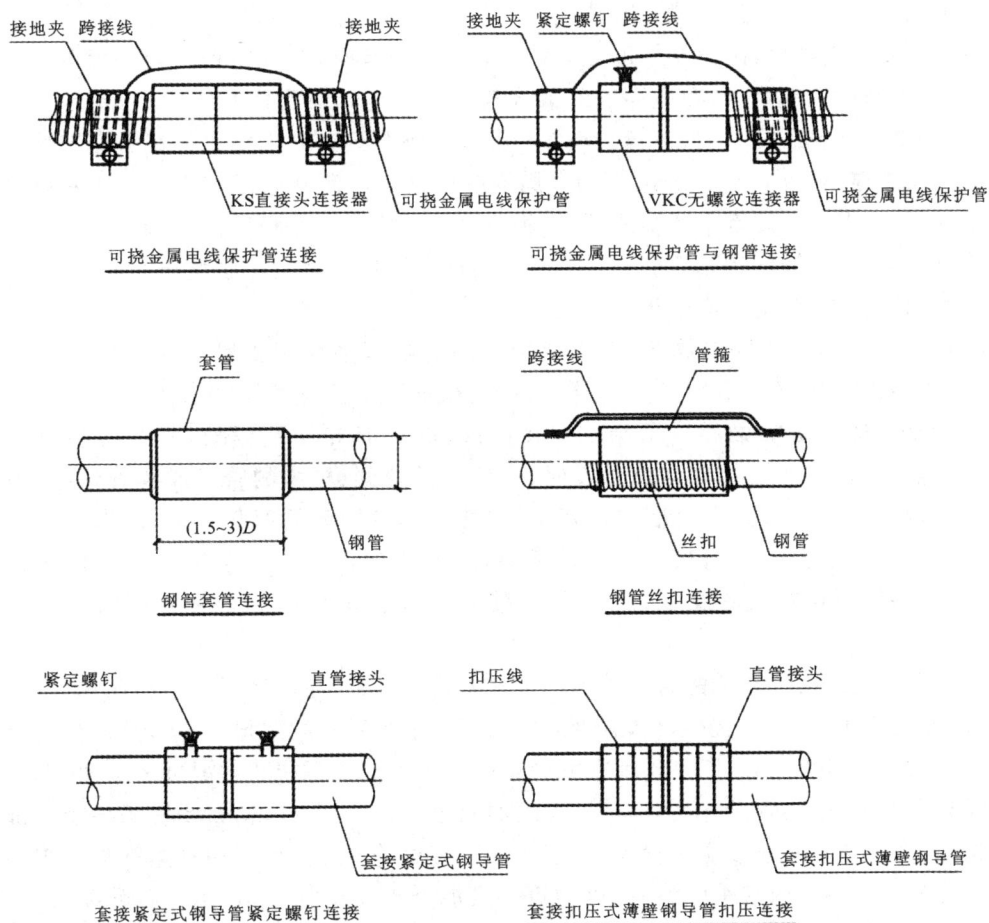

图 2-5　管与管的连接

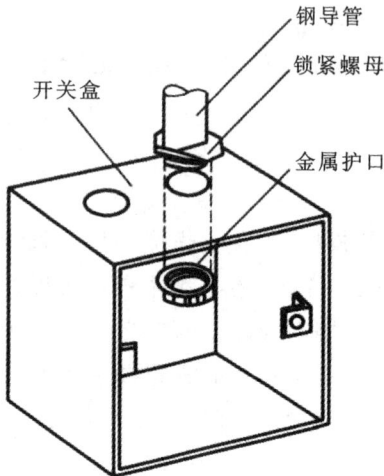

图 2-6　管与盒(箱)的连接

(2)管与盒(箱)的连接

厚壁非镀锌钢管与盒(箱)连接可采用焊接固定,管口宜突出盒(箱)内壁 3～5 mm,焊后应补涂防腐漆;镀锌钢管与盒(箱)连接应采用锁紧螺母或护圈帽固定,用锁紧螺母固定的管端螺纹宜外露锁紧螺母 2～3 扣。PVC 管进入盒(箱)用入盒接头和入盒锁扣进行固定,管端部和入盒接头连接处的结合面要涂专用胶合剂,接口应牢固密封,也可以在管端部进行加热软化后做成喇叭口进行固定。管与盒(箱)的连接见图 2-6。

3. 线管敷设

线管敷设俗称配管。配管工作一般从配电箱或开关盒等处开始,逐段配至用电设备处,也可以从用电设备处开始,逐段配至配电箱或开关盒等处。

(1)暗配管

常见的建筑结构为现浇混凝土框架结构和砖混结构。框架结构的砌体可以分为加气混凝土砌块隔墙、空心砖隔墙等,砖混结构的楼板分为现浇混凝土楼板、预制空心楼板等,框架结构还可以有现浇混凝土柱、梁、墙、楼板等。

线管在砖墙内敷设:砖混结构的受力特点是由墙体承重,砖混结构工程先由下向上筑墙体,或在墙顶部浇筑圈梁,再在上面安装或浇筑楼板。电气工程内管子敷设,也是由下向上进行,一般要在砌筑墙体之前,把管子和各种器具盒预装好。埋入墙内的线管在砖墙内离墙表面最小净距离不应小于 15 mm,管与盒周围应用砌筑水泥砂浆固定牢。在土建砌筑时必须预埋管子,否则应在砖墙上留槽或开槽(不应在承重墙上大面积剔槽配管),在砖缝里打入木楔并钉上钉子,用铁丝将线管绑扎在钉子上,将钉子钉入,然后用强度不小于 M10 的水泥砂浆抹面加以保护,厚度不应小于 15 mm。

线管在现浇框架结构中敷设:现浇混凝土内的配管多使用钢管。如使用刚性绝缘导管,应使用强度比较好的中型以上的导管,且应在重要部位做适当的保护。现浇混凝土框架结构的承重体系由横梁和柱子刚性连接而成,施工时先浇筑框架,然后安装或浇筑楼板,最后进行墙体施工。电气管路敷设时,一般先预埋梁、柱内的管子或套管,待楼板层施工时再敷设和连接管路。在砌墙的过程中,连接和埋设剩余的部分管子,基本上属于由上向下敷设。线管在混凝土内暗线敷设时,可用铁丝将管子绑扎在钢筋上,也可以用钉子钉在模板上,将管子用垫块垫高 15 mm 以上,使管子和混凝土模板间保持足够的距离,并防止混凝土脱开。

现浇混凝土结构的电气配管主要采用预埋方式。例如,在现浇混凝土楼板内配管,模板支好后,敷设钢筋前进行测位划线,待钢筋底网绑扎垫起后开始敷设管、盒,然后把管路与钢筋固定好,将盒与模板固定牢。预埋在混凝土内的管子外径不能超过混凝土厚度的 1/2。在现浇混凝土墙内,多根管子并列时,管子之间的间距不得小于 25 mm,要使每根管子都有混凝土包裹,管子与盒的连接应一管一孔,镀锌钢管与盒(箱)连接应采用锁紧螺母或护圈帽固定。当管子在空心砖内水平敷设时,可浇筑一段混凝土保护管子,若空心砖卧砌,则可以将管子在预埋盒的高处,由空心砖的空心洞穿过,再连接管、盒。管子在空心砖墙内垂直敷设时,在管路经过处应改为局部使用普通砖立砌或进行空心砖与砖之间的钢筋拉结,也可以现浇一条垂直的混凝土带将管子保护起来。

加气混凝土砌块隔墙内管子敷设配合土建预埋,管子在镂槽处敷设后,用水冲去粉末,在管子两侧用钉子将 100 mm 宽的镀锌钢丝网或 0.5 mm 厚钢板网钉牢,防止抹灰层裂开,并用不小于 M10 的水泥砂浆把沟槽抹平,把盒周围抹牢。

线管在楼板上的布置,要依据楼板的特点进行布管。在预制楼板上,线管尽量走板孔和板缝。现浇混凝土楼板应沿最近的路径敷设,电气配管与混凝土上、下表面的距离不应小于 15 mm,管子外径不宜超过混凝土楼板厚度的 1/3,否则容易造成楼板裂缝。在现浇楼板内,管路尽量不要交叉,但特殊情况除外,以免影响钢筋网布置及楼板的强度。灯位盒的上部敲落孔不能被利用。管应从盒四周一盒一空顺直进盒,待盒就位固定后,用喷灯加热盒管的端部附件处,管受热软化后,一手向上提管使其形成鸭脖弯,可在管盒连接前冷煨好鸭脖弯。

配管时,应先把墙(或梁)上有弯的预埋管进行连接,然后再连接与盒相连的管子,最后连接剩余的中间直管段部分。原则是先敷设弯曲段的管子,后敷设直管段。对于金属管,还应随时连接(或焊)好接地跨接线。

空心砖隔墙的电气配管也采用预埋方式。加气混凝土砌块隔墙应在墙体砌筑后剔槽配管。墙体上剔槽宽度不宜大于管外径加 15 mm,槽深不应小于管外径加 15 mm,用不小于 M10 水泥砂浆抹面保护。

（2）明配管

管子明敷多数是沿墙、柱及各种构架的表面用管卡固定,其安装固定可用塑料胀管、膨胀螺栓或角钢支架。固定点与管路终端、转弯中点、电器或接线盒边缘的距离宜为 150～500 mm;中间固定点间距依据管径大小决定,应符合安装施工规范规定。

敷管时,先将管卡一端的螺丝拧进一半,然后将管敷设在管卡内,最后逐个将螺丝拧牢。使用铁支架、吊架时,可将导管固定在铁支架、吊架上。设计无规定时,铁支架、吊架的尺寸及材料应采用直径为 8 mm 的圆钢或 25 mm×3 mm 的角钢。

4. 跨接接地线

为了安全运行,使整个金属导管管路可靠地连接成一个导电整体,以防因电线绝缘损坏而使导管带电造成事故,导管管路要进行接地连接。

当非镀锌钢导管之间及管与盒(箱)之间采用螺纹连接时,连接处的两端应焊跨接接地线,钢管跨接接地线规格选择见表 2-12。镀锌钢导管或可挠金属电线保护管的跨接接地线宜采用专用接地卡固定跨接接地线,不应采用熔焊连接。镀锌钢导管与盒(箱)跨接接地线做法见图 2-7。

表 2-12 钢管跨接接地线规格选择　　　　　　　单位:mm

公称直径		跨接接地线	
电线管	钢管	圆钢直径	扁钢尺寸
≤32	≤25	6	
40	32	8	25×4
50	40～50	10	
70～80	70～80	12 以上	

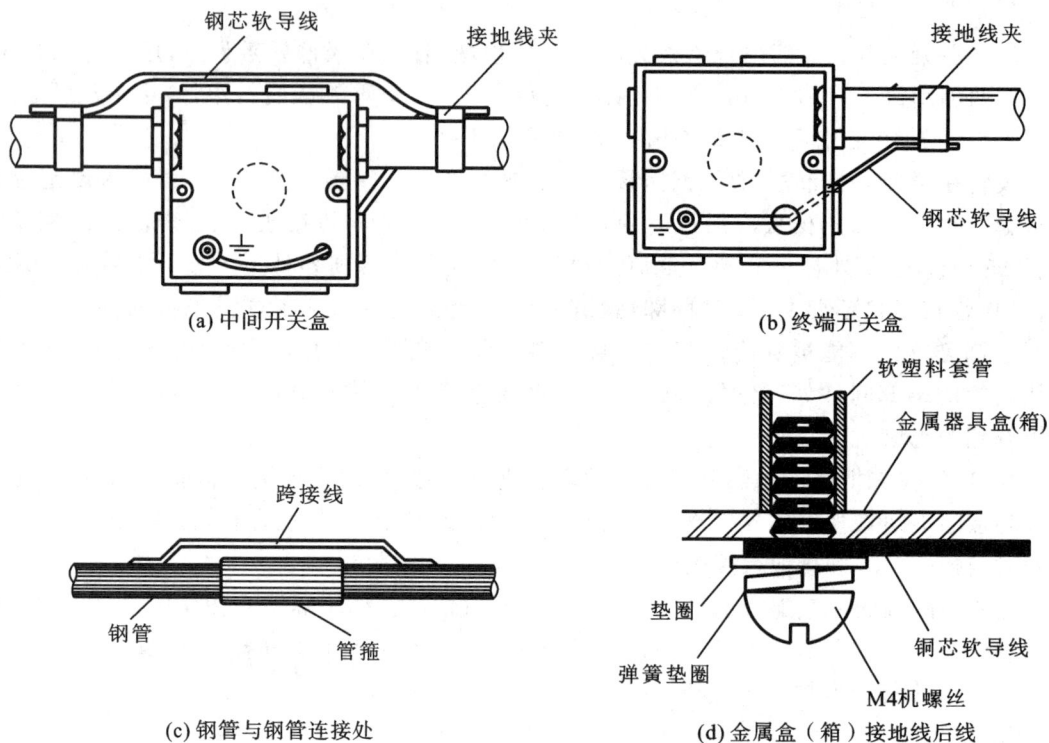

(a) 中间开关盒   (b) 终端开关盒

(c) 钢管与钢管连接处   (d) 金属盒（箱）接地线后线

图 2-7 镀锌钢导管与盒(箱)跨接接地线做法

5. 变形缝做法

管子通过建筑物的变形(沉降)缝时应增设接线盒(箱)作为补偿装置,做法见图 2-8。

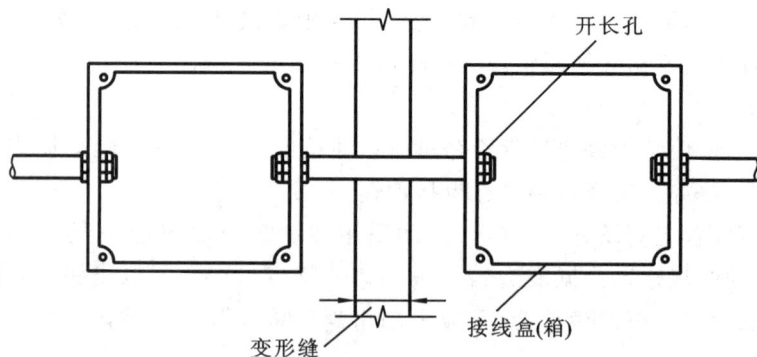

图 2-8 变形缝接线盒(箱)做法

2.3.3 管内穿线

1. 管内穿线的规定

①穿管敷设的绝缘导线,其额定电压不应低于 500 V。

②金属导管内导线的总截面积不宜超过管内截面积的 40%,控制、信号回路等非电力回路导线敷设于同一个金属导管内时,导线的总截面积不宜超过其截面积的 50%。

③导线在管内不应有接头和扭结,接头应放在接线盒(箱)内。

④同一回路的所有相线和中性线,应敷设在同一根金属导管内。

⑤不同回路、不同电压等级和不同电流种类的导线,不得穿入同一管内,但下列几种情况除外:

a.电压为 50 V 及以下的回路;

b.同一设备或同一流水作业线设备的电力回路和无防干扰要求的控制线路;

c.同一照明花灯的几个回路;

d.同类照明的几个回路,但管内的导线总数不应超过 8 根。

2.穿线方法

穿线工作一般应在管子全部敷设完毕后进行。应先清扫管内积水和杂物,再穿一根钢丝线作为引线,管路较长、弯曲较多时也可在配管时就将引线穿好。在现场施工中,管路较长、弯曲较多、从一端穿入钢引线有困难时,多从两端同时穿钢引线且将钢引线头弯成小钩,当估计一根引线端头超过另一根引线端头时,用手旋转较短的一根,使两根引线续在一起,然后把一根引线拉出,就可以将引线的一头与需要穿的导线连接,再由两人共同操作,一人拉引线,一人整理导线并往管中送,直到拉出导线。

任务 2.4　线槽配线

线槽(槽盒)配线方便,明配时也比较美观,在高层建筑中,常用于地下层的电缆配线、变配电所到电气竖井的配线、电气竖井内及经过中筒向用户的配线。也可以利用这种配线方式将不同功能的弱电配到各用户。线槽配线分为金属线槽配线、塑料槽盒配线、地面内暗装金属槽盒配线。

2.4.1　金属线槽配线

1.金属线槽的选择与敷设

金属线槽用厚度为 0.4~1.5 mm 的钢板制成,适用于正常环境下室内干燥和不易受机械损伤的场所明敷设。具有槽盖的封闭式金属线槽,有与金属管相当的耐火性能,可在建筑物顶棚内敷设。

选择金属线槽时,应考虑到导线的填充率及载流导线的根数,并满足散热、敷设等安全要求。

金属槽盒敷设时,吊架、支架及支持点的距离应根据工程具体条件确定,一般在直线段固定间距为 2~3 m 或槽盒接头处,在槽盒的首端、终端、槽盒转角处及进出接线盒 500 mm 处。

金属线槽在墙上安装时,可根据线槽的宽度采用 1 个或 2 个塑料胀管配合木螺丝并列固定。一般当线槽的宽度不大于 100 mm 时,采用 1 个胀管固定;线槽宽度大于 100 mm 时,采用 2 个胀管并列固定,如图 2-9 所示。每节线槽的固定点不应少于 2 个,固定点间距一般为 500 mm,线槽在转角、分支处和端部都应有固定点。金属线槽还可采用托架、吊架等进行固定架设。

金属线槽的连接应无间断,直线段连接应采用连接板,用垫圈、螺栓、螺母紧固,连接处间隙应严密、平直。在线槽的两个固定点之间,槽盒的直线段连接点只允许有一个。线槽进行转角、分支以及与盒(箱)连接时应采用配套弯头、三通等专用附件。金属线槽在穿过墙壁

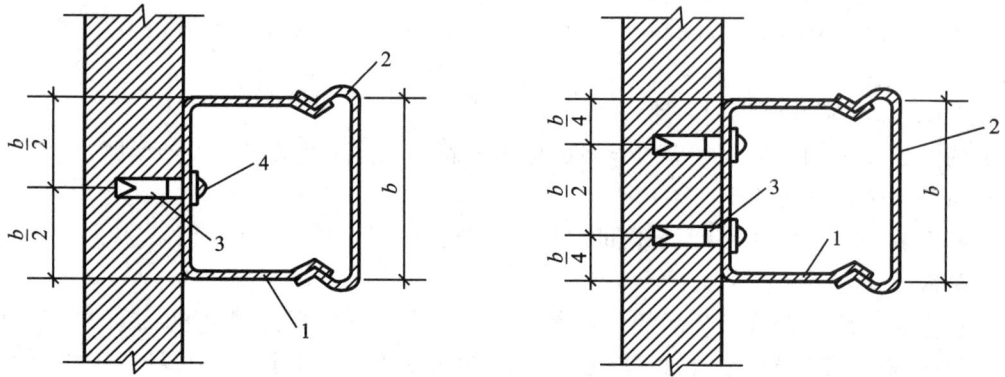

图 2-9 金属线槽在墙上安装

1—金属线槽;2—槽盖;3—塑料胀管;4—835 半圆头木螺丝

或楼板处时不得进行连接,穿过建筑物变形缝处时应装设补偿装置。

2. 槽内配线要求

线槽内导线敷设不应出现挤压、扭结、损伤绝缘等现象,应将放好的导线按回路(或按系统)整理成束,并用尼龙绳绑扎成捆,分层排放在线槽内,做好永久性编号标志。

导线接头处所有导线截面积之和(包括绝缘层),不应大于线槽截面积的 75%。在盖板不易拆卸的线槽内,导线的接头应置于线槽的接线盒内。金属线槽应可靠接地或接零,线槽所有非导电部分的铁件均应相互连接,使线槽本身有良好的电气连续性,但不作为设备的接地导体。

2.4.2 塑料槽盒配线

塑料槽盒配线一般适用于正常环境室内场所的配线,也可用于预制墙板结构及无法暗配线的工程。塑料槽盒由槽底、槽盖及附件组成,由难燃型硬质聚氯乙烯工程塑料挤压成型,产品有多种规格,外形美观,可对建筑物起到装饰作用。塑料槽盒配线示意图见图 2-10。

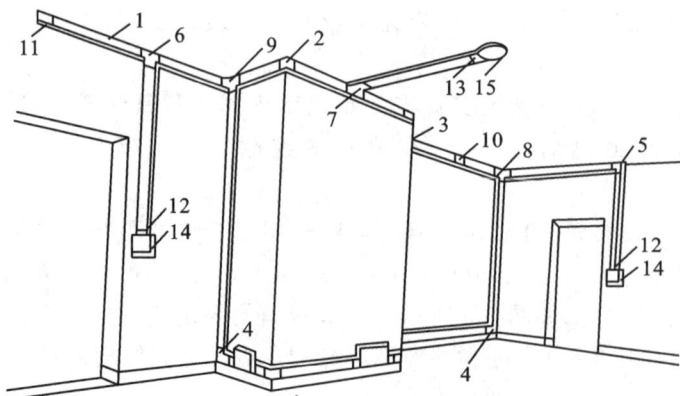

图 2-10 塑料槽盒配线示意图

1—直线线槽;2—阳角;3—阴角;4—直转角;5—平转角;6—平三通;7—顶三通;8—左三通;9—右三通;10—连接头;11—终端头;12—开关盒插口;13—灯头盒插口;14—开关盒及盖板;15—灯头盒及盖板

塑料槽盒敷设时,宜沿建筑物顶棚与墙壁交角处的墙及墙角和踢脚板上口线敷设。槽底固定方法与金属线槽基本相同,其固定点间距应根据线槽规格而定:线槽宽度为 20~40 mm,固定点最大间距为 0.8 m;线槽宽度为 60 mm,两个胀管并列固定,固定点最大间距为 1.0 m;线槽宽度为 80~120 mm,两个胀管并列固定,固定点最大间距为 0.8 m。端部固定点与槽底端点间距不应小于 50 mm。

槽底的转角、分支等均应使用与槽底配套的弯头、三通、分线盒等标准附件。线槽的槽盖及附件一般为卡装式,将槽盖及附件对准槽底平行放置,用手一按,槽盖及附件就可卡入槽底的凹槽。槽盖与各种附件对接时,接缝处应严密平整、无缝隙,无扭曲和翘角变形现象。

2.4.3　地面内暗装金属槽盒配线

地面内暗装金属槽盒配线是为适应现代化建筑物电气线路日趋复杂,而配线出口位置又多变的实际需要而推出的一种新型配线方式。它是将电线或电缆穿入特制的壁厚为 2 mm 的封闭式矩形金属线槽,直接敷设在混凝土地面、现浇钢筋混凝土楼板或预制混凝土楼板的垫层内,其组合安装如图 2-11 所示。

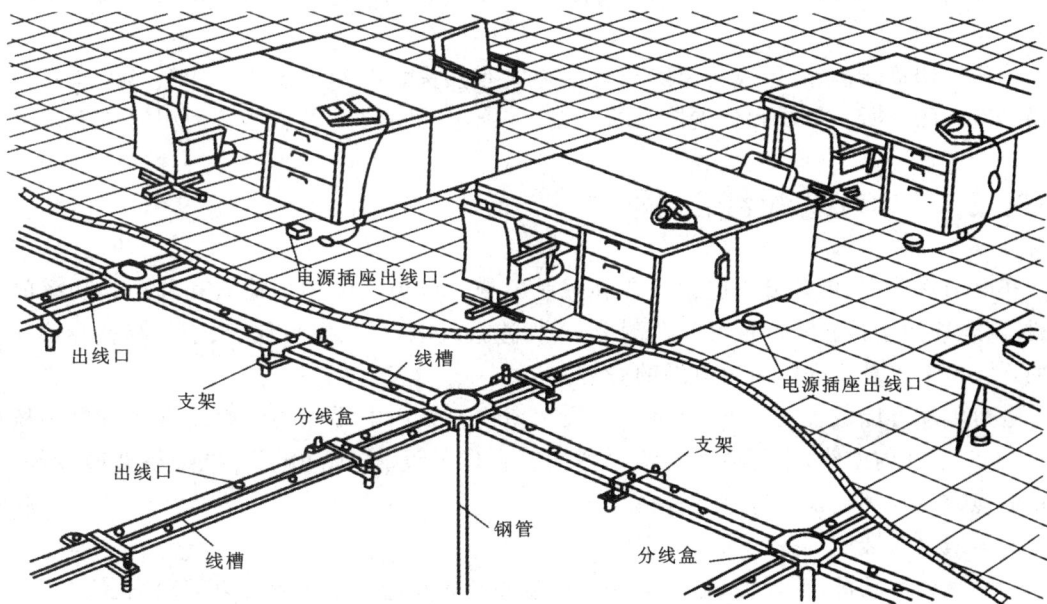

图 2-11　地面内暗装金属槽盒配线组合安装

地面内暗装金属槽盒分为单槽型及双槽分离型两种结构形式。强电与弱电线路同时敷设时,为防止电磁干扰,应采用双槽分离型线槽分槽敷设,将强、弱电线路分隔。地面槽盒内允许容纳导线及电缆数量见表 2-13。

地面内暗装金属槽盒安装时,应根据单线槽或双线槽不同结构形式,选择单压板或双压板与线槽组装并上好地脚螺栓,将组合好的线槽及支架沿线路走向水平放置在地面或楼(地)面的抄平层或楼板的模板上,再进行线槽的连接。线槽连接应使用线槽连接头进行连接。线槽支架的位置一般在直线段 1~1.2 m 间隔处、线槽接头处或距分线盒 0.2 m 处。

表 2-13   地面槽盒内允许容纳导线及电缆数量

导线型号、名称及规格	BC-500 绝缘导线						通信、弱电线路及电缆			
	单芯导线规格/mm²						RVB 平型软线	HYV 电话电缆	SYV 同轴电缆	
线槽型号、规格	1	1.5	2.5	4	6	10	2×0.2	2×0.5	75—5	75—9
	槽内容纳导线/根						槽内容纳导线对数或电缆(条数)			
50 系列	60	35	25	20	15	9	40	(1)×80	(25)	(15)
70 系列	130	75	60	45	35	20	80	(1)×150	(60)	(30)

因地面内暗装金属槽盒为矩形断面,不能进行线槽的弯曲加工,线路交叉、分支或弯曲转向时必须安装分线盒。线槽插入分线盒的长度不宜大于 10 mm。当线槽直线长度超过 6 mm 时,为方便穿线,也宜加装分线盒。线槽内导线敷设方法与管内穿线方法一样。

2.4.4   金属槽盒配线要求

①同一回路的所有相线和中性线,应敷设在同一金属槽盒内。

②同一路径无防干扰要求的线路,可敷设于同一金属槽盒内。金属槽盒内导线的总截面积不宜超过管内截面积的 40%,且金属槽盒内载流导线不宜超过 30 根。

③控制、信号回路等非电力回路导线敷设于同一金属槽盒内时,导线的总截面积不宜超过其截面积的 50%。

④除专用接线盒外,导线在金属槽盒内不应有接头。有专用接线盒的金属槽盒宜布置在易于检查的场所。导线和分支接头的总截面积不应超过该点槽盒内截面积的 75%。

任务 2.5   电缆配线工程

在电力系统中,电缆分为电力电缆和控制电缆。电力电缆用于输送和分配大功率的电能;控制电缆用于传输控制信号和监测信号,即连接继电保护、电气仪表、信号装置和检测控制回路。本节将着重介绍电力电缆的安装知识。

电力电缆可以敷设在室外,也可以敷设在室内。室内电缆主要的敷设方式有电缆桥架敷设、电气竖井内配线,室外电缆的敷设方式有直埋敷设、电缆沟敷设、电缆桥架敷设等,应根据电缆数量及环境条件等进行选择。

电缆线路安装应具备的条件如下。

①相关预留孔洞、预埋件、电缆沟、隧道、竖井及人孔等土建工程结束且无积水。

②电缆敷设沿线无障碍物,场地干净,道路畅通,沟盖板齐备。

③敷设电缆用的脚手架搭设完毕且符合安全要求。

④电缆竖井内敷设沿线照明应满足施工要求。

⑤直埋电缆沟按规范要求挖好,电缆竖井施工完毕,底砂铺完并清除沟内杂物,盖板及砂运到沟旁。

2.5.1   直埋敷设

直埋敷设的电缆宜采用有外护层的铠装电缆。在无机械损伤的场所,可采用塑料护套电缆或带外护层的(铅、铝)电缆。

1. 电缆的敷设方法

电缆敷设可分为人工敷设和机械敷设,如图 2-12 和图 2-13 所示。对于线路长、截面大的电缆,优先采用机械牵引敷设,但现场不具备机械牵引条件时,宜采用人工敷设。

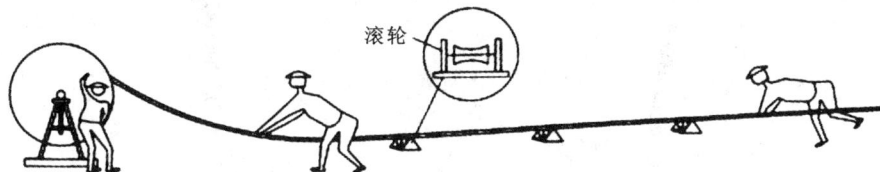

图 2-12　电缆用滚轮敷设示意图

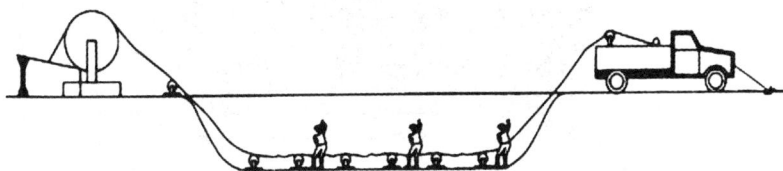

图 2-13　电缆机械牵引示意图

2. 电缆敷设规定

电缆直埋敷设时,沿同一路径敷设的电缆数量不宜超过 6 根。

电缆表面距地面的距离不应小于 0.7 m,穿过农田时不应小于 1 m;遇冻土层时电缆应敷设在冻土层以下。

通过下列地段时应穿管保护,穿管内径不应小于电缆外径的 1.5 倍。

①电缆通过建筑物和构筑物的基础、散水坡、楼板和穿过墙体时。

②电缆通过铁路、公路和厂区道路交叉时,应穿管保护,保护管应伸出路基 1 m。

③电缆引出地面 2 m 至地下 200 mm 处的部分。

④电缆可能受到机械损伤的地方。

电缆与建筑物平行敷设时,电缆应埋设在建筑物的散水坡外。电缆引入建筑物时,其保护管应超出建筑物散水坡 100 mm。直埋电缆进出建筑物时,过墙套管管口应做严格的防水处理。

电缆与热力管沟交叉,当采用电缆穿隔热水泥管保护时,其长度应伸出热力管沟两侧各 2 m;当采用隔热保护层时,其长度应超过热力管沟两侧各 1 m。

施放电缆时,边施放边检查电缆是否有损伤。电缆的两端、中间接头,电缆竖井内、电缆过管处、垂直位差处均应留有适当的长度,并做波浪状摆放。

3. 电缆铺砂盖板

直埋电缆的上、下方应各铺设不小于 100 mm 厚的软土或砂层,电缆上方应盖上混凝土或砖,其覆盖宽度应超过电缆两侧各 50 mm,如图 2-14 所示。

4. 回填土

回填土前要做一次隐蔽工程检验,合格后及时进行回填并分层夯实,覆土应高出地面 150～200 mm,以备松土沉陷。

5. 埋设标志桩

电缆在直线段每隔 50～100 m 处、拐弯处、接头处、交叉处和进出建筑物等地段应设置明显的方位标志或标志桩,标志桩露出地面 150 mm 为宜,应标有"地下有电缆"字样,以便电缆检修时查找和防止外来机械损伤。

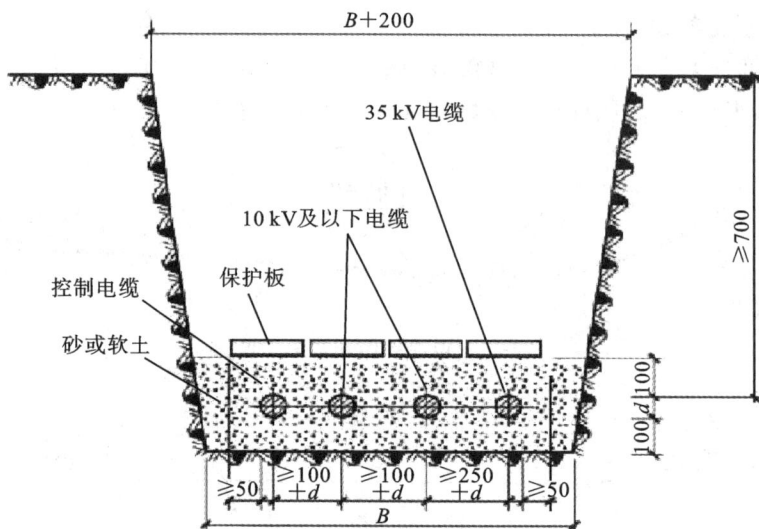

图 2-14　直埋电缆敷设

2.5.2　电缆沟敷设

同一路径敷设较多,而且按规划沿此路径的电缆线路有增加时,为施工及今后使用、维护方便,宜采用电缆沟敷设。电缆沟应采取防水措施,其底部应做成坡度不小于 0.5% 的排水沟,积水可直接排入排水管道或经集水坑用泵排出。电缆沟应设置防火隔离措施,在进出建筑物处应设隔水墙。

1. 电缆敷设规范

在多层支架上敷设电缆时,高压电缆应放在低压电缆的上层,电力电缆应放在控制电缆的上层,强电控制电缆应放在弱电控制电缆的上层。当电缆沟或隧道两侧均有支架时,1 kV以下的电力电缆与控制电缆应与 1 kV 以上的电力电缆分别敷设在不同侧的支架上。室内电缆沟敷设示意图如图 2-15 所示。

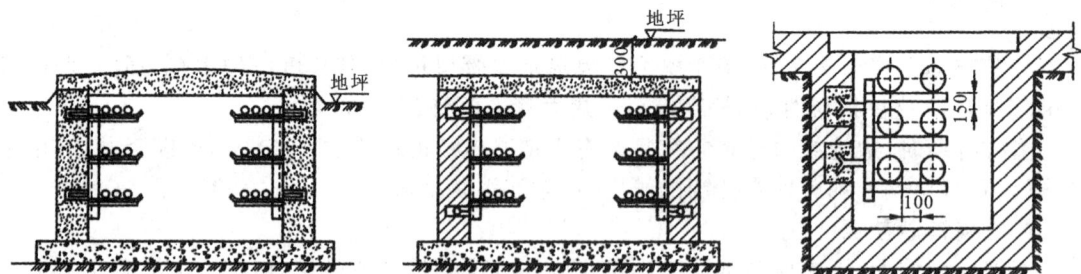

图 2-15　室内电缆沟敷设示意图(单位:mm)

电缆沟和电缆隧道应采取防水措施,其底部排水沟的坡度不应小于 0.5%,应设集水坑使积水可直接排入下水道。

2. 电缆沟内电缆支架的制作

电缆敷设在电缆沟内时应使用支架固定。电缆支架的长度,在电缆沟内不宜大于 350 mm,在电缆隧道内不宜大于 500 mm。支架的制作由工程设计决定,通常采用角钢支架,如图 2-16 所示。

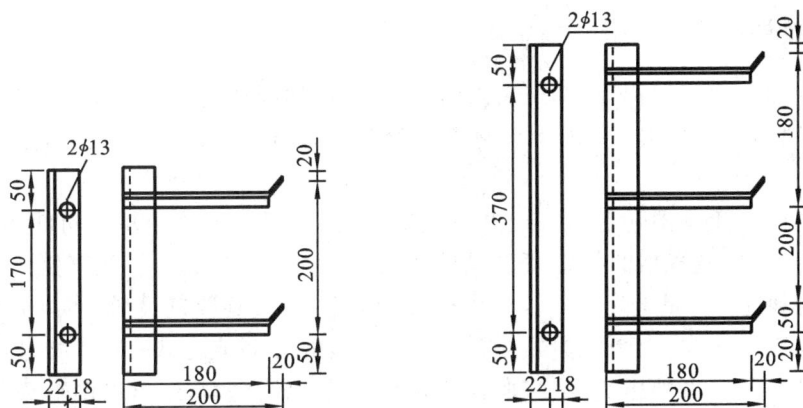

图 2-16 角钢支架(单位:mm)

当设计无要求时,电缆支架最上层至沟顶的距离为 150～200 mm,电缆支架最下层至沟底、地面的距离为 50～100 mm。

当设计无要求时,电缆支架层间最小允许距离应符合表 2-14 的规定。电缆支架层间或固定点之间的最大距离应符合设计规范规定,见表 2-15。

表 2-14 电缆支架层间最小允许距离   单位:mm

电缆种类	支架层间最小允许距离
控制电缆	120
10 kV 及以下电力电缆	150～200

表 2-15 电缆支架层间或固定点之间的最大距离   单位:m

电缆种类	塑料护套、钢带铠装		钢丝铠装
	电力电缆	控制电缆	
水平敷设	1.00	0.80	3.00
垂直敷设	1.50	1.00	6.00

3. 电缆支架的安装

电缆支架的安装固定应按设计要求进行,可用膨胀螺栓固定,也可以将支架焊接固定在预埋铁件上。安装支架时,宜先找好直线段两端支架的准确位置,安装固定好,然后均匀安装中间部位的支架,最后安装分支、转角处的支架。在电缆沟或电缆隧道内,电缆支架最上层至沟顶或楼板及最下层至沟底或地面的距离不宜小于表 2-16 中的数值。

表 2-16 电缆支架最上层至沟顶或楼板及最下层至沟底或地面的距离   单位:mm

敷设方式	电缆隧道及夹层	电缆沟	吊架	桥架
最上层至沟顶或楼板	300～350	150～200	150～200	350～450
最下层至沟底或地面	100～150	50～100	—	100～150

当电缆的根数更多(一般在 18 根以上)时,应采用电缆隧道敷设,电缆隧道净高不应低于 1.9 m。电缆隧道内应设照明,其电压不应超过 36 V。

2.5.3 电缆桥架敷设

电缆桥架也称为电缆梯架,其产品结构多样化,有梯级式、托盘式、槽式、组合式、全封闭式等,表面处理方面有冷镀锌、电镀锌、塑料喷涂及镍合金电镀,电缆桥架的高度一般为50~100 mm。

组装式电缆托盘是国际上第二代电缆桥架产品,只用很少几种基本构件和少量标准紧固件,就能拼装成任意规格的托盘式电缆桥架,包括直通、弯通、分支、宽窄变化等,组装时只需要拧紧螺栓和进行少量锯切工作。电缆桥架结构简单,安装快速灵活,维护也方便,在建筑工程中已得到广泛应用。其配线方式与金属线槽基本相同,固定方式一般为托盘式或吊架式。

电缆桥架适用于多种场所,可用来敷设电力电缆、照明电缆,还可以用来敷设控制电缆。

电缆桥架由托盘、梯架的直线段、弯通、附件、支架、吊架等构成,是用来支承电缆的连续性的刚性结构系统的总称。它的优点是制作工厂化、系列化,质量容易控制,安装方便。图2-17所示为无孔托盘结构组装示意图。

1.电缆桥架的结构类型

电缆桥架规格长度为2 m,也可由厂家制作长4 m、6 m的大跨距桥架。

电缆桥架按材质可分为钢电缆桥架、铝合金电缆桥架、玻璃钢电缆桥架,如图2-17所示。

电缆桥架的结构类型可分为有孔托盘、无孔托盘、梯架及组装式托盘。

(a) 钢电缆桥架

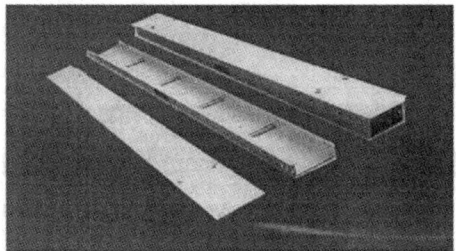

(b) 槽式铝合金电缆桥架

(c) 玻璃钢电缆桥架

图 2-17　电缆桥架按材质分类类型

2.桥架电缆敷设规范

①电缆敷设时,应单层敷设,电缆之间可以无间距,但电缆在桥架内应排列整齐,不应交叉,并应敷设一根、整理一根、卡固一根。

②敷设于垂直桥架内的电缆固定点间距不应大于表2-17的规定;水平敷设的电缆,应

在电缆的首尾两端、转弯两侧及每隔 5～10 m 处固定;大于 45°倾斜角敷设的电缆,应每隔 2 m 设一个固定点。固定方法为用尼龙卡带、绑线或电缆卡子固定。

表 2-17　敷设于垂直桥架内的电缆固定点间距　　　　　　单位:mm

电缆种类		固定点的间距
电力电缆	全塑形电缆	1000
	除全塑形外的电缆	1500
控制电缆		1000

③在桥架内电力电缆的总面积(包括外护层)不应大于桥架有效横断面的 40%,控制电缆不应大于 50%。

④电缆桥架水平敷设时的距地高度不宜低于 2.5 m,垂直敷设时的距地高度不宜低于 1.8 m。

⑤电缆托盘和梯架多层敷设时,其层间距离应符合下列规定:

a. 控制电缆间不应小于 0.2 m;

b. 电力电缆间不应小于 0.3 m;

c. 非电力电缆与电力电缆间不应小于 0.5 m,当有屏蔽盖板时,可取 0.3 m;

d. 托盘和梯架上部距顶棚距离不应小于 0.3 m。

⑥电缆桥架水平敷设时,支架间距一般为 1.5～3 m;垂直敷设时,支架间距不宜大于 2 m。

⑦为了保障电缆线路运行安全和避免相互间的干扰和影响,下列不同电压、不同用途的电缆,不宜敷设在同一层桥架上:

a. 1 kV 以上和 1 kV 以下的电缆;

b. 同一路径向一级负荷供电的双路电源电缆;

c. 应急照明和其他照明的电缆;

d. 强电和弱电电缆。

如果受条件限制需要安装在同一层桥架上时,应用隔板隔开。

电缆桥架内敷设的电缆,应在电缆的首端、尾端和分支处,设置标志牌并标记编号、型号及起止点等,标记应清晰齐全、挂装整齐无遗漏。

电缆敷设完毕后,应及时清理桥架内杂物,有盖的应盖好盖板,并进行最后的调整。

2.5.4　电气竖井内配线

电气竖井内配线一般适用于多层和高层民用建筑中强电及弱电垂直干线的敷设,是高层建筑特有的一种综合配线方式。

与一般的民用建筑相比,高层民用建筑室内配电线路的敷设有一些特殊情况。一方面,电源一般在最底层,用电设备分布在各个楼层,配电主干线垂直敷设且距离很大;另一方面,消防设备配线和电气主干线有防火要求。这就形成了高层建筑室内线路敷设的特殊性。

除了层数不多的高层住宅可采用导线穿钢管在墙内暗敷设,层数较多的高层民用建筑,由于低压供电距离长,供电负荷大,为了减少线路电压损失及电能损耗,干线截面都比较大。一般干线是不能暗敷设在建筑物墙体内的,应敷设在专用的电气竖井内。

1.电气竖井的构造

电气竖井是指在建筑物中从底层到顶层留出一定截面的井道。每个楼层都设有配电小间,它是竖井的一部分。这种敷设配电主干线上升的电气竖井,每层都有楼板隔开,只留出一定的预留孔洞。考虑到防火要求,电气竖井安装工程完成后,应将预留孔洞多余的部分用防火材料封堵。为了维修方便,竖井在每层均设有向外开的防火检修门。

电气竖井的大小应根据线路及设备的布置确定,而且必须充分考虑配线及设备运行的操作和维护距离。竖井大小除了满足配线间隔及端子箱、配电箱布置所要求的尺寸,还应在箱体前留出不小于0.8 m的操作、维护距离。目前,在一些工程中,受土建布局的限制,大部分竖井的尺寸较小,给使用和维护带来很多问题,值得注意。图2-18所示为强、弱电竖井配电设备布置示意图,可供设计施工时参考。

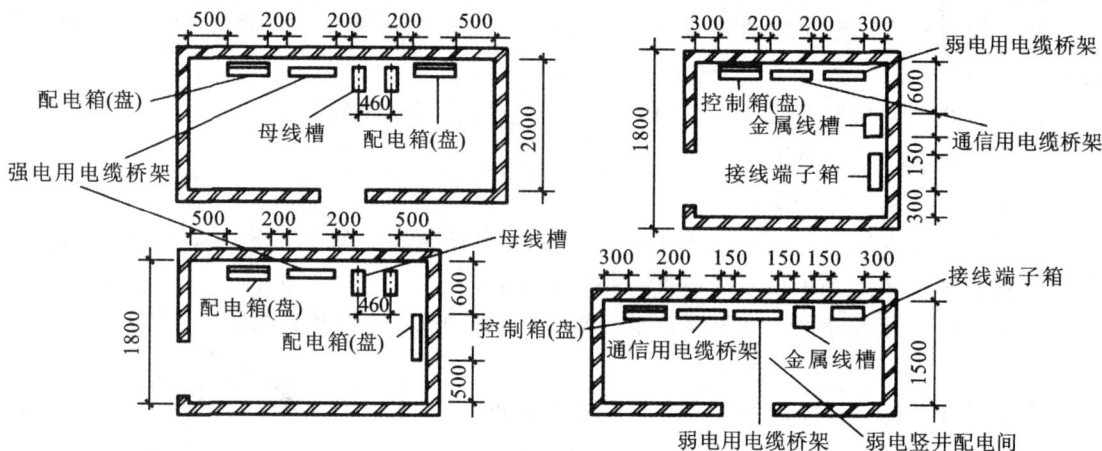

图2-18 强、弱电竖井配电设备布置示意图(单位:mm)

电气竖井内常用的配线方式为金属管配线、金属线槽配线、电缆配线或电缆桥架配线及封闭母线配线等。

电气竖井内除了敷设干线回路,还可以设置各层的电力、照明分线箱及弱电线路的端子箱等电气设备。

电气竖井内高压、低压和应急电源的电气线路,相互间应保持0.3 m及以上距离或采取隔离措施,并且高压线路应设有明显标志。

强电和弱电如受条件限制必须设在同一竖井内,应分别布置在竖井两侧或采取隔离措施以防止强电对弱电的干扰。

电气竖井内应敷设接地干线和接地端子。

2.金属管配线

在多、高层民用建筑中采用金属管配线时,配管由配电室引出后,一般可采用水平吊装方式,即以如图2-19所示的方式进入电气竖井,然后沿支架在竖井内垂直敷设。

在竖井内,绝缘导线穿钢导管布线穿过楼板处,应配合土建施工,把钢导管直接预埋在楼板上,不必留置洞口,也不再需要进行防火封堵。

3.金属线槽配线

利用金属线槽配线,其施工比较方便,线槽水平吊装可以用角钢支架支撑,角钢支架可

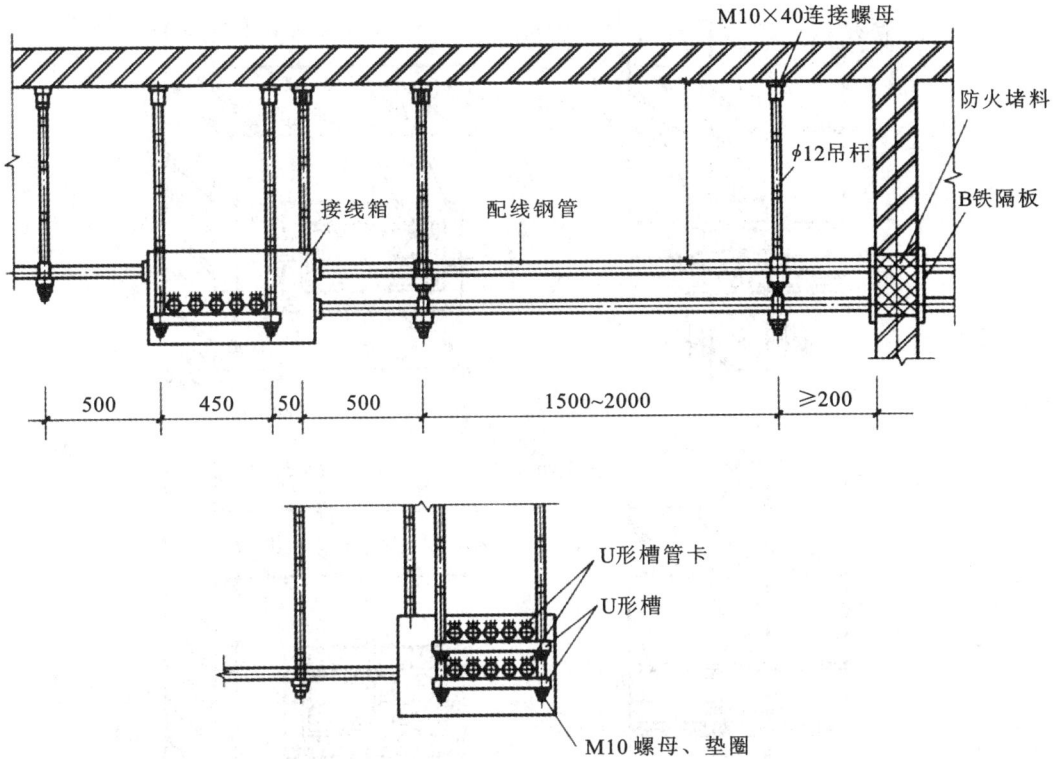

图 2-19 金属管配线的水平吊装(单位:mm)

以用膨胀螺栓固定在建筑物楼板下方,膨胀螺栓的孔是用冲击钻打出来的,在楼板上并不需要预留或预埋件。可使用 M10×40 连接螺母连接吊装线槽的吊杆与膨胀螺栓。金属线槽配线如图 2-20 所示。

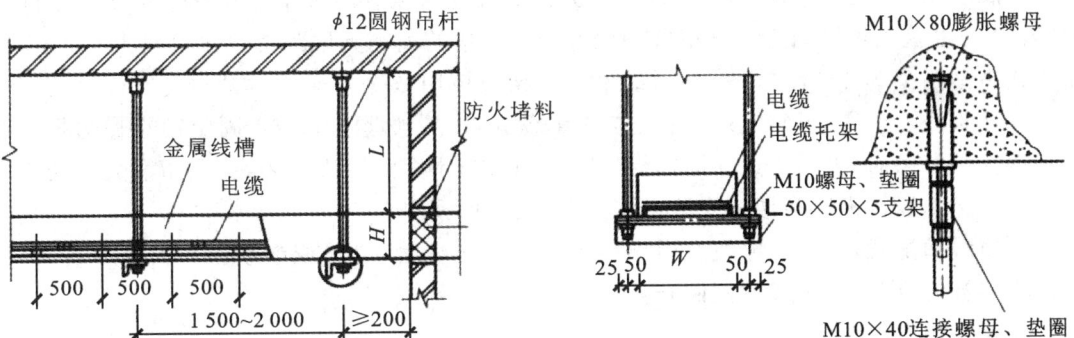

图 2-20 金属线槽配线(单位:mm)

金属线槽在穿过墙壁时,应用防火隔板进行隔离,防火隔板可以采用矿棉半硬板 EH 5型耐火隔板。金属线槽穿墙做法如图 2-21 所示。在离墙 1 m 范围内的金属线槽外壳应涂防火涂料。

在电气竖井内金属线槽沿墙穿楼板安装时,用扁钢支架固定金属线槽,扁钢支架可用 QA钢材现场加工制作,有条件时支架可以进行镀锌处理,无条件时应按工程设计规定涂漆处理。

(a) 电缆从线槽中间通过

(b) 电缆从线槽底部通过

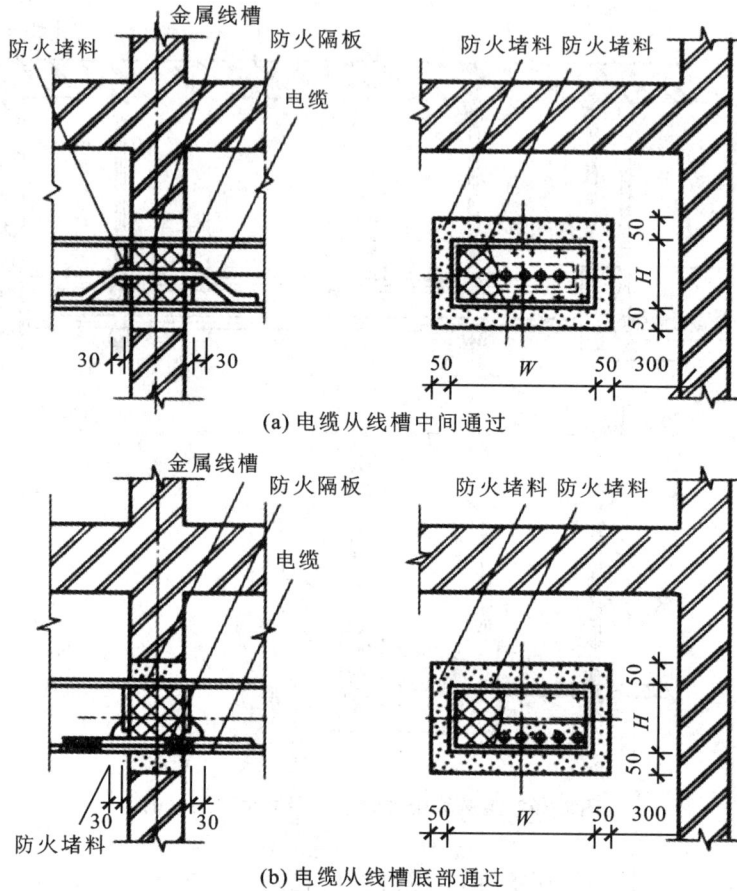

图 2-21　金属线槽穿墙做法(单位:mm)

金属线槽用扁钢支架,使用 M10×80 膨胀螺栓与墙体固定,线槽槽底与支架之间用 M6×10 开槽盘头螺钉固定。金属线槽底部固定线槽的扁钢支架距楼地面距离为 0.5 m,固定支架中间距离为 1~1.5 m。金属线槽的支架应该用 ϕ12 mm 镀锌圆钢进行焊接连接并作为接地干线。金属线槽穿过楼板处应设置预留洞,并预埋∟40×4 固定角钢做边框。金属线槽安装好以后,再用 4 mm 厚钢板做防火隔板与预埋角钢边框固定,预留洞处用防火堵料密封。金属线槽沿墙穿楼板安装做法如图 2-22 所示。

金属线槽配线,电线或电缆在引出线槽时要穿金属管,电线或电缆不得有外露部分,管与线槽连接时,应在金属线槽侧面开孔。

4. 竖井内电缆配线

竖井内敷设的电缆,其绝缘或护套应具有非延燃性。竖井内电缆多采用聚氯乙烯护套细钢丝铠装电力电缆,这种电缆能承受较大的拉力。

高层建筑中,低压电缆由低压配电室引出后,一般沿电缆隧道、电缆沟或电缆桥架进入电缆竖井,然后沿支架或桥架垂直上升。

电缆在竖井内沿支架垂直配线,采用的支架可按金属线槽用扁钢支架的样式在现场加工制作,支架的长度应根据电缆直径和数量而定。

扁钢支架与建筑物的固定应采用 M10×80 的膨胀螺栓紧固。每隔 1.5 m 设置一个支

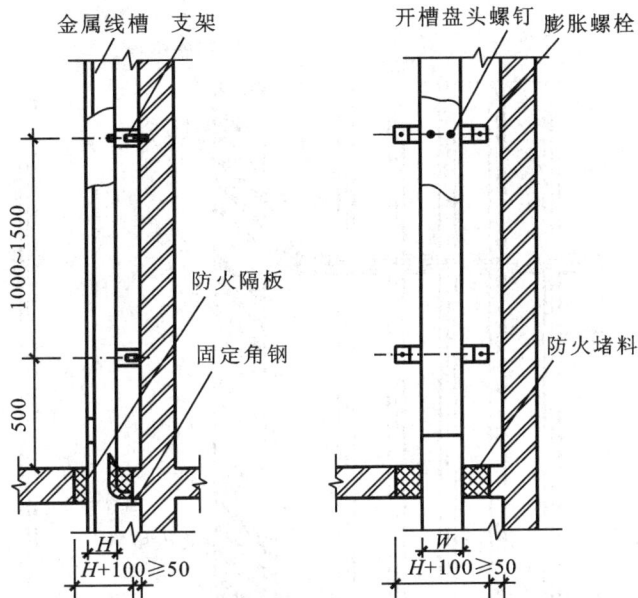

图 2-22　金属线槽沿墙穿楼板安装做法(单位:mm)

架,底部支架距楼(地)面的距离不应小于 300 mm。电缆在支架上的固定方法为采用与电缆外径匹配的管卡子进行固定,电缆之间的间距不应小于 50 mm。

电缆在穿过竖井楼板或墙壁时,应穿在保护管内并应采用防火隔板、防火墙料等做好密封隔离,电缆保护管两端管口空隙处应做密封隔离。电缆配线沿支架的垂直安装如图 2-23 所示。电缆在穿过楼板处时也可以配合土建施工在楼板内预埋保护管,电缆配线后,只在保护管两端电缆周围管口空隙处做密封隔离。小截面电缆在电气竖井内配线,还可以沿墙敷设,此时可使用双边管卡子或单边管卡子用 $\phi 6 \times 30$ mm 塑料胀管固定,如图 2-24 所示。

电缆配线垂直干线与分支干线的连接,常采用"T"接方法。为了接线方便,树干式配电系统电缆应尽量采用单芯电缆,单芯电缆"T"接采用专门的"T"接头,由两个近似半圆的铸铜 U 形卡构成,两个 U 形卡卡住电缆芯线,两端用螺栓固定,其中一个 U 形卡上带有固定引出导线接线耳的螺孔及螺钉。单芯电缆"T"形接头大样如图 2-25 所示。

为了减少单芯电缆在支架上的感应涡流,固定单芯电缆应使用单边管卡子。采用四芯或五芯电缆的树干式配电系统电缆,在连接支线时,进行"T"接是电缆敷设中常遇到的一个比较难以处理的问题。如果在每层断开电缆,在楼层开关上采用共头连接的方法,会因开关接线桩头小而无法施工;如果改为电缆端头用铜接线端子(线鼻子)三线共头,会因铜接线端子截面有限而使导线载流量降低。在这种情况下,可以在每层加装接线箱,从接线箱内分出支线到各层配电盘,但需要增加一定的设备投资。

有些工程把四芯电缆断开后,采用高压用的接线夹接"T"接支线,这种做法不但不美观,而且断缆处太多,影响供电的可靠性。最不利的是把四芯电缆芯线交错剥开绝缘层,把"T"接支线连接于主干线上,然后用喷灯挂锡,最后用绝缘带包扎。这种做法虽然较简单易行,但由于接头被焊死,不便于拆除检修,另外,使用喷灯挂锡时,一不小心会损坏邻近芯线的绝缘。

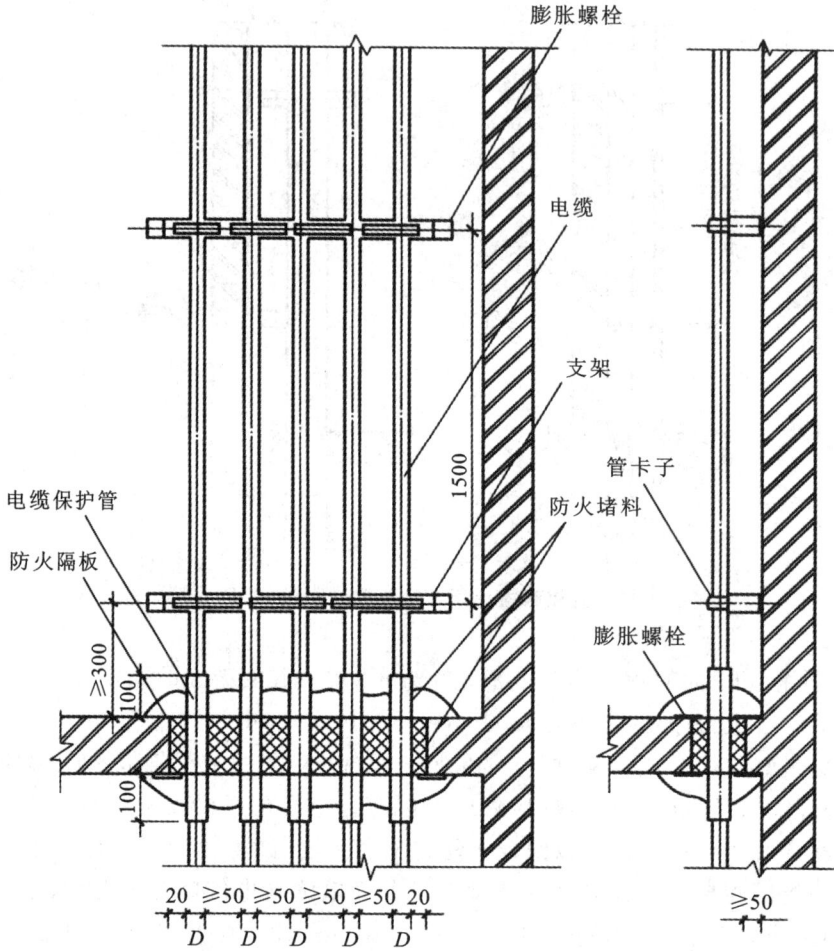

图 2-23 电缆配线沿支架的垂直安装(单位:mm)

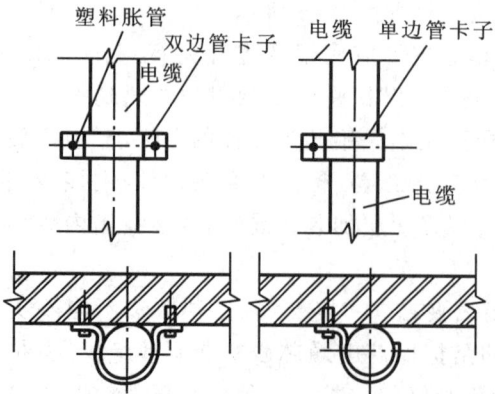

图 2-24 电缆沿墙固定

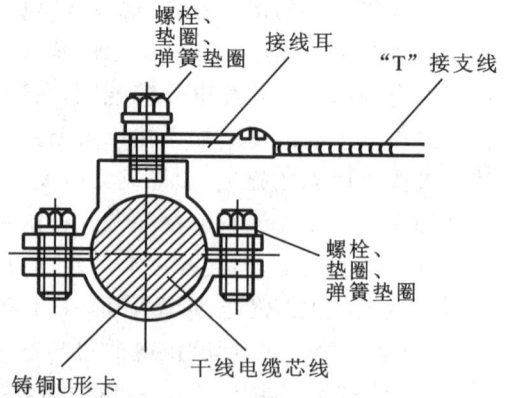

图 2-25 单芯电缆"T"形接头大样

上述各种方法,都存在一定的不足之处。因此,对于树干式电缆配电系统,为了连接方便,应尽可能采用单芯电缆。

对于简单的多层建筑,可以采用专用"T"形接线箱,其线路图如图 2-26 所示。

在高层建筑中,可以采用一种预制分支电缆作为竖向供电干线,预制分支电缆装置由上端支承、模压分支接线、垂直主干电缆、分支电缆、安装时配备的固定夹等组成,如图 2-27 所示。

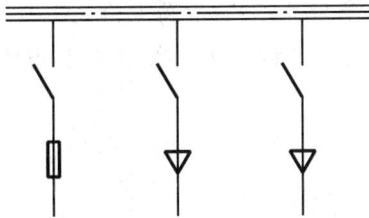

图 2-26　"T"形接线箱线路图

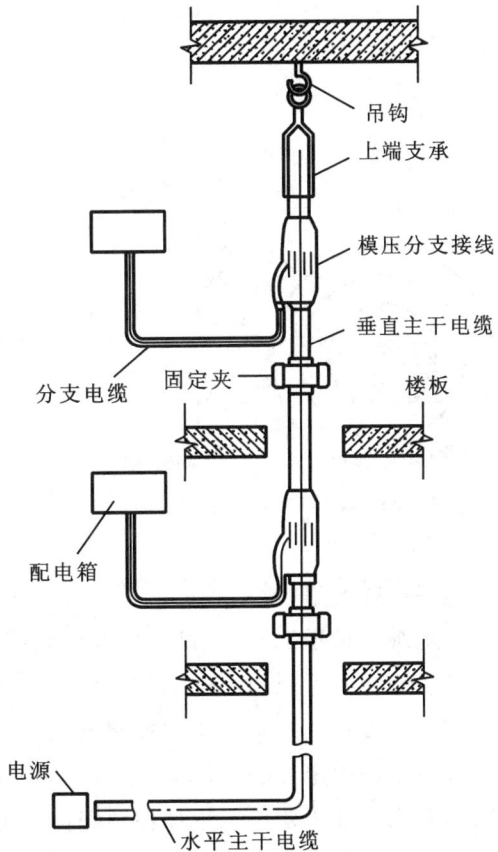

图 2-27　预制分支电缆装置

预制分支电缆装置分为单相双线、单相三线、三相三线、四相四线等几种。主干电缆和分支电缆都是导线为 XLPE 交联聚乙烯绝缘的铜芯导线、外护套为 PVC 材料的低压电缆。单芯电缆结构如图 2-28 所示。

预制分支电缆装置的垂直主干电缆和分支电缆之间采用模压分支连接,如图 2-29 所示。电缆的分支连接件采用 PVC 合成材料注塑而成。电缆的 PVC 外护套和注塑的 PVC 连接件接合在一起形成气密层和防水层。

预制分支电缆装置的分支连接及主电缆顶端处的悬吊部件制作都在工厂中进行,这使电缆分支接头的施工质量得到保证,并可以解决目前工地上难以保证的大规格电缆分支接头的质量问题。

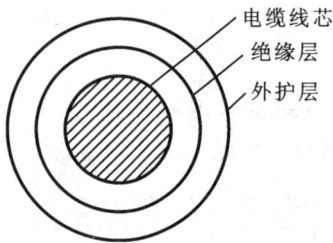

图 2-28 单芯电缆结构

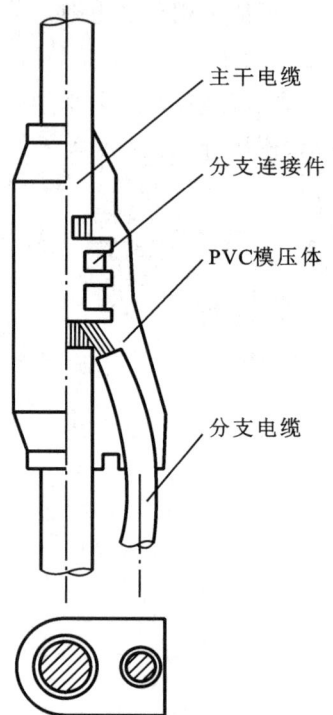

图 2-29 模压分支连接

5.电缆桥架配线

低压电缆由低压配电室引出后,可沿电缆桥架进入电缆竖井,然后沿桥架垂直上升。

电缆桥架特别适合全塑电缆的敷设。桥架不仅可以用于敷设电力电缆和控制电线,而且可以用于敷设自动控制系统的控制电缆。

电缆桥架的固定方法有很多,较常见的是用膨胀螺栓固定,这种方法施工简单、方便、省力、准确,省去了在土建施工中预埋预埋件的工作。

电缆桥架的梯架在竖井内垂直安装时,梯架在竖井墙体上用∟40×4 角钢制成的三角形角钢支架和同规格的角钢固定,在竖井楼板上用两根槽钢和∟40×4 角钢支架固定,如图 2-30 所示。

敷设在垂直梯架上的电缆采用塑料电缆卡子固定。

电缆桥架在穿过竖井时,应在竖井墙壁或楼板处预留洞口。配线完成后,洞口处应用防火隔板及防火堵料隔离。防火隔板可采用矿棉半硬板 EF-85 型耐火隔板或用厚 4 mm 的钢板热煨制。

6.封闭母线配线

高层建筑中的供电干线,在干线容量较大时推荐使用封闭母线。

封闭母线由工厂成套生产,可向工厂订购。封闭母线是一种用组装插接方式引接电源的新型电气配电装置,它具有配电设计简单、安装快速方便、使用安全可靠、简化供电系统、寿命长、外观美等优点,并且其综合经济效益大大高于其他传统布线方式。

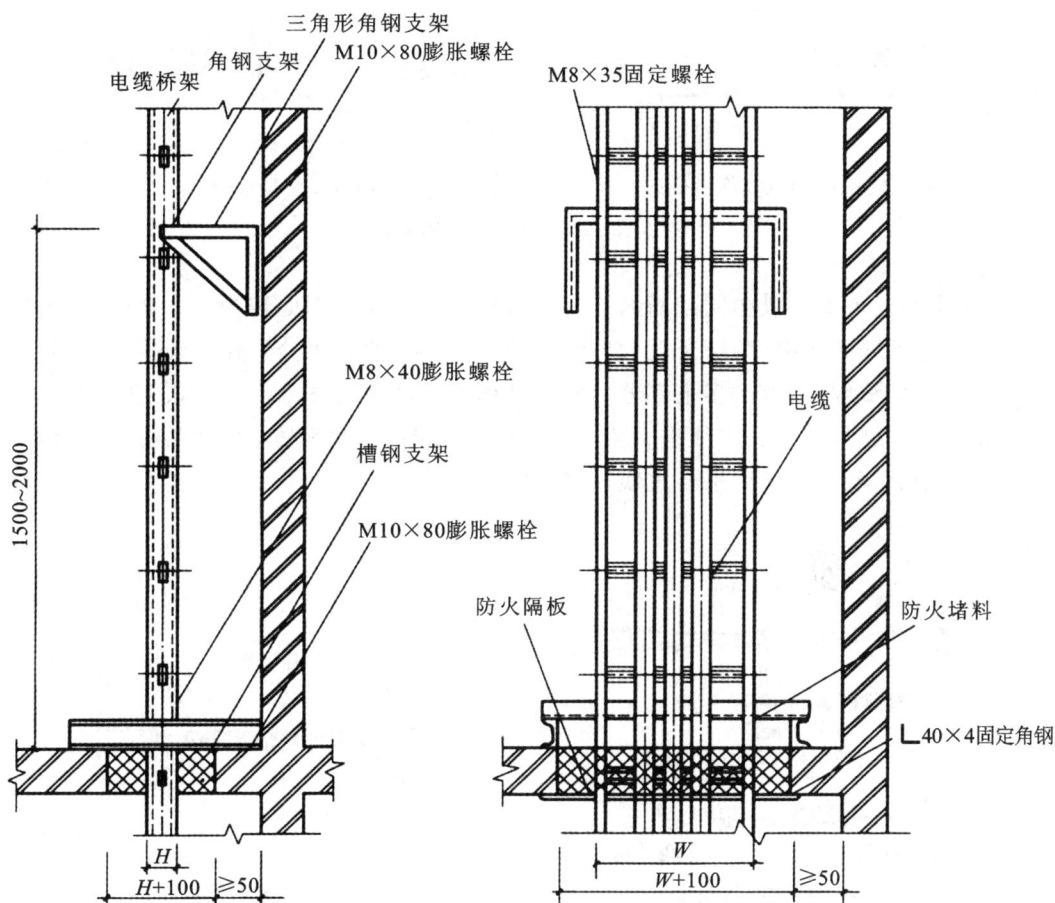

图 2-30　竖井内电缆桥架垂直安装

任务 2.6　绝缘导线的连接

2.6.1　铜导线的连接

1)单股铜线的连接法

截面面积小于 6 mm² 的单股铜线,一般多采用铰接法连接。截面面积超过 6 mm² 的单股铜线,常采用绑接法连接。

(1)铰接法

铰接时先将导线互绞 3 圈,然后将导线两端端头分别在另一线上紧密地缠绕 5 圈,余线割弃,使端部都紧贴导线。铰接连接直线连接接头如图 2-31(a)所示。图 2-31(b)所示为铰接连接分支连接接头,铰接时,先用手将支线在干线上粗绞 1～2 圈,再用钳子紧密缠绕 5 圈,余线割弃。

(2)绑接法

绑接连接直线连接接头如图 2-32(a)所示,绑接时,先将两线头用钳子弯起一些,再并在

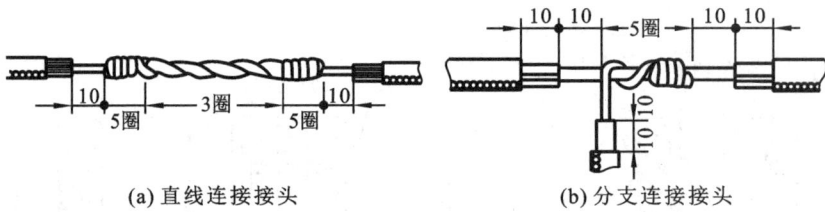

(a) 直线连接接头   (b) 分支连接接头

图 2-31 单股铜线的铰接连接

一起(有时中间还可加一根相同截面的辅助线),然后用一根截面面积为 $1.5~\text{mm}^2$ 的裸铜线作为绑线从中间开始缠绑,缠绑长度为导线直径的 10 倍,两头再分别在一线芯上缠绑 5 圈,余下线头与辅助线绞合,剪去多余部分。较细导线可不用辅助线。图 2-32(b)为绑接连接分支连接接头,绑接时,先将分支线进行直角弯曲,将其端部也稍弯曲,然后将两线并合,用单股裸铜线紧密缠绕,方法及要求与直线连接相同。

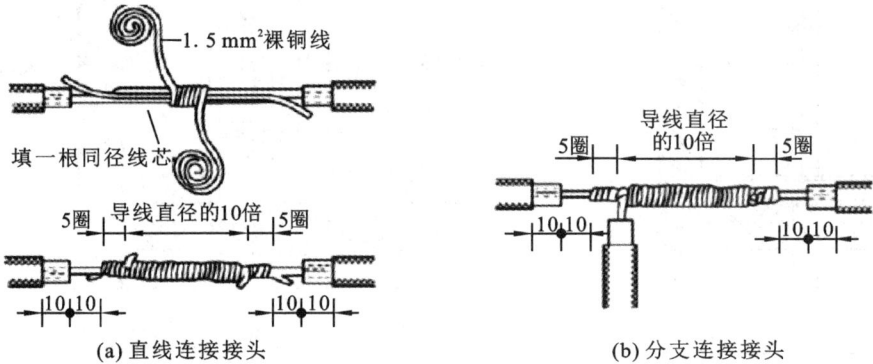

(a) 直线连接接头   (b) 分支连接接头

图 2-32 单股铜线的绑接连接

2)多股铜线的连接法

(1)多股铜线的直线铰接连接

先将导线线芯顺次解开,呈 30°伞状,用钳子逐根拉直并剪去中心一股,再将各张开的线端相互交叉插入,根据线径大小,选择合适的缠绕长度,把张开的各线端合拢。取任意两股同时缠绕 5~6 圈后,另换两股把原来两股压住或割弃,缠 5~6 圈后再两股缠绕,如此下去,一直缠至导线解开点,剪去余下线芯,并用钳子敲平线头。另一侧也同样缠绕,做法如图 2-33 所示。

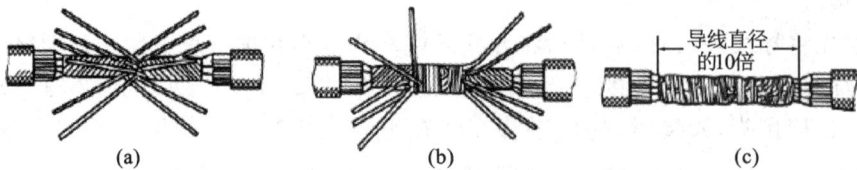

(a)   (b)   (c)

图 2-33 多股铜线的直接铰接连接法

（2）多股铜线的分支铰接连接

分支铰接连接时，先将分支导线端头松开，拉直、擦净后分为两股，各弯曲 90°，贴在干线下。先取一股，用钳子缠绕 5 圈，余线压在里档或割弃，再换一股，依此类推，直至缠至距绝缘层15 mm。另一侧依法缠绕，不过方向应相反，如图 2-34 所示。

3）单股铜线在接线盒内的并接

3 根及以上单股导线的线盒内并接在现场的应用是较多的（如多联开关的电源相线的分支连接）。在进行连接时，应将连接线端相并合，在距导线绝缘层 15 mm 处用其中一根芯线，在其连接线端缠绕 5 圈后剪断缠绕线，把被缠绕线余线头折回并压在缠绕线上。3 根及以上单芯线并接如图 2-35 所示。

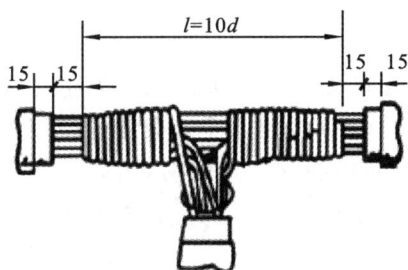

图 2-34 铰接分支接头

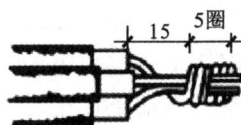

图 2-35 3 根及以上单芯线并接

铜导线的连接无论采用哪种方法，导线连接后均应焊锡，使溶解的焊剂流入接头的各个部位，使接头增加机械强度和具备良好的导电性能，避免锈蚀。16 mm^2 及以上的铜导线接头上锡一般是将锡放在锡罐内加热熔化，把接头伸到锡罐内上锡。

2.6.2 铝导线的连接

在室内配线工程中，绝缘铝导线已很少碰到。截面面积为 10 mm^2 及以下的单股铝导线，主要以铝套管进行局部压接，铝套管的结构如图 2-36（a）所示。用压接钳压接后的压接规格如图 2-36（b）所示。

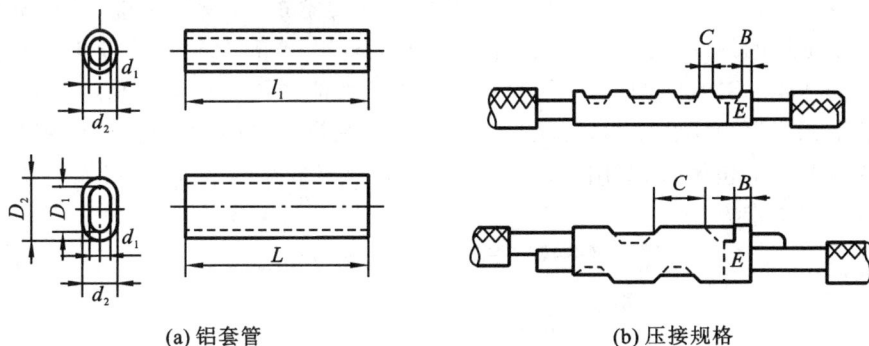

(a) 铝套管

(b) 压接规格

图 2-36 铝套管及压接规格

单股铝线的分支连接和并头连接，均可采用压接法，如图 2-37 所示。

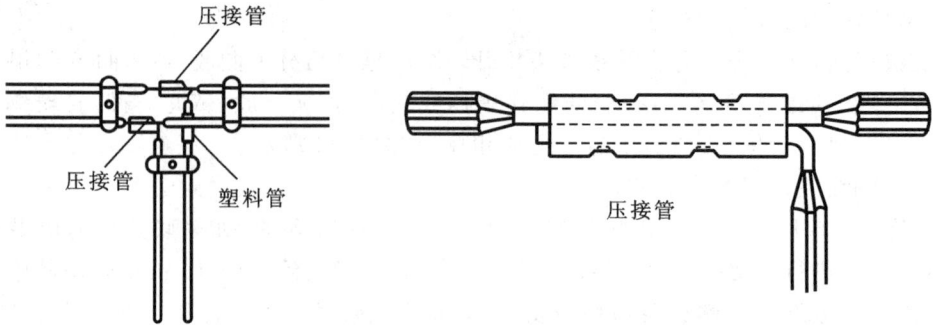

图 2-37 用压接法进行分支连接

2.6.3 导线与设备端子的连接

截面面积为 10 mm² 及以下的单股铜(铝)导线可直接与设备接线端子连接,如图 2-38 所示。线头弯曲的方向一般为顺时针方向,圆圈的大小应适当,而且根部的长短也要适当。截面面积为 2.5 mm² 及以下的多股铜芯导线与设备接线端子连接时,为防止线端松散,可在导线端部搪上一层焊锡,使其像整股导线一样,再弯成圆圈,连接到接线端子上,也可压接端子后再与设备端子连接。

多股铝导线和截面面积为 2.5 mm² 及以上的多股铜芯导线,在线端与设备连接时应装设接线端子(俗称线鼻子),再与设备连接,如图 2-39 所示。

图 2-38 单股导线与电气设备连接图

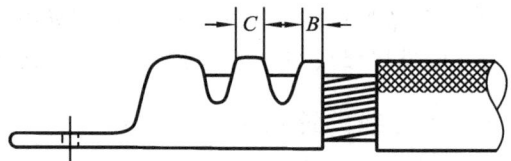

图 2-39 铝接线端子压接工艺尺寸图

2.6.4 恢复导线绝缘

所有导线线芯连接好后,均应采用绝缘带包缠均匀紧密,以恢复绝缘,其绝缘强度不应低于导线原绝缘层的绝缘强度。经常使用的绝缘带有黑胶带、自粘性橡胶带、塑料带等,应根据接头处的环境和对绝缘的要求,结合各绝缘带的性能选用。包缠时采用斜叠法,使每圈压叠带宽的半幅。第一层绕完后,再从另一斜叠方向缠绕第二层,使绝缘层的缠绕厚度达到电压等级绝缘要求。包缠时,要用力拉紧,使之包缠紧密坚实,以免潮气侵入。图 2-40 所示为正确的包缠绝缘带方法。

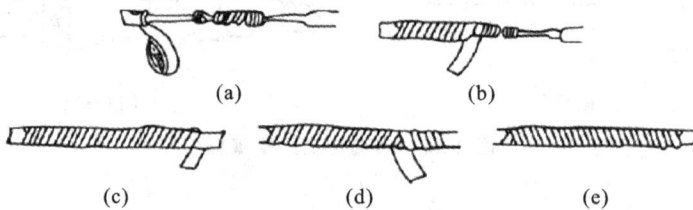

图 2-40 包缠绝缘带

任务 2.7　架空线路工程

2.7.1　架空配电线路的结构

架空配电线路主要是由基础、电杆、横担、导线、拉线、绝缘子及金具等组成的。电杆装置如图 2-41 所示。

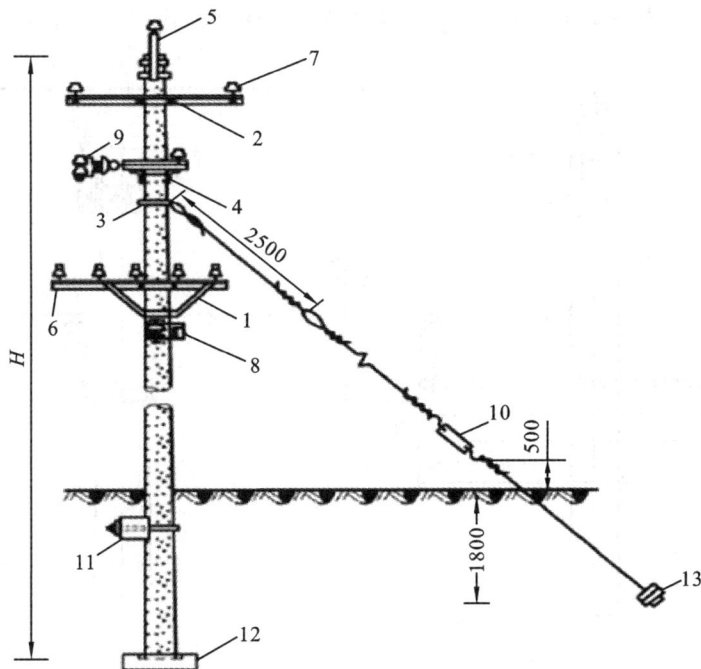

图 2-41　钢筋混凝土电杆装置示意图

1—低压五线横担；2—高压二线横担；3—拉线抱箍；4—双横担；5—杆顶支座；6—低压针式绝缘子；7—高压针式绝缘子；
8—蝶式绝缘子；9—悬式绝缘子及高压蝶式绝缘子；10—花篮螺丝；11—卡盘；12—底盘；13—拉线盘

1. 电杆基础

所谓电杆基础,是对电杆地下部分的总体称呼。它由底盘、卡盘和拉线盘组成,作用主要是防止电杆因承受垂直荷载、水平荷载及事故荷载等产生上拔、下压,甚至倾倒现象。是否装设三盘,应依据设计和现场具体情况决定。底盘、卡盘和拉线盘外形如图 2-42 所示。它们一般为钢筋混凝土预制件,也可用天然石材代替。

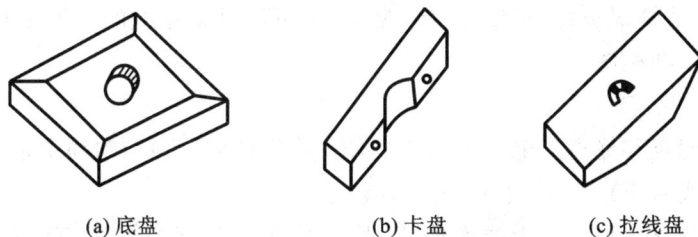

(a) 底盘　　　　　　　(b) 卡盘　　　　　　　(c) 拉线盘

图 2-42　底盘、卡盘和拉线盘外形

2.电杆及杆型

电杆是架空配电线路的重要组成部分,是用来安装横担、绝缘子和架设导线的。目前,普遍使用的电杆是钢筋混凝土电杆。

(1)直线杆(代号 Z)

直线杆也称中间杆(两个耐张杆之间的电杆),位于线路的直线段上,仅用于支持导线、绝缘子及金具。在正常情况下,电杆只承受导线的垂直荷载和风吹导线的水平荷载(有时尚需考虑覆冰荷载),而不承受顺线路方向的导线的拉力。在架空配电线路中,电杆大多数为直线杆,一般占全部电杆数的 80% 左右。直线杆杆顶结构如图 2-43 所示。

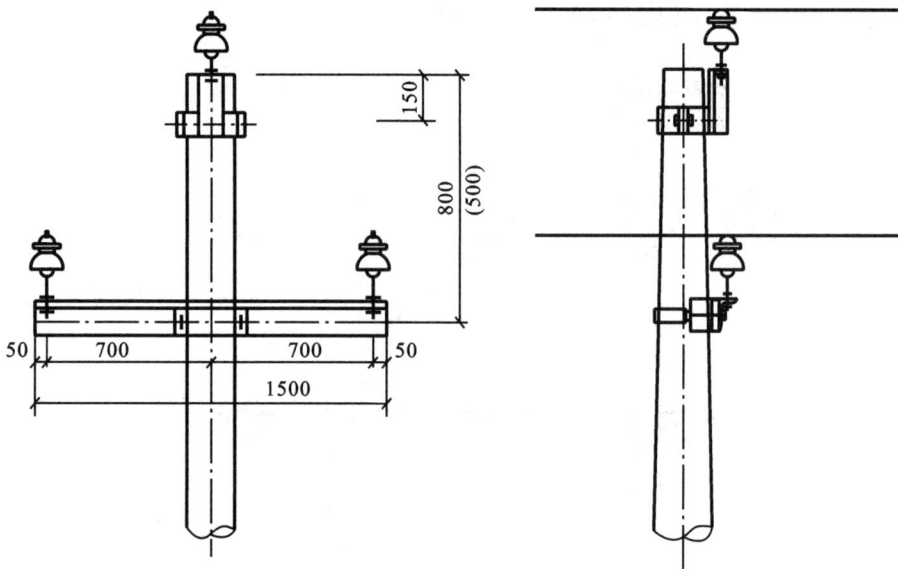

图 2-43 直线杆杆顶结构

(2)耐张杆(代号 N)

当架空配电线路发生断线事故时,会导致倒杆事故的发生。为了减少倒杆数量,应每隔一定距离装设一个机械强度比较大、能够承受导线不平衡拉力的电杆,这种电杆俗称耐张杆。设置耐张杆不仅能起到将线路分段和控制事故范围的作用,而且能给施工中分段进行架线带来很多方便,如图 2-44 所示。

(3)转角杆(代号 J)

设在线路转角处的电杆通常称为转角杆。转角杆杆顶结构形式要视转角大小、档距长短、导线截面等具体情况决定,可以是直线型的,也可以是耐张型的。图 2-45 所示为双担直线型转角杆的杆顶结构图。

(4)终端杆(代号 D)

设在线路的起点和终点的电杆称为终端杆。终端杆的杆顶结构和耐张杆相似。

(5)分支杆(代号 F)

分支杆位于分支线路与主干线连接处,对主干线而言,该杆多为直线型和耐张型;对分支线路而言,该杆相当于终端杆。

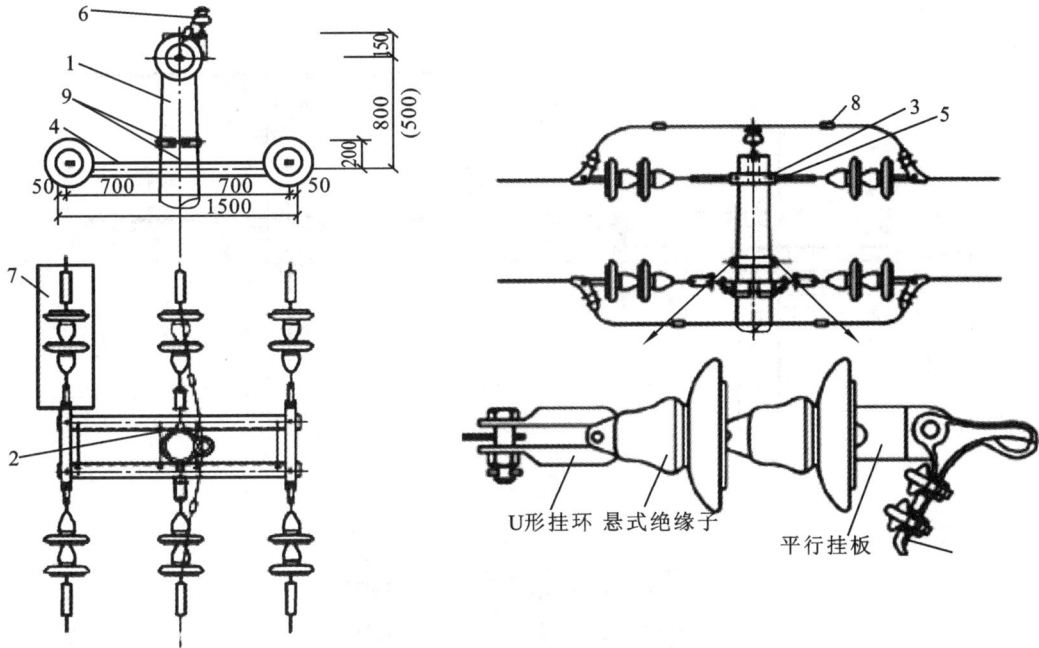

U形挂环　悬式绝缘子　　　　　平行挂板

序号	名称	规格			单位	数量
1	电杆	ϕ150	ϕ170	ϕ190	根	1
2	M型抱铁	Ⅰ	Ⅱ	Ⅲ	个	2
3	杆顶支座抱箍	Ⅰ	Ⅱ	Ⅲ	副	1
4	横担				副	1
5	拉板				块	2
6	针式绝缘子	P-15(10)T			个	1
7	耐张绝缘子串				串	6
8	并沟线夹	B组			个	6
9	拉线				组	2

图 2-44　耐张杆杆顶结构图

（6）跨越杆（代号 K）

当配电线路与公路、铁路、河流、架空管道、电力线路、通信线路等交叉时,必须满足规范规定的交叉跨越要求。设在线路跨越障碍处的电杆称为跨越杆。

3. 导线

架空配电线路经常受到风、雨、雪、冰等各种载荷及气候的影响,还会受到空气中各种化学杂质的侵蚀,因此,导线应具备一定的机械强度和耐腐蚀性能。架空配电线路常用裸绞线的种类有裸铜绞线（TJ）、裸铝绞线（LJ）、钢芯铝绞线（LGJ）及铝合金线（HLJ）。低压架空配电线路也会采用绝缘导线。

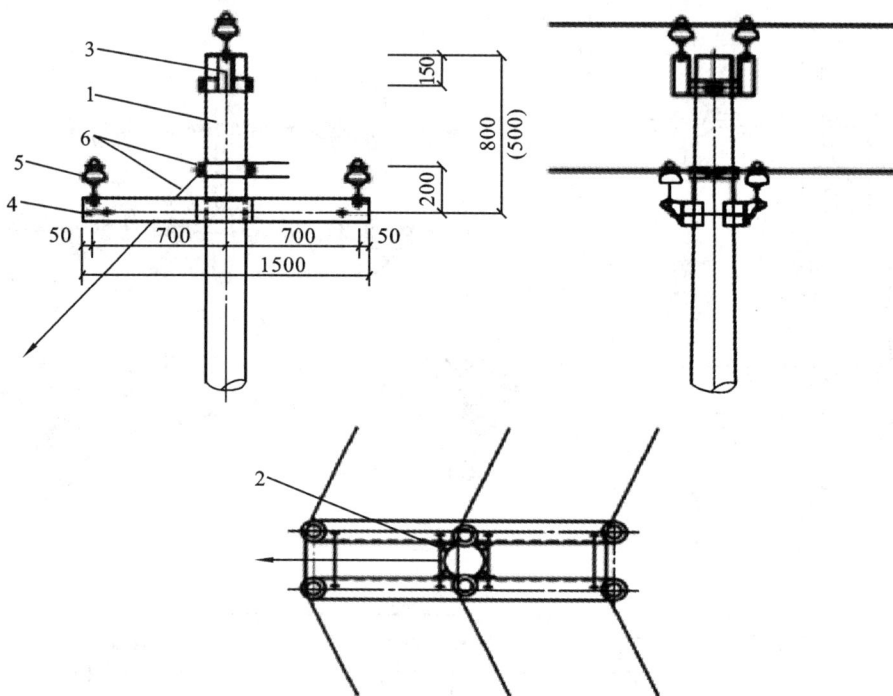

序号	名称	规格			单位	数量
1	电杆	$\phi150$	$\phi170$	$\phi190$	根	1
2	M型抱铁	Ⅰ	Ⅱ	Ⅲ	个	2
3	杆顶支座抱箍	Ⅰ	Ⅱ	Ⅲ	副	1
4	横担				副	1
5	针式绝缘子				个	6
6	拉线索	P-15(10)T			组	1

图 2-45 转角杆杆顶结构图

4. 横担

架空配电线路的横担较为简单,其装在电杆的上端,用来安装绝缘子、固定开关、避雷器等电气设备。

5. 绝缘子

绝缘子(俗称瓷瓶)用来固定导线并使导线与导线、导线与横担、导线与电杆间保持绝缘,同时承受导线的垂直荷载和水平荷载。

(1)架空配电线路常用绝缘子

架空配电线路常用绝缘子有针式绝缘子、蝶式绝缘子、悬式绝缘子及拉紧绝缘子。针式绝缘子主要用于直线杆上,外形见图 2-46;蝶式绝缘子主要用于 10 kV 及以下线路终端杆及耐张杆上,一般应与悬式绝缘子配合使用,外形见图 2-47;悬式绝缘子外形见图 2-48。

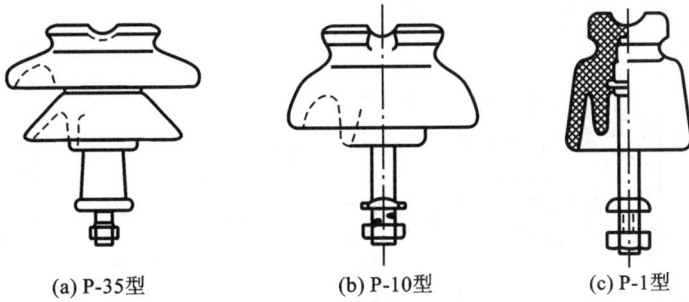

(a) P-35型   (b) P-10型   (c) P-1型

图 2-46　针式瓷绝缘子

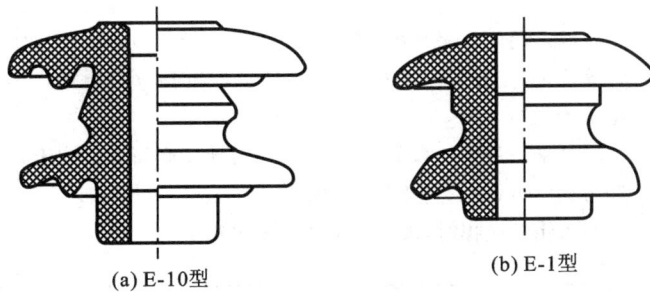

(a) E-10型   (b) E-1型

图 2-47　蝶式瓷绝缘子

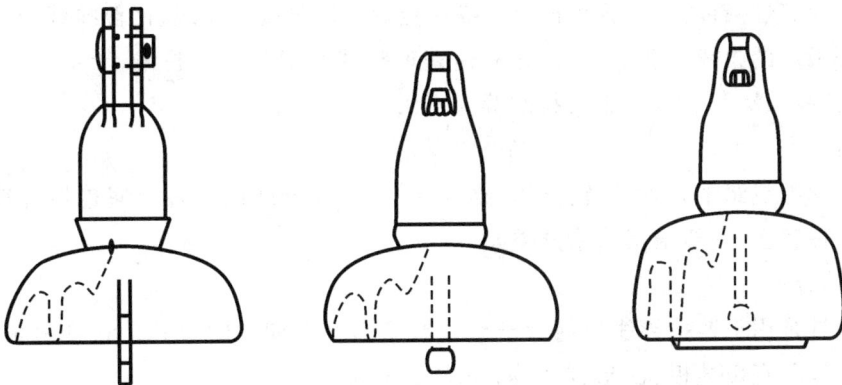

图 2-48　悬式瓷绝缘子

（2）绝缘子选择

绝缘子是线路的重要组成部分，对线路的绝缘强度和机械强度有着直接影响。合理选择线路的绝缘子，对保证架空线路的安全可靠运行起着重要作用。绝缘子选择应依据其绝缘强度、导线规格、档距大小及杆型等，参见表 2-18 所示。

表 2-18　架空线路绝缘子选择

杆型		电压等级		
		高压		低压
直线杆		1.应考虑采用瓷横担绝缘子; 2.采用针式绝缘子时的选型如下:		一般采用 PD 型低压针式绝缘子或 ED 型蝶式绝缘子
		电压	铁横担	木横担
		6 kV 10 kV	P-10T P-15T	P-6M P-10M
转角杆	15°及以下	高压针式绝缘子或瓷横担绝缘子		低压针式绝缘子
	15°~30°	高压双针式绝缘子或双瓷横担绝缘子		低压双针式绝缘子
	30°以上	1.应采用两个耐张型绝缘子相结合,绝缘子型号应根据计算确定,一般采用 XP-7 型悬式绝缘子和 E-1(2)型蝶式绝缘子相结合; 2.可采用悬式绝缘子加耐张线夹,对导线截面面积大于 70 mm² 的线路只能采用此方式; 3.采用铁横担时,需采用两片悬式绝缘子		
耐张杆与终端杆				应采用 ED 型蝶式绝缘子

6.拉线

拉线用来平衡电杆各方向的拉力以防止电杆弯曲或倾倒,因此,在承力杆上,均须装设拉线。为了防止电杆被强大的风力刮倒或冰凌荷载的破坏作用,以及在土质松软地区增强线路电杆的稳定性,有时也在直线杆上每隔一定距离装设抗风拉线(两侧拉线)或四方拉线。线路中使用最多的拉线是普通拉线,还有由普通拉线组成的人字拉线、十字拉线,以及水平拉线(过道拉线)、V 形拉线和自身拉线等。

7.金具

在架空配电线路中,用来固定横担、绝缘子、拉线及导线的各种金属连接件统称为线路金具。其品种较多,一般根据用途分类如下。

(1)联结金具

联结金具是用于连接导线与绝缘子或绝缘子与杆塔横担的金具。它有耐张线夹、碗头挂板、球头挂环、直角挂板、U 形挂环等,如图 2-49 所示。

(2)接续金具

接续金具是用于接续断头导线的金具,如接续导线的各种铝压接管以及在耐张杆上连通导线的并沟线夹等。

(3)拉线金具

拉线金具是用于拉线的连接和承受拉力的金具,如楔形线夹、UT 线夹、花篮螺栓等。

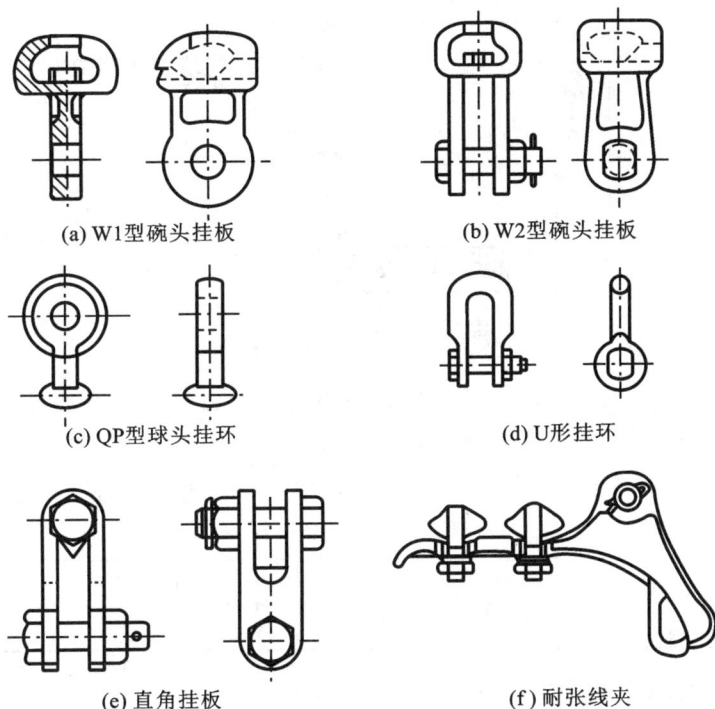

(a) W1型碗头挂板 (b) W2型碗头挂板

(c) QP型球头挂环 (d) U形挂环

(e) 直角挂板 (f) 耐张线夹

图 2-49 常用联结金具

2.7.2 架空配电线路安装

1. 架空配电线路安装施工程序

架空配电线路安装施工的主要内容包括线路测量定位、基础施工、杆顶组装、电杆组立、拉线组装、导线架设及弛度观测、杆上设备安装和接户线安装等。

施工过程应按以下程序进行。

(1)线路方向和杆位及拉线坑位测量埋桩后,经检查确认,才能挖掘杆坑和拉线坑。

(2)杆坑、拉线坑的深度和坑型经检查确认后,才能立杆和埋设拉线盘并进行架线和杆上设备安装。

(3)杆上高压电气设备交接试验合格才能通电。

(4)架空线路做绝缘检查,并且经单相冲击试验合格才能通电。

(5)架空线路的相位经检查确认后才能与接户线连接。

2. 线路测量及电杆定位

线路测量及电杆定位通常根据设计部门提供的线路平面图、断面图和杆塔明细表,从始端桩位开始安置经纬仪,向前方逐基定位。对于 10 kV 及以下的配电线路,因耐张段及档距均较短,杆型结构也比较简单,可不使用经纬仪,仅用数支标杆即可用目测进行定位。杆坑剖面示意图如图 2-50 所示。

3. 挖坑

挖坑工作是劳动强度较大的体力劳动。挖坑使用的工具一般是锹、镐、长勺等,用人力挖坑取土。多年来,各地在挖坑方面曾做过一些改革:有在工具上进行改革的,如使用夹铲、

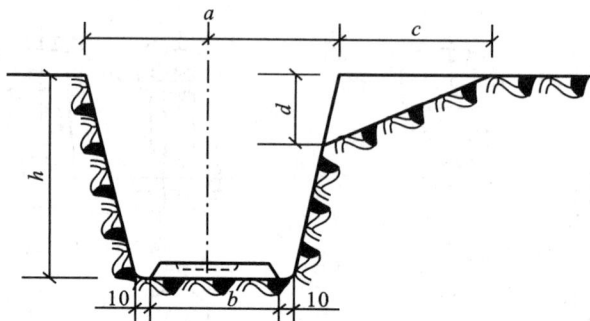

图 2-50 杆坑剖面示意图

螺旋钻;也有在挖坑方式上进行改革的,如采用爆破方式等。但它们都有一定的适用范围,目前人力挖坑仍是应用较为普遍的施工方式。

电杆埋设深度可按 $h = l/10 + 0.7$ 计算,也可按表 2-19 中的数值选择。

表 2-19 电杆埋深表

杆长/m	8.0	9.0	10.0	11.0	12.0	13.0	15.0
埋深/m	1.5	1.6	1.7	1.8	1.9	2.0	2.3

4. 电杆组装、绝缘子安装及立杆

1)电杆组装

架空线路的杆塔具有高、大、重的特点,起立杆塔基本上可分为整体起立和分解起立两种。整体起立杆塔的优点是绝大部分组装工作可在地面上进行,高空作业量少,施工比较安全、方便。架空配电线路应尽可能采用整体起立的方法。这就要求必须在起立之前,对杆塔进行组装。所谓组装,就是根据图纸及杆型组装杆塔本体、横担、金具、绝缘子等。

(1)钢筋混凝土电杆的连接

等径分段钢筋混凝土电杆和分段的环形截面锥形电杆,必须在施工现场进行连接。钢圈连接的钢筋混凝土电杆宜采用电弧焊接,其焊接示意图如图 2-51 所示。当采用气焊时,应满足下列规定。

①钢圈的宽度不应小于 140 mm。

②加热时间宜短,应采取必要的降温措施。焊接后,当钢圈与水泥黏接处附近的水泥产生宽度大于 0.05 mm 的纵向裂缝时,应补修。

③电石产生的乙炔气体,应经过过滤。采用电弧焊接时应由经过焊接专业培训并经考试合格的焊工操作,焊接时应遵循下列规定。

a. 焊接前,钢圈焊口上的油脂、铁锈、泥垢等物应清除干净。

b. 钢圈应对齐找正,中间留 2～5 mm 的焊口缝隙。当钢圈有偏心时,其错口不应大于 2 mm。

c. 焊口调整符合要求后,宜先点焊 3～4 处,然后对称交叉施焊。点焊所用焊条牌号应与正式焊接用的焊条牌号相同。

d. 当钢圈厚度大于 6 mm 时,应采用 V 形坡口多层焊接,焊接中应特别注意焊缝接头和收口的质量。多层焊缝的接头应错开。焊缝中严禁堵塞焊条或其他金属。焊缝应有一定的加强面,其高度和遮盖宽度应符合规定。

　　e.焊缝表面应呈平滑的细鳞形与基本金属平缓连接,无褶皱、间断、漏焊并不应有裂纹。基本金属咬边深度不应大于 0.5 mm,且不应超过圆周长的 10%。

　　f.在雨、雪、大风天气时,应采取妥善措施后才可施焊。施焊中电杆内不应有穿堂风。当气温低于 −20 ℃ 时,应采取预热措施,焊后应使温度缓慢下降,严禁用水降温。

　　④焊完后的整杆弯曲度不得超过电杆全长的 2/1000,超过时应割断重新焊接。

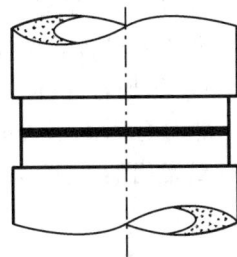

图 2-51　钢圈焊接示意图

　　⑤接头应按设计要求进行防腐处理。应将钢圈表面铁锈和焊缝的焊渣与氧化层除净,先涂刷一层红樟丹,干燥后再涂刷一层防锈漆。

　　(2)横担安装

　　高压架空配电线路导线采用三角形排列,最上层横担(单回路)距杆顶的距离宜为 800 mm,耐张杆及终端杆宜为 1000 mm,如图 2-43 至图 2-45 所示。低压架空线路导线采用水平排列,最上层横担距杆顶的距离不宜小于 200 mm。当高低压共杆或多回路多层横担时,各层横担间的垂直距离可参照表 2-20 选取。

表 2-20　多回路各层横担间最小垂直距离　　　　　　　　单位:mm

类别	直线杆	分支杆或转角杆
高压与高压	800	450/600
高压与低压	1200	1000
低压与低压	600	300

　　(3)杆顶支座安装

　　将杆顶支座的上、下抱箍抱住电杆,分别将螺栓穿入螺栓孔,用螺母拧紧固定。如果电杆上留有装杆顶支座的孔眼,则不用抱箍,可将螺栓直接穿入支座和电杆上的孔眼,用螺母拧紧固定。

　　2)绝缘子安装

　　杆顶支座及横担调整紧固好后,可安装绝缘子。安装前,应把绝缘子表面的灰垢、附着物及不应有的涂料擦拭干净,经过检查试验合格后,再进行安装。安装时应安装牢固、连接可靠、防止积水。

　　悬式绝缘子安装应符合下列规定。

　　①与电杆、导线、金具连接处,无卡压现象。

　　②耐张串上的弹簧销子、螺栓及穿钉应由上向下穿。当有特殊困难时,可由内向外或由左向右穿入。

　　③绝缘子裙边与带电部位的间隙不应小于 50 mm。

　　3)立杆

　　在架空配电线路施工中,常用的立杆方法如下。

　　(1)撑杆(架杆)立杆

　　对 10 m 以下的钢筋混凝土电杆可用 3 副架杆,轮换着将电杆顶起,使杆根滑入坑内。此立杆方法劳动强度较大。

（2）用吊车吊立杆

此方法可减轻劳动强度、加快施工进度,但只能在有条件停放吊车的地方使用。

（3）用抱杆立杆

抱杆分为固定式抱杆(独立抱杆或人字抱杆)和倒落式抱杆(人字抱杆)两种。此方法是立杆最常用的方法,如图 2-52 所示。

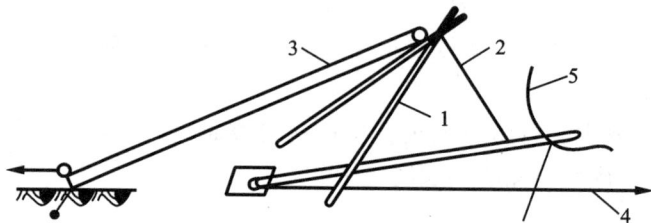

图 2-52　倒落式抱杆立杆示意图
1—抱杆;2—起吊钢绳;3—总牵引绳;4—制动钢绳;5—拉绳

5. 拉线安装

拉线的结构如图 2-53 所示。其整体由拉线抱箍、楔形线夹、钢绞线、UT 型线夹、拉线棒及拉线盘组成,组装图如图 2-54 所示。

安装完的拉线应符合下列规定。

①拉线的位置应正确,绝缘子及金具应齐全。

②拉线与地面的夹角应符合设计要求,一般宜为 45°,其偏差不应大于 3°。

③承力拉线应与线路方向的中心线对正,转角拉线应与线路分角线方向一致,防风拉线应与线路方向垂直。

④拉线应收紧,其收紧程度与杆上导线数量、规格及弧垂值相适配。

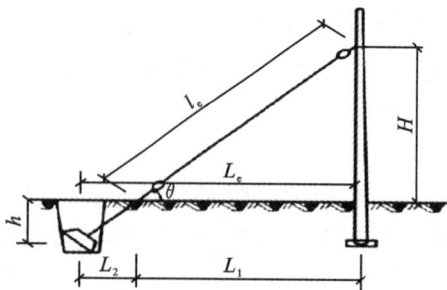

图 2-53　一般地形拉线

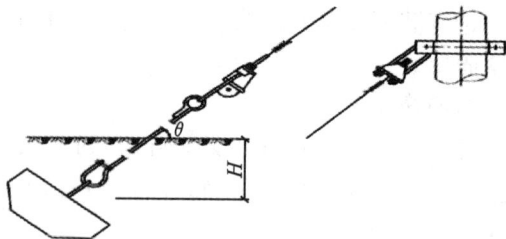

图 2-54　单钢绞线普通拉线组装

6. 导线与地面、建筑物的距离

导线与地面的最小距离,在最大计算弧垂情况下,应符合表 2-21 的规定。

表 2-21　导线与地面的最小距离　　　　单位:m

线路经过区域	最小距离		
	线路电压		
	3 kV 以下	3～10 kV	35～66 kV
人口密集地区	6.0	6.5	7.0
人口稀少地区	5.0	5.5	6.0
交通困难地区	4.0	4.5	5.0

导线与建筑物的垂直距离,在最大计算弧垂情况下,应符合表 2-22 的规定。

表 2-22　导线与建筑物间的最小垂直距离　　　　　　　　　单位:m

线路电压	3 kV 以下	3～10 kV	35 kV	66 kV
距离	3.0	3.0	4.0	5.0

7. 导线架设

导线架设通常包括放线、导线连接、紧线、弛度观测以及导线在绝缘子上的固定等内容。

1)放线

(1)做好放线前的准备工作

①查勘沿线情况,包括所有的交叉跨越情况,制订各交叉跨越处放线的具体措施并分别与有关部门取得联系;清除放线通路上可能损伤导线的障碍物或采取可靠的防护措施,避免擦伤导线;在通过能腐蚀导线的土壤和积水地区时,应有保护措施。

②全面检查电杆是否已经校正、是否有倾斜或缺件,若有,应纠正补齐。

③对于跨越铁路、公路、通信线路及不能停电的电力线路,应在放线前搭设跨越架,其材料可采用直径不小于 70 mm 的毛竹或圆木,用麻绳或铁线绑扎。

④将线盘平稳地放在放线架上,要注意出线端应从线盘上面引出,对准前方拖线方向。

⑤通知所有参加施工人员。

(2)有组织地进行放线

目前导线仍大多采用人力拖放,此法不用牵引设备及大量牵引钢绳,简便易行。拖放人员的安排,一般按平均每人平地负重为 30 kg、山地负重为 20 kg 进行考虑。

2)导线连接

导线由于受到制造长度的限制,有时不能满足线路长度的要求,有时存在破损或断股现象。在架线时,必须对导线进行必要的连接和修补。

3)紧线和弛度观测

架空配电线路的紧线工作和弛度观测是同时进行的。通常,紧线采用单线法、双线法或三线法。单线法是一线一紧,所用时间较长,但它使用最普遍。双线法是两根线同时一次收紧,施工中常用于同时收紧两根边导线。三线法是三根线同时一次收紧。

4)导线在绝缘子上的固定

导线在绝缘子上的固定方法通常有顶绑法、侧绑法、终端绑扎法以及用耐张线夹固定法。导线在直线杆针式绝缘子上的固定多采用顶绑法,有时由于针式绝缘子顶槽太浅而采用侧绑法。导线在转角杆针式绝缘子上的固定多采用侧绑法。

2.7.3　架空电力线路的过电压保护及接地

架空电力线路可采用下列过电压保护方式。

①66 kV 架空电力线路:年平均雷暴日数为 30 d 以上的地区,宜沿全线架设地线。

②35 kV 架空电力线路:进出线段宜架设地线,加挂地线长度一般为 1.0～1.5 km。

③3～10 kV 混凝土杆架空电力线路:在多雷区可架设地线或在三角排列的中线上架设避雷器;当采用铁横担时宜提高绝缘子等级。

小接地电流系统的设计应符合下列规定。

①无地线的杆塔在居民区宜接地,其接地电阻不宜超过 30 Ω。

②有地线的杆塔应接地。

③在雷雨季,当地面干燥时,杆塔的最大工频接地电阻不宜超过表 2-23 所列数值。

表 2-23　杆塔的最大工频接地电阻

土壤电阻率 ρ	$\rho<100$	$100\leqslant\rho<500$	$500\leqslant\rho<1000$	$1000\leqslant\rho<2000$	$\rho\geqslant2000$
工频接地电阻/Ω	10	15	20	25	30

2.7.4　杆上电气设备安装

1. 杆上变压器台及变压器台安装

(1)杆上变压器台的结构形式

杆上变压器台根据变压器容量大小,可分为单杆变压器台和双杆变压器台两种。双杆变压器台结构如图 2-55 所示。杆上变压器台根据变压器台在线路中的位置,可分为终端式(位于高压线路的终端)和通过式(位于高压线路中,高压线通过变压器台)两种。

(2)杆上变压器台安装要求

杆上变压器台一般适用于负荷较小的场所,变压器容量小,并且可深入负荷中心,因此,可减少电压损失和线路功率损耗。但变压器台应避免在转角杆、分支杆等杆顶结构比较复杂的电杆上装设,也应尽量避开车辆和行人较多的场所。

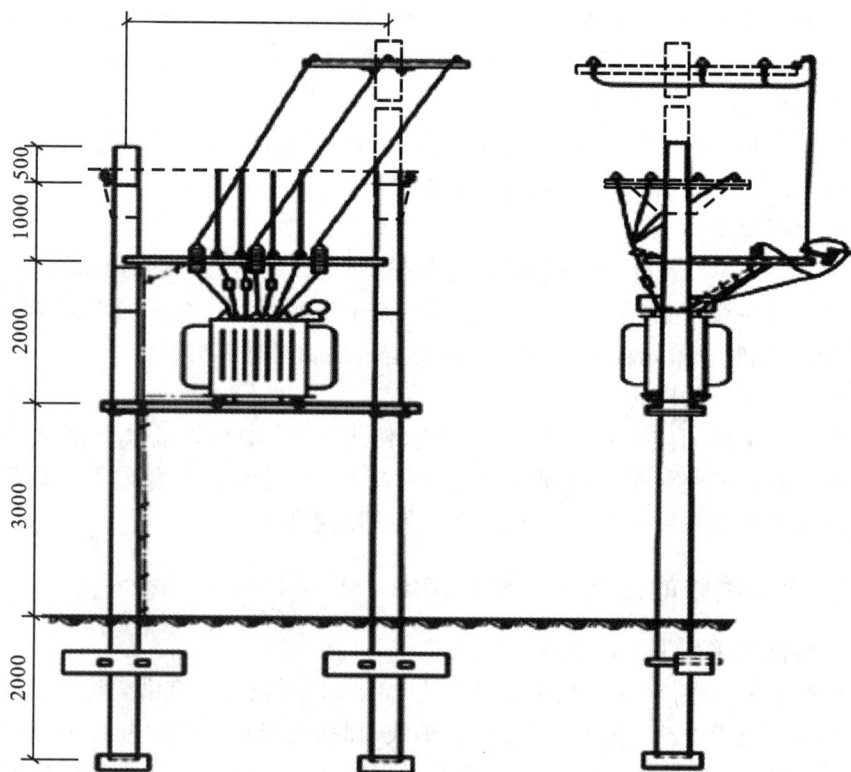

图 2-55　双杆变压器台结构

2. 跌落式熔断器安装

跌落式熔断器又称跌落式开关,常用的有 RW3-10(G)、RW4-10(G)、RW7-10 型等。熔断器由瓷绝缘子、接触导电系统和熔管三部分组成。图 2-56 所示为 RW3-10(G)型户外高压跌落式熔断器。它主要用于电压 10 kV、交流 50Hz 的架空配电线路及电力变压器进线侧做短路保护。在一定条件下可以分断与接通空载架空线路、空载变压器和小负荷电流。在正常工作时,熔丝使熔管上的活动关节锁紧,故熔管能在上触头的压力下处于合闸状态。

跌落式熔断器应安装在靠近变压器高压侧的开关横担上,通常是利用铁板和螺钉固定在角钢横担上,安装高度一般为 4～5 m。

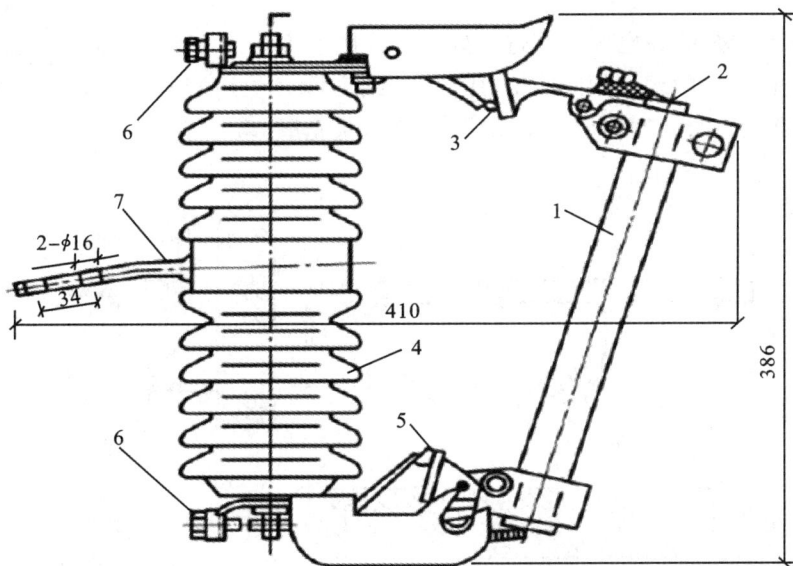

图 2-56 RW3-10(G)型跌落式熔断器外形
1—熔管;2—熔丝元件;3—上触头;4—绝缘瓷套管;5—下触头;6—端部螺栓;7—紧固板

3. 杆上油开关安装

杆上油开关安装多采用托架形式(DW5-10 型为悬挂式安装),在电杆导线横担下面装设双横担,将油开关装在双横担上并固定牢靠。托架安装应平整,以保证安装好的油开关水平倾斜度不大于托架长度的 1/100;油开关安装应牢固可靠。油开关引线与架空导线的连接应采用并沟线夹或绑扎。绑扎时,绑扎长度不应小于 150 mm,绑扎应紧密,开关外壳应妥善接地。

2.7.5 接户线安装

接户线是指从架空线路电杆上引到建筑物电源进户点前第一支持点的一段架空导线。接户线按其电压等级可分为低压接户线和高压接户线。接户线安装应满足设计要求。

1. 低压接户线

低压接户线一般应从靠近建筑物且便于引线的一根电杆上引下来,但从电杆到建筑物上导线第一支持点的距离不宜大于 25 m,否则不宜直接引入,应增设接户线杆。低压接户线一般宜采用绝缘导线,导线的架设应符合下列规定。

①低压架空接户线的线间距离:在设计未规定时,自电杆上引下者不应小于 200 mm,沿墙敷设者为 150 mm。安装后,在最大弛度情况下,与路面中心垂直距离不应小于下列规定:通车街道为 6 m;通车困难的街道、人行道、胡同(里、弄、巷)为 3.5 m。进户点的对地距离不应小于 2.5 m。

②接户线不宜跨越建筑物,如必须跨越时,在最大弛度情况下,与建筑物的垂直距离不应小于 2.5 m;当与建筑物有关部分接近时,也应保持在规定范围之内。

③低压架空接户线不应从 1～10 kV 引下线间穿过。当与弱电线路交叉时,其交叉距离不应小于下列数值:在弱电线路上方时,垂直距离为 600 mm;在弱电线路下方时,垂直距离为 300 mm。

④低压架空接户线在电杆上和进户处均应牢固地绑扎在绝缘子上,以避免松动脱落。

接户线在进户处的安装如图 2-57 所示,导线穿墙必须用套管保护,套管埋设应内高外低,以免雨水流入屋内。钢管可用防水弯头,管口应光滑,防止擦伤导线绝缘。

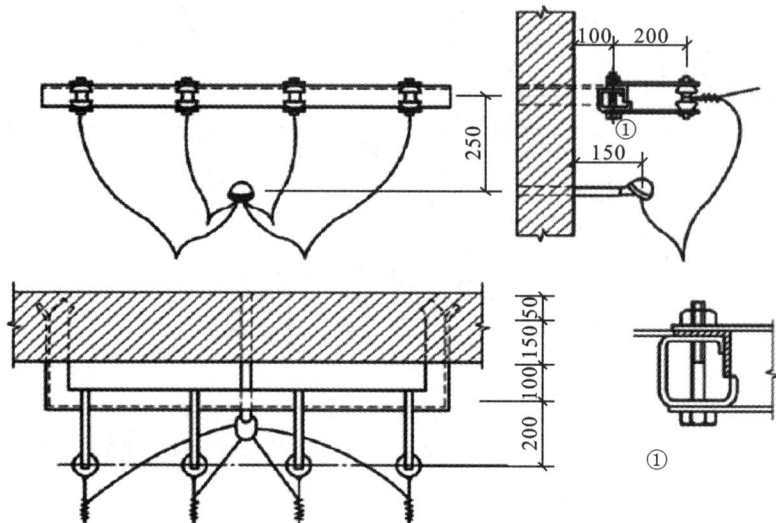

图 2-57　低压接户线安装做法

2.高压架空接户线

高压架空接户线安装应遵守高压架空配电线路架设的有关规定,需要注意以下三点。

①导线的固定。当导线截面较小时,一般可使用悬式绝缘子与蝶式绝缘子串联方式固定在建筑物的支持点上。

②高压架空接户线使用裸绞线,其最小允许截面面积为铜绞线 16 mm²、铝绞线 25 mm²。线间距离不应小于 450 mm。

③高压架空接户线在引入口处的最小对地距离不应小于 4.0 m。导线引入室内必须采用穿墙套管而不能直接引入,以防导线与建筑物接触,造成触电伤亡及发生接地故障,其安装做法如图 2-58 所示。

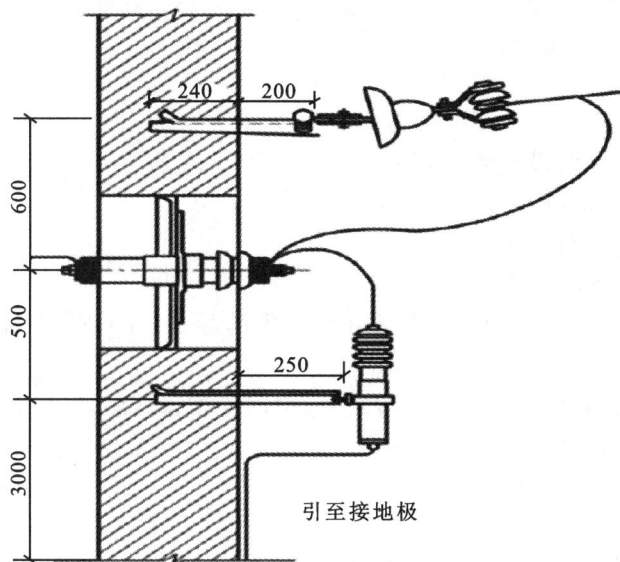

图 2-58 高压接户线安装做法

习　题　2

1. 选择题

(1) 穿焊接钢管敷设的文字标注为（　　）。

A. MT　　　　　　　　B. PC　　　　　　　　C. SC　　　　　　　　D. BS

(2) 管内配线时，管内导线包括绝缘层在内的总截面积应不大于管内截面积的（　　）%。

A. 20　　　　　　　　B. 30　　　　　　　　C. 40　　　　　　　　D. 50

(3) 在导线敷设部位的文字标注中，暗敷设在墙内标注为（　　）。

A. WS　　　　　　　　B. WC　　　　　　　　C. BC　　　　　　　　D. BS

(4) 管子入盒处的鸭脖弯尾端长度不应大于（　　）mm。

A. 120　　　　　　　　B. 150　　　　　　　　C. 200　　　　　　　　D. 250

(5) 当线路暗配时，弯曲半径不应小于管外径的 6 倍，当管子敷设于地下或混凝土楼板内时，其弯曲半径不应小于管外径的（　　）倍。

A. 8　　　　　　　　　B. 10　　　　　　　　C. 12　　　　　　　　D. 14

(6) 当线路明配时，弯曲半径不宜小于管外径的（　　）倍。

A. 4　　　　　　　　　B. 6　　　　　　　　　C. 8　　　　　　　　　D. 10

(7) 镀锌厚壁钢管与盒（箱）连接可采用焊接固定，管口宜突出盒（箱）内壁（　　）mm。

A. 2～7　　　　　　　B. 3～9　　　　　　　C. 3～5　　　　　　　D. 5～7

(8) 同类照明的多个分支回路可以同管敷设，但管内的导线总数不应超过（　　）。

A. 6　　　　　　　　　B. 8　　　　　　　　　C. 10　　　　　　　　D. 12

(9) 埋入建筑物、构筑物内的电线保护管与建筑物、构筑物表面的距离不应小于（　　）m。

A. 8　　　　　　　　　B. 10　　　　　　　　C. 12　　　　　　　　D. 15

(10)进入落地式配电箱的管路,排列应整齐,管口应高出基础面( )m。

A. 10~30　　　　　B. 20~40　　　　　C. 50~80　　　　　D. 大于 100

2. 简答题

(1)室内配线应遵循的基本原则有哪些?

(2)简述电缆桥架内敷设电缆的要求。

(3)电缆桥架安装有哪些规定?

(4)电缆桥架的形式有哪些?

(5)电缆支架的长度为多少?

(6)不同回路、不同电压等级和不同电流种类的导线,不得同管敷设,有哪几种情况除外?

(7)当管子长度每超过 8 m、有 3 个弯曲时,中间应增设接线盒,3 个弯曲是否包含管子入盒处的 90°曲弯或鸭脖弯?

(8)简述高层建筑竖井内配线的特点。

(9)直埋电缆敷设有哪些要求?

(10)电缆在电缆沟内支架上敷设有哪些规定?

(11)电缆梯架多层敷设时,其层间距离应符合哪些规定?

项目 3　变配电工程

任务 3.1　建筑供配电系统概述

建筑供配电系统是指解决建筑物所需电能的供应和分配的系统,是电力系统的组成部分。随着现代化建筑的出现,建筑的供电不再是一台变压器供几幢建筑物,而往往是一幢建筑物用一台乃至十几台变压器供电,供电变压器容量也增加了;在同一幢建筑物中常有一、二、三级负荷同时存在,这就增加了供电系统的复杂性。供电系统的组成基本一样,通常对于大型建筑或建筑小区,电源进线电压多采用 10 kV,电能先经过高压配电所,再由高压配电所将电能分送给各终端变电所。配电变压器将 10 kV 高压降为一般用电设备所需的电压(220 V/380 V),然后由低压配电线路将电能分送给各用电设备使用。有些小型建筑的用电量较小,仍可采用低压进线,此时只需要设置一个低压配电室,甚至只需要设置一台配电箱。

3.1.1　电力系统简介

电力系统是指由各种电压等级的电力线路将发电厂、变电所和电力用户联系起来的一个发电、输电、变电、配电和用电的整体。

图 3-1 为从发电厂到电力用户的送电过程示意图。

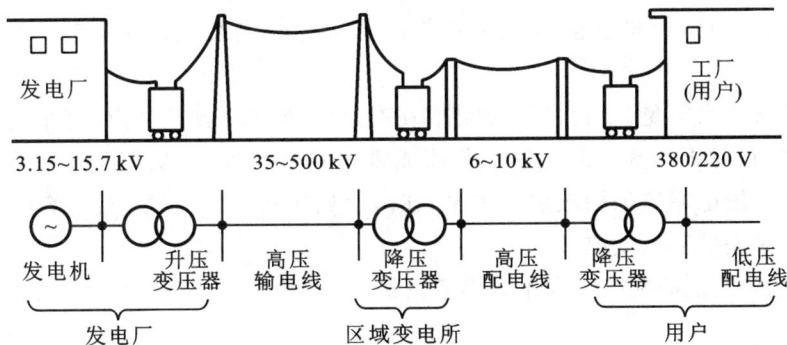

图 3-1　从发电厂到电力用户的送电过程

1. 变电所

变电所是指接收电能、改变电压并分配电能的场所,主要由电力变压器与开关设备等组成,是电力系统的重要组成部分。装有升压电力变压器的变电所叫作升压变电所,装有降压电力变压器的变电所叫作降压变电所。只接收电能、不改变电压,并且进行电能分配的场所叫作配电所。

2. 电力线路

电力线路是指输送电能的通道,其任务是把发电厂生产的电能输送并分配到用户,把发电厂、变配电所和电力用户联系起来。它由不同电压等级和不同类型的线路构成。输送电能的电压越高,电力线路的损耗越小。

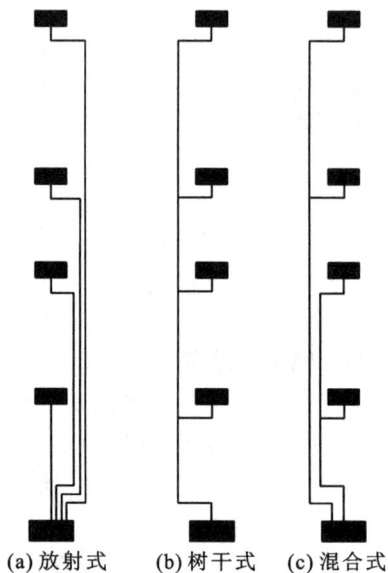

(a) 放射式　(b) 树干式　(c) 混合式

图 3-2　低压配电方式分类示意图

建筑供配电线路多数为 10 kV 线路和 380 V 线路,并有架空线路和电缆线路之分。

3. 低压配电系统

低压配电系统由配电装置(配电盘)及配电线路组成。低压配电方式有放射式、树干式及混合式等,如图 3-2 所示。

(1)放射式

放射式的优点是各负荷独立受电,因此故障范围一般仅限于本回路,线路发生故障需要检修时,只用切断本回路而不影响其他回路;回路中电动机启动所引起的电压波动,对其他回路的影响也较小。其缺点是所需开关设备和有色金属消耗量较多,因此,放射式配电一般多用于对供电可靠性要求高的负荷或大容量设备。

(2)树干式

树干式的特点正好与放射式相反。一般情况下,树干式采用的开关设备较少,有色金属消耗也较少,但干线发生故障时影响范围大,供电可靠性较低。树干式在机电加工车间、高层建筑中使用较多。

(3)混合式

在很多情况下,常采用放射式和树干式相结合的配电方式,称为混合式。

(4)配电方式的选择

当大部分用电设备为小容量时,宜采用树干式配电;在多层建筑物内,由总配电箱至各楼层配电箱,宜采用树干式配电;在高层建筑物内,向楼层各配电点供电时,宜采用分区树干式配电。

当用电设备为大容量、负荷性质重要或在有特殊要求的建筑物内,宜采用放射式配电;在多层建筑物内,对于容量较大的集中负荷或重要用电设备,应从配电室以放射式配电;楼层配电箱至用户配电箱应采用放射式配电;在高层建筑物内,楼层配电间或竖井内配电箱至用户配电箱应采用放射式配电。

另外,10 kV 系统的配电级数不宜多于两级。

3.1.2　负荷等级

电力负荷根据其重要性和一旦中断供电会在政治上、经济上所造成的损失或影响程度可分为以下三级。

1. 一级负荷

符合下列条件之一的,称为一级负荷。

①中断供电将造成人身伤害的负荷,如医院急诊室、监护病房、手术室等处的负荷。

②中断供电将在经济上造成重大损失的负荷,如中断供电将使重大设备损坏、重大产品报废、用重要原料生产的产品大量报废、国民经济中重点企业的连续生产过程被打断等的负荷。

③中断供电将影响重要用电单位的正常工作的负荷,如重要交通枢纽、重要通信枢纽、

重要宾馆、大型体育场馆、经常用于国际活动的大量人员集中的公共场所等单位中的重要负荷。

在一级负荷中,中断供电将造成人员伤亡或重大设备损坏,发生中毒、爆炸和火灾等情况的负荷,以及特别重要场所的不允许中断供电的负荷,应视为一级负荷中特别重要的负荷。

2. 二级负荷

符合下列条件之一的,称为二级负荷。

①中断供电将在经济上造成较大损失的负荷,如中断供电会使产品报废、连续生产过程被打断、重点企业大量减产、主要设备损坏等的负荷。

②中断供电将影响较重要用电单位的正常工作,如交通枢纽、通信枢纽等用电单位中的重要负荷,以及中断供电将造成大型影剧院、大型商场等较多人员集中的重要公共场所秩序混乱的负荷。

3. 三级负荷

不属于一、二级负荷者称为三级负荷。

在一个工业企业或民用建筑中,并不一定所有用电设备都属于同一等级的负荷,在进行系统设计时应根据其负荷等级分别考虑。

3.1.3 不同等级负荷对电源的要求

1. 一级负荷对电源的要求

(1)普通一级负荷

普通一级负荷应由双重电源供电,当一个电源发生故障时,另一个电源不应同时受到损坏。在我国目前的经济、技术条件和供电情况下,符合下列条件之一的,即认为满足一级负荷对电源的要求。

①电源来自两个不同的发电厂,如图 3-3(a)所示。

②电源来自两个不同区域的变电站且区域变电站的进线电压不低于 35 kV,如图 3-3(b)所示。

③一个电源来自区域变电站,另一个电源来自自备发电设备,如图 3-3(c)所示。

(2)特别重要的负荷

一级负荷中特别重要的负荷,除应由双重电源供电外,还应增设应急电源。应急电源不能与正常电源并列运行,严禁将其他负荷接入该应急供电系统。下列电源可作为应急电源:①独立于正常电源的发电机组;②供电网络中独立于正常电源的专用的馈电线路;③蓄电池;④干电池。

增设应急电源的原因是:地区大电网主网都是并网的,无论从电网取几回电源进线,都无法得到严格意义上的互无关联的两个电源,电力部门不可能完全保证供电不中断,即存在两个电源同时中断的可能性,所以,对特别重要的负荷,应该增加在电气上与电力系统完全独立的应急电源。

对于采用备用电源自动投入或自动切换仍不能满足供电要求的一级负荷,如银行、气象台、计算中心等建筑中的主要业务用电子计算机和旅游旅馆等管理用电子计算机,应由不停电电源装置供电。

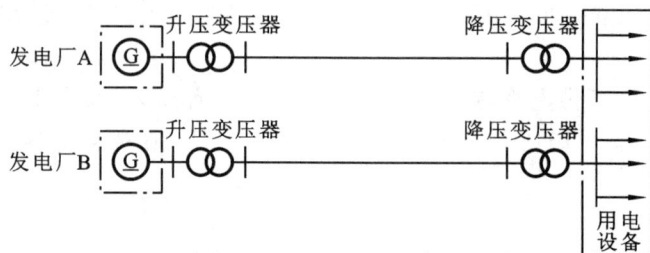

(a) 电源来自两个不同的发电厂

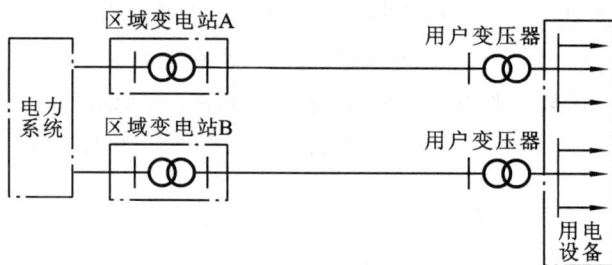

(b) 电源来自两个不同区域的变电站

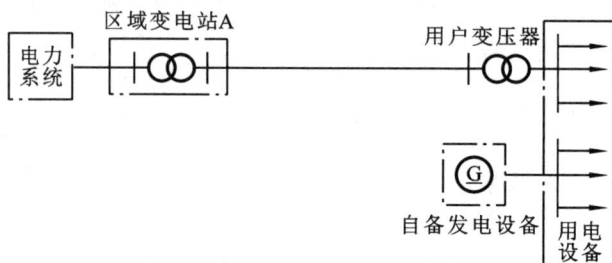

(c) 电源分别来自区域变电站和自备发电设备

图 3-3　满足一级负荷要求的电源

2. 二级负荷对电源的要求

二级负荷宜由两回线路供电,电源来自同一区域变电站的不同变压器即可认为满足要求。当地区供电条件困难或负荷较小时,二级负荷可由一回 6 kV 及以上专用的架空线路供电。

3. 三级负荷对电源的要求

三级负荷对供电系统无特殊要求。

常用重要设备及部位的负荷分级如表 3-1 所示。

表 3-1　常用重要设备及部位的负荷分级

序号	建筑类别	建筑物名称	用电设备及部位名称	负荷等级
1	住宅建筑	高层普通住宅	客梯电力、楼梯照明	二级
2	宿舍建筑	高层宿舍	客梯电力、主要通道照明	二级
3	旅馆建筑	一、二级旅馆	经营管理用电子计算机及其外部设备电源,宴会厅电源,新闻摄影电源,录像电源,宴会厅、餐厅、娱乐厅、高级客房、厨房、主要通道照明,部分客梯电力,厨房部分电力	一级
		高层普通旅馆	客梯电力、主要通道照明	二级

续表

序号	建筑类别	建筑物名称	用电设备及部位名称	负荷等级
4	办公建筑	省级及以上的高级办公楼	客梯电力,主要办公室、会议室、总值班室、档案室及主要通道照明	二级
		银行	主要业务用电子计算机及其外部设备电源、防盗信号电源	一级
			客梯电力	二级
5	教学建筑	高等学校教学楼	客梯电力、主要通道照明	二级
		高等学校的重要实验室		一级
6	科研建筑	科研院所的重要实验室		一级
		市(地区)级及以上的气象台	主要业务用电子计算机及其外部设备电源、气象雷达电源、电报及传真收发设备电源、卫星云图接收机电源、语言广播电源、天气绘图及预报照明	一级
			客梯电力	二级
		计算中心	主要业务用电子计算机及其外部设备电源	一级
			客梯电力	二级
7	文娱建筑	大型剧院	舞台、贵宾室、演员化妆室照明,电台、广播、电视转播及新闻摄影电源	一级
8	博览建筑	省级及以上的博物馆、展览馆	珍贵展品展室的照明、防盗信号电源	一级
			商品展览用电	二级
9	体育建筑	省级及以上的体育馆、体育场	比赛厅(场)主席台、贵宾室、接待室、广场照明、计时记分、电台、广播及电视转播、新闻摄影电源	一级
10	医疗建筑	县(区)级及以上的医院	手术室、分娩室、婴儿室、急诊室、监护室、高压氧舱、病理切片分析、区域性中心血库的电力及照明	一级

任务 3.2　变配电系统的一次设备及主接线图实例

主接线是由各种开关电器、电力变压器、母线、电力电缆或导线、移相电容器、避雷器等电气设备按照一定规律连接的接收和分配电能的电路。主接线只表达上述电气设备之间的联结关系,与其具体安装地点无关。主接线的实施场所是变电站或配电所。

3.2.1　一次设备及功能简介

主接线图是一种概略图,以单线表示法绘图,用单线表示三相,其中,各电气元件用国家标准规定的图形符号和文字符号表示,如表 3-2 所示。这些电气元件常被称为一次设备,而进行继电保护与指示的电器及仪表常被称为二次设备。

表 3-2　主接线图中电气元件的图形符号和文字符号

元件名称	图形符号	文字符号	元件名称	图形符号	文字符号
变压器		T	热继电器	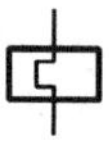	KB
断路器		QF	电流互感器①	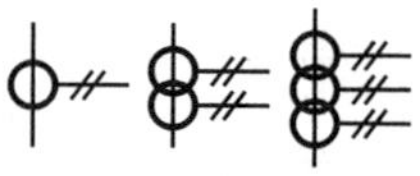	TA
负荷开关		QL	电压互感器②	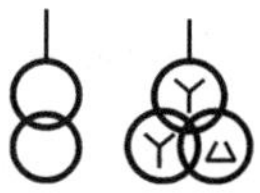	TV
隔离开关		QS	避雷器		F
熔断器		FU	移相电容器		C
接触器		QC			

注:①三个符号分别表示单个二次绕组,一个铁芯,三个二次绕组,两个铁芯,三个二次绕组的电流互感器;

　　②两个符号分别表示双绕组和三绕组电压互感器。

1.高压一次设备

6~10 kV 及以下供配电系统中常用的高压一次设备有高压熔断器、高压隔离开关、高压断路器、高压负荷开关及高压开关柜等。

(1)高压断路器

高压断路器是一种开关电器,正常时用以接通和切断负荷电流,当发生短路故障和严重过负荷时,借助继电保护装置的作用,自动、迅速地切断故障电流。因为短路时电流很大,断开电路瞬间会产生非常大的电弧(相当于电焊机),所以要求断路器具有很强的灭弧能力。断路器的主触头是设置在火弧装置内的,无法观察其通或断的状态,即断开时无可见的断点。因此,考虑使用安全,除小容量的低压断路器外,一般断路器不能单独使用,必须与能产生可见断点的隔离开关配合使用。

高压断路器按其采用的灭弧介质可分为油断路器、空气断路器、六氟化硫断路器、真空断路器等(见表 3-3),其中使用最多的是油断路器,在高层建筑中多采用真空断路器。常用的高压断路器有 SN10-10 型、LN2-10 型、ZN3-10 型等。

表 3-3　高压断路器的分类

多油断路器	多油断路器用绝缘油作为灭弧介质。变压器油有三个作用:一是作为灭弧介质;二是断路器切断电路时作为动、静触点间的绝缘介质;三是作为带电导体对地(外壳)的绝缘介质。 多油断路器依据其额定电流和断流容量的大小不同,分为三相共用一个油箱和三相有单独油箱两种,主要安装在 35 kV 以上电压等级的用户中

少油断路器	少油断路器用油量很少,一般约为多油断路器的 1/10。少油断路器分户内型和户外型,通常 35 kV 以上多为户外型,10 kV 以及 6 kV 多为户内型,户内型和户外型均为每相有单独的油箱。少油断路器具有体积小、结构简单、防爆防火、使用安全等特点;油只作为灭弧介质,不作为绝缘介质
空气断路器	空气断路器采用压缩空气作为灭弧介质。断路器中的空气有三个作用:一是强烈的灭弧作用,使电弧冷却而熄灭;二是作为动、静触点间的绝缘介质;三是接通、切断操作时的动力。该断路器动作快、断流容量大,但构造复杂、价格高,因此用在电压等级为 10~35 kV 的电力系统中
六氟化硫断路器	六氟化硫分子能在电弧间隙的游离气体中吸附自由电子。因此,六氟化硫气体有优异的绝缘能力和灭弧能力,与普通空气相比,它的绝缘能力高 2.5~3 倍,灭弧能力高 5~10 倍。而且,电弧在六氟化硫中燃烧时,电弧电压特别低,燃烧时间也很短,因此六氟化硫断路器断开后,触点烧损轻微,不仅适用于频繁操作,而且延长了检修周期。由于六氟化硫断路器有上述优点,它的发展速度很快,电压等级也在不断地提高
磁吹式断路器	磁吹式断路器的工作原理是利用电弧电流通过专门的磁吹线圈时产生的吹弧磁场,将电弧熄灭。 磁吹式断路器具有不用油而没有火灾危险、灭弧性能良好、多次切断故障电流后触点及灭弧室烧损轻微等优点;灭弧室具有半永久性、结构较简单、体积较小、质量轻、维护简单等优点
真空断路器	真空断路器是指触点在高度真空灭弧室中切断电路的断路器。真空断路器采用的绝缘介质和灭弧介质是高度真空空气。 真空断路器有触点开距小、动作快,燃弧时间短、灭弧快,体积小,重量轻,防火防爆,操作噪声小,适合频繁操作等优点

高压断路器型号的含义如图 3-4 所示。

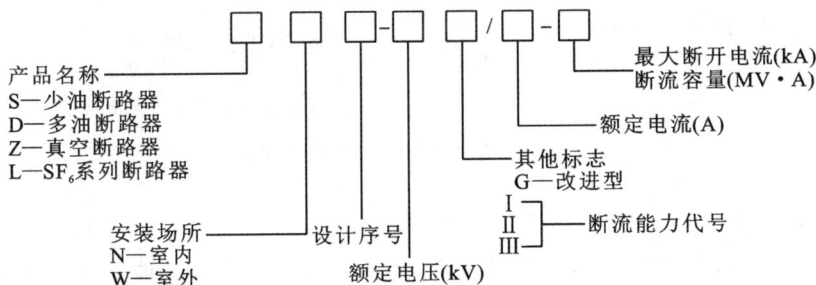

图 3-4 高压断路器型号的含义

(2)高压负荷开关

高压负荷开关具有简单的灭弧装置,主要用在高压侧接通和断开正常工作的负荷电流,但因其灭弧能力不高,故不能切断短路电流,必须和高压熔断器串联使用,靠熔断器切断短路电流。负荷开关断开后,与隔离开关一样有明显的断开间隙。

负荷开关具有切断电感、电容性小电流的能力,能断开不超过 10 A(3~35 kV)、25 A (63 kV)的电缆电容电流,以及 1250 kVA(3~35 kV)配电变压器的空载电流。

常用的高压负荷开关有 FN3-10RT,一般搭配 CS2 或 CS3 型手动操作机构进行操作。

高压负荷开关的型号含义如图 3-5 所示。

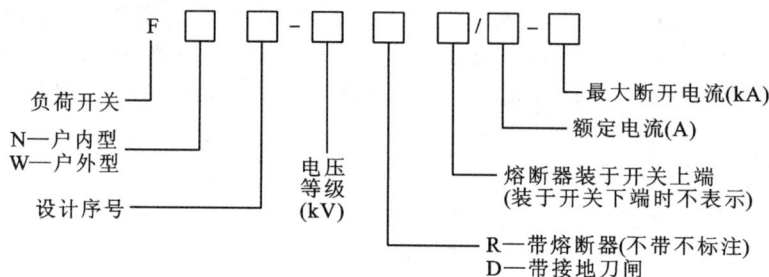

图 3-5 高压负荷开关的型号含义

(3)高压隔离开关

高压隔离开关主要用于隔离高压电源,以保证对被隔离的其他设备及线路进行安全检修。高压隔离开关将高压装置中需要检修的设备与其他带电部分可靠地断开,并有明显可见的断开间隙,故隔离开关的触点是暴露在空气中的。隔离开关没有专门的灭弧装置,只有切断电感、电容性小电流的能力,所以不能带负荷操作,否则可能会造成严重的事故。常用的高压隔离开关有户外式 GW10 系列和户内式 GN6、GN8 系列等。

为保证检修安全,63 kV 及以上断路器两侧的隔离开关和线路隔离开关的线路侧宜配置接地开关。

高压隔离开关的型号含义如图 3-6 所示。

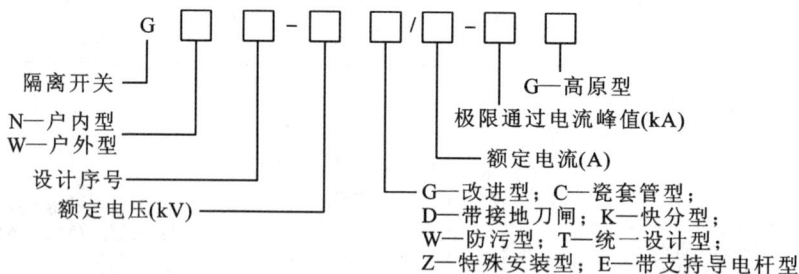

图 3-6 高压隔离开关的型号含义

(4)高压熔断器

所在电路的电流超过规定值并经过一定时间后,高压熔断器熔体熔化而切断电路,如果发生短路故障,其熔体会快速熔断而切断电路。因此,高压熔断器的主要功能是对电路进行短路保护,也具有过负荷保护的功能。高压熔断器结构简单、价格便宜、使用方便,在三级负荷变配电系统中应用较多。

在建筑供配电高压系统中,室外采用 RW4、RW10 等跌落式熔断器,室内广泛采用 RN1、EN2 型高压管式熔断器。

高压熔断器的型号含义如图 3-7 所示。

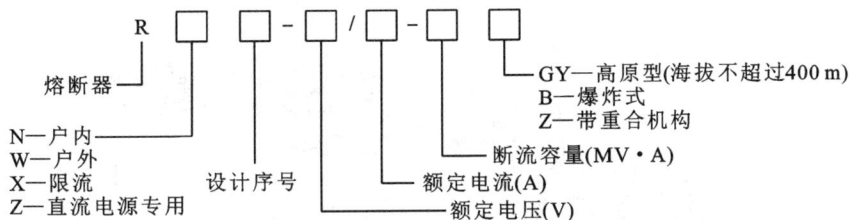

图 3-7 高压熔断器的型号含义

（5）高压开关柜

高压开关柜是指按照一定的接线方案将有关的一、二次设备（如开关设备、母线）、监察测量仪表、保护电器及辅助装置等组装在封闭的金属柜中，为成套式配电装置。这种装置结构紧凑，有利于控制和保护变压器、高压线路及高压用电设备。不同型号的开关柜可以有不同的元件组合，因此可组成几十种主接线方案供选择。断路器在柜中放置形式有落地式和中置式，目前中置式开关柜越来越多。

高压开关柜有固定式、手车式两大类型。固定式高压开关柜中所有的电气设备都是固定安装、固定接线，具有结构简单、经济的特点，应用比较广泛。手车式高压开关柜中的主要设备（如高压断路器、电压互感器、避雷器等）维修时可将手车拉出柜外进行检修，推入备用的同类型手车即可继续供电，有安全、方便、停电时间短等优点，但价格较贵。

高压开关柜必须具有"五防"措施：①防止在隔离开关断开时误分、误合断路器；②防止带负荷时分、合隔离开关；③防止带电情况下合接地开关；④防止接地开关闭合时合隔离开关；⑤防止人员误入带电间隔。

图 3-8 为 GG-1A 固定式高压开关柜的外形结构示意图。

近年来，KGN-10(F)固定式金属铠装开关柜、KYN-10(F)移开式金属铠装开关柜、JYN-10(F)移开式金属封闭间隔型开关柜等型号用得较多，高压开关柜的型号含义如图 3-9 所示。

（6）组合式变电站

组合式变电站又称箱式变电站或预装式变电站。组合式变电站由高压配电装置、电力变压器、低压配电装置等部分组成。它的特点是结构合理、体积小、质量轻、安装简单、土建工作量小，因此投资低，可深入负荷中心供电，占地面积小，外形美观，移动灵活，可随负荷中心的转移而移动，运行可靠，维修简单。

组合式变电站一般适用于电源为 6～10 kV 的单母线、双回路接线或环网式的供电系统。低压侧可以采用放射式、树干式供电。负荷较大的厂房、高层或大型民用建筑内宜设室内变电所或组合式成套变电站。

组合式变电站的电气设备选用非可燃材料，如高压开关选用新型的真空断路器，变压器选用六氟化硫气体绝缘的变压器，可满足城市供电网的无油化供电的要求。

2. 低压一次设备

常用的低压一次设备有低压熔断器、低压隔离开关、低压断路器及低压配电柜等。

（1）低压断路器

低压断路器（自动开关或自动空气开关）具有良好的灭弧能力，用于正常情况下接通或断开负荷电路。其结构内安装有电磁脱扣（跳闸）及热脱扣装置，能在短路故障时通过电磁脱扣自动切断短路电流，还能在负荷电流过大、时间稍长时通过热脱扣自动切断过负荷（过负载）电流，使电路中的导线及电气设备不会因为电流过大（温升过高）而损坏。

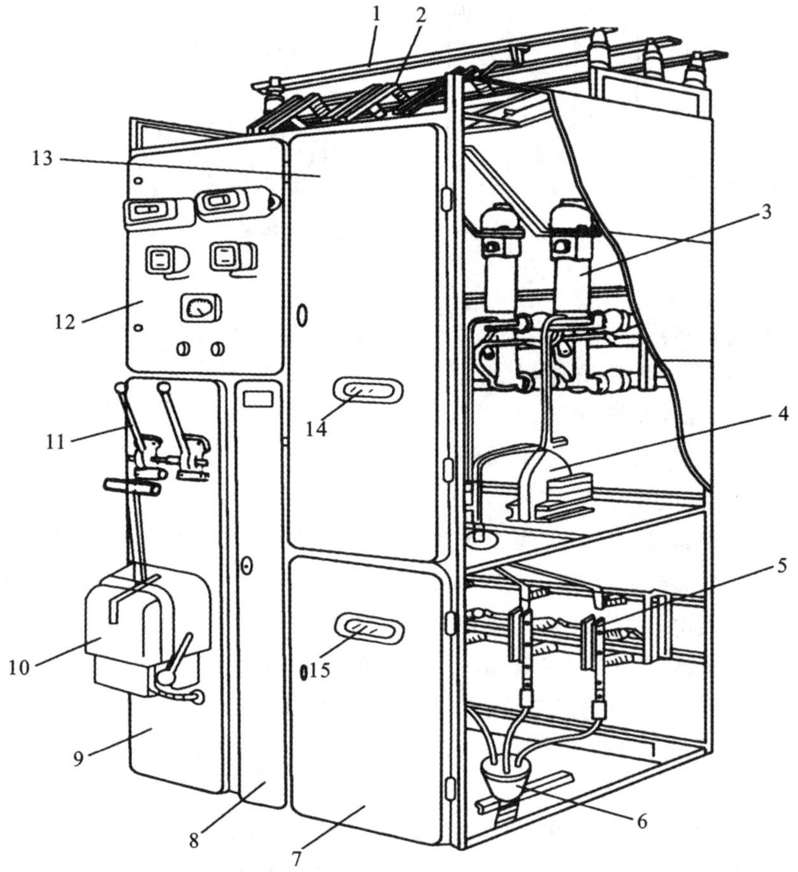

图 3-8 高压开关柜的外形结构示意图

1—母线;2—母线隔离开关;3—少油断路器;4—电流互感器;5—线路隔离开关;
6—电缆头;7—下检修门;8—端子箱门;9—操作板;10—断路器的手动操动机构;
11—隔离开关操动机构手柄;12—仪表继电器屏;13—上检修门;14,15—观察窗口

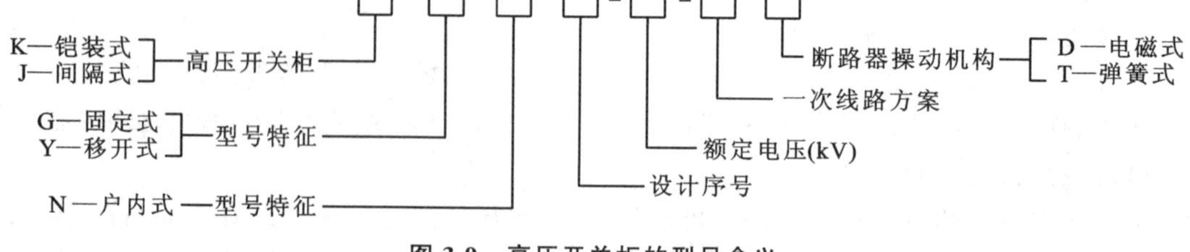

图 3-9 高压开关柜的型号含义

　　小型(微型)断路器因为体积小(100 mm×30 mm)、安装方便(导轨式安装)、跳闸后不用更换器件等优点,在民用建筑中,已经取代了传统的闸刀开关加熔断器,广泛地应用在用户终端配电箱中。较大型的断路器有断电自动跳闸功能,通过信号操纵电动合闸和拉闸,带有通信接口等功能,广泛应用在需要集中管理的供配电系统中。

　　低压断路器示意图见图 3-10。常用的低压断路器有塑料外壳式 DZ 系列、框架式(万能式)DW 系列,小型的有 C45 系列、C45N 系列、ME 系列、AH 系列等。

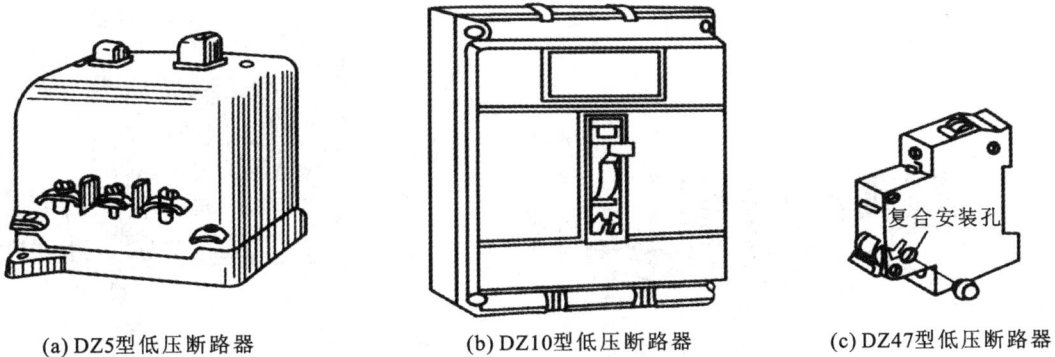

(a) DZ5型低压断路器　　　　(b) DZ10型低压断路器　　　　(c) DZ47型低压断路器

图 3-10　低压断路器示意图

塑料外壳式断路器的型号含义如图 3-11 所示。

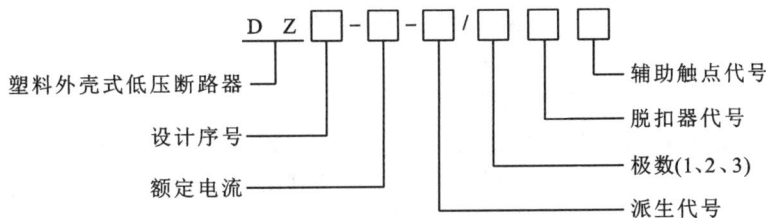

图 3-11　塑料外壳式断路器的型号含义

（2）低压隔离开关

低压隔离开关（刀开关）外面没有任何防护，因此，它主要用在配电柜（屏）或配电箱中起隔离作用。安装在配电箱内的隔离开关可以直接用手柄操作，安装在配电柜内的隔离开关要在柜外用操作手柄通过杠杆操作。常用型号有 HD（单投）、H5（双投）、HR（熔断器式刀开关）。

（3）低压负荷开关

低压负荷开关有开启式（胶盖闸刀开关）和封闭式（铁壳开关）2 种，内部可以安装保险丝或熔断器，具有带火弧罩刀开关和熔断器的双重功能，既可带负荷操作，又能进行短路保护。

胶盖闸刀开关目前常用于临时线路的电源开关。铁壳开关的开关外部是一个坚固的铁外壳，动触头为双刀触头，还装有速断弹簧，可加快触头分断速度，减小电弧的伤害。为了安全，开关手柄与箱盖有连锁机构，开关合闸后铁壳盖不能打开。

负荷开关示意图见图 3-12。常用型号有 HK（开启式）、HH（铁壳开关）。

（4）低压熔断器

低压熔断器是低压配电系统中主要用于短路保护的电气设备，当电流超过规定值一定时间后，能以它本身产生的热量，使熔体（保险丝）熔化而断开电路。常用的低压熔断器有 RC、RL、RT、RM、RZ 型等。

（5）低压配电柜

低压配电柜（低压配电屏、低压开关柜）是指按照一定的接线方案将有关的一、二次设备（如设备、监察测量仪表、保护电器及操作辅助设备）组装而成的一种低压成套配电装置，主

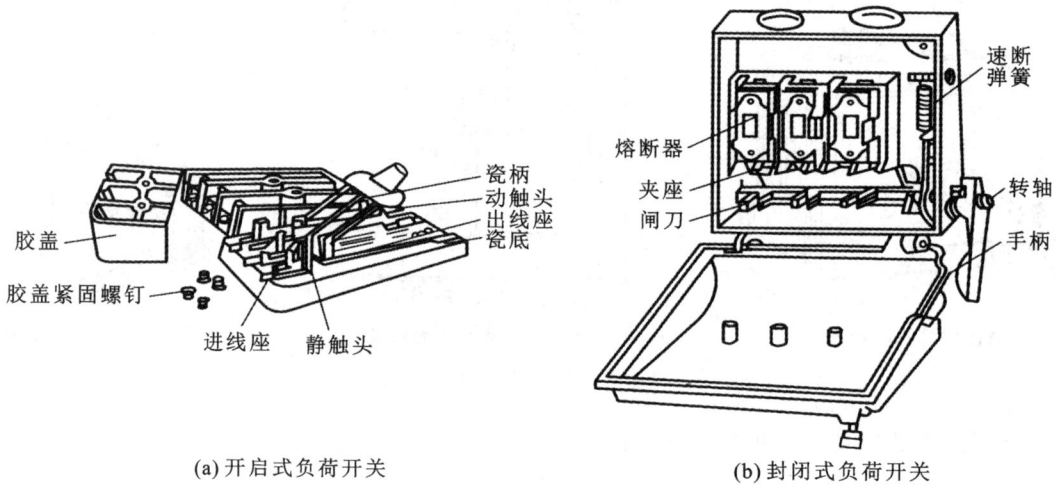

(a)开启式负荷开关   (b)封闭式负荷开关

图 3-12   负荷开关示意图

要用于低压电力系统中,用作动力及照明配电。

    按断路器是否可以抽出,低压配电柜可以分为固定式、抽屉式 2 种类型。每种型号的开关柜,都可组成几十种主接线方案以供选择。由于低压元件体积小,一台开关柜中可以装设多个回路。

    固定式配电柜有 PGL 型、GGL 型和 GGD 型等。其中 GGD 型为一种新产品,其柜架用 8MF 冷弯型钢局部焊接组装而成,封闭式结构,电器元件选用新产品,如低压断路器采用 ME 系列、DW15 系列、DZ20 系列等,断流能力大,保护性能好。

    抽屉式配电柜的特点是:断路器等主要电气设备装在可以拉出和推入的小车上,各回路电气元件分别安放在各抽屉中,若某一回路发生故障,可将该回路的抽屉抽出,并将备用的抽屉插入,能迅速恢复供电。抽屉式配电柜常见的型号有 BFC、GCL、GCK、MNS 等,适用于低压配电系统作为负荷中心(PC)的配电或控制装置。

    低压配电屏的型号含义如图 3-13 所示。

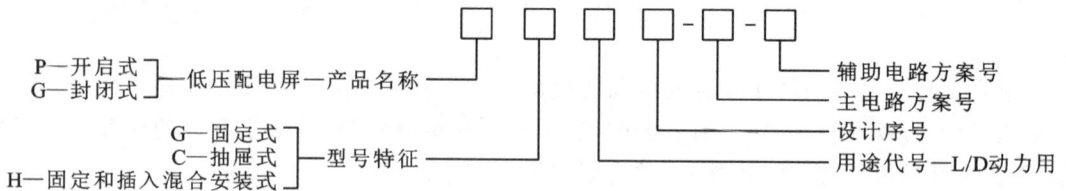

图 3-13   低压配电屏的型号含义

(6)低压配电柜的安装

    ①成排布置的配电柜。成排布置的配电柜长度超过 6 m 时,柜后面的通道应有两个通向本室或其他房间的出口,并且应布置在通道的两端。当 2 个出口之间的距离超过 15 m 时,还应在中间增加出口。成排布置的配电柜,其柜前、柜后的通道宽度,应不小于表 3-4 中所列数值。

表 3-4　配电柜前(后)通道最小宽度　　　　　　　　　　　　　　　单位:m

装置种类	单排布置			双排对面布置			双排背对背布置			多排同向布置		
	柜前	柜后		柜前	柜后		柜前	柜后		柜间	前、后排柜距离	
		维护	操作		维护	操作		维护	操作		前排	后排
固定式	1.5 (1.3)	1.0 (0.8)	1.2 1.2	2.0 1.8	1.0 (0.8)	1.2 1.2	1.5 (1.3)	1.0 0.8	1.3	2.0	1.5 (1.3)	1.0 (0.8)
抽屉式	1.8 (1.6)	0.9 (0.8)	1.2 1.2	2.3 2.0	0.9 (0.8)	1.2 1.2	1.8 (1.6)	1.0 0.8	—	2.3 2.0	1.8 (1.6)	0.9 (0.8)

注:( )内的数字为当通道有困难时(如通道内墙面有凹凸的柱子或暖气片等)的最小宽度。

②配电装置的布置应考虑设备的操作、搬运、检修和试验的方便。屋内配电装置裸露带电部分的上面不应有明敷的照明或动力线路跨越(顶部具有符合 IP4×防护等级外壳的配电装置可例外)。

③裸带电体距地面高度。低压配电室通道上方裸带电体距地面高度应不低于下列数值:a.柜前通道内为 2.5 m,加护网后其高度可降低,但护网最低高度为 2.2 m;b.柜后通道内为 2.3 m,否则应加遮护,遮护后的高度不应低于 1.9 m。

3.2.2　变配电所的主接线图及实例

1.变配电所基本接线

主接线可分为有母线接线和无母线接线两大类。有母线接线又分为单母线接线和双母线接线,无母线接线可分为单元式接线、桥式接线和多角形接线。

母线实质上是主接线电路中接收和分配电能的一个电气联结点,形式上它将一个电气联结点延展成了一条线,以便于多个进出线回路的联结。在低压供配电系统中,通常使用矩形截面的铜导体(铜排)、铝导体(铝排)来作为母线。

1)一台变压器的主接线

只有一台变压器的变电所,其变压器的容量一般不应大于 1250 kVA,它是将 6~10 kV 的高压降为用电设备所需的 380 V/220 V 低压,其主接线比较简单,如图 3-14 所示。

图 3-14(a)中,高压侧装有跌落式熔断器(熔断器式开关,多为户外式)。跌落式熔断器具有隔离开关和熔断器的双重功能。隔离开关用于变压器检修时,切断变压器与高压电源的联系。在变压器发生过负荷或短路故障时,熔断器熔体熔断而切断电源(自动跌落)。低压侧装有低压断路器。跌落式熔断器仅能切断 315 kVA 及以下变压器的空载电流,故此类变电所的变压器容量不应大于 315 kVA。

图 3-14(b)中,高压侧选用高压负荷开关和高压熔断器。负荷开关用于正常运行时操作电源,熔断器用于短路时保护变压器。低压侧装有低压断路器。此类变电所的变压器容量可达 500~1000 kVA。

图 3-14(c)中,高压侧选用隔离开关和高压断路器。高压断路器用于正常运行时接通或断开变压器,故障时切除变压器。隔离开关在变压器或高压断路器检修时用于隔离电源,所以应装在高压断路器之前。

上述几种接线方式比较简单,高压侧无母线,也可以不用高压开关柜,投资少,运行操作方便,但供电可靠性差,当高压侧和低压侧进线上的某一元件发生故障或电源进线停电时,整个变电所都要停电,故只能用于三级负荷。

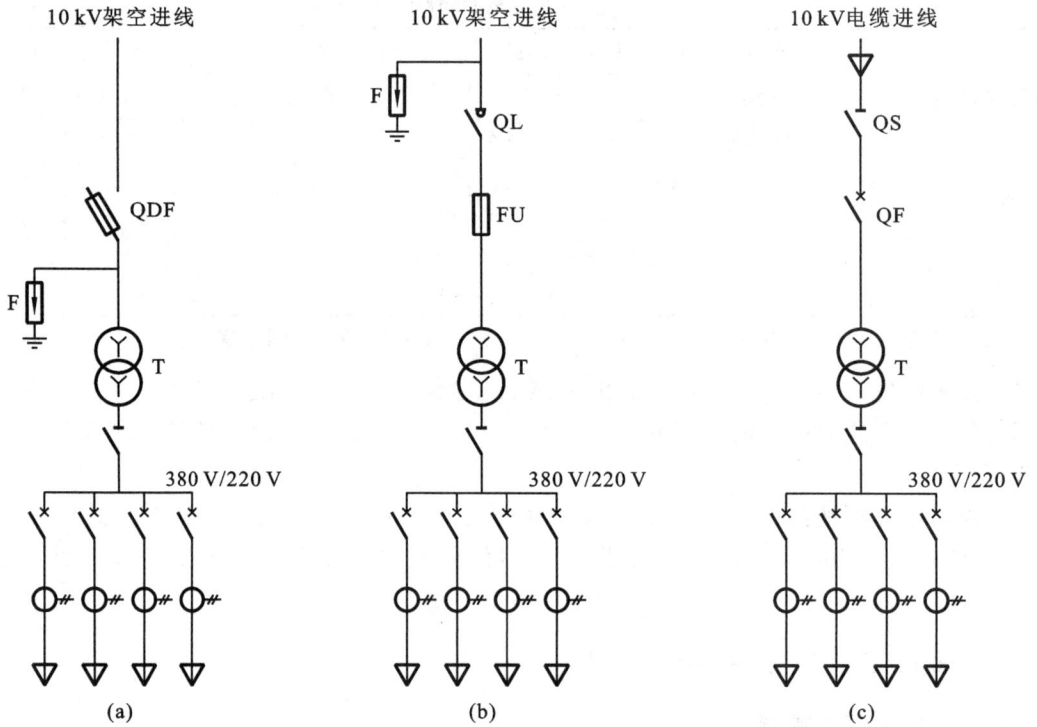

图 3-14　一台变压器的主接线方案

2)两台变压器的主接线

对供电可靠性要求较高且用电量较大的一、二级负荷的电力用户,可采用双回路供电和两台变压器的主接线方案,如图 3-15 所示。高压侧无母线,当任一变压器停电检修或发生

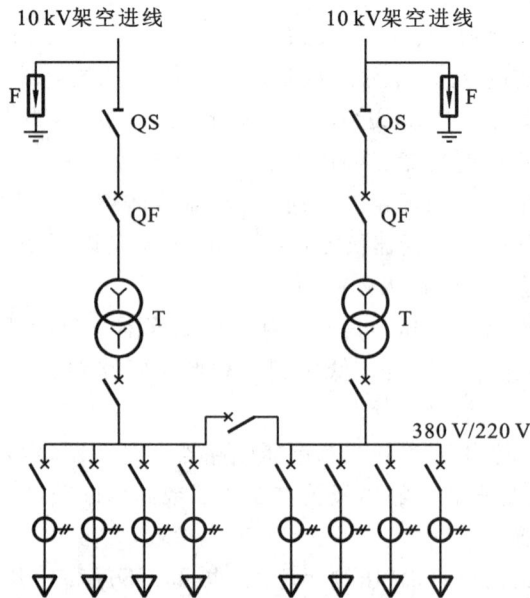

图 3-15　两台变压器的主接线方案

故障时,变电所可通过闭合低压母线联络开关,迅速恢复对整个变电所的供电。一级负荷应由来自两个区域变电站的电源供电。

2.变配电所典型主接线实例

1)10/0.4 kV 变配电所主接线

变电所的功能是变换电压和分配电能,由电源进线、主变压器、母线和出线四大部分组成,与配电所相比,它多了一个变换电压等级的功能。

中小型工厂、宾馆、商住楼等电能用户,一般采用 10 kV 进线。根据负荷的重要程度,可采用一台或两台变压器供电。对于一级负荷,应采用两个独立的电源供电,以提高供电的可靠性。图 3-16 所示为中型电能用户高压配电所及 2 号车间变电所的主接线图。

(1)电源进线

电源进线起到接收电能的作用,根据上级变配电所传输到本所线路的长短和上级变配电所的出线端是否安装高压开关柜来决定在本所进线处是否需要安装开关设备及其类型。一般而言,若上级变配电所装有高压开关柜,对输电线路和主变压器进行保护,那么本变电所可以不装或只装简单的开关设备后与主变压器连接。图 3-16 中的附属 2 号车间变电所,由于高压配电所的出线端装有开关柜,所以输电线直接接入 2 号车间变电所的主变压器。

对于远距离的输电线路或当上级变配电所没有把主变压器的各种保护考虑在内时,本所一般都装有高压开关柜。

(2)主变压器

主变压器把进线的电压等级变换为另一个电压等级,如车间变电所把 6～10 kV 的电压变换为 0.38 kV 的负载设备额定电压。

(3)母线

与配电所一样,变电所的母线也分为单母线、双母线和分段单母线。后两种适用于双主变压器的变电所。

(4)出线

出线也起到分配电能的作用,它通过高压开关柜(高压变电所适用)或低压配电屏(低压变电所适用)把电能分配到各干线上。

图 3-16 中高压配电所共有六路高压出线。车间变电所设有两台主变压器、7 面低压配电柜和 20 路低压出线。高压侧采用双电源进线,低压侧采用单母线隔离开关分段,两台变压器采用分裂运行,即低压分段开关正常时处于断开位置。对于一级负荷,可分别从两段母线引电源,能满足供电可靠性的要求。

2)例图分析——某小型工厂变电所的主电路图

图 3-17 是某小型工厂变电所的主电路图。它采用单线图表示,元件技术数据表示方法采用两种基本形式:一种是标注在图形符号的旁边(如变压器、发电机等),另一种是以表格形式给出(如开关设备等)。

拿到一张图纸时,若看到有母线,就可判定它是配电所的主电路图;再看图纸中是否有主变压器,有主变压器就是变电所的主电路图,无主变压器就是配电所的主电路图。但不管是变电所的主电路图还是配电所的主电路图,它们的分析(看图)方法都是一样的,都是从电源进线开始,按照电能流动的方向进行。

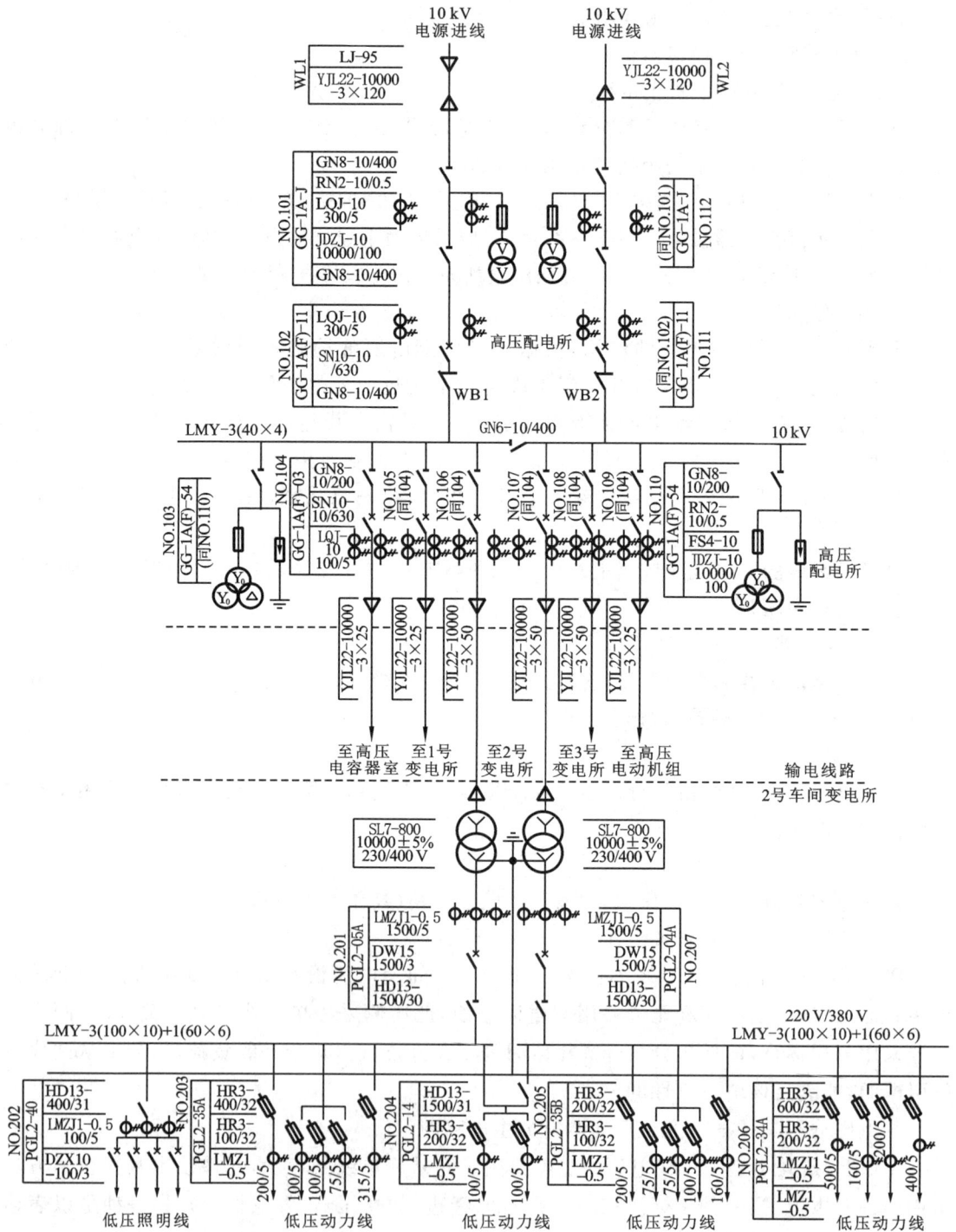

图 3-16　中型电能用户高压配电所及 2 号车间变电所的主接线图

(1)电源进线

在图 3-17 中,电源进线是采用 LJ-3×25 mm² 的 3 根 25 mm² 的铝绞线,架空敷设引入,经过负荷开关 QL(FN3-10/30-50R)、熔断器 FU(RW4-10-50/30A)送入主变压器(SL7-315

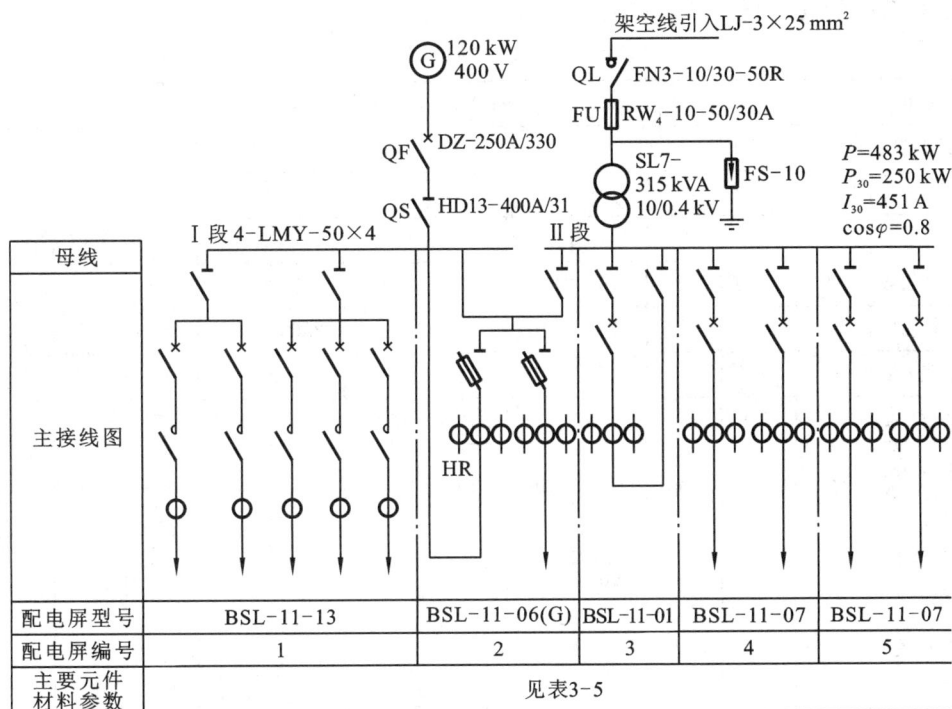

图 3-17 某小型工厂变电所的主电路图

kVA,10/0.4 kV),把 10 kV 的电压变换为 0.4 kV 的电压,由铝排送到 3 号配电屏,然后进到母线上。

3 号配电屏的型号是 BSL-11-01,是一个双面维护的低压配电屏,主要用于电源进线。由图 3-17 和表 3-5 可知,该屏有两个刀开关和一个万能型低压断路器。低压断路器为 DW10 型,额定电流为 600 mA。电磁脱扣器的动作整定电流为 800 A,能对变压器进行过电流保护,它的失压线圈能进行欠电压保护。屏中的两个刀开关起到隔离作用,一个隔离变压器供电,另一个隔离母线,防止备用发电机供电,便于检修低压断路器。配电屏的操作顺序:断电时,先断开断路器,后断开刀开关;送电时,先合刀开关,后合断路器。为了保护变压器,防止雷电波袭击,在变压器高压侧进线端安装了一组(共三个)FS-10 型避雷器。

(2)母线

该电路图采用单母线分段式,配电方式为放射式,以四根 LMY 型、截面积均为 (50×4) mm² 的硬铝母线作为主母线,两段母线通过隔离刀开关联络。当电源进线正常供电而备用发电机不供电时,联络开关闭合,两段母线都由主变压器供电。当电源进线、变压器等发生故障或检修时,变压器的出线开关断开,停止供电,联络开关断开,备用发电机供电。这时只有Ⅰ段母线带电,供给职工、医院、水泵房、试验室、办公楼、宿舍等,可见这些场所的电力负荷是该系统的重要负荷。但这不是绝对的,只要备用发电机不发生过载,也可通过联络开关使Ⅱ段母线有电,送给Ⅱ段母线负荷。

(3)出线

出线是指从母线经配电屏、馈线向电力负荷供电。电路图中都标注有配电屏的型号,馈线的编号,馈线的型号、截面积、长度、敷设方式,馈线的安装容量(或功率 P),计算功率 P_{30},计算电流,线路供电负荷的地点等。

图 3-17 中的元件材料参数见表 3-5。

表 3-5　图 3-17 中的元件材料参数

主接线图	图 3-17 中的元件材料											
配电屏型号	BSL-11-13					BSL-11-06		BSL-11-01	BSL-11-07		BSL-11-07	
配电屏编号	1					2		3	4		5	
馈线编号	1	2	3	4	5		6		7	8	9	10
安装功率/kW	78	38.9		15	12.6	120	43.2	315	53.5	182		64.8
计算功率/kW	52	26		10	10	120	38.2	250	40	93		26.5
计算电流/A	75	43.8		15	15	217	68	451	61.8	177		50.3
电压损失/(%)	3.2	4.1		1.88	0.8		3.9		3.78	4.6		3.9
HD 型开关额定电流/A	100	100	100	100	100	400	100	600 600	200	400	200	200
GJ 型接触器额定电流/A	100	100	100	60	60							
DW 型开关额定电流/A								600/800	400/100			400/100
DZ 型开关额定电流/A	100/75	100/50	100	100/25	100/25	250/350	250/150					
电流互感器变比/(A/A)	150/5	150/5	150/5	150/5	50/5	250/5	100/15	500/5	75/5	300/5	100/15	75/5
电线电缆　型号	BLX	BLV		BLV	BLV	VLV2	LJ	LMY	BLV	LGJ		BLV
电线电缆　截面面积/mm²	3×50×1×16	4×16		4×10	4×10	3×95+1×50	4×16	50×4	4×16	3×95+1×50		4×16
敷设方式	架空线	架空线		架空线	架空线	电缆沟	架空线	母线穿墙	架空线	架空线		架空线
负荷或电源名称	职工医院	试验室	备用	水泵房	宿舍	发电机	办公楼	变压器	礼堂	附属工厂	备用	路灯

该变电所共有 10 个馈电回路,其中第 3 回路和第 9 回路为备用。下面以第 6 回路为例进行论述。第 6 回路由 2 号屏输出,供给办公楼,安装功率 $P_e=43.2\ \text{kW}$,计算功率 $P_{30}=38.2\ \text{kW}$,可见需要系数为

$$k_d=\frac{P_{30}}{P_e}=\frac{38.2}{43.2}=0.88 \qquad (3\text{-}1)$$

若平均功率因数为 0.85,则该回路的计算电流为

$$I_{30}=\frac{P_{30}}{\sqrt{3}U_N\cos\varphi}=\frac{38.2}{\sqrt{3}\times0.38\times0.85}\ \text{A}=68\ \text{A} \qquad (3\text{-}2)$$

这个计算电流值是设计时选用开关设备及导线的主要依据,也是维修时更换设备、元器

件的论证依据。

该回路采用了刀熔开关 HR3-100/32,回路中装有三个变比为 100/5 的电流互感器供测量用。馈线采用四根 16 mm²(LJ-4×16)铝绞线进行架空线敷设,全线电压损失为 3.9%,符合供电规范要求(小于 5%)。

(4)备用电源

该变电所采用柴油发电机组作为备用电源。发电机的额定功率为 120 kW,额定电压为 400 V/230 V,功率因数为 0.8,那么额定电流为

$$I_{30} = \frac{P_N}{\sqrt{3}U_N\cos\varphi} = \frac{120}{\sqrt{3}\times0.4\times0.8}A = 216.5\ A \tag{3-3}$$

因此,选用发电机出线断路器的型号为 DZ 系列,额定电流为 250 A。

备用电源供电过程:备用发电机电源经低压断路器 QF 和刀开关 QS 送到 2 号配电屏,然后引至 I 段母线。低压断路器的电磁脱扣的整定电流为 330 A,对发电机进行过电流保护。刀开关起到隔离带电母线的作用,便于检修发电机出线的自动空气断路器。从发电机房至配电室采用型号为 VLV2-500 V 的 3 根截面积为 95 mm²(作为相线)和 1 根截面积为 50 mm²(作为零线)的电缆沿电缆沟敷设。

2 号配电屏的型号是 BSL-11-06(G)("G"表示在标准进线的基础上略有改动),这是一个受电、馈电兼联络用配电屏,有一路进线、一路馈线。进线用于备用发电机,它经三个变比为 250/5 的电流互感器和一组刀熔开关 HR 分成两路,左边一路接 I 段母线,右边一路经联络开关送到 II 段母线。馈线用于第 6 回路,供电给办公楼。

3. 35/10 kV 变配电所典型主接线实例

(1)35/10 kV 室内变配电所主接线实例

图 3-18 为 35/10 kV 室内变配电所典型主接线,35 kV 双电源进线,两台主变压器。高低压均按单母线断路器分段设计,双电源同时工作;母线分段断路器正常处于断开位置,当其中一路电源检修或电压消失时,该断路器投入运行。35 kV 和 10 kV 配电设备均采用 KYN 系列室内移开式金属铠装配电装置,35 kV 侧选用 12 面配电柜。10 kV 侧选用 20 面配电柜,设计有 11 面出线柜,其中两台为备用,方便存放备用手车。电压互感器均为单向三绕组浇注式产品。采用 10 kV 母线电容集中补偿方式。为了保证所用电的可靠性,35 kV 进线侧和 10 kV 母线各设有一台所用变压器。配电装置主接线方案及主要设备的型号与规格均标注于图中。

(2)35/10 kV 户外无人值班变配电所主接线实例

图 3-19 为 35/10 kV 户外无人值班变配电所典型主接线。变电所容量为 2×6300 kVA(35/10 kV)的有载调压变压器,35 kV 和 10 kV 均为屋外配电装置。35 kV 进线有两回路,进线侧仅设隔离开关,采用简化单母线接线。主变压器的 35 kV 侧采用高压熔断器和高压负荷隔离开关相结合的接线方式。高压负荷隔离开关可以实现就地手动和远方电动操作分、合负荷电流;高压熔断器开断短路电流。10 kV 出线有六回路,为单母线接线。35 kV、10 kV 配电装置均采用架空出线方式。

全所设一台所用变压器。所用变压器接在 35 kV 母线上,以适应双电源进线的灵活性。由于 35 kV 母线检修工作量极少,必须有所用电才能检修 35 kV 母线的情况不多,故将所用变压器接在 35 kV 母线上。

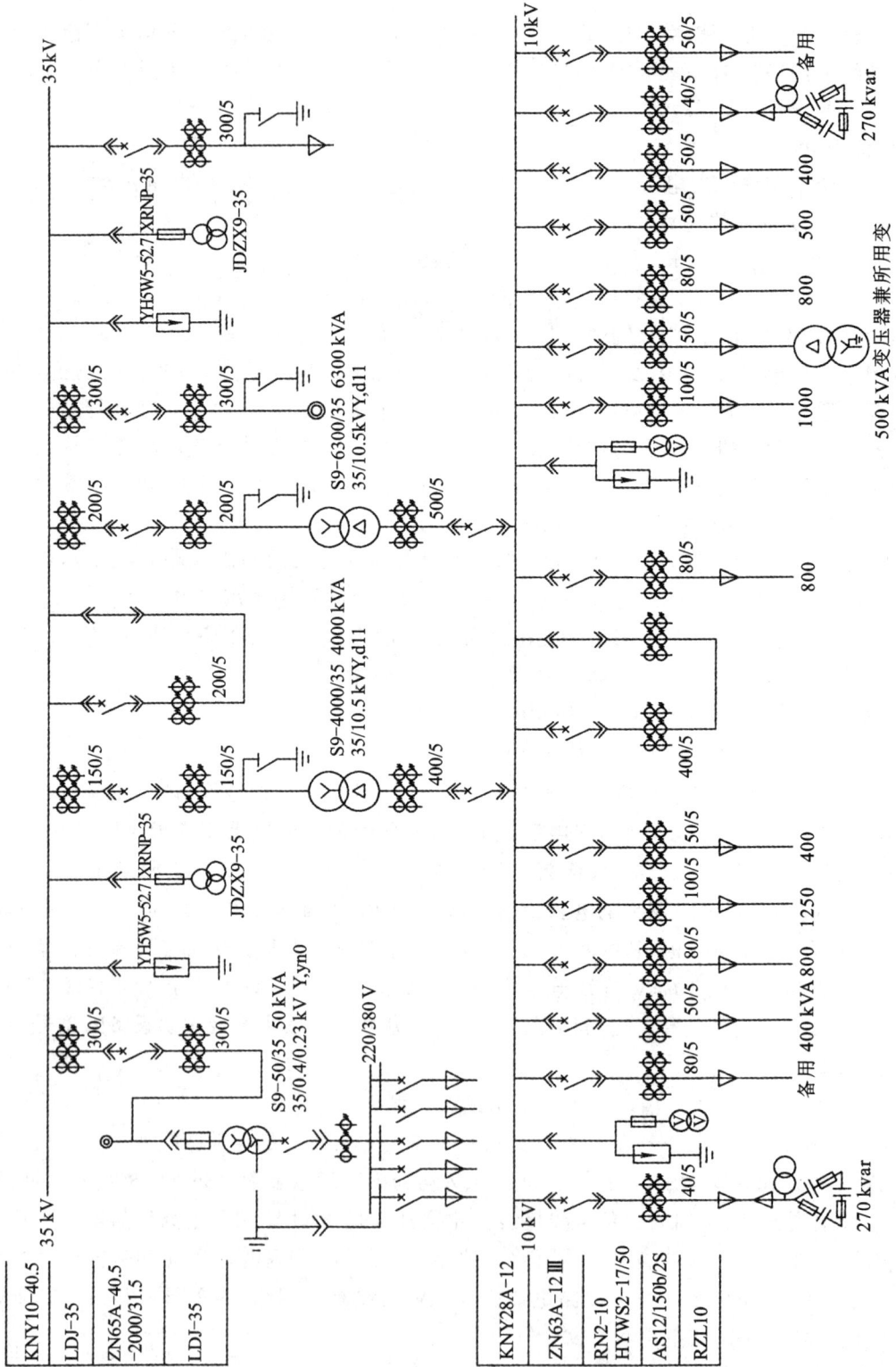

图 3-18　35/10 kV 室内变配电所典型主接线图实例

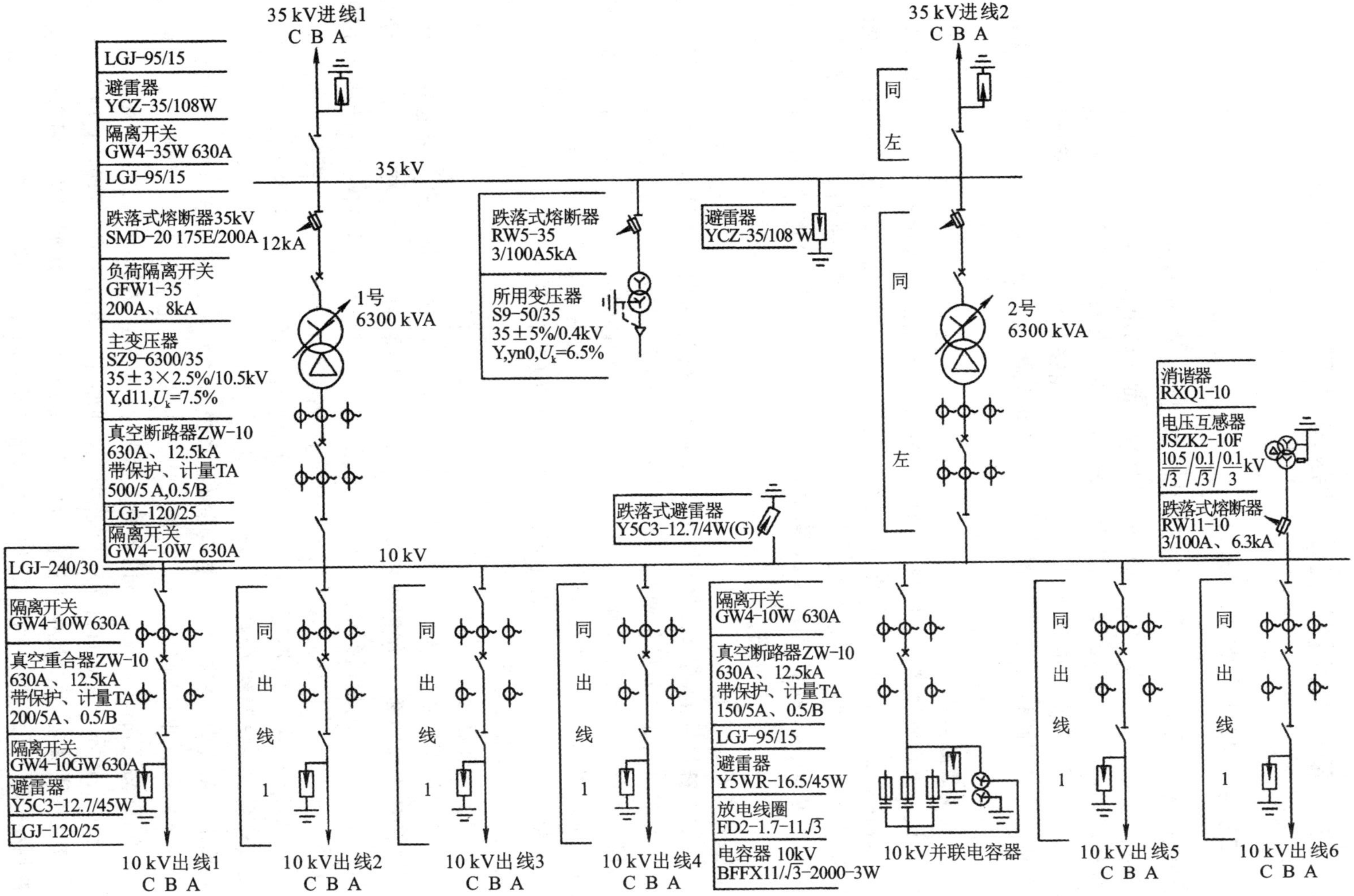

图 3-19 35/10 kV 户外无人值班变配电所典型主线线图实例

任务 3.3 变配电系统二次设备接线图

3.3.1 二次设备接线图的基本概念

在供电系统中,凡是对一次设备进行操作控制、指示、检测、保护的设备,以及各种信号装置,统称为二次设备。二次设备按照一定顺序连接起来的电路图称为二次回路接线图,也称为辅助接线图,主要包括控制系统、信号系统、检测系统及继电保护系统等。二次回路接线图是电气工程图的重要组成部分,是保证一次设备能够正常、可靠、安全运行所必备的图纸。与其他电气工程图相比,二次回路接线图显得更复杂一些,其复杂性主要表现在以下几个方面。

1. 二次设备数量多

对一次设备进行监视、测量、控制、保护的二次设备和元件多达数十种。一次电压的等级越高、设备容量越大,对自动化控制和保护的系统的要求越严格,二次设备的种类与数量也就越多。据统计,一台高压油断路器服务的二次设备可多达百余件;一座中等容量的 35 kV 厂用变电所中,一次设备约有 50 多台,而二次设备可达 400 多件,二者数量之比约为 1:8。

2. 连接导线多

由于二次设备数量多,连接二次设备的导线必然也很多,而且二次设备之间的连线不像一次设备之间的连线那么简单。通常情况下,一次设备只在相邻设备之间连接,而且连接导线的数量仅限于单相两根线、三相三根线,最多也只是三相四根线。二次设备之间的连线不限于相邻设备之间,而是可以跨越较远的距离,相互之间往往交错相连。另外,某些二次设备连线端子很多。例如,一个中间继电器除线圈外的触头有的多达十多对,这意味着从这个中间继电器引入、引出的导线可达十余根。

3. 二次设备动作程序多

二次设备工作原理复杂,大多数一次设备动作过程是通或断、带电或不带电等,而大多数二次设备的动作程序多,工作原理复杂。以一般保护电路为例,通常应有感应元件感受被测物理量,再将被测物理量送到执行元件,执行元件或立即执行,或延时执行,或同时作用于几个元件动作,或按一定次序先后作用于几个元件分别动作,动作之后还要发出动作信号,如音响、灯光显示、数字和文字指示等,这样,二次设备系统图必然要复杂得多。

4. 二次设备工作电源种类多

在某确定的系统中,一次设备的电压等级是很少的,如 10 kV 配电变电所的一次设备的工作电压等级只有 10 kV 和 380/220 V,但二次设备的工作电压等级和电源种类却可能有多种,有直流,有交流,有 380 V 以下的各种电压等级,如 380 V、220 V、100 V、36 V、24 V、12 V、6.3 V、1.5 V 等。交流回路又分为交流电流回路和交流电压回路两种,其中交流电流回路由电流互感器供电,而交流电压回路由电压互感器供电。二次回路按其用途可分为断路器控制回路、信号回路、测量回路、继电保护回路以及自动装置回路等。

二次设备系统图分成两大类:一类是阐述电气工作原理的二次电路图,另一类是描述连接关系的接线图。理解、读懂二次设备回路原理图或接线图,对于配电系统的操作、控制、保护以及日常维护都有十分重要的意义。

3.3.2 常用的二次回路接线设备

为了更好地理解二次回路接线图,必须对主要的二次设备的结构、功能、工作性质以及特点有所了解。常用的二次设备有继电器、熔断器、转换开关、接线端子、信号设备等。

1.继电器

继电器是一种自动控制电器,它是指根据输入的一种特定的信号达到某一预定值时自动动作、接通或断开所控制的回路,这种特定信号可以是电流、电压、温度、压力和时间等。

继电器的结构分为三个部分:一是测量元件,反映继电器所控制的物理量(电流、电压、温度、压力和时间等)的变化情况;二是比较元件,将测量元件所反映的物理量与人工设定的预定量(或整定值)进行比较以决定继电器是否动作;三是执行元件,根据比较元件传送过来的指令完成该继电器所担负的任务,即闭合或断开。

常用继电器分为以下几种。

(1)电流继电器

电流继电器常与负载串联,反映负载的电流变化,继电器在回路中电流达到一定值时开始动作,它的线圈匝数较少,导线较粗,这样电流通过时产生的电压降较小,不会影响负载电路电流,而且粗导线通过的电流较大,可以获得足够的磁通量。

(2)电压继电器

电压继电器的线圈与负载并联,反映回路的电压变化。继电器在回路电压低于某一定值时开始动作,称为低电压继电器或欠电压继电器;继电器在回路电压高于某一定值时开始动作,称为过电压继电器。电压继电器的线圈匝数较多,导线较细。

(3)中间继电器

在被控设备之间作为中间传递作用的继电器称为中间继电器,其作用是增加数量、扩大容量。

(4)时间继电器

在线圈获得信号后,要延迟一段时间后才能动作,这样的继电器称为时间继电器,其特点是通过一定的延迟时间来实现各元件之间的时限配合。

(5)信号继电器

信号继电器是专用于发出某种装置动作信号的继电器,当某一装置动作后,接通信号继电器线圈,信号继电器开始动作,自身具有机械指示(如掉牌)或灯光指示,同时,它的接点接通信号回路。

在二次接线图中,继电器的文字表示方式由基本符号和辅助符号组成,其中 K 表示继电器,而其后缀辅助符号用来表示继电器的功能。

2.转换开关

转换开关又称为控制开关,最常用的型号为 FL 型。转换开关由多对触点通过旋转接触接通每对触头,多用在二次回路中断路器的操作、不同控制回路的切换、电压表的换相测量以及小型三相电动机启动切换变速开关。

在二次回路接线图中,转换开关通常的表述方法有两种:第一种为接点图表法,转换开关在不同的位置对应不同的触点接通,一般附在图纸的某一位置上,其中"×"表示接通,空格表示断开;第二种为图形符号法,每对触点与相关回路连接,图上标注手柄的转动角度或各个位置控制操作状态的文字符号,如"自动""手动""1号设备""2号设备""启动"及"停止"等。虚线表示手柄操作时开闭位置线,虚线上的实心圆点"·"表示手柄在此位置时接通,没有实心圆点则表示断开。

3. 按钮和辅助开关

按钮在二次回路中起到指令输入的作用,具有复位功能。按钮按下表示回路接通,按钮放开表示回路断开。

辅助开关在主开关带动下同步动作,能够表示出主开关的状态。辅助开关的容量一般都很低,往往应在二次回路中作为联锁、自锁及信号控制等,标准的文字符号与主控开关相同。

4. 信号设备

信号设备主要有灯光信号和音响信号。灯光信号有信号灯、光字牌等,一般用在系统正常工作时,表示开关的通断状态、电源指示等。音响信号包括电铃、电喇叭以及蜂鸣器等,在系统设备发生故障或生产工艺发生异常情况下接通,目的是提醒值班人员和操作人员注意,并和事故指示等配合,便于立即判断发生故障的设备及故障的性质。

另外,信号设备还包括指挥信号。指挥信号主要用于不同工作地点之间的指挥和联络,通常采用有灯光显示的光字牌和音响设备等。

5. 互感器

在电压和电流都比较高的主回路中,测量仪表和继电器不能直接进行测量和检测,必须有中间的专用设备,将主回路中电压和电流按照线性比例降至二次回路中可以使用的较小电压和电流。电压互感器二次额定电压为 100 V,电流互感器二次额定电流为 5 A 或 1 A。

实际上,互感器就是一种特殊的小型变压器,其一次绕组接在主回路中,二次绕组与电气设备及继电器连接。电压互感器的二次绕组与高阻抗仪表、继电器线圈并联;电流互感器的二次绕组与低阻抗仪表、继电器线圈串联。互感器的一次绕组属于一次设备、二次绕组属于二次设备,分别布置在电气系统图和二次联结图中。

电压互感器(一般用 TV 表示)的基本联结方式主要有以下几种。

①YN/YN 星形联结,由三个单相电压互感器或一个三相电压互感器组成,可检测到三个线电压和三个相电压。

②V/V 联结,由两个单相电压互感器组成,互感器高压侧中性点不能接地,可以检测到三个线电压,这是最常用的基本联结方式。

③Y/YN-D 开口三角形联结,通常由三相五线式电压互感器组成,一次绕组接成星形,二次侧的其中三个绕组接成星形,另外三个绕组串联,引出两个接线端子,形成开口三角形接法。这种联结方式广泛用于 3~10 kV 中性点不接地系统中,通过检测到的电压信号反应高压线路是否有接地故障。

6. 电工仪表

电工仪表种类很多,有电流表、电压表、功率表、频率表、有功电能表、有功功率表和相位表等。在二次回路中,通常将仪表的用途表述在圆圈内或方框内,并在旁边标定相应的量程。

7. 熔断器

熔断器用于二次回路切除短路故障,并用于二次回路检修和调试时切断交流、直流电源,用 RD 表示。

8. 接线端子

接线端子的作用是作为配电屏、控制屏等屏内设备之间和屏外设备之间连接的中转点。许多接线端子组合在一起形成端子排。

3.3.3 二次回路原理接线图

二次回路原理接线图主要用来表示继电保护、控制、监视、信号、计量以及自动装置工作原理等,是变配电站工程图的重要组成部分,也是变配电站二次设备安装接线、调试以及运行维护的重要工具。因为组成二次回路的二次设备多,连接导线多,二次设备的工作电源种类多,所以它与系统图相比要复杂得多。按照二次回路的绘制方式可以将二次回路原理接线图分为整体式原理图和展开式原理图。

1. 整体式原理图

整体式原理图采用集中表示法,在电路图中只画出主接线的有关部分仪表、继电器、开关等电气设备,采用集中表示法将其整体画出,并将其相互联系的电流回路、电压回路、信号回路等所有的回路综合绘制在一张图纸上,使读者对整个装置的构成有整体概念。整体式原理图中图形符号的各组成部分都是集中绘制的。

整体式原理图的特点主要有如下几点。

①整体式原理图中的各种电气设备都采用图形符号,并用集中表示法绘制。例如,继电器的线圈和触点是画在一起的,电工仪表的电压线圈和电流线圈也是画在一起的,这样,就使二次设备之间的相互连接关系表现得比较直观,使读者对整个二次系统有整体的认识。

②对于图的布置,习惯上一次回路采用垂直布置,二次回路采用水平布置。

③在整体式原理图中,各电气设备图形符号按照《电气设备常用基本文字符号》的规定标注相应的项目代号。这种图主要用来表示二次回路装置的工作原理和构成整套装置所需要的设备,各设备之间的联系也以设备的整体连接来描述,并没有给出设备的内部接线。设备引出端的编号和导线的编号,没有给出与本图有关的电源、信号等具体接线,并不具备完整的使用价值,不能用于现场安装接线与查找故障等。特别是对于某些复杂的装置,二次设备较多,接线复杂,若对每个元件都用整体形式表述,将会给图纸设计和阅读带来较大的困难,因此,对于比较复杂的装置或系统,其二次回路接线图的绘制应采用展开式原理图方式。

2. 展开式原理图

展开式原理图是按照各回路的功能布置,将每套装置的交流电流回路、交流电压回路和直流回路等分开表示、独立绘制,将仪表、继电器等的线圈、触点分别绘制在所属的回路中。与整体式原理图相比,其特点是线路清晰、易于理解整套装置的动作程序和工作原理,特别是当接线装置二次设备较多时,其优点更加突出。展开式原理图的绘制一般遵循以下几个原则。

①主回路采用粗实线绘制,控制回路采用细实线绘制。

②主回路垂直布置在图的左方或上方,控制回路水平布置在图的右方或下方。

③控制回路采用水平线绘制,尽量减少交叉,尽可能按照动作的顺序排列,这样便于阅读。

④全部电器触点在开关不动作时的位置绘制。

⑤同一电气设备元件的不同位置,线圈和触点均采用同一文字符号标明。

⑥每一接线回路的右侧一般应有简单文字说明,并分别说明各电气设备元件的作用。

⑦在变配电站的高压侧,控制回路采用直流操作或交流操作电源,一般采用小母线供电方式并采用固定的文字符号区分各小母线的种类和用途,二次接线图中常用小母线文字符号见表3-6。

表 3-6　常用小母线文字符号

名称	符号
控制电路电源小母线	KM
信号电路电源小母线	XM
事故音响信号小母线	SYM
预告信号小母线	YBM
闪光信号小母线	SM
"掉牌未复归"光字牌小母线	PM
电压互感器二次电压小母线	YM(YMa、YMb、YMc)
交流 220 V 电源小母线	A,O 或 A,N

3.3.4　安装接线图

配电屏(开关柜)的安装接线图包括屏面布置图、端子排图、二次线缆敷设图、小母线布置图和屏背面接线图等。这类图纸比较形象、简单,但有许多特点及特殊表示手法,读者识图时应加以注意。这里主要介绍端子排图。

端子排是屏内与屏外各安装设备之间连接的转换回路。例如,屏内二次设备正电源的引线和电流回路的定期检修,都需要端子来实现。许多端子组合在一起称为端子排。表示端子排内各端子与外部设备之间导线连接的图称为端子排接线图,也称为端子排图。

一般将为某主设备服务的所有二次设备称为一个安装单位,它是二次接线图上的专用名词,如"××变压器""××线路"等。对于公用装置设备,如信号装置与测量装置,可单独用一个安装单位来表示。

在二次接线图中,安装单位都采用一个代号表示,一般用罗马数字编号,即Ⅰ、Ⅱ、Ⅲ等。这个编号是该安装单位用的端子排编号,也是该安装单位中各种二次设备总的代号,如第Ⅲ安装单位中第 3 号设备,可以表示为 Ⅲ3。

端子按用途可以分为以下几种。

普通型端子:用来连接屏内外导线。

连接型端子:用于端子之间的连接,从一根导线引入,从很多根导线引出。

实验端子:在系统不断电时,可以通过这种端子对屏上仪表和继电器进行测试。

标记型端子:用于端子排两端或中间,以区分不同安装单位。

特殊型端子:用于需要很方便断开的回路中。

标准型端子:用来连接屏内外不同部分的导线。

端子的排列方法一般遵循以下原则。

①屏内设备与屏外设备的连接必须经过端子排。其中,交流回路经过实验端子;音响信号回路为便于断开实验,应经过特殊型端子或实验端子。

②屏内设备与直接接至小母线的设备一般应经过端子排。

③各安装单位的控制电源的正极或交流电的相线均由端子排引接,负极或零线应与屏内设备连接,连线的两端应经过端子排。

④同一屏上各安装单位之间的连接应经过端子排。端子排上的编号方法如下:端子排的左侧一般为与屏内设备连接设备的编号或符号;中左侧为端子顺序编号;中右侧为控制回路编号;右侧一般为与屏外设备或小母线连接设备的编号或符号;正、负电源之间一般编写一个空端子号,以免造成短路,在最后预留 2~5 个备用端子号,向外引出电缆,按其去向分别编号,并用一根线条集中表示。具体表示方法如图 3-20 所示。

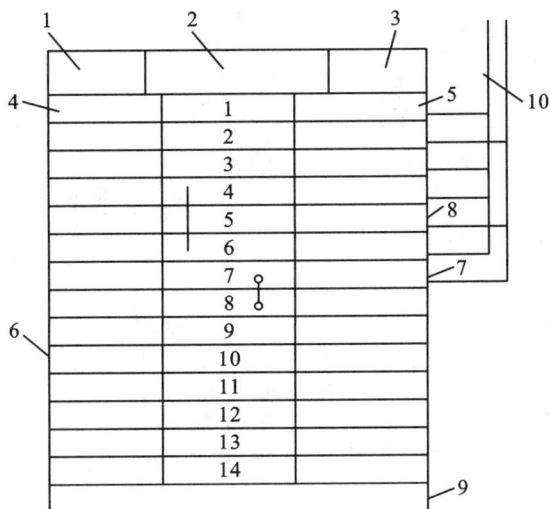

图 3-20　端子排图式样

1—端子排代号;2—安装项目(设备)名称;3—安装项目(设备)代号;4—左连设备端子编号;
5—右连设备端子编号;6—普通型端子;7—连接型端子;8—实验端子;9—终端端子;10—引向外屏连接导线

3.3.5　电力系统二次回路接线图实例

1.分析二次回路时一般可参照的原则

①了解该原理图的作用,掌握图纸的主体思想,从而尽快理解各种电器的动作原理。

②熟悉各图形符号及文字符号所代表的意义,弄清其名称、型号、规格、性能和特点。

③原理图中的各触点都是按原始状态(线圈未通电、手柄置零位、开关未合闸、按钮未按下)绘出,识图时要选择某一状态进行分析。

④识图时可将一个复杂线路分解成若干个基本电路和环节,从环节入手进行分析,最后结合各环节的作用综合分析该系统,即积零化整。

⑤电器的各元件在线路中是按动作顺序从上到下、从左到右布置的,分析时可按这个顺序来进行。

2.实例分析

图 3-21 所示为某 10 kV 变电站变压器柜二次回路接线图。该变压器柜二次回路主要设备元件清单见表 3-7。仔细阅读该接线图可知,其一次侧为变压器配电柜系统图,二次侧回路有控制回路、保护回路、电流测量和信号回路等。

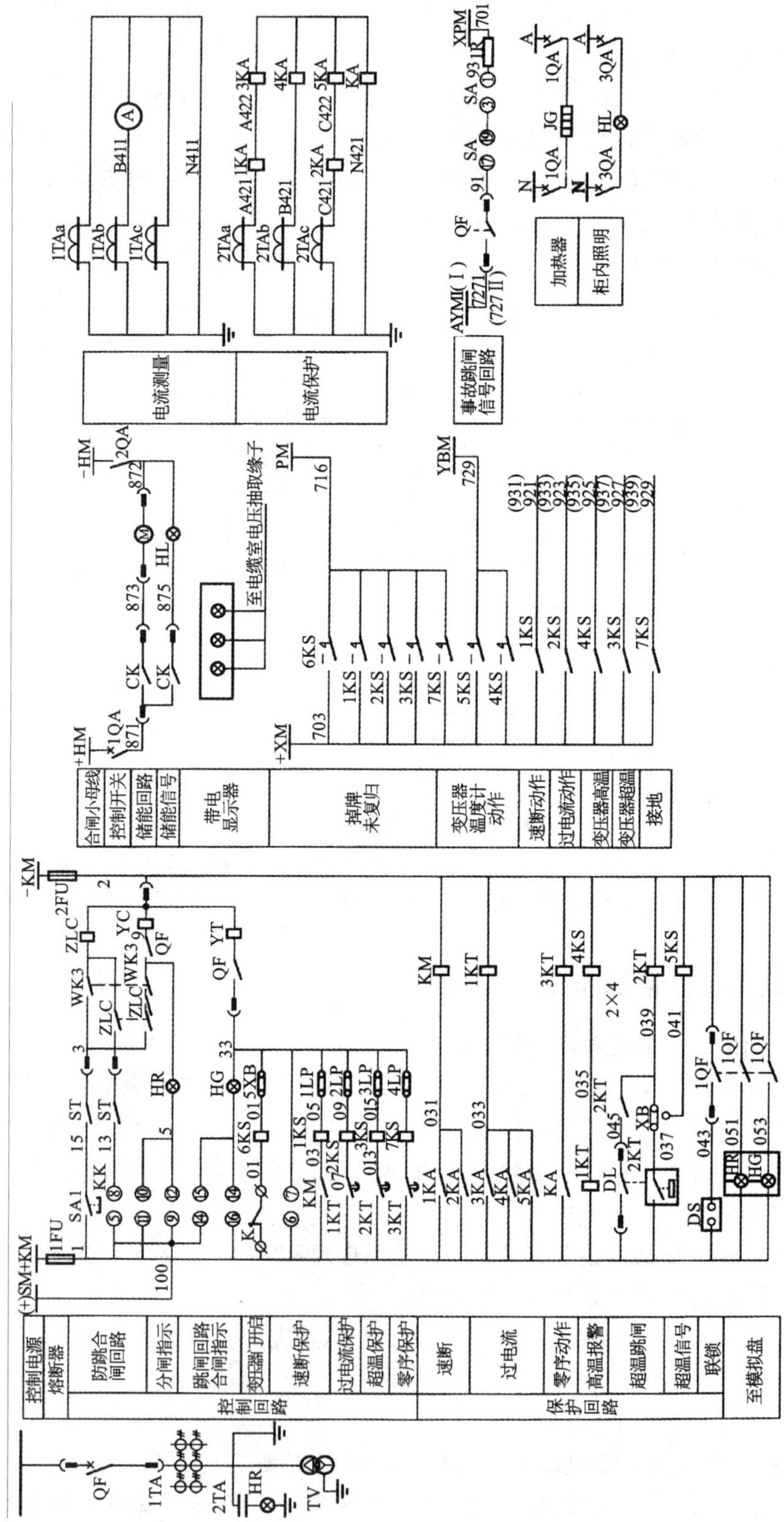

图 3-21　10 kV 变电站变压器柜二次回路接线图

表 3-7 变压器柜二次回路主要设备元件清单

序号	代号	名称	型号及规格	数量	备注
1	A	电流表	42L6-A	1	
2	1～2KA	电流继电器	DL-11/100	2	
3	3～5KA	电流继电器	DL-11/10	3	
4	KM	中间继电器	DZ-15/220V	1	
5	2KT	时间继电器	DZ-15/220V	1	
6	1KT	时间继电器	DS-115/220V	1	
7	4KS、5KS	信号继电器	DX-31B/220V	2	
8	1～3KS、6KS、7KS	信号继电器	DX-31B/220V	5	
9	1～5LP	连接片	YY1-D	5	
10	QP	切换片	YY1-S	1	
11	SA1	控制按钮	LA18-22 黄色	1	
12	ST	行程开关	SK-11	2	
13	SA	控制开关	LW2-Z-1A,4.6A,40,20/F8	1	
14	HG、HR	信号灯	XD5/220V 红、绿各 1 个	2	
15	HL	信号灯	XD5/220V 黄色	1	
16	JG	加热器		1	
17	1QA	低压断路器	M611-1/1 SPAJ 2.5A	1	
18	2QA、3QA	低压断路器	C45N-2 2P 3A	2	
19	1FU、2FU	熔断器	gF1-16/6A	2	
20	1R	电阻	ZG11-50 1K	1	
21	H	荧光灯	YD12-1 220V	1	
22	GSN	带电显示器	ZS1-10/T1	1	
23	KA	电流继电器	DD-11/6	1	
24	3KT	时间继电器	BS-72D 220V	1	

控制回路中防跳合闸回路通过中间继电器 ZLC 及 WK3 实现互锁;为防止变压器开启对器身构成伤害,控制回路中设有变压器门开启联动装置,并通过继电器线圈 6KS 将信号送至信号屏。

保护回路主要包括过电流保护、速断保护、零序保护和超温保护等。过电流保护的动作过程如下:当电流过大时,继电器 3KA、4KA、5KA 动作,使时间继电器 1KT 通电,其触点延时闭合使真空断路器跳闸,同时信号继电器 2KS 向信号屏显示动作信号;速断保护通过继电器 1KA、2KA 动作,使 KM 得电,迅速断开供电回路,同时通过信号继电器 1KS 向信号屏反馈信号;当变压器高温时,1KT 闭合,继电器 4KS 动作,高温报警信号反馈至信号屏,当变压器超高温时,2KT 闭合,继电器 5KS 动作,高温报警信号反馈至信号屏,同时 2KT 动作,实现超温跳闸。

测量回路主要通过电流互感器 1TA 采集电流信号,接至柜面上的电流表。信号回路主要采集各控制回路及保护回路信号,并反馈至信号屏,使值班人员能够及时监控及管理。信号主要包括掉牌未复归、速断动作、过电流动作、变压器超温报警及超温跳闸等。

任务 3.4 电力变压器

电力变压器是变配电系统中最重要的设备,它是利用电磁原理工作的,用于将电力系统中的电压升高或降低,以利于电能的合理输送、分配和使用。

变压器正常工作时会有一定的温度,按冷却方式不同可以分为油浸式变压器和干式变压器。油浸式变压器常用在独立建筑的变配电所或用于户外安装,干式变压器常用在高层建筑内的变配电所。

电力变压器的结构有双绕组电力变压器和三绕组电力变压器。当变压器的输出需要有两种电压等级时,可以考虑使用三绕组电力变压器。但在大多数情况下,低压侧只有一种电压输出,所以常用的是双绕组电力变压器。本书只介绍双绕组电力变压器。

常见的电力变压器有三相油浸式电力变压器 S7 型、S9 型,干式变压器 SC9 型、SCL 型、SG 型等。

3.4.1 电力变压器的容量标准及型号标注

电力变压器的型号标注包括相数、绝缘方式、导体材料、额定容量、额定电压等内容。常用的字符含义如下:S—三相;D—单相;J—油浸自冷(只用于单相变压器);C—成型固体;G—空气式;Z—有载调压;L—铝线(铜线无此标志)。

型号下角字为设计序号。型号后面的数字的分子为额定容量(kVA),分母为高压绕组电压等级(kV)。

例如,S9-500/10 表示三相油浸自冷式铜芯电力变压器,额定容量为 500 kVA,高压绕组电压为 10 kV,设计序号为 9。SC9-1000/10 表示三相环氧树脂浇注干式电力变压器,额定容量为 1000 kVA,高压绕组电压为 10 kV,设计序号为 9。

3.4.2 油浸式电力变压器

三相油浸式电力变压器的结构如图 3-22 所示。油浸式电力变压器均设有储油柜,放置

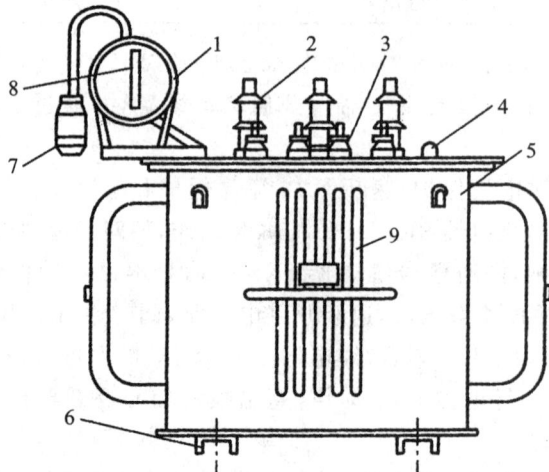

图 3-22 三相油浸式电力变压器的结构

1—储油柜;2—高压侧接线端子;3—低压侧接线端子;4—测温计座;
5—油箱;6—底座;7—吸湿器;8—油位计;9—变压器铁芯和绕组

在油箱内的变压器的铁芯和绕组均完全浸泡在绝缘油内。变压器工作时产生的热量通过油箱及箱体上的油管向空气中散发,以降低铁芯和绕组的温度,将变压器的温度控制在允许值范围内。

节约能源是我国的重要经济政策,低损耗电力变压器是国家确定的重点节能产品,这种产品在设计上考虑了在确保运行安全可靠的前提下节约能源,采用了先进的结构和生产工艺,提高了产品的性能,降低了损耗。

油浸式电力变压器内充有大量可燃性绝缘油,会造成相应的污染,也存在着较大的火灾隐患,因此其在民用建筑中的应用受到限制。

3.4.3 干式变压器

目前,我国使用的干式变压器主要是环氧树脂浇注式,生产量占全部干式变压器的95%以上。这种干式变压器具有绝缘强度高、抗短路强度大、防灾性能突出、环保性能优越、免维护、运行损耗低、运行效率高、噪声低、体积小、重量轻、不需要单独的变压器室、安装方便和无须调试等特点,适合组成成套变电所深入负荷中心,应用于高层建筑、地铁、隧道等场所及其他防火要求较高的场合。

从结构上讲,干式变压器很简单,其结构如图 3-23 所示。干式变压器由铁芯、低压绕组、高压绕组、低压端子、高压端子、垫块、夹件、小车以及填料型树脂绝缘等部分组成。干式变压器铁芯由优质冷轧硅钢片制造,绕组线圈采用玻璃纤维与环氧树脂复合材料作为绝缘介质。干式变压器区别于油浸式变压器的最大之处在于干式变压器使用环氧树脂作为绝缘和散热介质,取代了变压器的原材料油,这也是干式变压器命名的缘由。干式变压器的高低电压线圈采用环氧树脂绝缘,其温度可达 140 ℃。线圈采用一次性浇注,免去了油浸式变压器烦琐的维护工作,真正达到了免维护的效果。环氧树脂阻燃性比较好,绝缘强度高,可使变压器自身具备难燃、防火的性能。

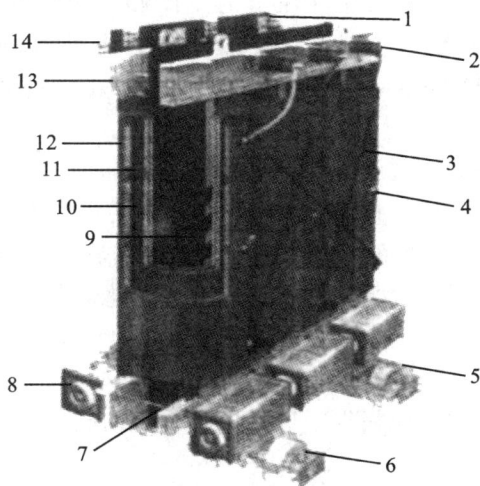

图 3-23 干式变压器结构图

1—吊环;2—高压端子;3—高压连接杆;4—高压分接头;5—底座;6—双向轮;7—垫块;8—风机;
9—铁芯;10—低压绕组;11—冷却气道;12—高压绕组;13—夹件;14—低压出线铜棒

3.4.4　电力变压器的选择

民用建筑变配电所电力变压器的选择应包括四个方面的内容。

1.变压器类型的选择

一类高、低层主体建筑内,严禁设置装有可燃性油的电气设备的变配电所;二类高、低层主体建筑内,不宜设置装有可燃性油的电气设备的变配电所。因此,设置在一类及二类高、低层主体建筑中的变压器,应选用干式、气体绝缘或非可燃性液体绝缘的变压器;可燃油油浸式电力变压器宜设置在高层建筑物外的专用房间内,当受条件限制必须布置在高层建筑或其裙房内时,可燃油油浸式电力变压器总容量不应超过 1250 kVA,可燃油油浸式电力变压器的油量应小于 100 kg。

2.变压器联结组别的选择

10 kV、0.40 kV、0.23 kV 系统的电力变压器的联结组别一般有 Y,yn12 和 D,yn11 两种。

具有下列情况之一者,宜选用 D,yn11 型变压器。

(1)三相不平衡负荷超过变压器每相额定功率的 15% 以上者

当 Y,yn12 联结的变压器处于不平衡运行时,其产生的零序磁通会造成变压器的过热。但对于 D,yn11 联结变压器,零序电流能在一次绕组中环流,因而可以削弱零序磁通的作用,所以 D,yn11 联结变压器允许用在三相不平衡负荷较大的变配电系统中。

(2)需要提高单相短路电流以确保低压单相接地保护装置动作灵敏度者

在利用变压器低压侧三相过电流保护兼作单相保护时,要求低压侧发生单相接地故障时有较大的单相短路电流,才能达到规定的灵敏度要求。变压器靠近低压出口端的单相短路电流的大小主要取决于变压器的计算阻抗,即正序阻抗、负序阻抗、零序阻抗。Y,yn12 联结变压器的零序阻抗一般达到正序阻抗的 8~9 倍,而相同容量的 D,yn11 联结变压器出口端的单相短路电流的大小主要取决于变压器的正序和负序阻抗。经过分析比较得出:D,yn11 联结变压器单相短路电流可达到 Y,yn12 联结变压器单相短路电流的 3 倍以上。所以在相同条件下,采用 D,yn11 联结变压器可较大地提高单相短路电流,从而提高保护装置的灵敏度。

(3)需要限制三次谐波含量者

在限制谐波方面,晶闸管等设备的应用在配电系统中产生大量谐波,使电源的波形发生畸变,造成设备事故,使配电系统不能正常运行。这些谐波主要为三次谐波。D,yn11 联结变压器一次侧的三角形联结为三次谐波提供了通路,可使绕组中三次谐波电动势比 Y,yn12 联结变压器的电动势小得多,从而有效地削弱谐波对配电的污染,增强系统的抗干扰能力。

3.变压器数量的选择

①主变压器的数量和容量,应根据地区供电条件、负荷性质、用电容量和运行方式等条件综合选择。

②有一、二级负荷的变电站应装设 2 台主变压器,有大量一级负荷或者虽为二级负荷但从安保角度(如消防等)考虑需设置时应选择 2 台变压器。季节性负荷比较大时也可以选择 2 台变压器。

③装有 2 台以上主变压器的变电站,当断开 1 台主变压器时,其余主变压器的容量(包括过负荷能力)应满足全部一、二级负荷的用电要求。

④电力潮流变化大和电压偏移大的变电站,经计算,普通变压器不能满足电力系统和用户对电压质量的要求时,应采用有载调压变压器。

4. 变压器容量的选择

①只装有一台变压器的变电所。主变压器的容量 S_N 应满足全部用电设备总计算负荷 S_C 的需要,即

$$S_N \geqslant S_C \tag{3-4}$$

②装有 2 台以上主变压器的变电站,任一台变压器单独运行时,应满足全部一、二级负荷的用电要求,即

$$S_N \geqslant S_{C(\mathrm{I}+\mathrm{II})} \tag{3-5}$$

③低压为 0.4 kV 变电所中单台变压器的容量不宜大于 1250 kVA,当用电设备量较大、负荷集中且运行合理时,可采用较大容量主变压器。

【例 3-1】 某变电所 35 kV 侧一级负荷 6000 kVA、二级负荷 4000 kVA、其他负荷 21500 kVA,10 kV 侧一级负荷 4000 kVA、二级负荷 6000 kVA、其他负荷 21500 kVA,请计算变压器总容量,并说明理由。

解 一、二级总负荷

$$S_{\mathrm{I}} + S_{\mathrm{II}} = (6000 + 4000 + 6000 + 4000) \text{kVA} = 20000 \text{ kVA}$$

根据规范,有大量一、二级负荷时需要设置 2 台变压器,当断开 1 台主变压器时,其余主变压器的容量应满足全部一、二级负荷的用电要求,即 $S_N \geqslant S_{\mathrm{I}} + S_{\mathrm{II}} = 20000$ kVA,两台变压器总容量应为 40000 kVA。

3.4.5 干式变压器的保护

1. 干式变压器的温度检测与监控

变压器的安全运行和使用寿命,很大程度上取决于变压器绕组绝缘的安全可靠度。绕组导体温度的不断变化,会对导体的绝缘老化产生很大的影响。一般来说,绕组导体温度越高,其绝缘老化速度就越快,变压器的寿命就越短。因此,应对变压器的运行温度进行检测与监控。

图 3-24 为 TTC-300 温控器的原理图。这种温控器除了具有风机控制、超温报警、超温跳闸等常用功能,还具有仪表故障自检、传感器故障报警、铁芯温度监测及报警、温度巡检记录及与计算机连接的功能。

TTC-300 温控器的风机自动控制系统通过预埋在低压绕组最热处的 Pt100 热敏测温电阻测量温度。当变压器负荷加大,运行温度上升,绕组温度达到某一数值(此值可调,对于 F 级绝缘干式变压器一般整定为 110 ℃)时,系统自动启动风机冷却;当绕组温度降低至某一数值(此值可调,对于 F 级绝缘干式变压器一般整定为 90 ℃)时,系统自动停止风机。

TTC-300 温控器的超温报警及跳闸功能通过预埋在低压绕组中的 PTC 非线性热敏电阻采集绕组或铁心温度信号。当风机启动后,变压器绕组的温度继续升高,当达到某一数值(此值也可根据工程设计调整,通常整定在 F 级绝缘的标称温度 155 ℃)时,系统输出超温报警信号;当温度继续上升达到某值(此值也可根据工程设计调整,通常整定在 170 ℃)时,变压器已经不能继续运行,须向二次保护回路输送超温跳闸信号,使控制变压器的断路器迅速跳闸。

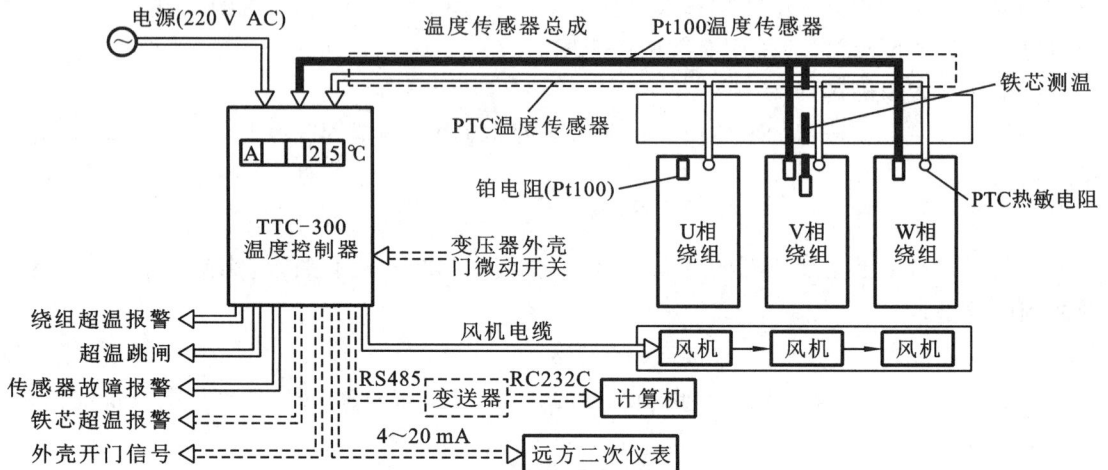

图 3-24　TTC-300 温控器的原理图

TTC-300 温控器的温度显示系统通过预埋在低压绕组中的 Pt100 热敏电阻测量温度变化值。TTC-300 温控器可对三相绕组的温度进行巡回检测,并将三相绕组的巡检值及最大值直接在控制器上显示出来;也可将最高温度信号以 4～20 mA 模拟量的方式输出,远传至二次仪表。为了能够与计算机连接,TTC-300 温控器可加配计算机接口,距离可达 1200 m。

2. 干式变压器的智能化保护

为了适应配电系统自动化的要求,现代社会对变压器的保护措施也提出了智能化的要求。一般来说,变压器的智能控制系统可由变压器、各种传感器、智能控制单元和计算机组成。图 3-25 为干式变压器智能控制系统简图。

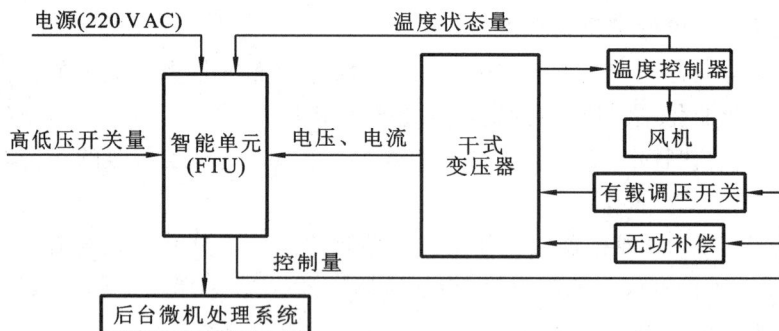

图 3-25　干式变压器智能控制系统简图

从图 3-25 中可以看出,智能单元 FTU 通过温度控制器采集干式变压器铁芯和绕组的温度,对冷却风机的启、停进行控制;对通过相应的传感器的电流、电压进行检测,并根据检测到的数据对变压器的输出电压进行控制,对系统的无功补偿量进行调整;对变压器高压侧和低压侧断路器的状态进行监测。作为现场安装的设备,还可以通过光缆、电话线、无线电等多种信道与后台计算机监控系统通信,实现遥测、遥信、遥控的功能,以及对变压器运行状态进行实时监控,从而实现变压器的经济运行。

智能单元 FTU 采用超集成化芯片,可以记录并存储 90 d 的 I_U、I_V、I_W、U_U、U_V、U_W、P_U、P_V、P_W、T(温度)、t(时间)、n(数量)(每个数据 15 min 记录 1 次,全天记录 96 次)。这

些数据可以通过便携设备进行读取,并计算 Q_U、Q_V、Q_W、$\cos\phi_U$、$\cos\phi_V$、$\cos\phi_W$,统计电压上、下限的时间,干式变压器停电时间和可利用率,显示上述数据及有关历史曲线。

智能单元 FTU 通过 RS 232/485 接口,将数据传输至后台计算机,后台计算机可以完成数据处理、控制和显示。

数据处理功能包括三相有功功率、三相无功功率、功率因数、电流、电压、温度、日均负荷、周均负荷、月均负荷、季均负荷、年均负荷、典型日负荷曲线的数据统计、分析、计算以及对变压器使用寿命的理论参考值的计算。

控制功能是指在配有温控装置、有载调压装置、无功补偿装置的情况下,可以对变压器的输出电压、无功补偿量进行控制,根据绕组温度对冷却风机进行起停控制以及根据绕组温度发出报警信号或跳闸信号。

显示功能包括实时显示三相有功功率、三相无功功率、功率因数、电流、电压、温度,显示三相无功功率、功率因数、电流最大值、电压最大值、日负荷曲线、周负荷曲线、月负荷曲线、季负荷曲线、年负荷曲线以及典型日负荷曲线等历史数据,显示变压器已用寿命和可用寿命的理论参考值。

3.4.6　三相干式电力变压器安装

三相干式电力变压器具有阻燃、防潮、防尘等特点,还具有安全、可靠、节能、维护简单等优点,适用于高层建筑、机场、车站、码头、地铁、电厂、工矿企业和变电站,也十分适宜组成成套变电站,供住宅小区使用。

1. 变压器安装前的工作及安装要求

(1)设备开箱检查

①设备开箱检查工作应由安装单位、供货单位,会同建设单位代表共同进行,并做好记录。

②按照设备清单、施工图纸及设备技术文件核对变压器本体及附件、备件的规格型号是否符合设计图纸要求、是否齐全、是否丢失及损坏。

③变压器本体外观检查是否有损伤及变形,油漆是否完好、无损伤。

④绝缘瓷件及环氧树脂铸件是否有损伤、缺陷及裂纹。

(2)变压器二次搬运

变压器二次搬运应由起重工作业,电工加以配合。最好采用吊车吊装,也可采用吊链吊装。距离较长时,最好用汽车运输,运输时必须用钢丝绳固定牢固,行车应平稳,尽量减少振动;距离较短且道路良好时,可用卷扬机、滚杆运输。

(3)变压器安装

①变压器就位,可用汽车吊直接吊进变压器室内,或用道木搭设临时轨道,用三脚架、吊链吊至临时的轨道上,然后用吊链拉入室内合适位置。

②变压器就位时,应注意其距墙尺寸应与图纸相符,允许误差为±25 mm,图纸无标注时,纵向按轨道定位,横向距墙尺寸不得小于 600～800 mm,距门尺寸不得小于 800～1000 mm。

③变压器现场安装就位后,卸去小车轮,应注意其相关尺寸对应的是去轮后的情况。

2. 变压器送电前的检查

变压器试运行前应做全面检查,确认符合试运行条件后方可投入运行。变压器试运行前,必须由质量监督部门检查,保证合格。

变压器试运行前的检查内容如下所示。

①各种交接试验单据齐全,数据符合要求。

②变压器清理、擦拭干净,顶盖上无遗留杂物,本体及附件无缺损。

③变压器一、二次引线相位正确,绝缘良好。

④接地线良好。

⑤通风设施安装完毕,工作正常,消防设施齐备。

⑥保护装置整定值符合规定要求,操作及联动试验正常。

3. 变压器送电试运行验收

(1)送电试运行

①变压器第一次投入时,可全压冲击合闸,冲击合闸时一般可由高压侧投入。

②变压器第一次受电后,持续时间应不小于 10 min,无异常情况。

③变压器应进行 3～5 次全压冲击合闸且无异常情况,励磁涌流不应引起保护装置误动作。

④变压器试运行要注意冲击电流,空载电流,一、二次电压,温度,并做好记录。

⑤变压器并列运行前,应核对好相位。

⑥变压器空载运行 24 h,无异常情况,方可投入负荷运行。

(2)验收

①变压器开始带电起,24 h 无异常情况,应办理手续。

②验收时,应移交有关资料和文件:变更设计证明、产品说明书、试验报告单、合格证及安装图纸等技术文件,安装检查及调整记录。

任务 3.5　变配电所工程实例

3.5.1　变配电所工程实例

1. 建筑概况

某综合办公楼,总建筑面积为 96000 m²,属于一类高层建筑。该建筑在地下一层设有变配电所,如图 3-26 至图 3-31 所示。

室内 10 kV 变配电所,由高压配电室、低压配电室、变压器室组成。如果选用干式变压器,低压配电室可以和变压器室合二为一。

2. 高压供电系统

本工程的高压系统采用两路高压同时供电,采用电缆直埋敷设到该楼地下一层的电缆分界室,然后向大楼提供两路 10 kV 的电源。从图 3-26 高压系统图中可以看出,高压母线为单母线分段运行,正常工作时,两路电源同时供电,互为备用,各承担 50%的负荷。当某一路电源发生故障或失电时,另一路电源供全部负荷。

①变配电所的规模比较大,设备的数量较多,所以复杂的供配电系统的一次系统图大多采用按开关柜展开的方式绘制。在图 3-26 所示的高压系统图的表格中,第一行为高压柜编号,第二行为高压柜型号,第三行为供电回路编号,第四行为变压器负荷容量,第五行为高压计算电流,第六行为高压电缆的型号规格,第七行为继电保护的类型,第八行为该高压柜的

用途,第九行为高压柜宽度。

②从图 3-26 分析看出,该高压配电室共设有 KYN(VE)系列配电柜 10 台。除两路进线各有一段母线外,工作母线为单母线分段制,分左、右两段相互联络。

③G_1、G_{10} 分别为左、右两路进线柜,其核心部件为 JDZ 型电压互感器小车。

④G_2、G_9 为左、右进线保护柜,主要实施过电流、电流速断及零序保护,核心部件为 VK 型断路器。

⑤G_3、G_8 为左、右两路进线计量柜,核心部件为 JDZ 型电流、电压互感器小车。

⑥G_4、G_7 各为一路输出馈电柜,G_4(WH$_3$)连接 2 号变压器(2BS),G_7(WH$_4$)连接 1 号变压器(1BS),对该输出支路分别实施高温、超稳、过电流、速断和零序保护,核心部件为 VK 型断路器手车。

⑦G_5、G_6 为左、右两段 10 kV 母线的联络柜,并兼彼此联络电量的计量工作,核心部件为 VK 型断路器手车。

3. 低压配电系统

低压配电室低压柜的数量确定和高压配电方式不同,是根据低压配电干线负荷的分布来确定低压接线方案,选择低压成套设备。一般来讲,高压是一条支路一个柜子,低压的配电柜一般情况下都是一个配电柜配出(输出)多个支路。低压负荷容量的大小、负荷的性质、负荷的级别不同,它的控制功能或方式以及选择使用的设备就不同,所以低压配电柜就会有不同的配线结构方式。特别是同样尺寸的柜体,在选择不同的配电支路组合时,会产生不同的结果。另外,常见的低压配电系统输出保护方式一般以低压断路器和熔断器保护为主。

① 从图 3-27 至图 3-30 得知,低压配电室共设有 25 个低压开关柜,分为两组,①~⑫号为一组,柜上部由 1 号变压器引出的封闭式母线连接;⑭~㉕号为一组,柜上部由 2 号变压器引出的封闭式母线连接;⑬号联络柜把两段母线连接起来,一般情况下,两段母线是断开的,当其中一台变压器维修时,通过联络柜,用另一台变压器向一些较重要的配电回路送电。

② ①号柜和㉕号柜分别是两台变压器低压侧进线柜。低压侧电流很大,因此要注意柜中电源导线的截面积。电缆进入低压柜后直接接在柜上部的母线上,母线规格为 TMY-4[2×(100×10)]。

③ 从系统图中可以看出:②号、③号柜,㉓、㉔号柜分别为两个变压器输出母线上的电容自动补偿柜,柜内装有功率因数表、电压表、电流表、电流互感器、熔断器或隔离开关,用交流接触器、热继电器自动控制三相电容器回路。

④ ⑬号柜为两段母线联络柜,柜中装有断路器三相电流表及电流互感器等设备。

⑤ 其他的低压柜主要是对各类用户负荷进行控制,主要设备是断路器、电流互感器、三相或单相电流表。在设计施工中注意将负荷归类,如动力、照明,这样一个柜中的输出回路基本上为同类型负荷,便于计量和维护,如⑫号、⑭号柜为电梯、水泵负荷,⑤号、㉒号柜为住宅照明负荷。

同时,看图时应注意一些重要负荷,如消防设备,它一般都是双路输出,在负荷的末端进行切换,要知道它们的输出配线情况,还需要了解整个配电系统的干线图。变配电所平面图见图 3-31。

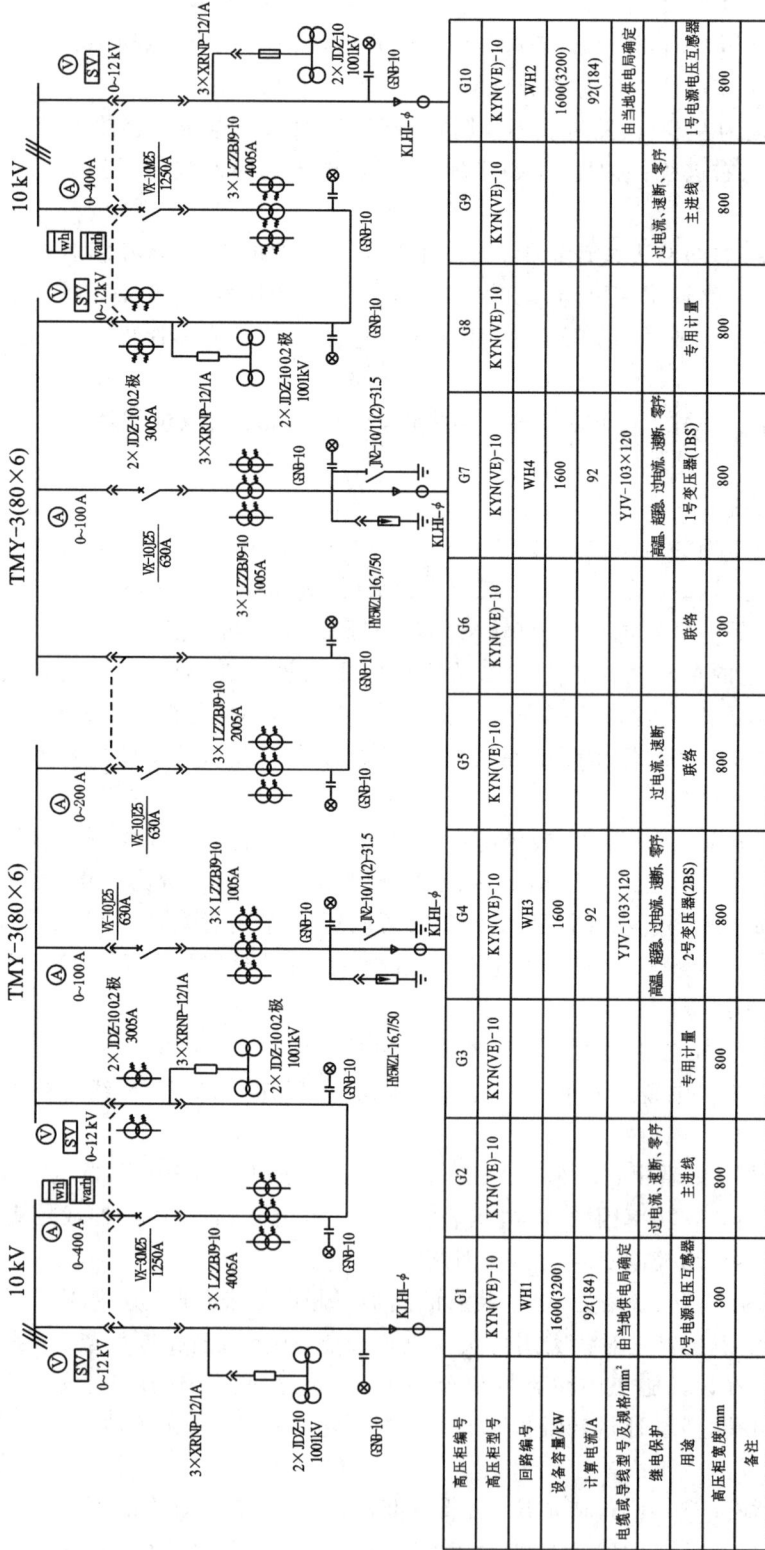

图 3-26　高压系统图

高压柜编号	G1	G2	G3	G4	G5	G6	G7	G8	G9	G10
高压柜型号	KYN(VE)-10	KYN(VE)-10	KYN(VE)-10	KYN(VE)-10	KYN(VE)-10	KYN(VE)-10	KYN(VE)-10	KYN(VE)-10	KYN(VE)-10	KYN(VE)-10
回路编号	WH1			WH3			WH4			WH2
设备容量kW	1600(3200)			1600			1600			1600(3200)
计算电流/A	92(184)			92			92			92(184)
电缆或导线型号及规格/mm²	由当地供电局确定			YJV-103×120			YJV-103×120			由当地供电局确定
继电保护		过电流、速断、零序		高温、超载、过电流、速断、零序	过电流、速断		高温、超载、过电流、速断、零序		过电流、速断、零序	
用途	2号电源电压互感器	主进线	专用计量	2号变压器(2BS)	联络	联络	1号变压器(1BS)	专用计量	主进线	1号电源电压互感器
高压柜宽度/mm	800	800	800	800	800	800	800	800	800	800
备注										

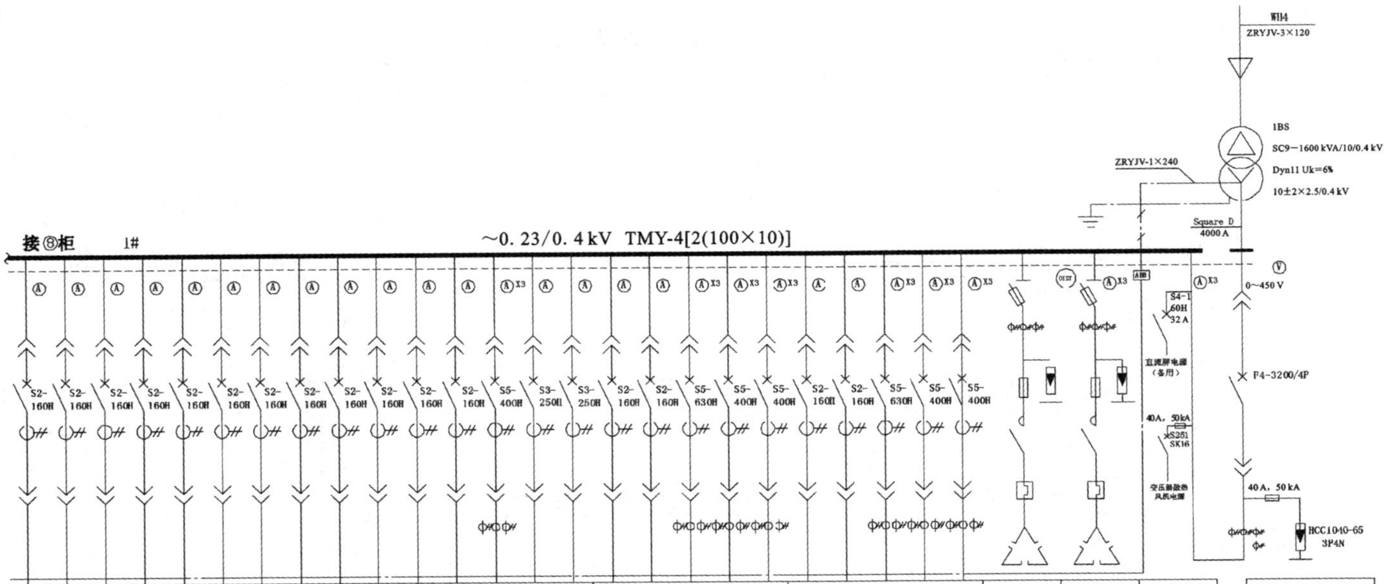

开关柜编号	⑦								⑥							⑤					④					③	②	①
开关柜型号	MLS								MLS							MLS					MLS					MLS	MLS	MLS
回路编号	WL125	WL124	WL123	WL122	WL121	WL120	WL119	WL118	WL117	WL116	WL115	WL114	WL113	WL112	WL111	WL110	WL109	WL108	WL107	WL106	WL105	WL104	WL103	WL102	WL101			
设备容量/kW			30	20	20		30	30	30	20			135	105	80			312	264	256			312	288	288	240 kvar	240 kvar	2579
计算电流/A			45	30	30		45	45	45	30			205	159	121			294	276	241			294	291	267	364	364	1968
长延时脱扣整定电流/A	63	80	63	50	50	50	63	63	63	50	125	125	250	200	160	100	80	400	320	320	100	125	400	320	320			2600
电流互感器变比/5	75	100	75	50	50	50	75	75	75	50	150	150	300	200	200	100	100	400	400	400	100	150	400	400	400	500	500	3000
电缆型号、规格			ZR-YJV-5×16	ZR-YJV-5×10	ZR-YJV-5×10		ZR-YJV-5×16	ZR-YJV-5×16	ZR-YJV-5×16	ZR-YJV-5×10			NH-YJV-4×120+1×70	NH-YJV-4×95+1×50	NH-YJV-4×70+1×35			NH-YJV-4×240+1×120	NH-YJV-4×150+1×70	NH-YJV-4×150+1×70			NH-YJV-4×240+1×120	NH-YJV-4×150+1×70	NH-YJV-4×150+1×70			
供电范围			1~3ALE3	2ALE2 1ALE2	1ALE1 2ALE1		B1AALE3	B1AALE2	B1AALE1	1AALE1 1AALE2			1~3ALE3	AL2 2AL2	1AL1 2AL													
用途	备用	备用	A座一二会所应急照明	A座一二层商业用房应急照明	A座一二层商业用房应急照明	备用	A座应急照明	A座应急照明	A座应急照明	物业管理	备用	备用	A座一二层会所	A座一二层商业用房	A座一二层商业用房	备用	备用	A3单元13~22层住宅照明	A3单元13~21层住宅照明	A3单元13~20层住宅照明	备用	备用	A3单元13~20层住宅照明	A3单元13~20层住宅照明	A3单元13~20层住宅照明	电容器（成套设备）		进线
备注	●	●				●					●	●	●	●	●	●	●	●	●	●	●	●	●	●	●			
小室高度	200	200	200	200	200	200	200	200	200	200	200	200	400	300	300	200	200	400	400	400	200	200	400	400	400			
柜宽×深×高	600×1000×2200								600×1000×2200							600×1000×2200					600×1000×2200					800×1000×2200	800×1000×2200	1000×1000×2200

图 3-27 低压配电系统图(一)

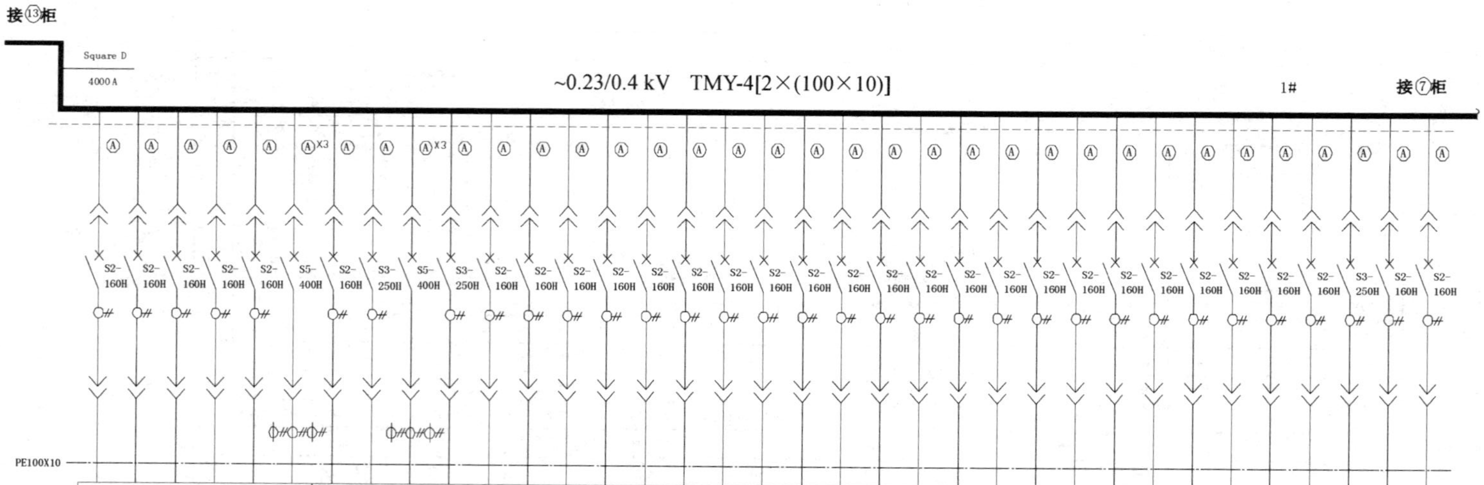

接⑬柜　　　　　　　　　　　　　　　　　1#　　　　　　　　　　接⑦柜

~0.23/0.4 kV　TMY-4[2×(100×10)]

Square D　4000 A

PE100X10

开关柜编号	⑧ MLS	⑨ MLS	⑩ MLS	⑪ MLS	⑫ MLS
开关柜型号					
回路编号	WL126～WL132	WL133～WL140	WL141～WL146	WL147～WL155	WL156～WL260
设备容量/kW	40、40、103.5、43、80、83	20、30、50、45、30、92.4、30、22	34、18、103、118、172、67、25、60、63	25、63、100、200	200
计算电流/A	61、61、157、65、175、140	30、45、76、76、45、45	50、34、27、172、197、126、129		
长延时脱扣整定电流/A	80、80、200、100、200	50、63、100、100、63、200、63、50	50、50、50、50、250、250、100、100、100		
电流互感器变比/5	100、100、200、100、200、125	50、75、100、100、75、200、75、50	50、50、50、50、300、300、100、100、200		
电缆型号、规格	NH-YJV-1×35 NH-YJV-1×16 ZR-YJV-3×120+2×70	ZR-YJV ZR-YJV-5×16、-5×10 ZR-YJV-4×35+1×16 ZR-YJV-5×16+1×16 NH-YJV-3×120 ZR-YJV-5×10	ZR-YJV NH-YJV-3×150 ZR-YJV-5×10 -3×35 NH-YJV-3×120+2×70 ZR-YJV-3×35+2×16	ZR-YJV -3×35+2×16 ZR-YJV-3×95+2×50 NH-YJV -3×150+2×70	
供电系统图	B1ALEB B1ALEA B1APS1 B2ALE1 B1APS2 FA1APE	B1ALE 1～4 1B1ALE1 B1BALE 1～6 1IBALE1 B2ALE2 B1BALE S4 B1ALE B1APS3 B2APS3	FB1APE FA3APE FA2APE	FB6APE FB5APE FB4APE FB3APE FB2APE FB1APE	
用途		网络电话机房 空调机房 消防中心管理	变电所 人防照明 水泵房 电梯及加压风机	电梯 锅炉房	电梯 锅炉房 水泵房
备注			备用	备用	备用
小室高度	200、200、200、200、200、300	200、200、200、200、200、300、200、200	200、200、200、200、300、300、200、200、300	200、200、200、300	200
柜宽·深·高	600×1000×2200	600×1000×2200	600×1000×2200	600×1000×2200	600×1000×2200

图 3-28　低压配电系统图(二)

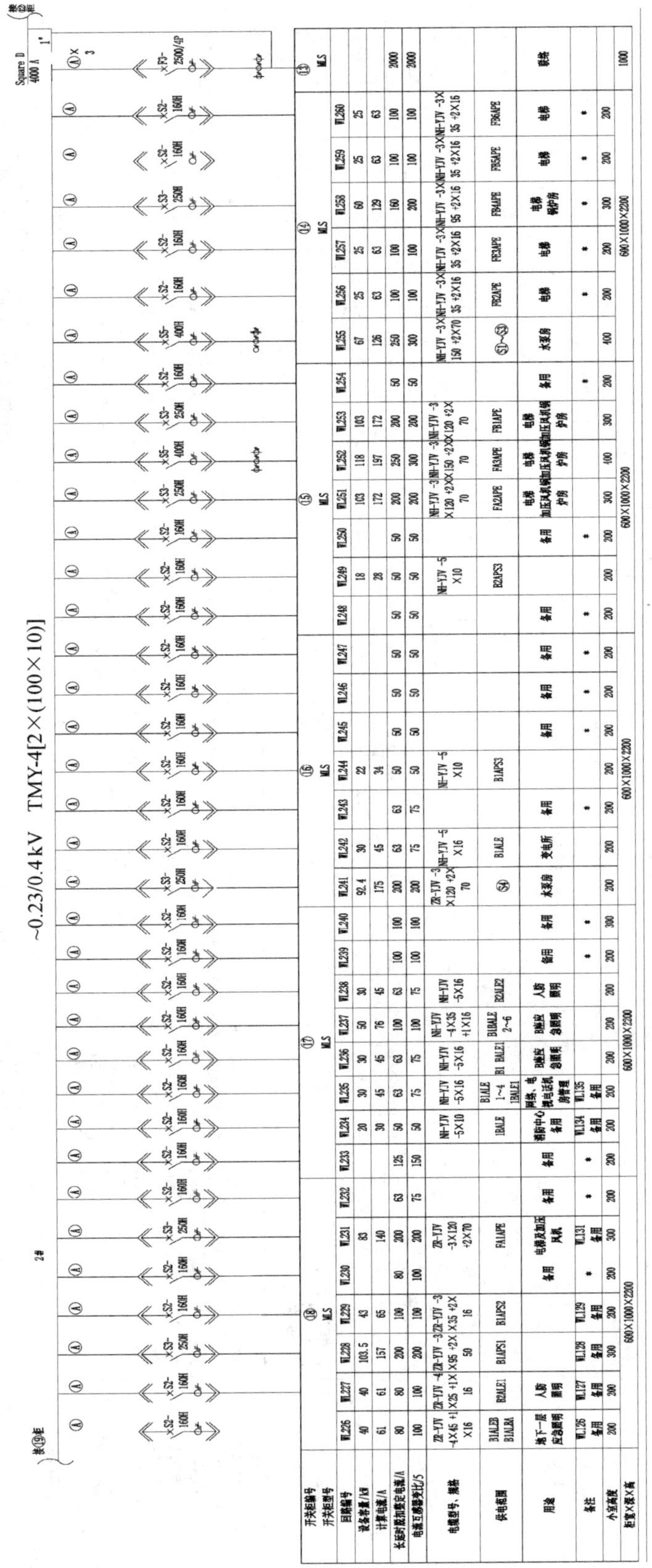

~0.23/0.4 kV　TMY-4[2×(100×10)]

Square D
4000 A
2500/4P

图 3-29　低压配电系统图(三)

开关柜编号														
开关柜型号														
回路编号	WL226	WL227	WL228	WL229	WL230	WL231	WL232	WL233	WL234	WL235	WL236	WL237	WL238	WL239
设备名称/kW	40	40	103.5	65	80	83			30	30	30	30	45	100
计算电流/A	61	61	157	100	200	140	63	125	45	45	45	76	45	100
长延时脱扣整定电流/A	80	80	200	100	200	200	75	150	50	50	50	75	75	100

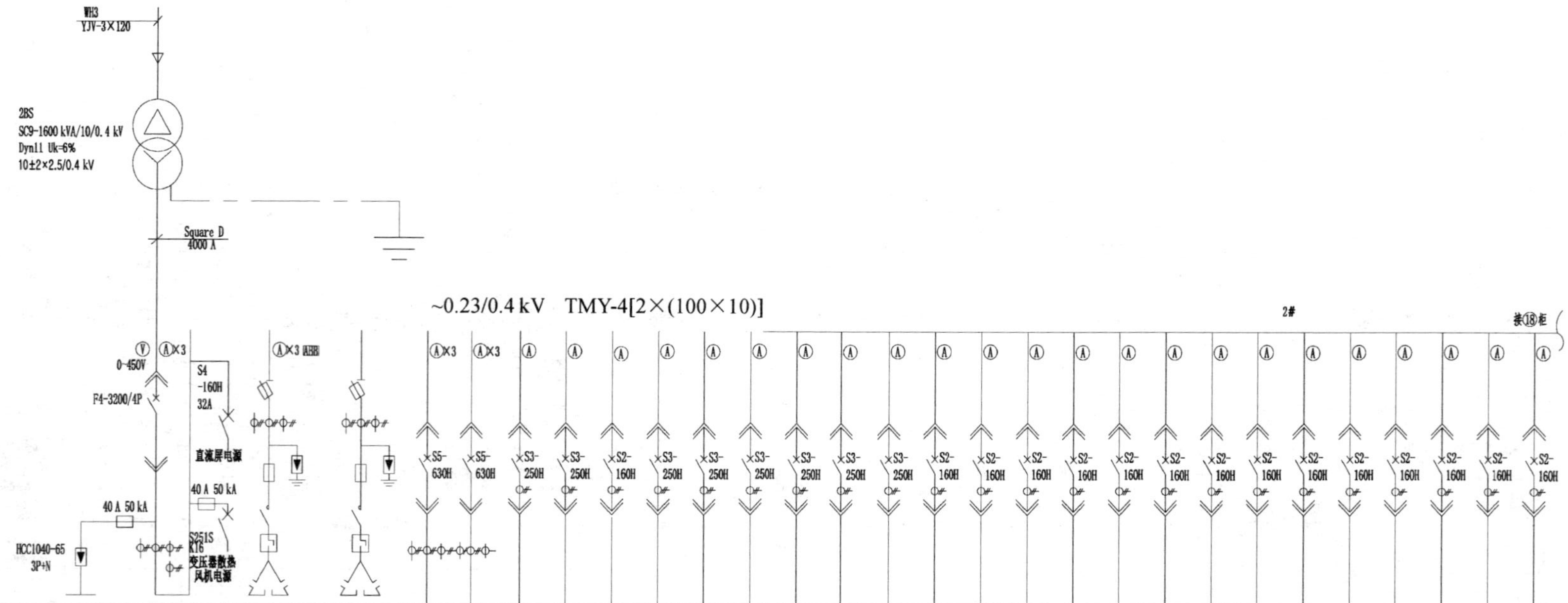

~0.23/0.4 kV   TMY-4[2×(100×10)]

WL3
YJV-3×120

2BS
SC9-1600 kVA/10/0.4 kV
Dyn11 Uk=6%
10±2×2.5/0.4 kV

Square D
4000 A

开关柜编号			㉕	㉔	㉓	㉒			㉑			⑳			⑲						
开关柜型号			MLS	MLS	MLS	MLS			MLS			MLS			MLS						
回路编号						WL201	WL202	WL203	WL204	WL205	WL206	WL207	WL208	WL209	WL210	WL211	WL212	WL213	WL214	WL215	WL216	WL217	WL218	WL219	WL220	WL221	WL222	WL223	WL224	WL225
设备容量 (kW)			2354	240kvar	240kvar	396	432	138		144	132	96			96	40	60			20	30	30			20	20	30	80	
计算电流 (A)			1960	364	364	333	364	174		182	167	145			145	61	91	125		30	45	45			30	30	45	100	
长延时整定电流 (A)			2600	500	500		400		160	200	200	200	200	160	200	200	100	150	150		50	63	63		50	50	75		
电流互感器变比 /5			3000			400	400	200	200																			

图 3-30   低压配电系统图(四)

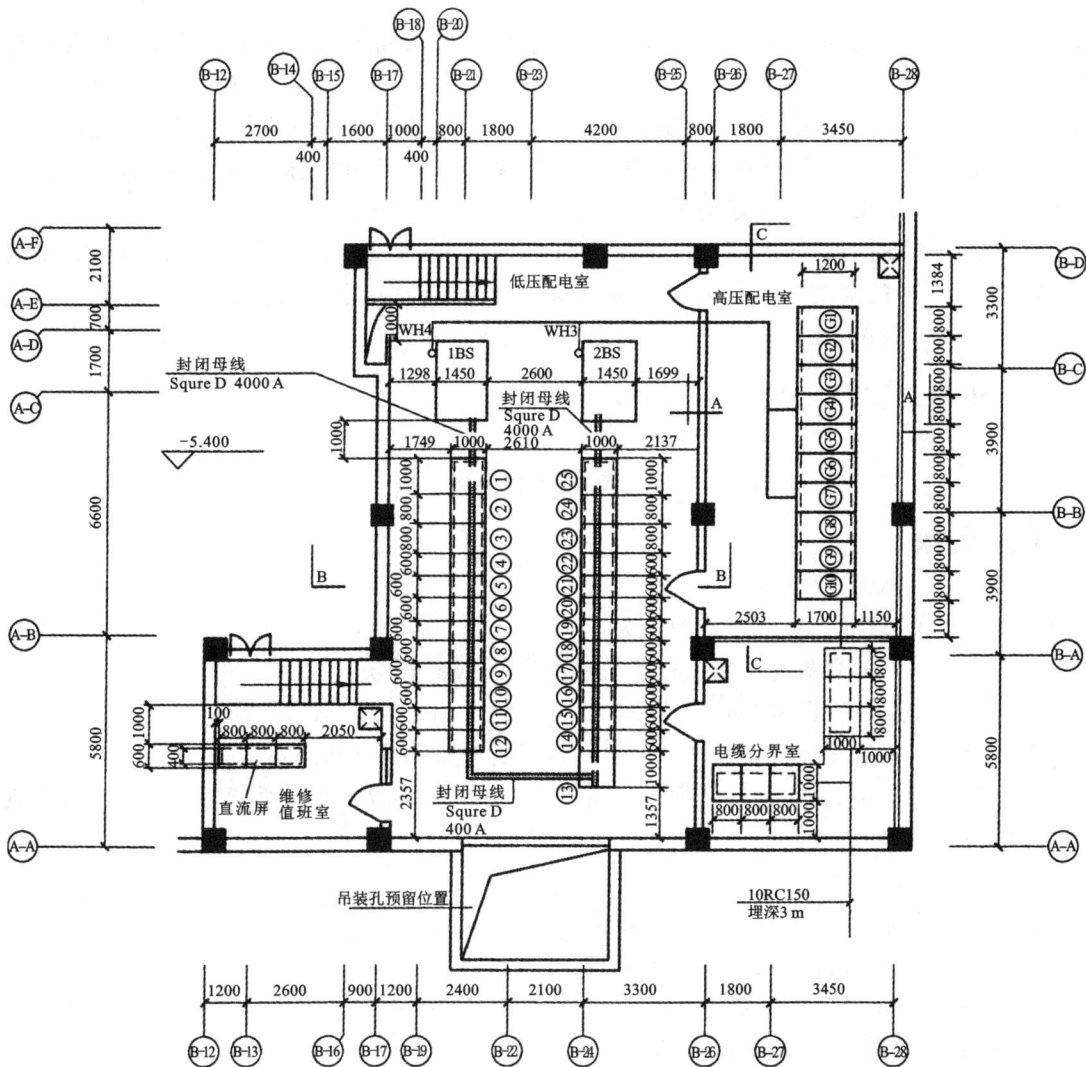

图 3-31 变配电所平面图

4. 变配电平面

为了便于施工及进行工程预算,在电气成套图纸中还要有与系统图相对应的电气设备平面图。

该变配电所由高压配电室、低压配电室(与变压器室合用)、电缆分界室组成,并设有维修值班室。上述各室的大门都向外开。

①高压室设有 10 个配电柜,考虑高压的进线出线方便,它的位置应紧靠电缆分界室。利用建筑物负一层与负二层之间的夹层,做一个电缆桥架,高压电缆从电缆分界室出来,经过电缆桥架两根输入电缆分别进入 G1、G10 高压进线柜;通过控制、计量后,再分别从高压配电控制柜 G4、G7 下端输出,通过电缆桥架到 1 号变压器(1BS)、2 号变压器(2BS)。这种进线方式称为"下进下出"方式,这种利用夹层做电缆桥架的施工方法解决了电缆沟的防潮(防水)、散热等问题,它也是目前常见的安装施工方法。高压柜为单列布置,柜前距离为2.5 m,柜后距离为 1.15 m,满足规范要求。

②低压配电室共有 25 个配电柜,采用双面对列布置。其中,①～⑫柜为一列,⑬～㉕柜为一列。两列之间走廊距离为 2.6 m,柜后距离为 1.7 m,满足规范要求。低压配电柜的进线方式采用封闭式母线,从上往下,分别进入各低压开关柜,然后从低压柜下引出电缆,在施工中注意低压电缆桥架和高压电缆桥架应分开设置。低压柜出线电缆数量较多,最多的有 8 个回路(8 根输出电缆),低压开关柜的数量也多,共 25 个。因此应注意电缆的顺序、编号,应整齐排列在电缆桥架上,并做好记录。

③安装干式变压器时,地面可以不抬高,但应设置变压器的金属轨道,并注意设备的通风、散热。变压器的高度为 2.3 m,低压母线从变压器的上方输出,施工时应注意封闭母线的安装高度及安装位置。

3.5.2 电气工程图实例

电气设计说明

1. 工程概括

①本项目名称为某住宅楼工程。

②本工程为砖混结构,总建筑面积为 5302.2 m^2。

③本工程室内外高差为 0.65 m,建筑总高为 20.55 m,层高均为 3.0 m,主体部分层数为六层,均为住宅,住宅户型 D6 户型,共 1 个单元(共 14 户,其中跃层 4 户)。

④本建筑物相对标高为 ±0.000,与其对应的绝对标高为 505.548。

⑤本工程耐火等级为二级,层面防水等级为三级,抗震设防烈度为 7 度,主体结构合理使用年限为 50 年。

2. 设计依据

主要设计规范如下。

①《工程建设标准强制性条文》(房屋建筑部分)。

②《民用建筑电气设计标准》(GB 51348—2019)。

③《住宅设计规范》(GB 50096—2011)。

④《供配电系统设计规范》(GB 50052—2009)。

⑤《有线电视网络工程设计标准》(GB/T 50200—2018)。

⑥《建筑照明设计标准》(GB/T 50034—2024)。

⑦《建筑物防雷设计规范》(GB 50057—2010)。

⑧《低压配电设计规范》(GB 50054—2011)。

⑨《综合布线系统工程设计规范》(GB 50311—2016)。

3. 设计内容

①电力配电系统。

②照明系统。

③建筑物防雷、接地系统。

④电视、电话及网络系统。

4. 照明及供电系统

①本工程属于三级民用建筑,负荷按三级设计。

②供电电源。本工程从室外配电箱引来一路 220 V/380 V 电源 YJLV-0.6/1kV-4×70-

SC100-FC 到楼梯间总配电箱 AL0,见系统图(图 3-32 至图 3-35)、平面图(图 3-36 至图 3-41)。楼梯间照明、弱电箱电源等公共用电由单元配电箱供电。

用户配电箱 AL1、AL2 的总开关选用具有短路、过负荷和过电压及欠电压保护的断路器。插座分支线路均采用 BV-3×4 mm² PC20 导线。照明分支线路均采用 BV-2.5 mm² 导线。

5. 防雷及接地系统

①本工程防雷等级为三类,建筑的防雷满足防直击雷、防雷电感应及雷电波的侵入,并设置总等电位连接。

②接闪器采用在建筑物外廓易受雷击的四个角上装设避雷短针(用 φ12 的热镀锌圆钢),用柱内四角四根钢筋作为引下线。

③接地极:防雷接地、重复接地及其他电气共用同一接地体,其做法为利用地圈梁等基础钢筋等作为接地体,要求沿建筑物四周形成闭合的电气通路,同时整个防雷接地系统也必须焊接成闭合的电气通路。

④建筑物四角柱内引下线、离地面上 0.5 m 处设接地电阻测试盒,共 2 个,施工完成后实测接地电阻,其总接地电阻应不大于 1 Ω,不能满足要求时,应增加人工接地极。

⑤等电位联结。在进电源处(一层楼梯间,单元配电箱 AL0 旁)设总电位联结箱 MEB,在卫生间设局部等电位联结箱 LEB。施工按国家标准图集 02D501—2。

6. 电视、电话、网络及门禁对讲系统

电视、电话、网络及门禁对讲等弱电系统以预埋线管为原则,系统的具体实施由专业公司完成。闭路电视系统,每个单元设两个箱子,一层设放大器箱,三层设分配分支器箱,干线用 SYWV-75-9-SC20-FC 引入一层放大器箱,再由一层放大器箱到三层分配分支器箱,每户由三层分配分支器箱引两路支线 SYWV-75-5-PC16-WC/FC,见图 3-42。

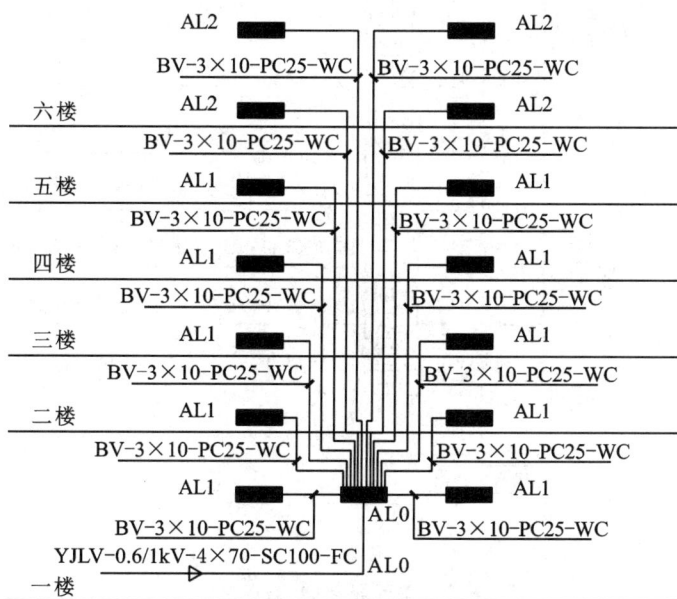

图 3-32 单元配电干线系统图

　　网络及电话系统,在一层楼梯间设网络及电话接线箱,电话 HYA15×(2×0.5)-SC32-FC 及 2 芯网络光纤-SC15-FC 均引入此箱,再由此箱分别引一根超五类 4 对对绞线到每一户,见图 3-43。

　　电视系统放大器箱,网络、电话系统总箱 TOP 等弱电箱的电源均由单元总配电箱供电,在单元总配电箱系统图中绘出,在平面图中未绘出。

　　超五类 4 对对绞线第 1 根穿 PC16,第 2 根穿 PC20,第 3、4 根穿 PC25,第 5、6 根穿 PC32,第 7、8 根穿 PC40。

　　SYWV-75-5 电视线第 1 根穿 PC16,第 2、3 根穿 PC25,第 4、5 根穿 PC32,第 6、7 根穿 PC40。

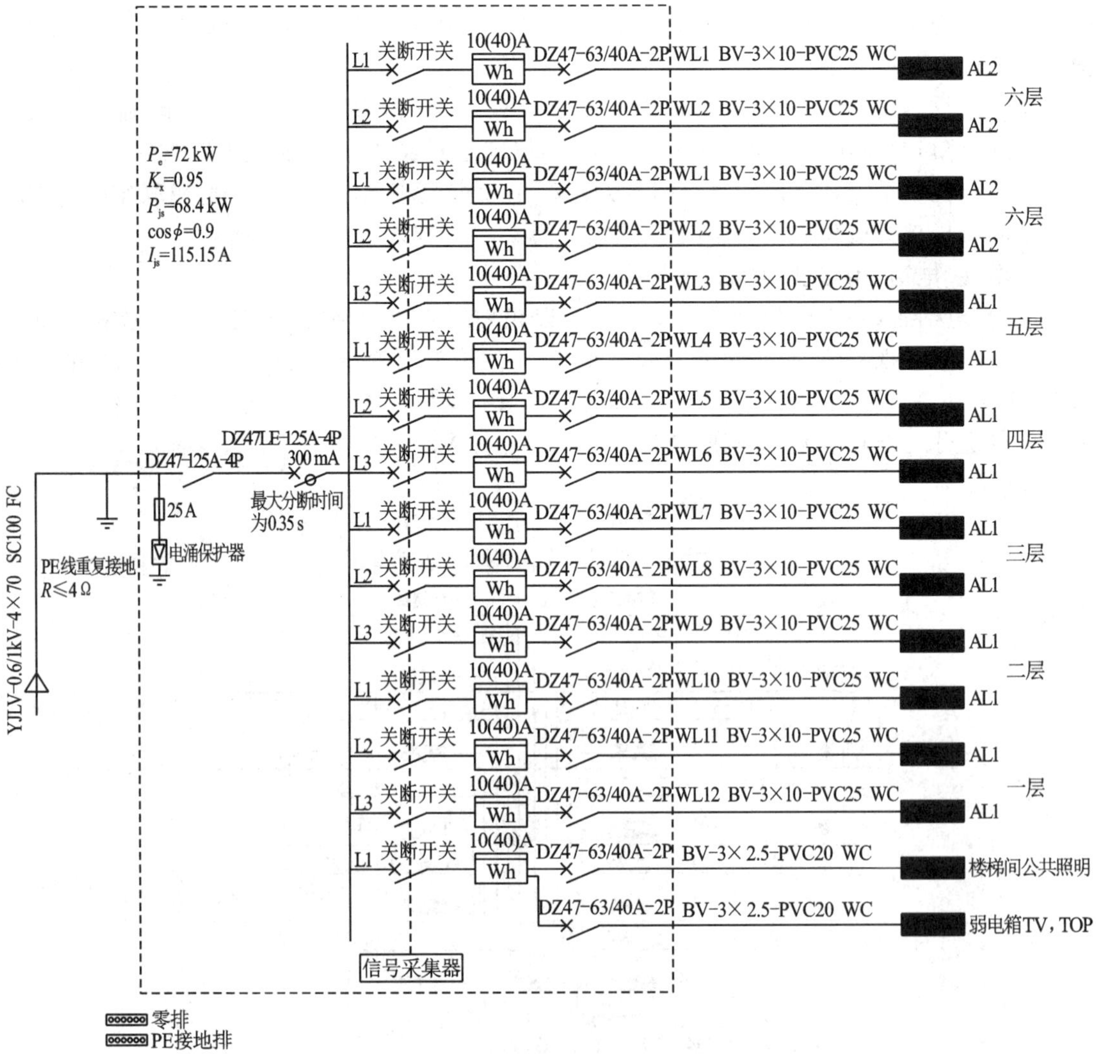

图 3-33　单元配电箱 AL0 系统图

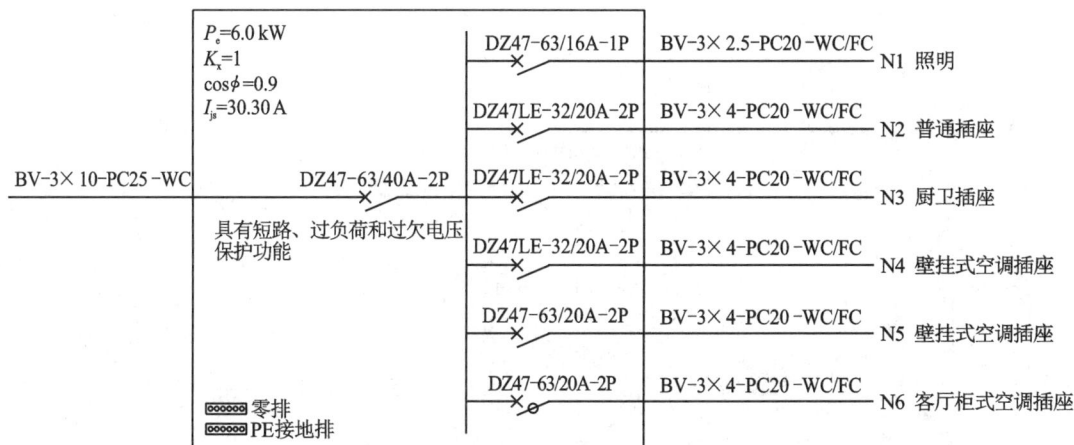

图 3-34 单元配电箱 AL1 系统图

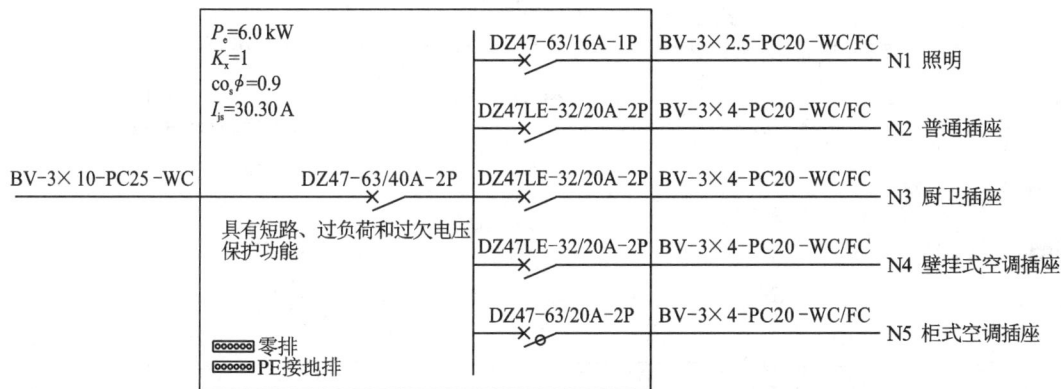

图 3-35 单元配电箱 AL2 系统图

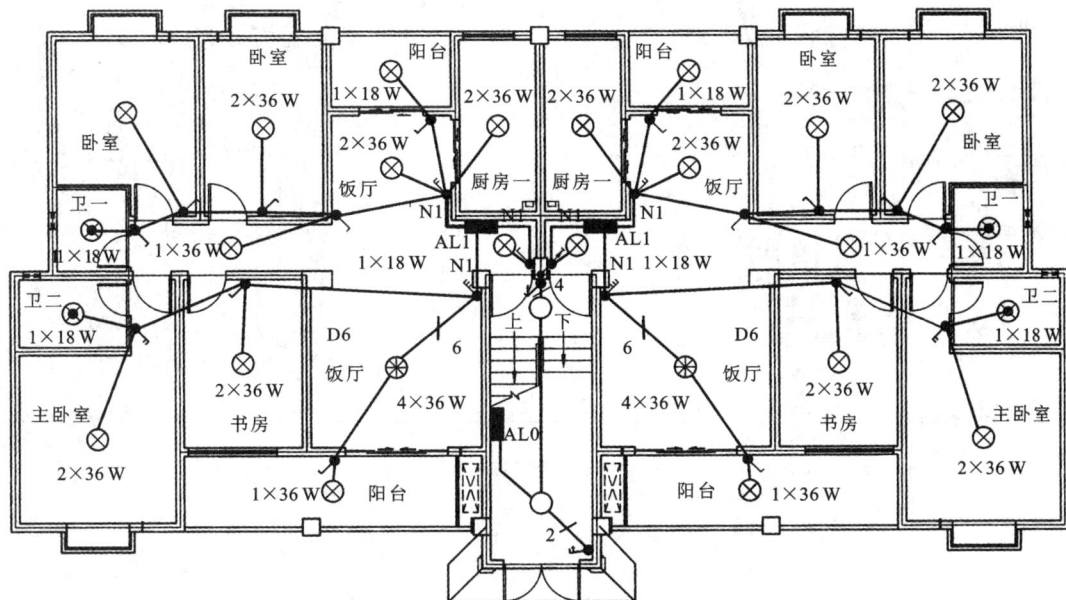

图 3-36 底层照明平面图

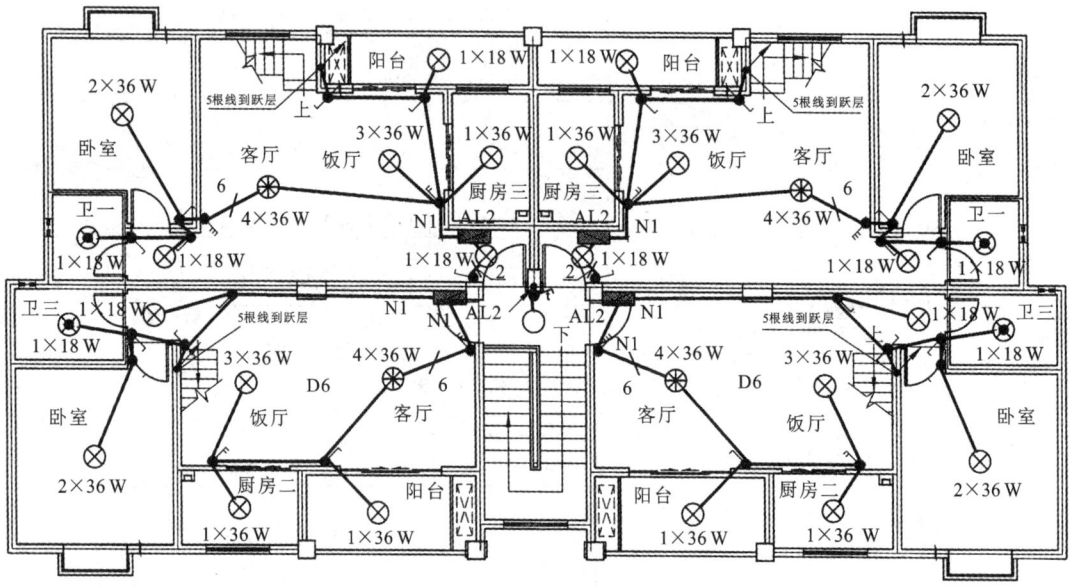

图 3-37 六层照明平面图

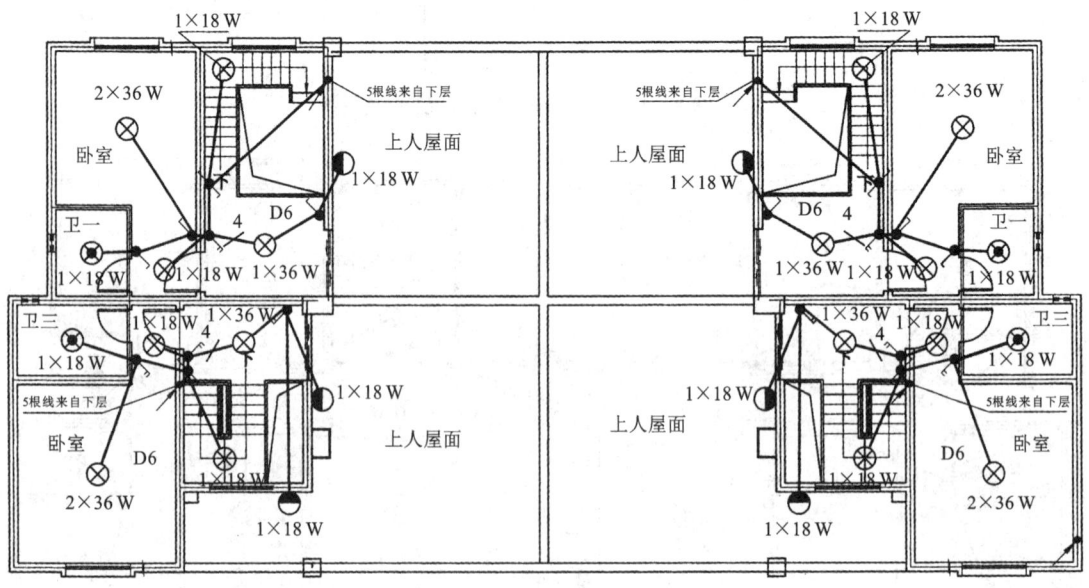

图 3-38 跃层照明平面图

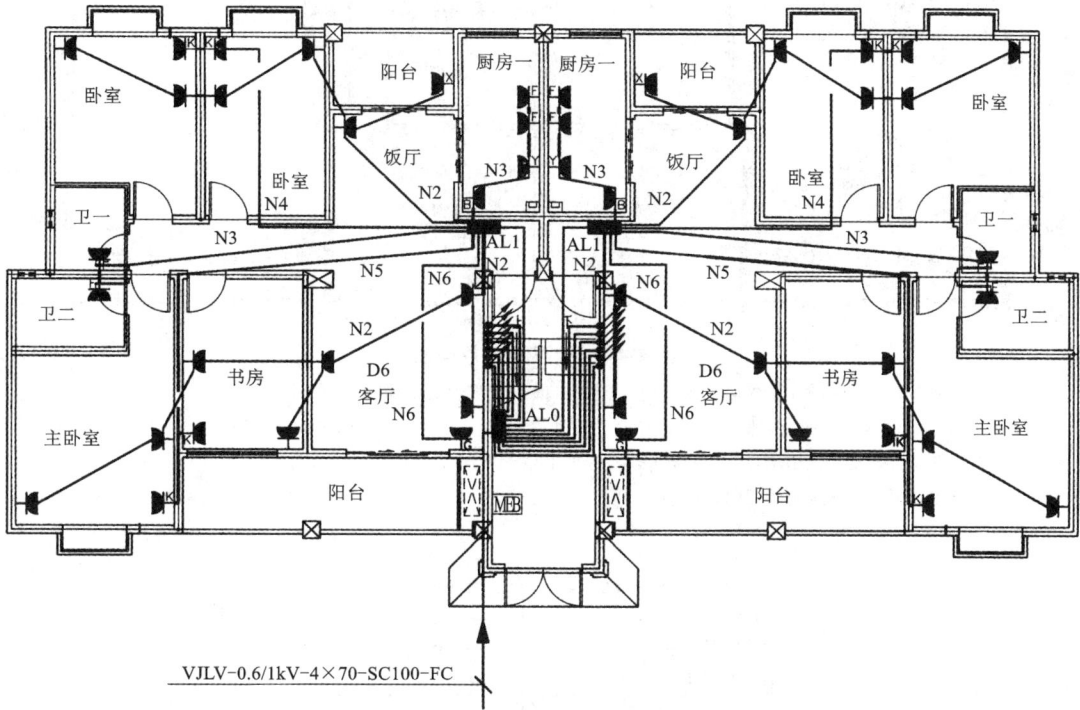

VJLV-0.6/1kV-4×70-SC100-FC

图 3-39 底层插座平面图

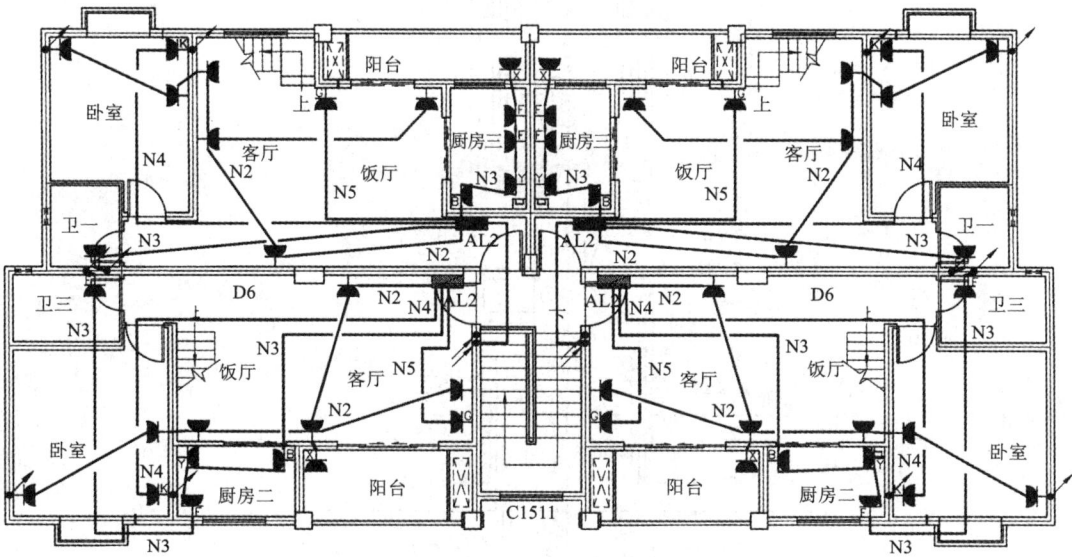

C1511

图 3-40 六层插座平面图

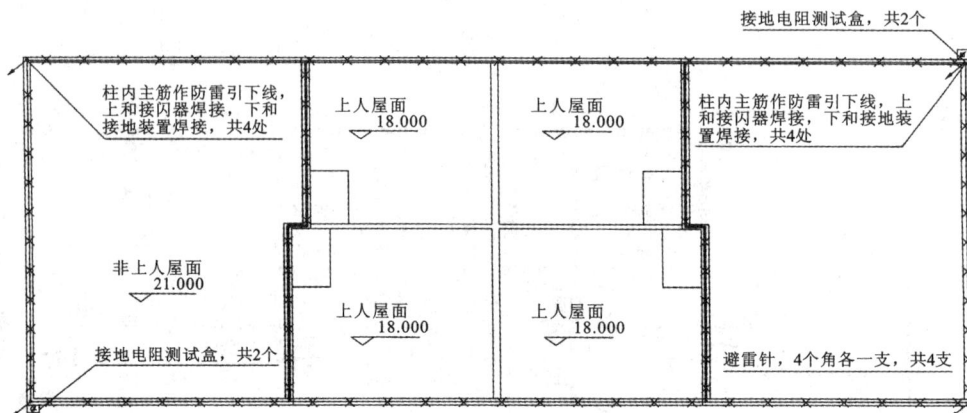

图 3-41　屋面防雷平面图

注:①女儿墙避雷带均采用明敷,并在建筑物外廊易受雷击的四个角上装设避雷短针(用 φ12 的热镀锌圆钢);

②在建筑物四角柱内引下线,离地面上 0.5 m 处设接地电阻测试盒,共 2 个,做法详见 03D501—4;

③基础施工完毕后做接地电阻测试,其总接地电阻应小于等于 1 Ω,不能满足要求时,按 03D501—4 增加人工接地体;

④防雷接地电阻应由有资质的检测单位进行检测,并应同时盖有"建设工程质量检测资质专用章"才合法有效,可作为工程资料。

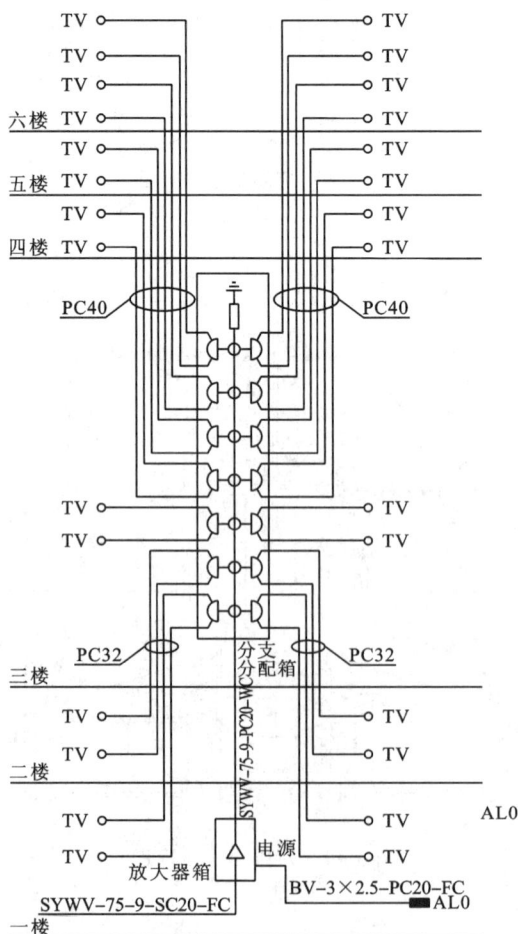

图 3-42　单元电视系统图

		超五类4对绞线		超五类4对绞线			
6层左边第2户	1个TO、2个TP				1个TO、2个TP	6层右边第2户	

6层左边第2户　1个TO、2个TP　超五类4对绞线　　　超五类4对绞线　1个TO、2个TP　6层右边第2户
PC16–WC/FC　　　　　　　　　　　PC16–WC/FC

6层左边第1户　1个TO、2个TP　超五类4对绞线　　　超五类4对绞线　1个TO、2个TP　6层右边第1户
PC20–WC/FC　　　　　　　　　　　PC20–WC/FC

5层左边　1个TO、2个TP　超五类4对绞线　　　超五类4对绞线　1个TO、2个TP　5层右边
PC25–WC/FC　　　　　　　　　　　PC25–WC/FC

4层左边　1个TO、2个TP　超五类4对绞线　　　超五类4对绞线　1个TO、2个TP　4层右边
PC25–WC/FC　　　　　　　　　　　PC25–WC/FC

3层左边　1个TO、2个TP　超五类4对绞线　　　超五类4对绞线　1个TO、2个TP　3层右边
PC32–WC/FC　　　　　　　　　　　PC32–WC/FC

2层左边　1个TO、2个TP　超五类4对绞线　　　超五类4对绞线　1个TO、2个TP　2层右边
PC32–WC/FC　　　　　　　　　　　PC32–WC/FC

1层左边　1个TO、2个TP　超五类4对绞线　　　超五类4对绞线　1个TO、2个TP　1层右边
PC40–WC/FC　　　　　　　　　　　PC40–WC/FC

电话　HYA15×(2×0.5)–SC32–FC　　　　配线架
网络　2芯网络光纤–SC15–FC　　　HUB
AL0 电源　BV–3×2.5–PC20–FC
TOP

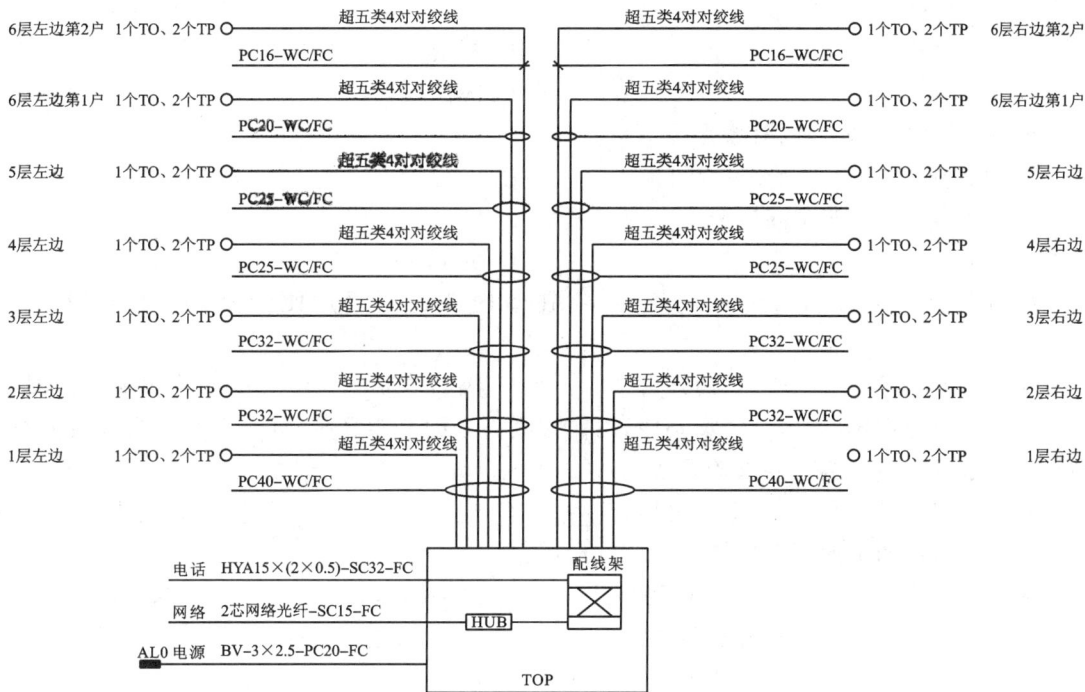

图 3-43　单元网络、电话系统图

习 题 3

1. 选择题

(1)高压开关设备中最主要、最复杂的一种器件是(　　)。

A. 重合器　　　　　　B. 分段器　　　　　　C. 接触器　　　　　　D. 断路器

(2)低压设备通常是指(　　)配电和控制系统中的电气设备。

A. 交流 1200 V、直流 1500 V 及以下　　　　B. 交流 220 V、直流 180 V 及以下

C. 交流 380 V、直流 450 V　　　　　　　　D. 交流 1000 V、直流 1000 V 及以下

(3)断路器主要按(　　)进行分类。

A. 额定电压　　　　　B. 额定电流　　　　　C. 灭弧介质　　　　　D. 灭弧时间

(4)(　　)为常用的应急电源。

A. 发电机组　　　　　B. 专门馈电线路　　　C. 干电池　　　　　　D. 电池

(5)在合闸位置时,能可靠地承载正常工作电流和短路故障电流的是(　　)。

A. 隔离开关　　　　　B. 接地开关　　　　　C. 负荷开关　　　　　D. 熔断器

(6)可以将回路接地,主要用来保护检修工作安全的开关是(　　)。

A. 隔离开关　　　　　B. 接地开关　　　　　C. 负荷开关　　　　　D. 熔断器

(7)除手动操作外,只有一个休止位置,能关合、承载正常电流及规定的过载电流的开断和关合装置是(　　)。

A. 隔离开关　　　　　B. 接地开关　　　　　C. 负荷开关　　　　　D. 熔断器

(8)主要用于在间接触及相线时确保人身安全,也可用于防止电气设备漏电可能引起的

灾害的器件是(　　)。

    A.断路器　　　　　　　　　　　　B.剩余电流动作保护器

    C.熔断器　　　　　　　　　　　　D.隔离器

(9)接触器的主要控制对象是(　　)。

    A.电动机　　　　B.电焊机　　　　C.电容器　　　　D.照明设备

(10)大型民用建筑中高压配电系统宜采用(　　)。

    A.环形　　　　　B.树干式　　　　C.放射式　　　　D.双干线

(11)由建筑物外引入的配电线路,应在室内靠近进线点便于操作维护的地方装设(　　)。

    A.空气断路器　　B.负荷开关　　　C.隔离电器　　　D.剩余电流保护器

(12)在电力系统、高压开关设备中,用作接收与分配电能之用,具有多种一次接线方案,满足电力系统中各种接线要求的设备是(　　)。

    A.开关柜　　　　B.操作机构　　　C.功能组合　　　D.隔离负荷开关

(13)硬母线的油漆颜色应按 A、B、C 分别漆(　　)色。

    A.黄、绿、红　　B.绿、黄、红　　C.红、黄、绿　　D.红、绿、黄

(14)柱上安装的变压器应安装在离地面高度(　　)以上的变压器台上。

    A.2.0 m　　　　B.2.2 m　　　　C.2.5 m　　　　D.3.0 m

(15)低压配电柜的维护通道不得小于(　　)。

    A.0.5 m　　　　B.0.8 m　　　　C.1.0 m　　　　D.2.0 m

(16)SC9-630/10 是(　　)电力变压器。

    A.油浸自冷式　　　　　　　　　　B.有载自动调压式

    C.环氧树脂浇注干式　　　　　　　D.单相自耦

2. 填空题

(1)低压配电系统配电方式有＿＿＿＿＿、＿＿＿＿＿、＿＿＿＿＿三种。

(2)固定式配电柜的型号有＿＿＿＿＿、＿＿＿＿＿、＿＿＿＿＿等。

(3)常见的干式变压器有＿＿＿＿＿、＿＿＿＿＿、＿＿＿＿＿。

3. 简答题

(1)高压隔离开关的作用是什么?

(2)隔离开关、负荷开关、断路器在使用功能上有哪些区别?画出三者的图形符号。

(3)10 kV 变电所的一次设备有哪些?

(4)电力负荷分为几级?一级负荷对供电有什么要求?二级负荷对供电有什么要求?

项目 4　灯具及开关、插座的安装

任务 4.1　常用电光源及电气照明基本线路

4.1.1　照明种类及常用电光源

1. 照明种类

按照明的作用可以把照明分为正常照明、应急照明、值班照明、警卫照明、装饰照明和艺术照明等。

①正常照明。正常照明也称工作照明,是为满足正常工作而设置的照明,其作用是满足人们正常视觉的需要,是照明工程中的主要照明,一般单独使用。不同场合的正常照明有着不同的照度标准,照度设计要符合规范的要求。

②应急照明。在正常照明因事故熄灭后,为了满足事故情况下人们继续工作或保障人员安全顺利撤离的照明为应急照明。它包括备用照明、安全照明和疏散照明。

③值班照明。在非工作时间,供值班人员观察用的照明称值班照明。可用正常照明的一部分或应急照明的一部分作为值班照明。

④警卫照明。用于警卫区域内重点目标的照明称为警卫照明。可用正常照明的一部分作为警卫照明。

⑤装饰照明。为美化和装饰某一特定空间而设置的照明称为装饰照明。这类照明以纯装饰为目的,不兼作一般照明和局部照明。

⑥艺术照明。通过运用不同的灯具、不同的投光角度和不同的光色,制造出一种特定空间气氛的照明称为艺术照明。

2. 电光源分类

按发光原理不同,电光源主要分为热辐射光源和气体放电光源两类。

(1)热辐射光源

热辐射光源主要是指利用电流使物体加热到白炽程度而发光的光源,如白炽灯和卤钨灯,都是用钨丝作为辐射体,通电后使之达到白炽温度,产生热辐射。

(2)气体放电光源

气体放电光源是指利用电流通过气体(或蒸气)而发光的光源,这种电光源具有发光效率高、使用寿命长等特点。根据这些光源中气体的压力,可分为低压气体放电光源和高压气体放电光源。常用的低压气体放电光源有荧光灯和低压钠灯,常用的高压气体放电光源有高压汞灯、金属卤化物灯、高压钠灯、氙灯等。

3. 常用电光源

(1)白炽灯

普通白炽灯的构造如图 4-1 所示,主要由灯头、灯丝和玻璃壳等组成。普通白炽灯的灯头形式分为插口式和螺口式两种,一般适用于照度要求低、开关次数频繁的室内外场所。对

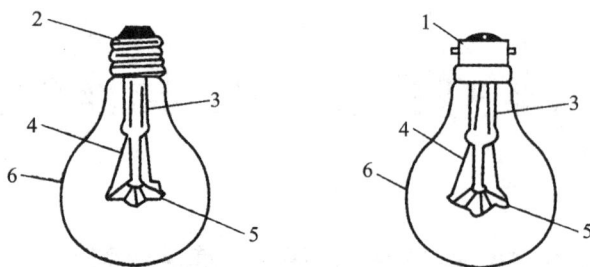

图 4-1 白炽灯构造图

1—插口灯头;2—螺口灯头;3—玻璃支架;4—引线;5—灯丝;6—玻璃壳

于螺口灯泡的灯座,相线应接在中心触点的端子上,零线接到螺纹的端子上。

白炽灯构造简单,价格便宜,使用方便。白炽灯的玻璃外壳可以制成各种形状,也可以是透明或磨砂的,还可以涂白色、彩色涂料。它的主要缺点是发光效率低,只有 2%～3% 的电能转换为可见光,其余电能都以热辐射形式损失了。随着社会的发展,白炽灯将逐步被淘汰,由节能电光源取代。

(2)卤钨灯

卤钨灯的工作原理与普通白炽灯一样,只是在灯管内充入惰性气体的同时加入了微量的卤素物质,所以称为卤钨灯。卤钨灯包括碘钨灯、溴钨灯。在白炽灯内充入微量的卤化物,可使其发光效率比白炽灯提高 30%,适用于体育场、广场及机场等场所。

(3)荧光灯

荧光灯的构造如图 4-2 所示。荧光灯由镇流器、启辉器和灯管等组成,具有体积小、光效高、造型美观、安装方便等特点,有逐渐取代白炽灯的趋势。灯管的类型有直管、圆管和异型管等。荧光灯的光色有日光色、白色及彩色等。荧光灯的接线原理如图 4-3 和图 4-4 所示。

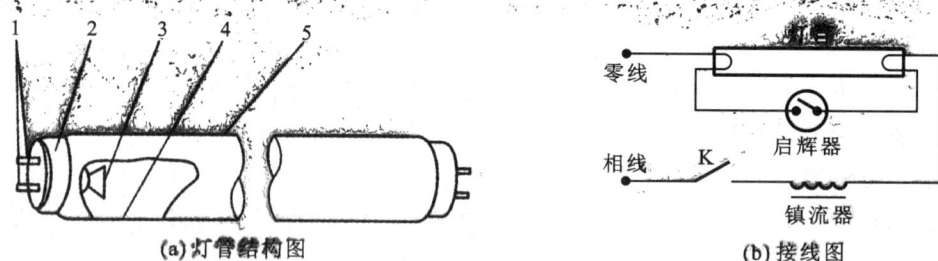

图 4-2 荧光灯构造图

1—灯脚;2—灯头;3—灯丝;4—荧光粉;5—玻璃管

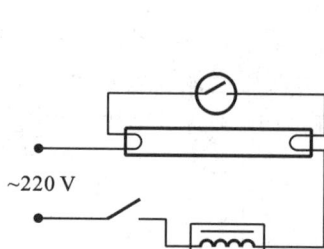

图 4-3 荧光灯接线原理图

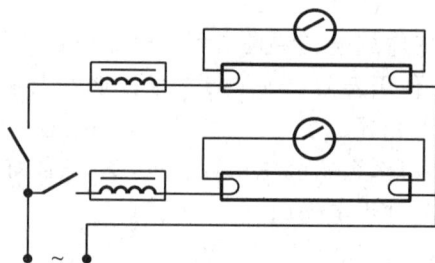

图 4-4 两个荧光灯并联线路

荧光灯发光效率高、寿命长（一般为 2000～3000 h），因此广泛地用于室内照明。其额定电压为 220 V，额定功率有 8 W、12 W、20 W、30 W 和 40 W 等规格。但荧光灯不宜频繁启动，否则会导致寿命缩短。荧光灯工作受环境温度影响大，最适宜的温度为 18～25 ℃。由于镇流器是电感元件，电路的功率因数较低（cosϕ 为 0.4～0.6）。为了提高电路的功率因数，可以并联一个电容器。

（4）高压汞灯

高压汞灯也称高压水银灯。它是荧光灯的改进产品，靠高压汞气体放电而发光。它不需要启辉器，按结构分为外镇流和自镇流两种形式。自镇流式使用方便，不用安装镇流器，适用于大空间场所的照明，如车站、码头等。

（5）钠灯

钠灯是指在灯管内加入适量的钠和惰性气体，故称为钠灯。钠灯分为高压钠灯和低压钠灯，具有省电、光效高及透雾能力强等特点，常用于道路、隧道等场所的照明。

（6）氙灯

氙灯是一种弧光放电灯，管内充有氙气。氙灯具有功效大、光效好、体积小、亮度高和启动方便等特点。氙灯可以产生很强的接近太阳光的连续光谱，故有"小太阳"的美称，其使用寿命为 1000～5000 h。氙灯常用于广场、码头和机场等大面积场所照明，近些年也大量用于汽车的大灯照明。

（7）金属卤化物灯

金属卤化物灯是在高压汞灯的基础上添加某些金属卤化物，并靠金属卤化物的循环作用，不断向电弧提供相应的金属蒸气，提高管内金属蒸气的压力，这样有利于发光效率的提高，从而获得比高压汞灯更高的光效和显色性。

4.1.2 常用电光源的选用

常用照明电光源的选用范围如下。

①白炽灯。白炽灯应用在照度和光色要求不高、频繁开关的室内。除了普通照明灯泡，白炽灯还有 6～36 V 的低压灯泡以及用作机电设备局部安全照明的防爆灯泡。

②卤钨灯。卤钨灯光效高、光色好，适用于大面积、高空间场所照明。

③荧光灯。荧光灯光效高、光色好，适用于要求照度高、区别色彩的室内场所，如教室、办公室和轻工车间，但不适用于有转动机械的场所。

④荧光高压钠灯。荧光高压钠灯光色差，常用于街道、广场和施工工地。

⑤氙灯。氙灯具有强白光，光色好，又称"小太阳"，适用于大面积场所、高大厂房、广场、运动场、港口和机场。

⑥高压钠灯。高压钠灯光色较差，适用于城市街道、广场。

⑦低压钠灯。发出黄绿色光，穿透烟雾性能好，多用于城市街道、户外广场。

⑧金属卤化物灯。金属卤化物灯光效高、光色好，室内、外照明均适用。

4.1.3 照明基本线路

1. 一个开关控制一盏灯或多盏灯

一个开关控制一盏灯是最常用、最简单的照明控制线路，如图 4-5 所示。到开关和到灯具的线路都是 2 根线（2 根线不需要标注），相线（L）经开关控制后接到灯具，零线（N）直接接到灯具。一只开关控制多盏灯时，灯应并联接线。

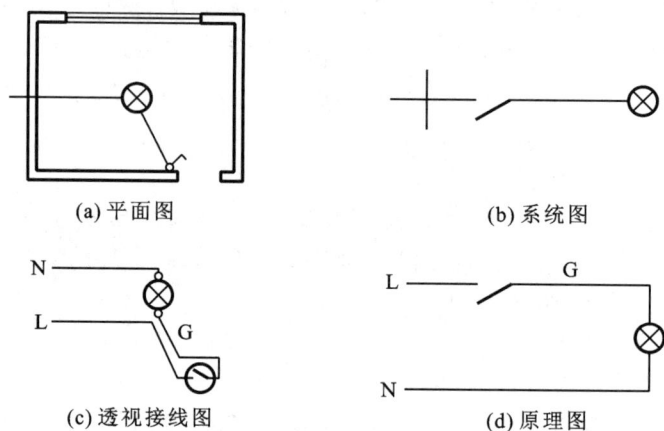

(a) 平面图   (b) 系统图

(c) 透视接线图   (d) 原理图

图 4-5 一个开关控制一盏灯

2. 多个开关控制多盏灯

当一个空间有多盏灯需要由多个开关单独控制时,可以适当地把控制开关集中安装,相线可以公用接到各开关,通过各开关后分别连接到各灯具,零线直接接到各灯具,如图 4-6 所示。

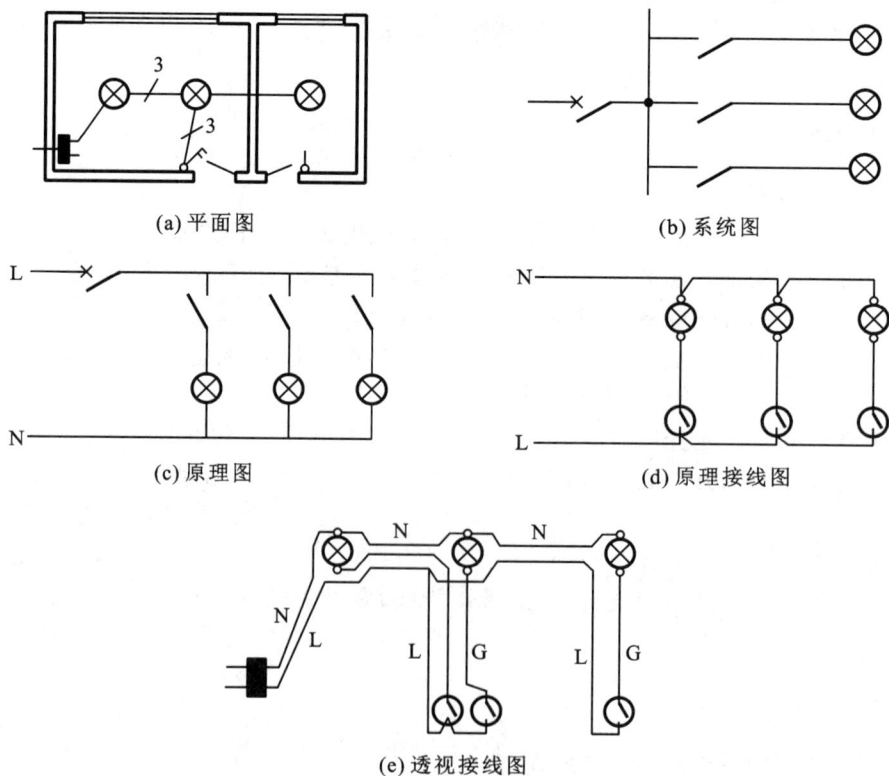

(a) 平面图   (b) 系统图

(c) 原理图   (d) 原理接线图

(e) 透视接线图

图 4-6 多个开关控制多盏灯

3. 两个开关控制一盏灯

用两个双控开关在两处控制同一盏灯,通常用于楼上、楼下分别控制楼梯灯或走廊两端分别控制走廊灯,如图 4-7 所示。在图示开关位置时,灯处于关闭状态,无论扳动哪个开关,灯都会亮。

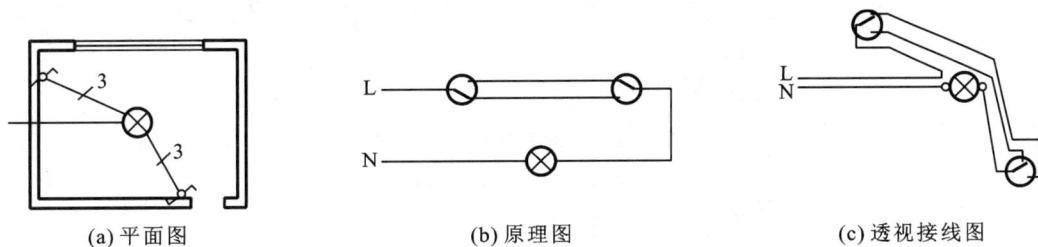

| (a) 平面图 | (b) 原理图 | (c) 透视接线图 |

图 4-7 两个开关控制一盏灯

4. 动力配电基本原则

动力配电主要表明:电动机型号、规格和安装位置,配电线路的敷设方式、路径、导线型号和数量、穿管类型及管径,动力配电箱的型号、规格、安装位置与标高等。动力配电设计时要注意尽量将动力配电箱放置在负荷中心,具体安装位置应该便于操作和维护。

任务 4.2　灯具的安装

室内普通灯具通常有吸顶式、嵌入式、悬挂式和吸壁式 4 种安装方式。根据灯具的悬吊材料不同,悬挂式又可分为软线吊灯、链条吊灯和钢管吊灯 3 种。

4.2.1　吊灯的安装

安装吊灯通常需要吊线盒和绝缘台两种配件。绝缘台规格应根据吊线盒的大小选择,既不能太大,又不能太小,否则影响美观。绝缘台应安装牢靠。软线吊灯的组装过程及要点如下。

①准备吊线盒、灯泡、软线、焊锡等。

②截取一定长度的软线,两端剥出线芯,把线芯拧紧后挂锡。

③打开灯座及吊线盒盖,将软线分别穿过灯座及吊线盒盖上的孔,打一个保险结,以防线芯接头受力。

④软线一端的线芯与吊线盒内的接线端子连接,另一端的线芯与灯座的接线端子连接。

⑤将灯座及吊线盒盖拧好。

灯具质量为 0.5 kg 及以下时,采用软电线自身吊装。灯具质量大于 0.5 kg 且小于 3 kg 时,采用链吊或管吊。采用链吊时,灯线宜与吊链编插在一起且灯线不应受力。钢管作为灯具吊杆时,钢管直径不应小于 10 mm,钢管壁厚不应小于 1.5 mm。灯具质量大于 3 kg 时,应预埋吊钩或预埋螺栓固定,如图 4-8 所示。固定花灯的吊钩,其圆钢直径不应小于灯具挂销的直径且不得小于 6 mm。对于大型花灯、吊装花灯的固定及悬吊装置,应按灯具质量的 2 倍做过载试验。

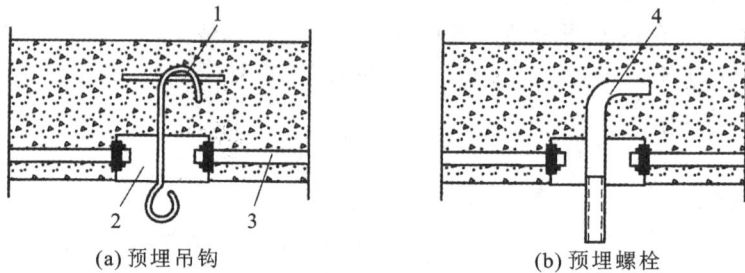

(a) 预埋吊钩   (b) 预埋螺栓

图 4-8　预埋吊钩和预埋螺栓

1—吊钩;2—接线盒;3—电线管;4—螺栓

4.2.2　吸顶灯及嵌入式灯具的安装

吸顶灯安装时可直接将绝缘台固定在天花板的预埋木砖上或用预埋的螺栓固定,然后把灯具固定在绝缘台上。装有白炽灯泡的吸顶灯具,灯泡不应紧贴灯罩。灯泡和绝缘台的距离小于 5 mm 时,应在灯泡和绝缘台之间放置隔热层(石棉板或石棉布)。

吸顶灯灯具质量超过 3 kg 时,应把灯具(或绝缘台)直接固定在预埋螺栓上。

4.2.3　装饰灯具吊顶安装

装饰灯具与照明灯具既有相同之处,又有不同之处。相同之处是装饰灯具也有一定的照明作用;不同之处是装饰灯具将普通的照明灯具艺术化,从而达到预期的装饰效果。

(1)吸顶灯在吊顶上安装

在建筑装饰吊顶上安装吸顶灯时,轻型灯具应用自攻螺钉将灯具固定在中龙骨上。灯具质量超过 3 kg 时,应使用吊杆螺栓与设置在吊顶龙骨上的固定灯具的专用龙骨连接。专用龙骨也可使用吊杆与建筑物结构连接。

(2)吊灯在吊顶上安装

小型吊灯通常可安装在龙骨或附加龙骨上,用螺栓穿通吊顶板材,直接固定在龙骨上。龙骨分为轻钢龙骨、铝合金龙骨和木龙骨。大面积吊顶采用轻钢龙骨。吊灯质量超过 1 kg 时,应增加附加龙骨。图 4-9 为龙骨吊顶图。

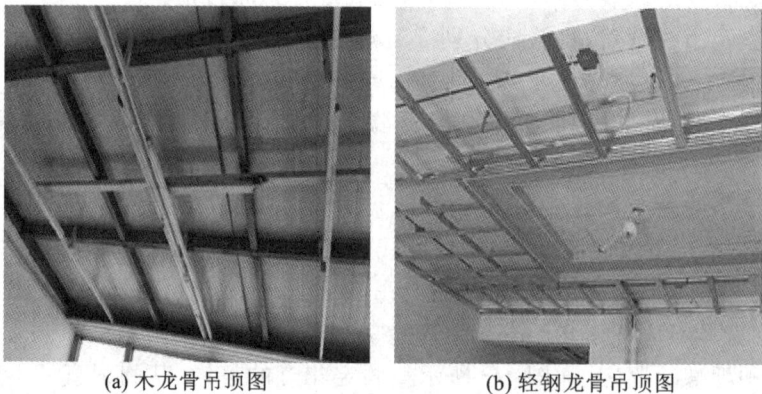

(a) 木龙骨吊顶图   (b) 轻钢龙骨吊顶图

图 4-9　龙骨吊顶图

4.2.4　灯具安装一般共同性规定

①设计对灯具安装高度无要求时,一般用敞开式灯具。灯头对地面距离:室外不小于2.5 m(室外墙上安装),厂房内 2.5 m,室内 2 m,软吊线带升降器的灯具在吊线展开后 0.8 m。在危险性较大及特殊危险场所,灯具距地面高度小于 2.4 m 时,应使用额定电压为 36 V 及以下的照明灯具或采取专用保护措施。

②当灯具距地面高度小于 2.4 m 时,灯具的可接近裸露导体必须接地(PE)或接零(PEN)可靠,应有专用接地螺栓且有标志。

③引向每个灯具的导线线芯最小截面应符合表 4-1 的规定。

④灯具的外形、灯头及接线应符合下面的规定。

a.灯具及其配件齐全,无机械损伤、变形、涂层剥落及灯罩破裂等缺陷。

b.软线吊灯的软线两端做保险扣,两端芯线搪锡;装升降器时,套塑料软管,采用安全灯头。

c.除了敞开式灯具,其他各类灯具灯泡容量在 100 W 及以上者采用瓷质灯头。

d.连接灯具的软线盘扣、搪锡压线,采用螺口灯头时,相线接于螺口灯头中间的端子上。

e.灯头的绝缘外壳不破损和漏电;带有开关的灯头,开关手柄无裸露的金属部分。

表 4-1　导线线芯最小截面

灯具的安装场所及用途		线芯最小截面面积/mm²		
		铜芯软线	铜线	铝线
灯头线	民用建筑室内	0.4	0.5	2.5
	工业建筑室内	0.5	0.8	2.5
	室外	1.0	1.0	2.5
移动用电设备的导线	生活用	0.4	—	—
	生产用	1.0	—	—

任务 4.3　开关、插座的安装

4.3.1　灯开关安装

灯开关的安装方式有明装和暗装。灯开关的操作方式分为扳把式、跷板式及声光控制式等。按控制方式,灯开关分为单控开关、双控开关和电子开关等。

①同一场所开关的标高应一致,应操作灵活、接触可靠。

②照明开关安装位置应便于操作,开关一般距地面 1.3 m,开关边缘距门框 0.15～0.2 m 且不得安装在门的反手侧。跷板开关的扳把应上合下分,但双控开关除外。

③照明开关应接在相线上。

④在多尘和潮湿场所,应使用防水防尘开关。

⑤在易燃、易爆场所,开关一般应装在其他场所或使用防爆型开关。

⑥明装开关应安装在符合规格的圆方或木方上,住宅严禁装设床头开关或以灯头开关代替其他开关开闭电灯,不宜使用拉线开关。

触摸开关、声控开关是一种自控关灯开关,一般安装在走廊、过道上,距地高度为 1.2～1.4 m。暗装开关在布线时,考虑用户今后用电的需要,一般要在开关上端设一个接线盒,接线盒距顶棚 15～20 cm。目前的住宅及民用建筑常采用暗装跷板开关,其通断位置如图 4-10 所示。

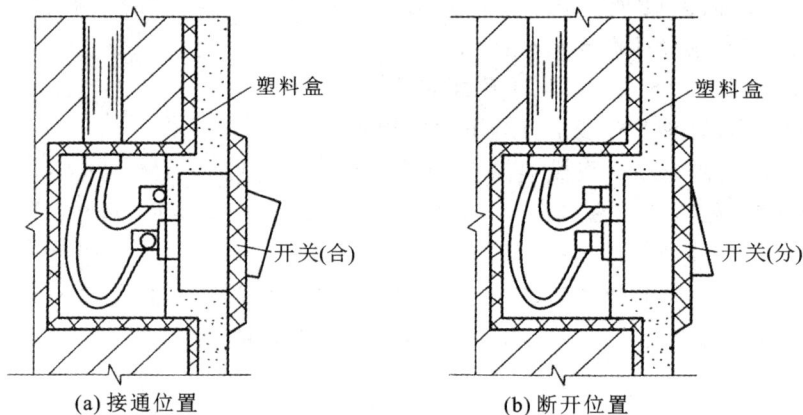

(a) 接通位置　　　　　　　　　(b) 断开位置

图 4-10　跷板开关暗装通断位置图

4.3.2　插座的安装

插座是各种移动电器的电源接口。插座可分为单相双孔、单相三孔、单相五孔、三相四孔等,又可分为安全型插座及防溅型插座等。

插座的安装程序为测位、划线、打眼、预埋螺栓、上木台、装插座、接线、装盖。

1. 插座安装要求

①住宅一律使用同一牌号的安全型插座,同一处所的插座安装高度宜一致,距地面高度一般为 1.3 m。卫生间插座距地 1.3 m,柜式空调插座距地 0.3 m,挂式空调插座一般距地 2 m。

②车间及试验室的插座,一般距地面高度不宜低于 0.3 m;托儿所、幼儿园、小学等场所宜选用安全插座,其安装高度不宜低于 1.8 m;潮湿场所应使用安全型防溅插座。

③备用照明、疏散照明回路不设置插座。

④插座为单独回路时,每个回路插座数量不宜超过 10 个。

⑤厨房、卫生间电源插座不宜使用同一回路。

2. 插座接线

单相双孔插座,面对插座的右孔或上孔与相线连接,左孔或下孔与零线连接;单相三孔插座,面对插座的右孔与相线连接,左孔与零线连接;单相三孔和三相四孔或五孔插座的接地或接零均应在插座的上孔。插座的接地端子不应与零线端子直接连接。插座接线图如图 4-11 所示。

住宅插座回路应单独装设漏电保护装置。带有短路保护功能的漏电保护器,应确保有足够的灭弧距离。电流型漏电保护器应定期检查实验按钮动作的可靠性。

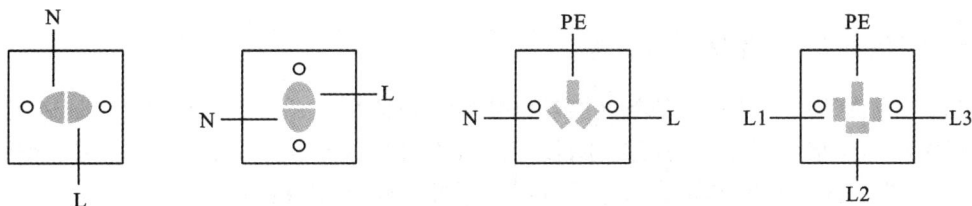

图 4-11　插座接线图

任务 4.4　配电箱安装

配电箱根据其主要用途,可分为动力配电箱和照明配电箱。动力配电箱按其安装方式,可分为悬挂式明装、嵌墙式暗装和落地式安装。

4.4.1　配电箱挂墙(柱)明装

配电箱明装可以直接固定在墙(柱)表面,也可以在墙(柱)上安装支架后将配电箱固定在支架上。

直接安在墙上时,螺栓长度应为埋设深度(一般为 120~150 mm)加箱壁厚度以及螺母和垫圈的厚度,再加 3~5 扣的余量长度,如图 4-12 所示。

配电箱安在支架上时,应先将支架加工好,然后将支架埋设固定在墙上,最后用螺栓将配电箱安装在支架上,如图 4-13 所示。配电箱应刷樟丹漆一道、灰色油漆两道。

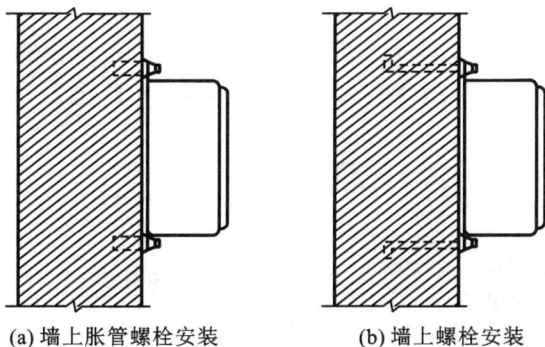

(a) 墙上胀管螺栓安装　　　　　　(b) 墙上螺栓安装

图 4-12　墙挂式配电箱安装(直接安在墙上)

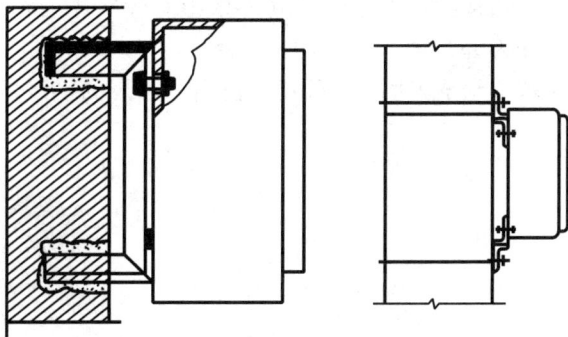

图 4-13　墙挂式配电箱安装(安在支架上)

4.4.2 配电箱嵌墙暗装

配电箱暗装(嵌入式)通常是配合土建砌墙时将箱体预埋在墙内。面板四周边缘应紧贴墙面,箱体与墙体接触部分应刷防腐漆;按需要砸下敲落孔压片;有贴脸的配电箱,应把贴脸揭掉。一般当主体工程砌至安装高度就可以预埋配电箱,配电箱的宽度超过 300 mm 时,箱上应加过梁,避免安装后受压变形。配电箱应分别设零线和保护地线的汇流排,相互不能铰接。暗装照明配电箱安装高度一般为底边距地面 1.5 m,安装垂直允许偏差为 1.5‰。

4.4.3 配电箱落地式安装

落地式配电箱可以直接安装在地面上,也可以安装在混凝土台上。两种形式实为一种,都要埋设地脚螺栓,以固定配电箱,如图 4-14 所示。

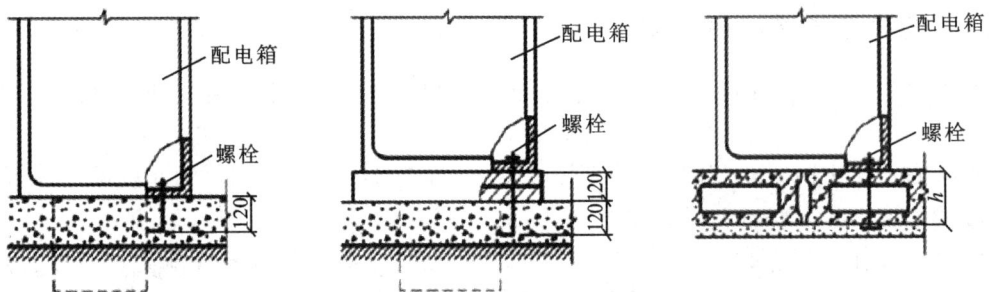

图 4-14 落地式配电箱的几种安装方式

地脚螺栓不能倾斜,紧固后的螺栓应高出螺母 3～5 扣。配电箱安装在混凝土台上时有贴墙和不贴墙两种安装方法,不贴墙时,四周尺寸均应超出配电箱 50 mm。

习 题 4

(1)简述电光源的分类。

(2)照明开关安装的基本要求是什么?

(3)插座安装规范有哪些?

(4)安装插座时,插孔是如何排列的?

(5)电灯开关为什么必须接在火线上? 接在零线上有什么坏处?

(6)灯具按安装方式分为哪几类?

(7)简述照明电路的基本组成,简述两只开关控制一盏灯的接线原理。

项目 5   照明、动力工程图实例与工程量的计算

任务 5.1   照明灯具及配电线路的标注

5.1.1   电气设备及线路的标注方法

　　施工图绘制是用图形符号和文字符号来表示电气设备种类和名称，以及它们的功能、状态和特征。对于电气设备、线路等的安装要求、安装位置、安装方法等，还要在图纸上表示清楚，采用必要的文字标注，以简化烦琐的文字说明，这对于施工平面图更为重要。各种电气设备及线路的标注方法见表 5-1。

表 5-1   电气设备及线路的标注方法

序号	标注方式	说明	示例
1	$\dfrac{a}{b}$	用电设备标注： a—设备编号或设备位号； b—额定功率（kW 和 kVA）	$\dfrac{XL\text{-}20}{4.8}$ 动力配电箱的型号为 XL-20，容量为 4.8 kW
2	$a\text{-}b\,\dfrac{c\times d\times L}{e}f$	照明灯具标注： a—灯具的数量； b—灯具的型号或编号； c—每盏灯具的灯泡数量； d—每个灯泡（或灯管）的功率； e—灯泡安装高度（室内地坪到灯具中心的距离），"—"表示吸顶安装； f—灯具安装方式； L—光源种类（常省略不标）	$5\text{-}BYS\text{-}80\,\dfrac{2\times40\times FL}{3.5}CS$ 5 盏 BYS-80 型灯具，灯管为 2 根 40 W 荧光灯管，灯具安装方式为链吊式安装，安装高度为距地 3.5 m
3	$ab\text{-}c(d\times e+f\times g)i\text{-}jh$	线路标注： a—线缆的编号； b—型号（不需要可省略）； c—电缆数量（根）； d—电缆线芯数量； e—线芯截面面积（mm²）； f—PE、N 线芯数量； g—线芯截面面积（mm²）； i—线缆敷设方式； j—线缆敷设部位； h—线缆敷设安装高度（m）	ZRYJV-0.6/1kV-2（3×150＋2×70）SC80-WS3.5 电缆型号为 ZRYJV，规格为 YJV-0.6\1kV-(3×150＋2×70)，2 根电缆并联连接，敷设方式为穿 DN80 焊接钢管沿墙明敷，线缆敷设高度为距地 3.5 m

序号	标注方式	说明	示例
4	$a\dfrac{b}{c}$	电缆桥架标注： a—电缆桥架宽度（mm）； b—电缆桥架高度（mm）； c—电缆桥架安装高度（m）	600×150　3.5 电缆桥架高度 600 mm 桥架深度 150 mm 安装高度为距地 3.5 m
5	$a\text{-}b(c×2×d)e\text{-}f$	电话线路段标注： a—电话线缆编号； b—型号（不需要可省略）； c—导线数量（根）； d—线缆截面面积（mm²）； e—敷设方式和管径（mm）； f—敷设部位	W2-HPVV(25×2×0.5) M-WE 　W2 为电话电缆号 　电话电缆的型号、规格为 HPVV(25×2×0.5) 　电话电缆敷设方式为用钢 索敷设 　电话电缆沿墙明敷
6	$\dfrac{a×b×d}{c}$	电话分线盒、交接箱标注： a—编号； b—型号（不需要可省略）； c—线序； d—用户数量	$\dfrac{(4×\text{NF-3-10})×6}{1\sim12}$ 　4 号电话分线盒的型号规 格为 NF-3-10，用户数量为 6 户，接线线序为 1～12
7	$a\dfrac{b\text{-}c/i}{d(e×f)\text{-}g}$	开关、熔断器文字标注： a—设备编号； b—设备型号； c—额定电流（A）； i—整定电流（A）； d—导线型号； e—导线数量（根）； f—导线截面面积（mm²）； g—导线敷设方式	$Q3\dfrac{\text{HH-100/3-100/80}}{\text{BV-3×35G40-FC}}$ 　3 号开关设备，型号为 HH-100/3，额定电流为 100 A，三极铁壳开关，开关内熔 断器的容量为 80 A，开关的 进线采用 3 根截面面积为 35 mm² 的聚氯乙烯绝缘铜 芯导线，穿直径为 40 mm 的 钢管埋地暗敷

5.1.2　照明灯具的标注

照明灯具的种类繁多，图形符号各异，但其文字标注格式一般为 $a\text{-}b\dfrac{c×d×L}{e}f$。灯具吸顶安装时，标注格式为 $a\text{-}b\dfrac{c×d×L}{—}$。$a$ 为灯具的数量；b 为灯具的型号或编号；c 为每盏灯具的灯泡数量；d 为每个灯泡的功率，单位为 W；e 为灯泡安装高度，单位为 m；f 为灯具安装方式，L 为光源的种类（可省略）。

灯具的安装方式主要有吸顶安装、嵌入式安装、吸壁式安装及吊装，其中吊装又可分为线吊、链吊和管吊。

灯具安装方式的文字标注符号见表 5-2。

表 5-2　灯具安装方式的文字标注符号

序号	名称	文字标注符号
1	线吊式	SW
2	链吊式	CS
3	管吊式	DS
4	壁装式	W
5	吸顶式	C
6	嵌入式	R
7	顶棚内安装	CR
8	墙壁内安装	WR
9	支架上安装	S
10	柱上安装	CL

例如，8-YZ40 $\frac{3\times40}{2.5}$ CS 表示 8 盏 YZ40 直观型荧光灯，每盏灯具中装设 3 支功率为 40 W 的灯管，灯具的安装高度为 2.5 m，灯具采用链吊式安装方式。如果灯具为吸顶安装，那么安装高度可用"—"号表示。在同一房间内的多盏相同型号、相同安装方式和相同安装高度的灯具，可以标注一处。

又如，10-YG2-2 $\frac{2\times40\times FL}{2.5}$ C 表示有 10 盏型号为 YG2-2 型的荧光灯，每盏灯具中装设 2 支功率为 40 W 的灯管，安装高度为 2.5 m，采用吸顶式安装。

再如，16-YU60 $\frac{2\times60}{3}$ SW 表示 16 盏 YU60 型 U 形荧光灯，每盏灯具中装设 2 支功率为 60 W 的 U 形灯管，灯具采用线吊式安装，安装高度为 3 m。

5.1.3　配电线路的标注

配电线路的标注用来表示线路的敷设方式及敷设部位，用英文字母表示。

配电线路的标注格式为

$$a\text{-}b(c\times d)e\text{-}f \tag{5-1}$$

式中：a——线路编号或线路用途的符号；

b——导线型号；

c——导线数量；

d——导线截面面积（mm^2）；

e——保护管管径（mm）；

f——线路敷设方式和敷设部位。

线路敷设方式及敷设部位的文字标注见表 5-3 和表 5-4。

表 5-3　线路敷设方式的文字标注

序号	中文名称	标注文字符号（新符号）
1	暗敷	C(Concealed)
2	明敷	E(Exposed)
3	穿焊接钢管敷设	SC
4	穿电线管敷设	MT
5	穿硬塑料管敷设	PC
6	穿阻燃半硬聚氯乙烯管敷设	FPC
7	电缆桥架敷设	CT
8	金属线槽敷设	MR
9	塑料线槽敷设	PR
10	用钢索敷设	M
11	穿聚氯乙烯塑料波纹电线管敷设	KPC
12	穿金属软管敷设	CP
13	瓷绝缘子	K

表 5-4　线路敷设部位的文字标注

序号	名称	标注文字符号
1	暗敷在梁内	BC
2	敷设在柱内	CL
3	沿墙面敷设	WS 或 WE
4	暗敷在墙内	WC
5	沿天棚或顶板面敷设	CE
6	吊顶内敷设	SCE
7	地板或地面下敷设	F

【例 5-1】　BLV(3×60+2×35)SC70-WE 表示线路为铝芯塑料绝缘导线,3 根导线的截面面积为 60 mm²,2 根导线的截面面积为 35 mm²,穿管径为 70 mm 的焊接钢管沿墙明敷。

【例 5-2】　WP1-BLV(3×50+1×35)K-WE 表示 1 号动力线路,导线型号为 BLV(铝芯聚氯乙烯绝缘导线),共 4 根导线,其中 3 根导线的截面面积为 50 mm²,另 1 根导线的截面面积为 35 mm²,采用瓷瓶配线,沿墙明敷。

5.1.4　配电箱的标注

动力和照明配电箱的文字格式一般为 $a\frac{b}{c}$ 或 $a\text{-}b\text{-}c$,当需要标注引入线的规格时,其标注格式为 $a\frac{b\text{-}c}{d(e\times f)\text{-}g}$。$a$ 为设备编号;b 为设备型号;c 为设备功率(kW);d 为导线型号;e 为导线数量(根),f 为导线截面面积(mm²);g 为导线敷设方式及敷设部位。

例如,A3 $\frac{\text{XL-3-2-35}}{\text{BV}(3\times35)\text{G40-CE}}$ 表示 3 号动力配电箱,型号为 XL-3-2 型,功率为 35 kW,

配电箱进线为 3 根截面面积为 35 mm² 的铜芯聚氯乙烯绝缘导线,穿直径为 40 mm 的钢管,沿柱明敷。

任务 5.2　动力和照明系统图

动力和照明系统图是用图形符号、文字符号绘制的,是用来概略表述建筑内动力和照明系统的基本组成及相互关系的电气工程图,一般用单线绘制,能够集中反映动力及照明计算电流,开关及熔断器、配电箱、导线或电缆的型号规格,保护管管径与敷设方式,用电设备名称、容量及配电方式等。

在实际建筑供配电系统设计中,为了防止动力设备和照明系统的相互影响,一般采用动力配电与照明配电分别配电的设计方案。照明负荷应该平均分配到三相线路中,任意一相负载电流在其满载时不得超过设计的导体额定载流量。

5.2.1　动力系统图

低压动力配电系统的电压等级一般为 220 V/380 V,采用中性点直接接地系统,低压配电系统常见的接线方式有三种:放射式、树干式和链式。

1. 放射式动力配电系统

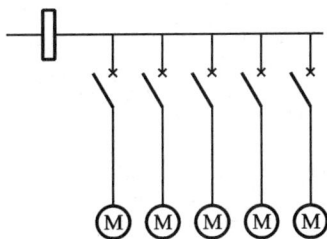

图 5-1 所示为放射式动力配电系统图。动力设备数量不多、容量差别较大、设备运行状态比较平稳时,可以采用放射式配电方案。主配电箱安装在容量较大的设备附近,分配电箱和控制开关与所控制的设备安装在一起,这样不仅能保证配电的可靠性,而且能减少线路损耗和节省投资。

2. 树干式动力配电系统

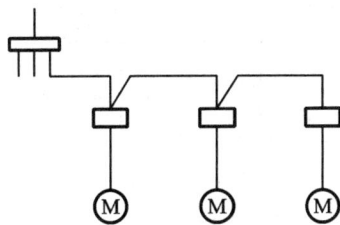

图 5-2 所示为树干式动力配电系统图。动力设备分布比较均匀、设备容量差别不大且安装距离较近时,可以采用树干式配电方案。在高层建筑的配电系统设计中,垂直母线槽和插接式配电箱组成树干式动力配电系统,可以节省导线并提高供电的可靠性。

3. 链式动力配电系统

图 5-3 所示为链式动力配电系统图。设备距离配电屏较远、设备容量较小且安装距离较近时,可以采用链式配电方案。由一条线路配电,先接至一台设备,再由这台设备接至邻近的动力设备,通常一条线路可以接 3～4 台设备,最多不超过 5 台,总功率不超过 10 kW。链式动力配电系统的特性与树干式动力配电系统的特性相似,可以节省导线,但供电可靠性较差,若一条线路出现故障,会影响多台设备的正常运行。

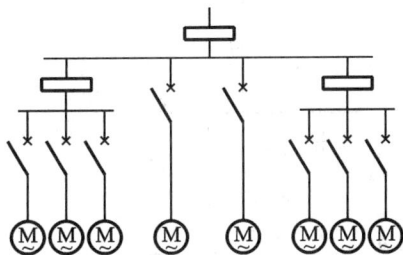

图 5-1　放射式动力配电系统图　　图 5-2　树干式动力配电系统图　　图 5-3　链式动力配电系统图

动力系统图标明了配电系统的基本设计参数,如图 5-4 所示。进线电缆为 VV22-1kV-3×95+1×50,表示聚氯乙烯绝缘铠装铜芯电力电缆,1000 V 等级,三条相线的截面面积为 95 mm²,零线的截面面积为 50 mm²;总开关为 DZ20Y 空气断路开关,四极,整定电流为 150 A;分支开关为 C45N/3P 断路器,三极,整定电流分别为 50 A、25 A、20 A;分支导线为 BV 塑料铜芯导线,绝缘等级为 500 V,截面面积分别为 16 mm²、6 mm²、4 mm²;启动设备为 FPCS 控制箱。电动机有 4 台,分别为喷淋泵、消防泵、排风机和送风机;三相插座有 1 个,额定电流为 15 A;备用线路有 1 路。

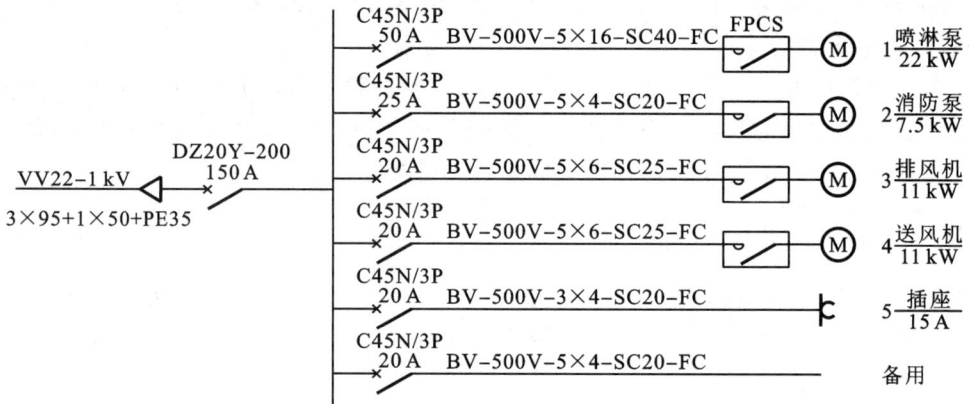

图 5-4　动力系统图

5.2.2　照明系统图

1.照明系统图的形式

照明系统有 380 V/220 V 三相五线制(TT 系统、TN-S 系统)和 220 V 单相两线制。在照明分支线中,一般采用单相供电;在照明总干线中,要采用三相五线制供电,并且要尽量把负荷均匀地分配到各线路上,以保证供电系统的三相平衡。照明系统根据接线方式的不同可以分为以下几种形式。

(1)单电源照明系统

照明线路与动力线路在母线上分开供电,事故照明线路与正常照明线路分开,如图 5-5 所示。

(2)有备用电源的照明系统

照明线路与动力线路在母线上分开供电,事故照明线路由备用电源供电,如图 5-6 所示。

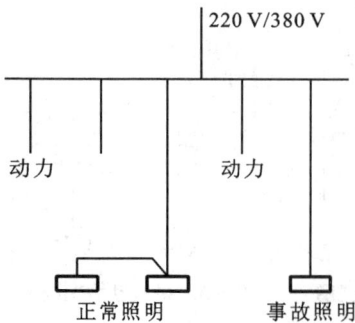

图 5-5　单电源照明系统

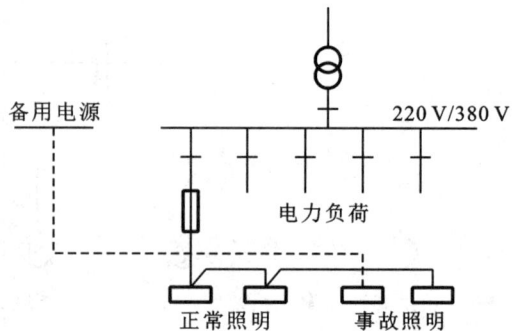

图 5-6　有备用电源的照明系统

（3）多层建筑照明系统

多层建筑照明一般采用干线式供电，总配电箱设在底层，如图 5-7 所示。在照明系统图中，可以清楚地看出照明系统的接线方式、进线类型与规格、总开关型号、分开关型号、导线型号规格、管径及敷设方式、分支回路编号，以及分支回路设备类型、数量及计算总功率等基本设计参数。图 5-8 所示为一个分支照明线路的照明系统图，从图中标注可知，电源为单电源，进线为 5 根 10 mm² 的 BV 塑料铜芯导线，绝缘等级为 500 V；总开关为 C45N 型断路器，四极，整定电流为 32 A。照明配电箱分 6 个回路，3 个照明回路、2 个插座回路、1 个备用回路。3 个照明回路分别接到 L1、L2、L3 三条相线上，各照明回路导线均为 2 根 2.5 mm² 的铜芯导线，穿直径为 20 mm 的 PVC 阻燃塑料管在吊顶内敷设。2 个插座回路分别接到 L1、L2 相线上，L3 相线引出备用回路。插座回路导线为 3 根 2.5 mm² 的 BV 塑料铜芯导线，敷设方式为穿直径 20 mm 的 PVC 阻燃塑料管沿墙内敷设。

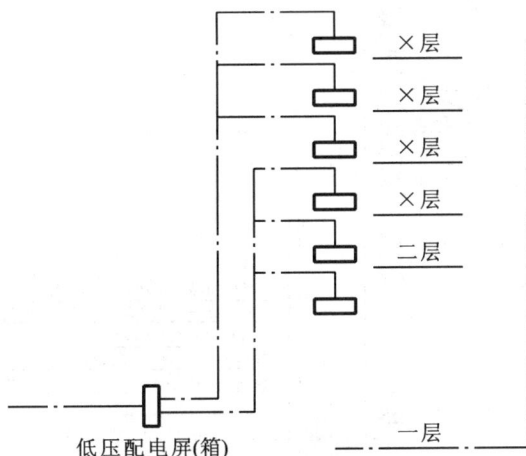

图 5-7　多层建筑照明系统

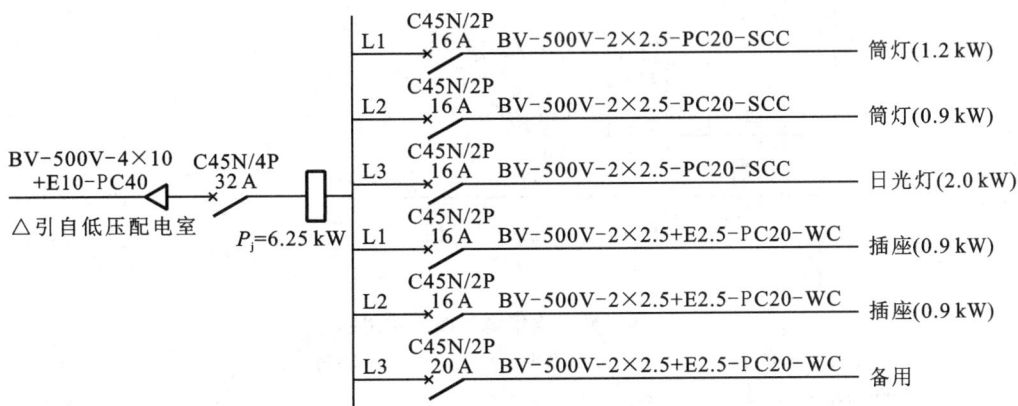

图 5-8　照明系统

2. 系统图工程实例

我们以某住宅楼电气照明施工图为例，说明电气系统图的识图方法，如图 5-9 所示。

BV-3×10, PC32, WC

5F

4F

接线盒300×200×150
对地1800 mm(余同)

3F

2F

BV-5×10, PC40, WC

1F

BM1

C65N-C-50/2P
C65N-C-50/2P
C65N-C-50/2P
C65N-C-50/2P
C65N-C-50/2P
C65N-C-50/2P
C65N-C-50/2P
C65N-C-50/2P
C65N-C-50/2P
C65N-C-50/2P
C65N-C-50/2P
C65N-C-50/2P
C65N-C-50/2P
C65N-C-50/2P
C65N-C-50/2P
C65N-C-50/2P
C65N-C-50/2P
C65N-C-50/2P

N
PE

楼梯间照明电源BV-2×2.5, PC16, WC, CC
单元对讲门电源BV-3×2.5, PC20, WC, FC
有线电视放大器箱电源线
BV-(2×2.5+4), PC21, WC, FC

BV-3×4, PC25, WC, CC
BV-3×10, PC32, WC

BV-(4×95+1×50)-SC80, WC

DF

ZM2

VigiNS160FMA/300mA

NC100LS
C50 4P
SPD-ST40
3P+N 40 kA
8/20μs

N
PE

$P_{\text{e}}=128$ kW
$P_{\text{js}}=75.2$ kW
$k_{\text{x}}=0.57$
$\cos\phi=0.85$
$I_{\text{js}}=134.5$ A

BV-1×25-PC32-WC

MEB

YJV22-4×70-SC100, WC, FC

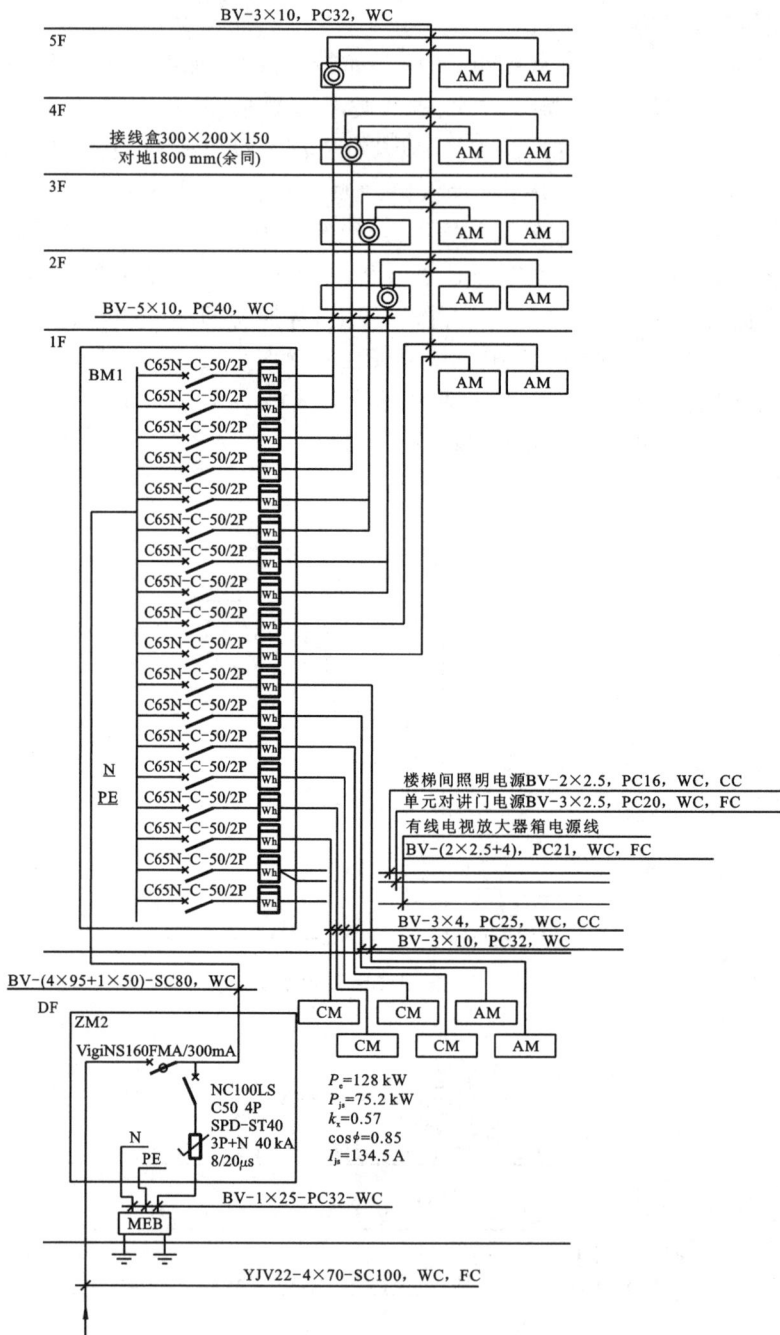

图 5-9 某住宅楼电气照明施工图

注:ZM1 箱内进线总开关的漏电信号作用于报警。ZM1、BM1 箱位于一层。

Wh1 DDSF71,220 V,5 A(20 A)。

Wh DDSF71,220 V,5 A(40 A)。

ZM1 550×600(h)×200 mm 墙上暗设,底距地 1.5 m。

BM1 960×1406(h)×200 mm 墙上暗设,底距地 0.5 m。

(1)设计依据和工程概况

本工程为某小区 6 号多层住宅楼。住宅建筑面积为 2526.6 m²,为地上五层(包括一层仓库层)带阁楼的多层住宅。建筑总高度为 20.15 m。结构形式为框架结构,楼板为钢筋混凝土现浇楼板,基础形式为预制桩基础。

本工程电源进线采用 YJV22-4×70-SC100-WC/FC,本工程由配电箱配出的所有导线均采用 BV-500 聚氯乙烯绝缘铜芯导线穿阻燃型硬质塑料管(PC)保护,墙内、板内暗敷。

(2)220 V/380 V 配电、照明系统

①本工程用电设备均为三级负荷。每个单元均采用一回路低压电源(220 V/380 V)入户,电源由小区内箱式变电站低压配出柜引入,距本单体建筑 50～70 m。进线电缆由本单体建筑的南侧埋地引入每个单元的一层总电源开关箱(ZM)。

②计费。新建住宅住户的电费计量装置仅在每个单元一层做集中电表箱统一管理,并预留住户电费远传管路,同时规定每户住宅的用电标准为每户 10 kW,北侧仓库每个 2 kW,网点为 50～80 W/m²。

③负荷计算。本工程共有住户 24 户、仓库 15 个、网点 5 户。各单元计算容量见各自的供电系统图。总安装容量为 $P_e = 128$ kW,计算容量为 $P_{js} = 75.2$ kW,计算电流为 $I_{js} = 134.5$A$(k_x = 0.57, \cos\phi = 0.85)$。

④本工程照明住宅均采用白炽灯吸顶安装形式,网点均采用节能型荧光灯;除了厨房、卫生间采用防溅插座,其余插座均选用普通型安全插座;楼梯间照明采用红外自动感光声控照明吸顶灯。

(3)设备的安装

除了图 5-9 中已注明,电源总开关箱(ZM)、集中表箱(BM)、住户开关箱(AM)及仓库开关箱(CM)均为铁制定型箱,墙内暗设。电源总开关箱下沿距地 1.5 m,集中表箱下沿距地 0.5 m,住户开关箱、仓库开关箱下沿距地 1.8 m。跷板开关墙内暗设,底距地 1.2 m,除了特殊位置均距门口边 0.15 m;防溅插座底距地 1.8 m,卧室、书房空调插座底距地 2.2 m,客厅空调插座底距地 0.3 m,其余插座底距地 0.3 m。有淋浴、浴缸的卫生间内的开关,插座应设在 2 m 以外。壁灯底距地 2.4 m。

(4)建筑物防雷、接地系统

本工程等电位接地,电气设备的保护接地,有线电视、宽带系统的接地共用统一的接地装置,要求接地电阻不大于 4 Ω。接地形式均采用 TN-C-S 系统,电源在进户处做重复接地并与弱电工程共用接地极,其工作零线和保护地线在接地点后严格分开。

本工程在电源总开关箱中装设过电压保护装置。接地采用总等电位连接,总等电位板由铜板制成,总等电位箱距地 0.3 m。总等电位箱连接干线,采用一根镀锌扁钢━40×4 由基础接地极引出,从总等电位箱引出一根镀锌扁钢━40×4,与基础接地连接后引出室外散水 1.0 m,室外埋深 0.8 m。当接地电阻不能满足要求时,在此处补打人工接地极,直至满足要求。总等电位连接线采用 BV-1×25-PC32-WC 进入电源总开关箱,由总等电位连接进户的金属管路的连接线采用 BV-1×6-SC15-WC,总等电位连接均采用等电位卡子。

任务 5.3　照明平面图实例及工程量的计算

5.3.1　动力和照明平面图的用途与特点

动力和照明平面图是指假设将建筑物经过门、窗沿水平方向切开,移去上面部分后,人

站在高处往下看,得到的建筑平面的基本结构及建筑物内配电设备、动力、照明设备等平面布置、线路走向等情况图。绘图时,建筑结构的布置用细线标明其外部轮廓,一般利用建筑结构施工图经过处理后得到;在此基础上,用中实线绘制电气部分内容。动力和照明平面图主要表示动力及照明线路的敷设位置、敷设方式、导线规格及型号、导线数量和穿管管径等,还要标出各种用电设备及配电设备的数量、型号和相对位置等。

动力和照明平面图的土建部分内容是完全按照比例绘制的,但电气部分的导线、设备等则不按比例绘制它们的形状和外形尺寸,而是采用图形符号加文字标注的方法绘制。导线和设备的垂直距离与空间位置一般也不用立面图表示,而是采用文字符号标注安装标高或附加必要的施工图设计说明来解决。

动力和照明平面图虽然是系统预算和安装施工的重要依据,但一般不反映线路和设备的具体安装方法和安装技术要求,具体施工时,必须参照相应的安装大样图和施工验收规范来进行。

5.3.2 某办公科研楼照明工程图及工程量分析

动力和照明平面图是动力及照明工程的主要工程图,是编制工程造价和施工方案、进行安装施工和运行维修的重要依据之一。

某办公科研楼是一栋两层的平顶楼房,图 5-10 至图 5-12 分别为该楼的配电概略(系统)图和平面布置图。该楼的电气照明工程的规模不大但变化比较多,其分析方法对初学者非常有益,所以被编入许多电气识图类书籍中。本书根据现在的教学需要,进行了部分修改和补充。

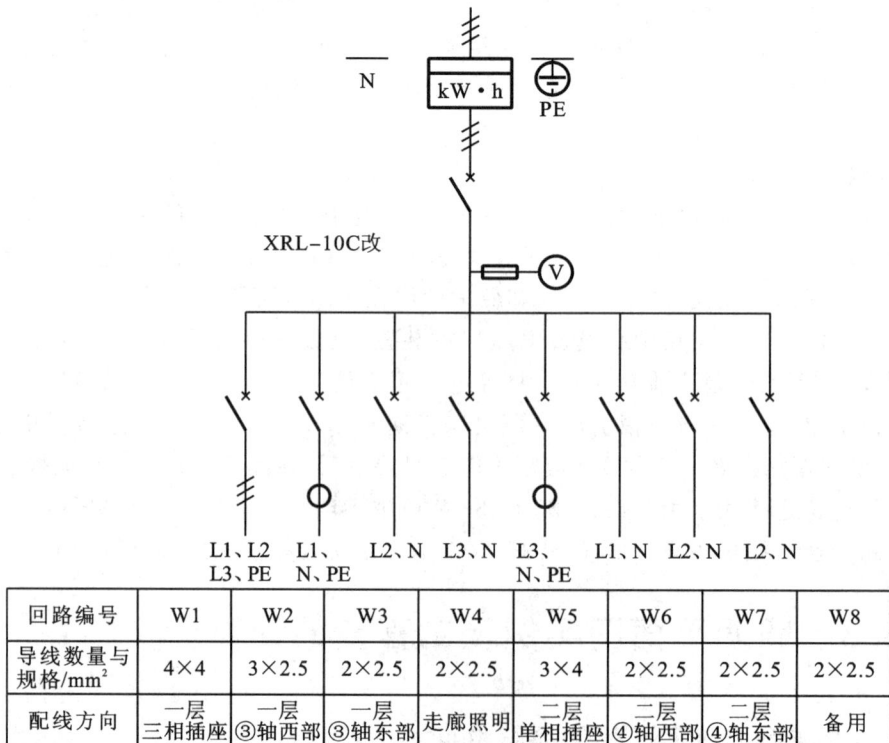

回路编号	W1	W2	W3	W4	W5	W6	W7	W8
导线数量与规格/mm²	4×4	3×2.5	2×2.5	2×2.5	3×4	2×2.5	2×2.5	2×2.5
配线方向	一层三相插座	一层③轴西部	一层③轴东部	走廊照明	二层单相插座	二层④轴西部	二层④轴东部	备用

图 5-10 某办公科研楼照明配电概略(系统)图

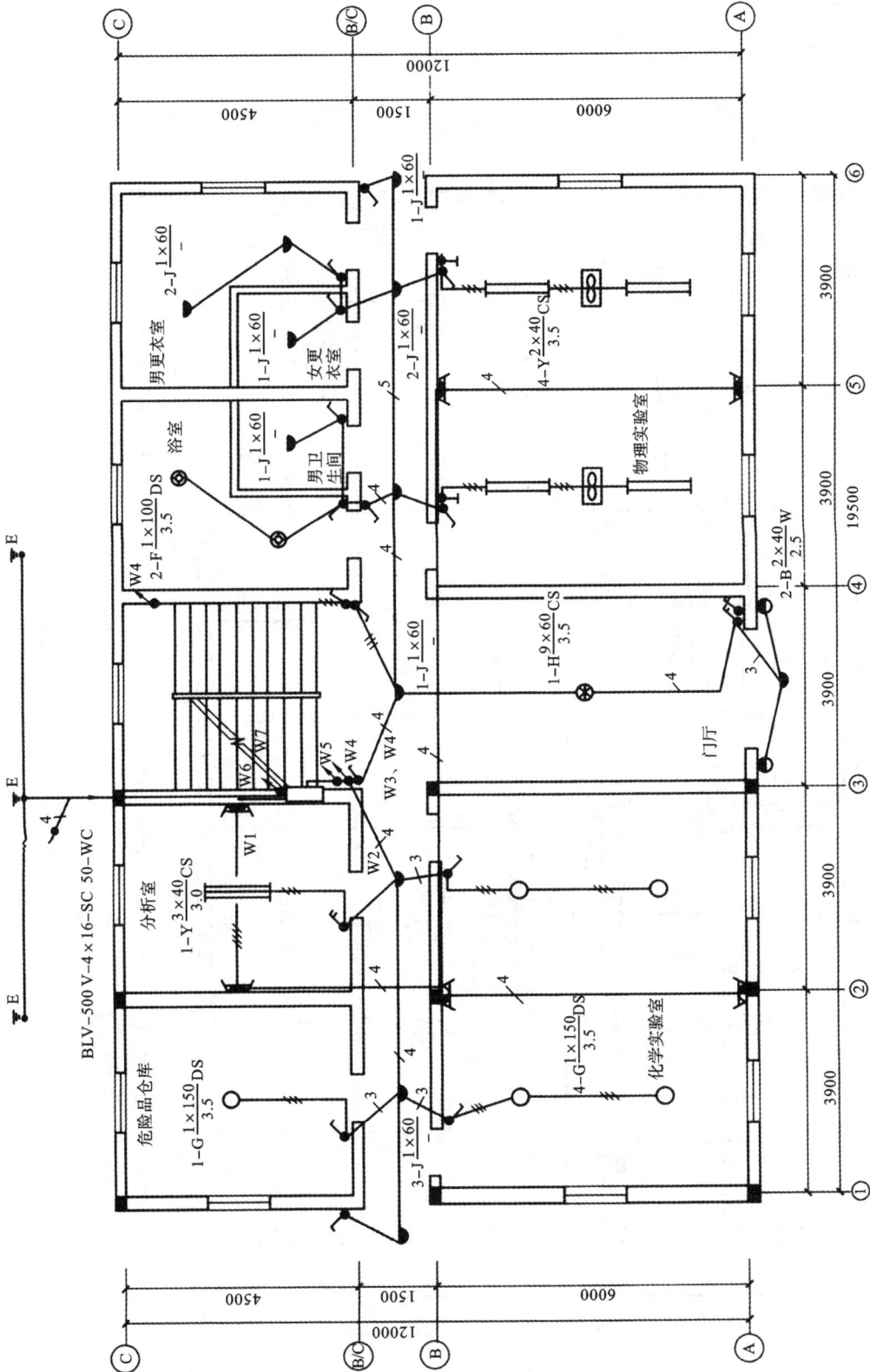

图 5-11　某办公科研楼一层照明平面布置图

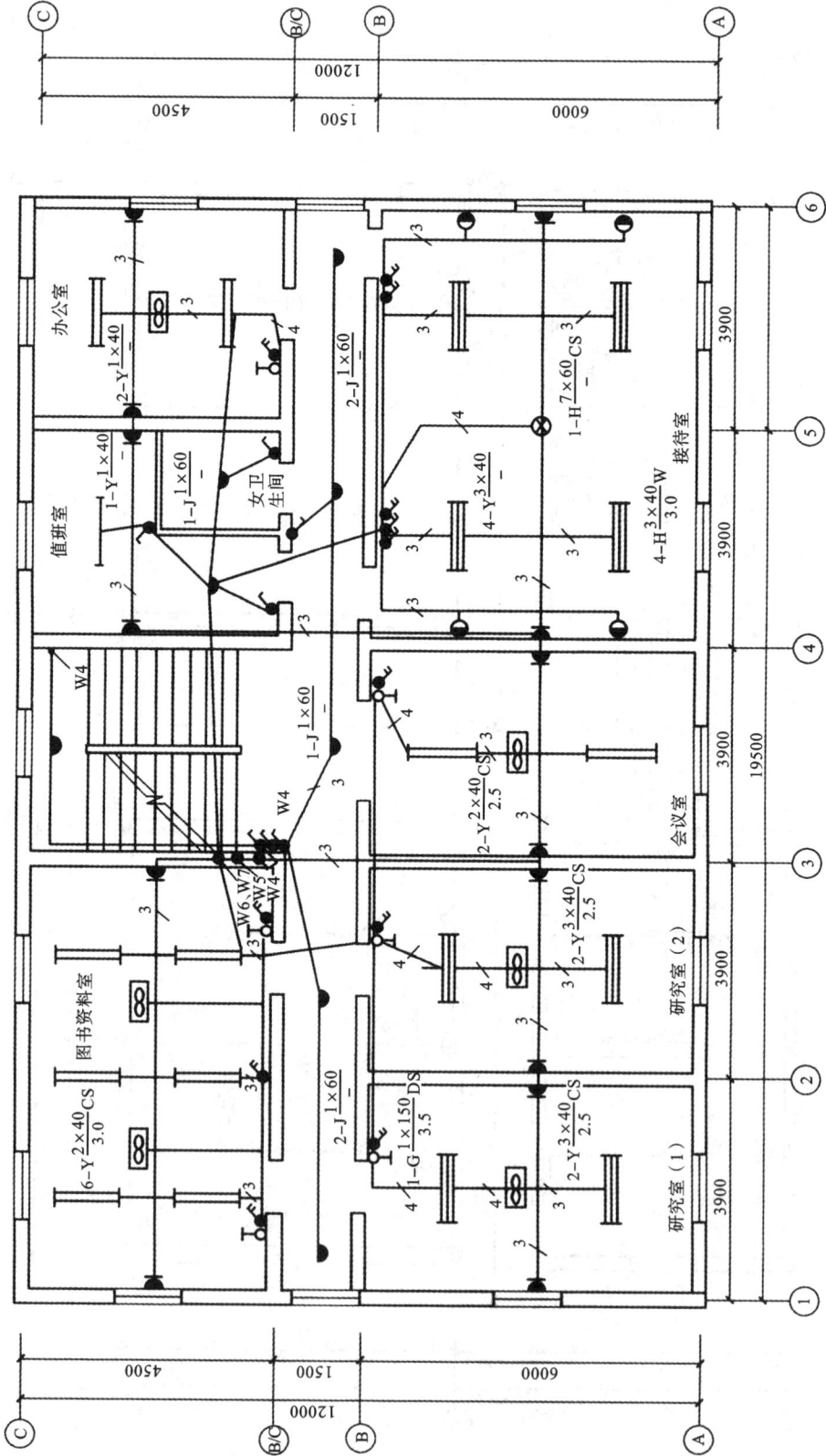

图 5-12 某办公科研楼二层照明平面布置图

1. 某办公科研楼照明平面图阅读

1) 施工说明

①电源为三相四线 380 V/220 V,接户线为 BLV-500V-4×16,进户时在室外埋设接地极进行重复接地。

②化学实验室、危险品仓库按爆炸性气体环境分区为 2 号,并按防爆要求进行施工。

③配线:三相插座电源导线采用 BV-500V-4×4,穿直径为 20 mm 的焊接钢管埋地敷设;③轴西侧照明为焊接钢管暗敷;其余房间均为 PVC 硬质塑料管暗敷。导线采用 BV-500V-2.5。

④灯具代号说明:G—防爆灯;J—半圆球吸顶灯;H—花灯;F—防水防尘灯;B—壁灯;Y—荧光灯。

2) 进户线

根据阅读建筑电气平面图的一般规律,按电源入户方向依次阅读,即进户线—配电箱—干线回路—分支干线回路—分支线及用电设备。

从一层照明平面图可知,该工程进户点处于③轴线,进户线采用 4 根 16 mm² 铝芯聚氯乙烯绝缘导线,穿钢管自室外低压架空线路引至室内配电箱,在室外埋设 3 根垂直接地体进行重复接地,从配电箱开始接出 PE 线,成为三相五线制和单相三线制。

3) 照明设备布置情况

由于楼内各房间的用途不同,各房间布置的灯具类型和数量都不一样。

(1) 一层设备布置情况

物理实验室装 4 盏双管荧光灯,每盏灯管功率为 40 W,采用链吊式安装,安装高度为距地 3.5 m,4 盏灯用两只单极开关控制;还装有 2 个暗装三相插座、2 台吊扇。

化学实验室有防爆要求,装有 4 盏防爆灯,每盏灯内装 1 个 150 W 的白炽灯泡,管吊式安装,安装高度为距地 3.5 m,4 盏灯用 2 个防爆式单极开关控制;还装有密闭防爆三相插座 2 个。危险品仓库亦有防爆要求,装有一盏防爆灯,管吊式安装,安装高度为距地 3.5 m,由一只防爆单极开关控制。

分析室要求光色较好,装有 1 盏三管荧光灯。每只灯管功率为 40 W,链吊式安装,安装高度为距地 3 m,用 2 个暗装单极开关控制;还装有 2 个暗装三相插座。

浴室内水汽多,较潮湿,所以装有 2 盏防水防尘灯,内装 100 W 白炽灯泡,管吊式安装,安装高度为距地 3.5 m,2 盏灯用一个单极开关控制。

男卫生间、女更衣室、走道、东西出口门外都装有半圆球吸顶灯。一层门厅安装的灯具主要起装饰作用,厅内装有 1 盏花灯,内装有 9 个 60 W 的白炽灯,采用链吊式安装,安装高度为距地 3.5 m。进门雨篷下安装 1 盏半圆球吸顶灯,内装一个 60 W 灯泡,吸顶安装。大门两侧分别装有 1 盏壁灯,内装 2 个 40 W 白炽灯泡,安装高度为距地 2.5 m。花灯、壁灯、吸顶灯的控制开关均装在大门右侧,共有 4 个单极开关。

(2) 二层设备布置情况

接待室安装了 3 种灯具。花灯 1 盏,内装 7 个 60 W 白炽灯泡;三管荧光灯 4 盏,每只灯管功率为 40 W,吸顶安装;壁灯 4 盏,每盏内装 3 个 40 W 白炽灯泡,安装高度为距地 3 m;单相带接地孔的插座 2 个,暗装;总计 9 盏灯,由 11 个单极开关控制。

会议室装有双管荧光灯 2 盏,每只灯管功率 40 W,链吊式安装,安装高度为距地 2.5 m,由两个开关控制;还装有吊扇 1 台、带接地插孔的单相插座 2 个。研究室(1)和研究所(2)分别装有三管荧光灯 2 盏,每只灯管功率 40 W,链吊式安装,安装高度为距地 2.5 m,均用 2 个开关控制;还装有吊扇 1 台、带接地插孔的单相插座 2 个。

图书资料室装有双管荧光灯 6 盏,每只灯管功率为 40 W,链吊式安装,安装高度为距地 3 m,6 盏荧光灯由 6 个开关控制;还装有吊扇 2 台、带接地插孔的单相插座 2 个。

办公室装有双管荧光灯 2 盏,每只灯管功率为 40 W,吸顶安装,各由 1 个开关控制;还装有吊扇 1 台、带接地插孔的单相插座 2 个。

值班室装有 1 盏单管荧光灯,吸顶安装,还装有 1 盏半圆球吸顶灯,内装 1 个 60 W 的白炽灯泡,2 盏灯各自用 1 个开关控制;还装有带接地插孔的单相插座 2 个。

女卫生间、走道、楼梯均装有半圆球吸顶灯,每盏装 1 个 60 W 的白炽灯泡,共 7 盏。楼梯灯采用 2 个双控开关分别控制二楼和一楼。

4)各配电回路负荷分配

根据图 5-10 可知,该照明配电箱设有三相进线总开关和三相电度表,共有 8 条回路。其中 W1 为三相回路,向一层三相插座供电;W2 向一层③轴线以西的室内照明灯具及走廊供电;W3 向一层③轴线以东部分的照明灯具供电;W4 向一层部分走廊灯和二层走廊灯供电;W5 向二层单相插座供电;W6 向二层④轴线以西的会议室、研究室、图书资料室内的灯具、吊扇供电;W7 向二层④轴线以东的接待室、办公室、值班室及女卫生间的照明、吊扇供电;W8 为备用回路。

考虑到三相负荷应尽量均匀分配的原则,W2、W8 支路应分别接在 L1、L2、L3 三相上。因 W2、W3、W4 和 W5、W6、W7 各为同一层楼的照明线路,因此,应尽量不要接在同一相上,可将 W2、W6 接在 L1 相上,将 W3、W7 接在 L2 相上,将 W4、W5 接在 L3 相上。

5)各配电回路连接情况

各条线路导线的数量及其走向是电气照明平面图的主要表现内容之一。然而,真正认识每根导线及导线数量的变化原因,是初学者的难点之一。为解决这个问题,在识别线路连接情况时,应首先了解采用的接线方法是在开关盒、灯头盒内接线,还是在线路上直接接线;其次是了解各照明灯具的控制方式,应特别注意分清哪些是采用 2 个甚至 3 个开关控制一盏灯的接线,然后再一条线路一条线路地查看,这样就不难搞清楚导线的数量了。下面根据照明电路的工作原理,对各回路的接线情况进行分析。

(1)W1 回路的走向和线路连接情况

W1 回路为一条三相回路,外加一根 PE 线,共 4 根线,引向插座盒内进行共头连接。

(2)W2 回路的走向及线路连接情况

W2、W3、W4 各有一根相线和一根零线,加上 W2 回路的一根 PE 线(接防爆灯外壳),共 7 根线,由配电箱沿③轴线引出到 B/C 轴线交叉处开关盒上方的接线盒内。其中,W2 在③轴线和 B/C 轴线交叉处的开关盒上方的接线盒处与 W3、W4 分开,转而引向一层西部的走廊和房间,其连接情况示意图如图 5-13 所示。

W2 相线在②轴线与 B/C 轴线交叉处接入一个暗装单极开关,控制西部走廊内的 2 盏半圆球吸顶灯,同时往西引至西部走廊 2 盏半圆球吸顶灯的灯头盒内,并在灯头盒内分成 3 路。第一路引至分析室门侧面的二联开关盒内,与两个开关相接,用这 2 个开关控制三管荧光灯的 3 只灯管,即其中一个开关控制一只灯管,另一个开关控制 2 只灯管,以实现开 1 只、2 只、3 只灯管的任意选择。第二路引向化学实验室右边防爆开关的开关盒内,这个开关控

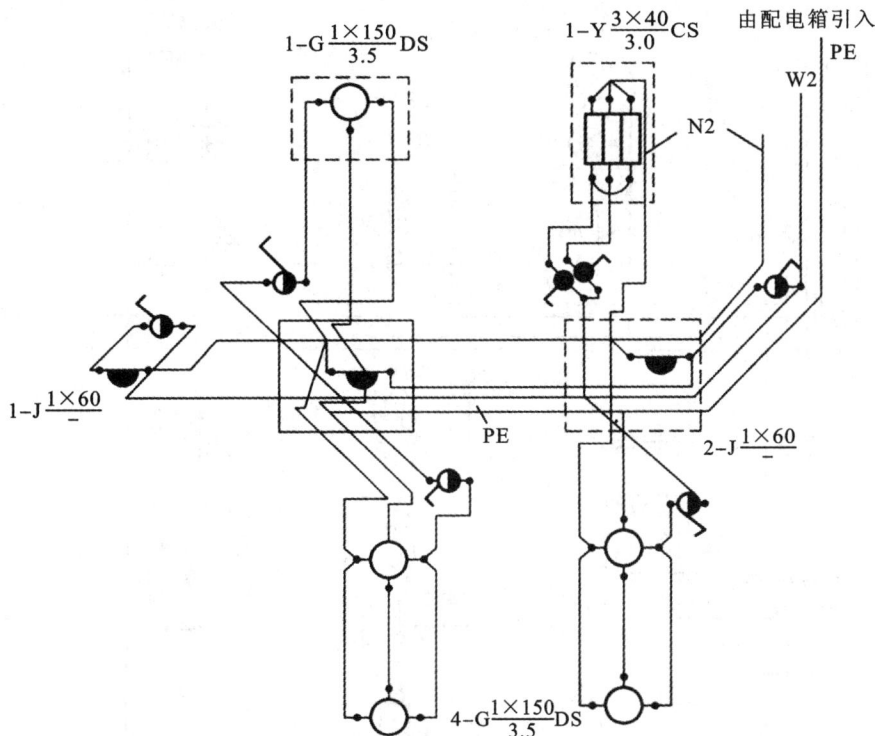

图 5-13　W2 回路连接情况示意图

制化学实验室右边的 2 盏防爆灯。第三路向西引至走廊内第二盏半圆球吸顶灯的灯头盒内，在这个灯头盒内又分成 3 路，一路引向西部门灯，一路引向危险品仓库，一路引向化学实验室左侧门边防爆开关盒。

3 根零线在③轴线与 B/C 轴线交叉处的接线盒处分开，1 根和 W2 相线一起走，同时还有一根 PE 线和 W2 相线同样在一层西部走廊灯的灯头盒内分支，另外 2 根随 W3、W4 引向东侧和二楼。

（3）W3 回路的走向和线路连接情况

W3、W4 相线各带一根零线，沿②轴线引至③轴线和 B/C 轴线交叉处的接线台，转向东南引至一层走廊正中的半圆球形吸顶灯的灯头盒内，但 W3 回路的相线和零线只是从此通过（并不分支），一直向东引至男卫生间门前的半圆球吸顶灯灯头盒内，在此盒内分成 3 路，分别引向物理实验室西门、浴室和继续向东引至更衣室门前吸顶灯灯头盒内，并从此盒内再分成 3 路，又分别引向物理实验室东门、女更衣室及东端门灯灯头盒内。

（4）W4 回路的走向和连接情况

W4 回路在③轴线和 B/C 轴线交叉处的接线盒内分成 2 路。一路由此向上引至二层，向二层走廊灯供电。另一路向一层③轴线以东走廊灯供电，与 W3 回路一起转向东南引至一层走廊正中的半圆球吸顶灯，在灯头盒内分成 3 路，第一路引至楼梯口右侧开关盒，接开关；第二路引向门厅花灯，直至大门右侧开关盒，作为门厅花灯及壁灯等的电源；第三路与 W3 回路一起沿走廊引至男卫生间门前半圆球吸顶灯，再引至女更衣室门前吸顶灯及东端门灯，其连接情况示意图见图 5-14。

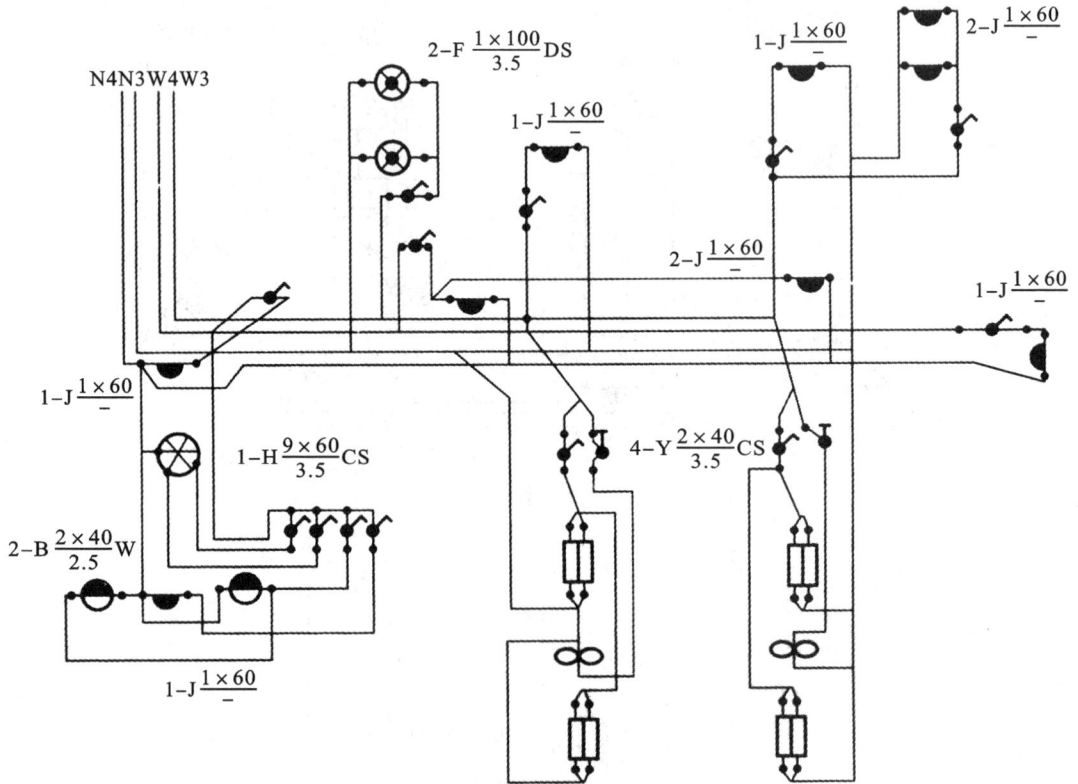

图 5-14 W3、W4 回路连接情况示意图

（5）W5 回路的走向和线路连接情况

W5 回路向二层单相插座供电，W5 相线 L3、零线 N 和接地保护线 PE 共 3 根 4 mm² 的导线穿 PVC 管由配电箱直接向上引至二层，沿墙及地面暗配至各房间单相插座。线路连接情况可自行分析。

（6）W6 回路的走向和线路连接情况

W6 相线和零线穿 PVC 管由配电箱直接向上引至二层，向④轴线西部房间供电。线路连接情况可自行分析。在研究室（1）和研究室（2）房间中从开关至灯具、吊扇间导线数量标注依次是 4、4、3，其原因是两个开关不是分别控制两盏灯，而是分别同时控制两盏灯中的 1 只灯管和 2 只灯管。

（7）W7 回路的走向和连接情况

W7 回路同 W6 回路一起向上引至二层，再向东至值班室灯位盒，然后再引至办公室、接待室，其连接情况示意图见图 5-15。

对于前面几条回路，我们分析的顺序都是从开关到灯具，也可以反过来，从灯具到开关进行阅读。例如，图 5-12 接待室西边门东侧有 7 只开关，④轴线上有 2 盏壁灯，导线的根数是递减的 3 根和 2 根，这说明两盏壁灯各用一个开关控制。这样还剩下 5 个开关，还有 3 盏灯具。④轴线与⑤轴线间的两盏荧光灯，导线根数标注都是 3 根，其中必有 1 根是零线，剩下的必定是 2 根开关线，由此可推定这 2 盏荧光灯是由 2 个开关共同控制的，即每个开关同时控制两盏灯中的 1 支灯管和 2 支灯管，利于节能。这样，剩下的 3 个开关就是控制花灯的了。

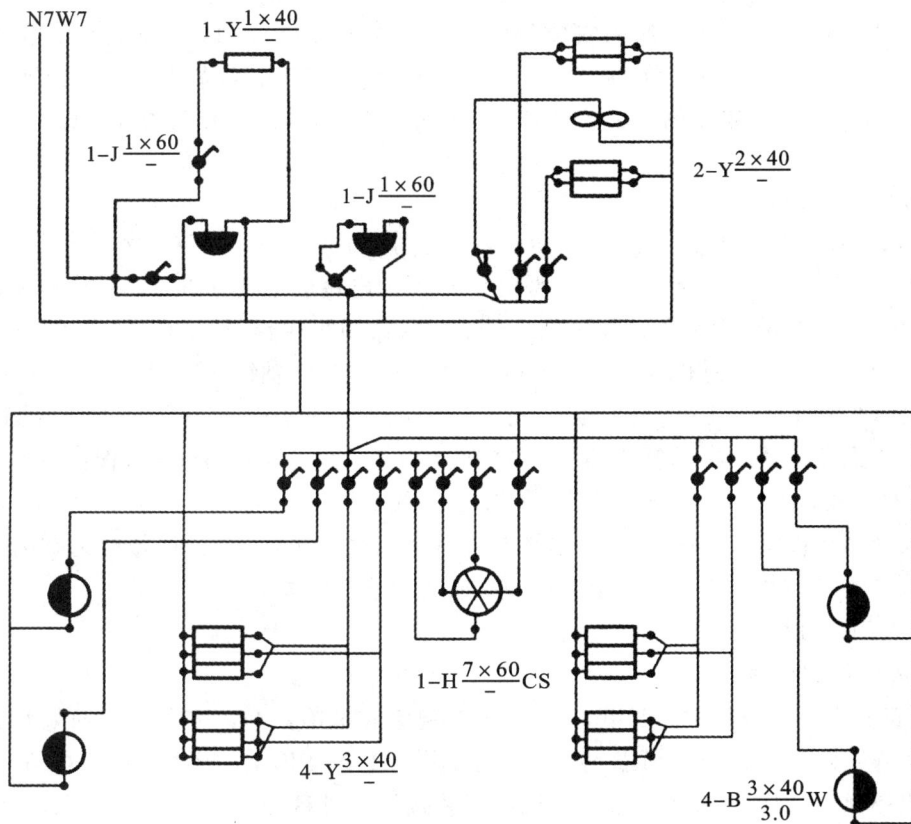

图 5-15　W7 回路连接情况示意图

以上内容分析了各回路的连接情况,并分别画出了部分回路的连接示意图。在此,给出连接示意图的目的是帮助读者更好地阅读图样。在实际工程中,设计人员是不绘制这种照明接线图的,此处是为初学者更快入门而绘制的。但看图时不是先看接线图,而是做到看了施工平面图,脑子里就能想象出一个相应的接线图,而且还要能想象出一个立体布置的概貌。这样也就基本能把照明图看懂了。

2. 科研楼照明图工程量分析

应先确定配电箱的尺寸和安装位置,再分析配电箱的进线和各回路出线情况。插座安装高度为距地 0.3 m,楼板垫层较厚,沿地面配管配线。屋面有装饰性吊顶,吊顶高度为距地 3 m。

1)配电箱的尺寸和安装位置

已知配电箱的型号为 XRL(仪)-10C 改,查阅《建筑电气安装工程施工图集》,可知配电箱规格为 540 mm×750 mm×160 mm(宽×高×深),"XRL"表示嵌入式动力配电箱;"(仪)"为设计序号,含义为安装有电度表或电压指示仪表;"10"为电路方案号;"C"为电路分方案号;"改"的含义为定做(非标准箱),需要将几个三相自动开关(低压断路器)更换成单相自动开关和漏电保护开关。因为该建筑既有三相动力设备又有单相设备,目前还没有这样的标准配电箱,所以要定做,现代的配电箱内开关是导轨式安装,改装非常方便,定做已经非常普遍。

规范上要求照明配电箱的安装高度一般为:箱体高度不大于 600 mm 时,箱体下口距地面宜为 1.5 m;箱体高度大于 600 mm 时,箱体上口距地面不宜大于 2.2 m。

根据平面图的情况,配电箱的安装位置可确定为中心距 C 轴线 3 m,距 B/C 轴线 1.5 m,底边距地面 1.4 m,上边距地面 2.15 m。原工程图是将配电箱安装在从一层到二层的楼梯平台上,现在因为配电箱的规格改变了,一层到二层有圈梁,安装在楼梯平台上将影响建筑结构。

2)W1 回路分析

W1 回路连接带接地三相插座 6 个,标注应为 BV-4×4SC20-FC,含义为穿焊接钢管 DN20 埋地暗敷设,插座安装高度为距地 0.3 m,从配电箱底边到分析室②轴线插座,管长为 1.4 m−0.3 m+3 m−2.25 m=1.85 m,4 mm² 导线单根线长为 1.85 m+1.29 m(配电箱预留线)=3.14 m,导线总长为 4×3.14 m=12.56 m。从③轴线插座到②轴线插座,管长为 3.9 m+2×0.3 m+ 2×0.1 m(埋深)=4.7 m,导线总长为 4×4.7 m=18.8 m,在工程量计算时不用考虑预留线。从②轴线插座 CZ2 到化学实验室 B 轴插座 CZ3,管长为 2.25 m+ 1.5 m+2×0.3 m+2×0.1 m(埋深)=4.55 m。线长为 4×4.55 m=18.2 m。防爆插座安装时要求管口及管周围要密封,防止易燃易爆气体通过管道流通,具体做法请查阅《建筑安装工程施工图集 3(电气工程)》。其他插座工程量可自行分析。

3)W2 回路分析

(1)配电箱到接线盒

W2 回路向一层西部照明配电,由于化学实验室和危险品仓库安装的是防爆灯,而防爆灯的金属外壳需要接 PE 线,所以 W2 回路为 3 线(L1、N、PE),由于西部走廊灯的开关安装在③轴线楼梯侧,因此在开关上方的顶棚内要装接线盒进行分支,W4 向③轴东部及二层走廊灯配电,W3 向④轴线东部室内配电,3 个回路 7 根 2.5 mm² 线可以从配电箱用 PC20 管配到开关上方接线盒进行 4 个分支。管长为 4 m−2.15 m−0.3 m(垂直)+1.5 m−0.2 m(平行)=2.85 m。单根线长为 2.85 m+1.29 m(配电箱预留线)=4.14 m,总线长为 7× 4.14 m=28.98 m。

(2)分支 1 到开关

沿墙垂直配管,2 线(L1、K),管长为 4 m−0.3 m−1.3 m=2.4 m。线长为 2× 2.4 m= 4.8 m。后续内容如无预留线,将只说明线的数量和管长,线长为线数×管长,可自行计算。

(3)分支 2 到③轴线西部走廊灯

从接线盒沿顶棚平行配管到②轴线至③轴线间走廊灯位盒,4 线(L1、N、PE、K),管长约为 2.2 m。在灯位盒处又有 3 个分支,1 个分支到化学实验室开关上方接线盒,3 线(L1、N、PE),管长为 0.75 m+0.25 m(距墙中心的距离)=1 m。沿墙垂直配管到开关,2 线(L1、K),管长为 4 m−0.3 m−1.3 m=2.4 m。距墙中心的 0.25 m 管可以考虑加在沿墙垂直配管的长度中,在平行配管中就可以不考虑了,因为明配接线盒不可能安装在墙中心,必须偏离墙中心。沿顶棚平行配管到 2 盏防爆灯,3 线(K、N、PE),管长为 4.5 m。

分支 2 到分析室开关上方接线盒,2 线(L1、N),管长为 0.75 m+0.25 m(距墙中心的距离)=1 m。沿墙垂直管到开关,3 线(L1、2K),管长为 4 m−0.3 m−1.3 m=2.4 m,沿顶棚平行配管到三管荧光灯,3 线(N、2K),管长为 2 m。

分支 3 到①轴线至②轴线间走廊灯位盒,4 线(L1、N、PE、K),管长为 3.9 m,该灯位盒又有 3 个分支,可自行分析。

（4）分支 3 到③轴线至④轴线间走廊灯

从接线盒沿顶棚平行配管到③轴线至④轴线间走廊灯位盒,4 线(L2、N、L3、N),管长为 2 m。

（5）分支 4 到二层②轴侧开关盒

二层走廊灯由 W4 配电,其二层③轴西部走廊灯的开关在②轴 1.3 m 处,从接线盒沿墙配到开关盒,2 线(L3、N),管长为 5.3 m－3.7 m＝1.6 m。

4）W3、W4 回路分析

在③轴至④轴间走廊灯处有 3 个分支。因为 W3、W4 有一段共管,故一起分析。

（1）分支 1

④轴至⑤轴间走廊灯,为 W3、W4 共管,4 线(L2、N、L3、N),管长为 3.9 m。在④轴至⑤轴间走廊灯处又有 3 个分支。

分支 1 到浴室开关上方接线盒,4 线(L3、K、L2、N),管长为 0.75 m＋0.25 m＝1 m。垂直到开关,4 线(L2、K、L3、K),管长为 4 m－0.3 m－1.3 m＝2.4 m。再穿墙到走廊灯开关,管长为 0.2 m,2 线。平行到浴室灯,2 线(N、K),管长约为 1.5 m。平行到男卫生间灯,2 线(N、K),管长约为 1.5 m。男卫生间灯再到开关,可以少装 1 个接线盒。

分支 2 到物理实验室开关上方接线盒,2 线(L2、N),管长为 0.75 m＋0.25 m＝1 m。垂直到开关,3 线(L2、2K),管长为 2.4 m。平行到荧光灯,3 线(N、2K),管长为 1.5 m。到风扇,3 线(N、2K),管长为 1.5 m;再到荧光灯,2 线(N、K),管长为 1.5 m。

分支 3 到⑤轴至⑥轴间走廊灯,5 线(L2、N、L3、N、K),管长为 3.9 m。分支 3 又有 3 个分支,分支 1 到女更衣室,分支 2 到物理实验室,分支 3 到门厅(雨篷)灯等,可自行分析。

（2）分支 2

从③轴至④轴间走廊灯处到花灯,2 线(L3、N),管长为 3 m＋0.75 m＝3.75 m;花灯到 A 轴开关上方接线盒,4 线(L3、N、2K),管长为 3 m;接线盒到开关,5 线(L3、4K),管长为 4 m－0.3 m－1.3 m＝2.4 m;接线盒到壁灯,3 线(N、2K),管长为 3.7 m－2.5 m＝1.2 m;壁灯到门厅(雨篷)灯,3 线(N、2K),管长约为 3 m,再到②轴壁灯,2 线(N、K),管长约为 3 m。

（3）分支 3

从③轴至④轴间走廊灯位盒到④轴开关上方接线盒,3 线(L3、N、K),管长约为 2.5 m。N 是二层楼梯平台灯的零线,二层楼梯平台灯为双控开关控制,在两处控制一盏灯的亮和灭,一个安装在一层④轴侧,距地面 1.3 m,另一个安装在二层②轴侧,距地坪 5.3 m,二层楼梯平台灯距地坪 7.7 m。接线盒到开关,4 线(L3、K、2SK),管长为 2.4 m。

每个双控开关有 3 个接线端子,中间的端子一个接 L,另一个接 K,两边端子接 2 个开关的联络线,用 SK 表示。双控开关原理接线图见图 5-16。图中的开关位置说明灯是亮的,扳动任何一个开关可以控制灯灭。

从接线盒到沿墙垂直配到距地面 7.7 m 处的

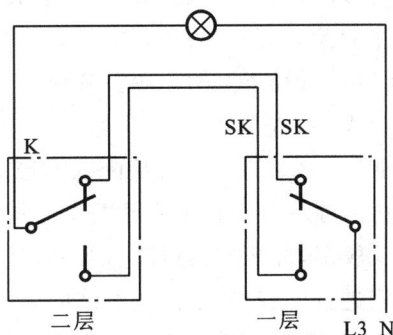

图 5-16　双控开关原理接线图

接线盒,3 线(N、2SK),管长为 4 m,再配到二层楼梯平台灯处,3 线(N、2SK),管长为4.5 m−0.6 m−0.2 m+2 m=5.7 m;也可以斜向直接配到二层楼梯平台灯,管长为 4 m。从二层楼梯平台灯处再配到②轴二层双控开关上方接线盒,3 线(K、2SK),管长为 5.7 m 或约为 4 m,再配到②轴二层双控开关,3 线(K、2SK),管长为 7.7 m−5.3 m=2.4 m。

(4)W4 在二层回路分析

从二层③轴的开关盒到其上方顶棚内的接线盒,4 线(L3、N、2K),管长为 3.7 m−1.3 m=2.4 m。在接线盒内有 2 个分支,分支 1 到③轴西部走廊灯,2 线(N、K),分支 2 到③轴东部走廊灯,3 线(L3、N、K),管长等可自行计算。

(5)双控开关的另一种配线方案

双控开关的配线还可以有其他方案:从③轴至④轴间走廊灯位盒到④轴开关上方接线盒,4 线(L3、K、2SK),管长约为 2.5 m;从②轴接线盒到③轴至④轴间走廊灯,6 线(L2、N、L3、N、2SK);从一层②轴接线盒到二层双控开关,4 线(L3、N、2SK);从二层双控开关到上方顶棚内的接线盒,5 线(L3、N、3K),管长为 3.7 m−1.3 m=2.4 m,再到二层楼梯平台灯处,配 2 线(N、K),管长与原来配管相同,只是管径可能需要改变。与前一种配线方案相比,这种方案既省管、省线,配置又方便。也可以选择其他配线方案,但配线原则是省管、省线又方便。

5)W5 回路分析

W5 回路向二层所有的单相插座配电,插座安装高度为距地 0.3 m,沿一层楼板配管配线。从配电箱到图书资料室③轴插座盒,3 线(L3、N、PE),管长为 4 m+0.3 m−2.15 m+2.25 m−1.5 m=2.9 m,单根线长为 2.9 m+1.29 m=4.19 m。从图书资料室②轴插座盒到研究室(2)的③轴插座盒,3 线(L3、N、PE),管长为 2.25 m+1.5 m+3 m+2×0.3 m+2×0.1 m=7.55 m,线长为 3×7.55 m=22.65 m,其他可自行分析。

6)W6 回路分析

W6、W7 沿二层顶棚配管、配线。从配电箱沿墙直接配到顶棚,安装一个接线盒进行分支,4 线(L1、N、L2、N),管长为 7.7 m−2.15 m=5.55 m,单根线长为 5.55 m+1.29 m=6.84 m。

W6,2 线(Ll、N),直接配到图书资料室接近 B/C 轴的荧光灯(灯位盒),再从灯位盒配向开关、风扇及其他荧光灯,可以实现从灯位盒到灯位盒,再从灯位盒到开关,虽然管、线增加了,但可以减少接线盒,减少中途接线的机会。由于该图比例太小,工程量计算不一定准确。如果管、线增加得多,也可以考虑加装接线盒。例如,从图书资料室接近 B/C 轴的荧光灯到研究室的荧光灯,如果在开关上方加装接线柱,可以减少 2 m 管长和 2 m 线长。在选择方案时,可以进行经济上的比较。其他可自行分析。

7)W7 回路分析

W7,2 线(L2、N),直接配到值班室球形灯,再从球形灯到开关及女卫生间球形灯等。从女卫生间球形灯到接待室开关上方加装接线盒,2 线(L2、N),管长约为 3 m。由于该房间的灯具比较多,配线方案可以有几种,现对其中一种举例说明,并不一定合理,读者可以选择其他方案进行比较,确定比较经济的方案。

分支 1,从接线盒到开关(7 个开关),8 线(L2、7K),管长为 2.4 m。分支 2,从接线盒到接近 B 轴的荧光灯,壁灯和花灯线共管,8 线(N、7K),管长为 1.5 m。在该荧光灯处又进行分支,分支 1 到壁灯,3 线(N、2K),管长为 2 m+3.7 m−3 m=2.7 m;壁灯到壁灯,2 线(N、K),管长为 3 m。分支 2 到荧光灯,3 线(N、2K),管长为 3 m。分支 3 到花灯,4 线(N、3K),管长约为 3 m。

分支 2,从接线盒到⑤轴至⑥轴间开关上方接线盒,2 线(L2、N),管长约为 5 m;垂直沿墙到开关盒,5 线(L2、4K),管长为 2.4 m;接线盒到荧光灯,5 线(N、4K),管长为 1.5 m;荧光灯到荧光灯,3 线(N、2K),管长为 3 m;荧光灯到壁灯,3 线(N、2K),管长为 2 m+3.7 m−3 m=2.7 m;壁灯到壁灯,2 线(N、K),管长为 3 m。

至此,照明平面图分析基本完毕,可能有的数据不精确,读者可以自行纠正,也可以选择比较经济的配线方案,最后可以用列表的方式将工程量统计出来。需要说明的是,本书的工程量计算是从施工角度进行统计的,而工程造价的工程量计算是按惯例进行的,其计算量比从施工角度统计的要大一些。

5.3.3 某住宅照明平面图及工程量计算

随着科技的发展和生活水平的提高,人们对居住的舒适度要求也越来越高。对住宅照明配电方面的要求就是方便、安全、可靠。体现在配线工程上,就是要求插座多、回路多、管线多。这里我们用一个实例来说明住宅照明配电的基本情况,分析方法与办公科研楼照明的分析方法是相同的。

1. 某住宅照明平面图的基本情况

图 5-17 和图 5-18 为某 6 层住宅楼某单元某层某户的电气照明配电概略(系统)图和电气照明平面布置图。该图的灯具设置主要是从教学需要的角度设计的,其目的主要是讨论电气配管配线施工和工程量计算方法。

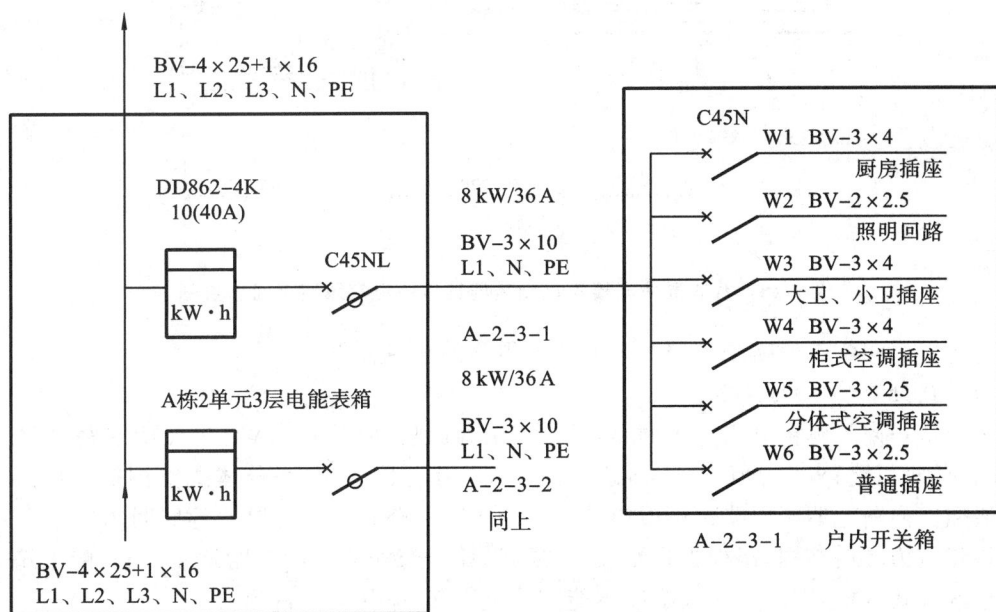

图 5-17 某 6 层住宅楼某单元某层某户的电气照明配电概略(系统)图

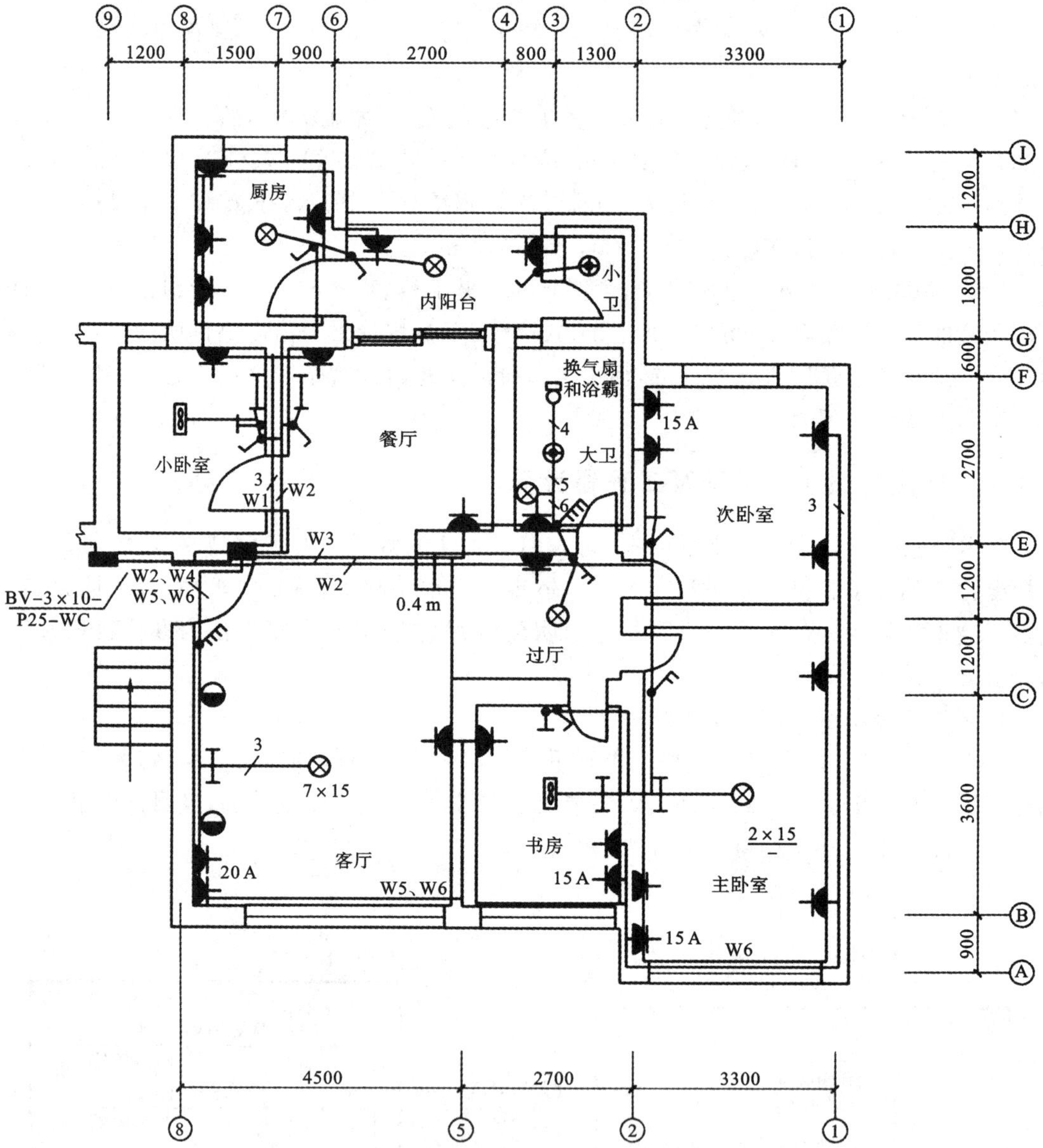

图 5-18 某 6 层住宅楼某单元某层某户的电气照明平面布置图

从图中照明配电概略图和照明平面图中得到的信息如下。

1)回路分配

住户从户内配电箱分出 6 个回路,其中 W1 为厨房插座回路,W2 为照明回路,W3 为大卫、小卫插座回路;W4 为柜式空调插座回路,W5 为主卧室、书房分体式空调插座回路,W6 为普通插座回路。照明回路也可以再分出一个 W7 回路,供过厅、卧室等照明用电。

该建筑为砖混结构,楼板为预制板,错层式,配电箱安装高度为距地 1.8 m,配电箱下面有一个嵌入式鞋柜,因此,配管、配线不能直接走下面,应从上面进出。

2)配电箱的安装

下面就从户内配电箱开始,分析各回路的配管、配线情况。首先应该说明的是,砖混结构的配管是随着土建专业的施工从下向上进行的,但为了分析方便,我们从配电箱开始,从上向下进行,实际上,只要知道管线是怎样布置的,包括配管走向、导线数量、导管数量等,也就知道怎样配合土建施工了。

安装在⑨轴线的配电箱为两户型配电箱,内装有 2 块电度表和 2 个总开关。箱体规格为 400 mm×500 mm×200 mm(宽×高×深),安装高度为距地 1.5 m。

户内配电箱内有 6 个回路,因距离总配电箱较近,所以没有设置户内总开关,配电箱的尺寸为 300 mm×300 mm×150 mm。配电箱中心距⑧轴线距离为 800 mm,安装高度可以考虑底边距地为 1.7 m,其上边与户外配电箱的上边平齐,考虑到进户门一般高度为 1.9 m,门上一般有过梁,梁高为 200 mm,总高为 2.1 m,配管、配线在 2.1 m 以上进行。PVC 管 DN20 管长为 1.2 m+0.8 m+2×0.1 m=2.2 m,10 mm² 的单根线长为 2.2 m+0.9 m(箱预留)+0.6 m(箱预留)=3.7 m。

2.住宅照明平面图配管、配线分析

1)客厅配管配线

(1)干线路径

由于客厅壁灯处安装有灯位盒,高度为 2 m,将 W2(L2、N)的配管配到灯位盒处进行拉线是比较方便的,因此考虑在这里进行分支,共有 3 个分支。北壁灯距 E 轴线考虑为 2.4 m,南壁灯距 B 轴线考虑为 1.6 m,两个壁灯间距为 2 m。配电箱到北壁灯的管长为 0.8 m(配电箱中心)+2.4 m+2×0.1 m=3.4 m。导线 W2 为 2×2.5 mm²,单根线长为 3.4 m+0.6 m=4 m。

(2)分支到开关

从北壁灯到 4 联开关,开关安装距门边距离一般为 180～240 mm,经考虑后确定为 200 mm,门边距 E 轴距离为 0.8 m+0.3 m=1.1 m,北壁灯与开关平行距离为 2.4 m-1.1 m-0.2 m=1.1 m,垂直距离为 2 m-1.3 m=0.7 m,PVC 管 DN16,管长为 1.8 m,5 线,1 根 L 为 2.5 mm²,4 根 K 为 1.5 mm²。

(3)分支到荧光灯

从北壁灯到荧光灯,4 线(N、3K),因为花灯标注为 3 线,说明有 2 个开关控制,1 根 N 为 2.5 mm²,3 根 K 为 1.5 mm²。PVC 管 DN16,管长为 1 m+0.5 m=1.5 m。从荧光灯到花灯(沿预制楼板缝),3 线(N、2K),1.5 mm²。PVC 管 DN16,管长为 0.5 m+2.3 m=2.8 m。

(4)分支到南壁灯

从北壁灯到南壁灯,管长为 2 m,2 线(N、K),1.5 mm²。

(5)从配电箱到插座

柜式空调插座距地 0.3 m,距 B 轴 1 m。从配电箱到插座管为 0.1 m+0.8 m+6 m-1 m+2.1 m-0.3 m=7.7 m,因为只有 3 个弯,因此,可以直接配到插座。如果管长超过 8 m,3 个弯,可以借用南壁灯进行中间拉线,也可以增大管径。

W4 为 3×4 mm²(L、N、PE),W5 为 3×2.5 mm²(L、N、PE),W6 为 3×2.5 mm²(L、N、PE),共 9 根线,根据管内穿线规定,同类照明的几个回路可以穿入同一根导管内,但导线的数量不得多于 8 根。考虑到 PE 线为非载流导体,电气设备没有漏电时,PE 线是没有电流的,如果电气设备的导线绝缘损坏而发生漏电,设备的金属外壳与大地是等电位的,人接触时不会因触电而危及人身安全;如果漏电电流超过 30 mA,漏电保护自动开关会自动跳闸断电,对设备进行维修不再漏电后,才能重新合上闸再通电。单相漏电保护自动开关的工作原理如下:每个开关接 2 根线,即相线和零线(L、N),当相线和零线的电流不相等(说明漏电),漏电电流超过 30 mA 时会自动跳闸断电。因此,从节约金属材料的角度考虑,3 根 PE 线可以共用 1 根,但必须取截面面积最大(4 mm²)的那一根。可以穿 7 根线(3 根 4 mm²,4 根 2.5 mm²),选择 1 根 *DN*20 管,单根线长为 7.7 m+0.6 m=8.3 m。W4 回路接到此处结束。

工程预算定额中的惯例是一个回路一根管,但是在施工中,可以根据实际情况进行考虑,对于一个插座(灯位)盒,配管数量过多会造成施工困难(配管时要求为一管一孔),墙体中配管数量过多也会影响墙体结构的受力。

(6)从⑧轴插座到其他插座

从⑧轴插座到⑤轴插座是沿墙配管,如果选择沿地面配管,将会增加地面的混凝土厚度而影响房间的净空高度。W5 为 3×2.5 mm²(L、N、PE)、W6 为 3×2.5 mm²(L、N、PE),5 线(PE 线共用),普通插座只接 W6,管长为 1 m+4.5 m+3 m=8.5 m(考虑电视机柜距 B 轴 3 m)。③轴插座穿墙到书房,因为有错层 0.4 m,可以考虑管长为 0.6 m,从⑤轴插座到主卧室普通插座也是沿墙配管,5 线(PE 线共用),只接 W6,管长为 3 m+2.7 m=5.7 m;再穿墙到书房,只接 W6,管长为 0.5 m。在主卧室,W5 到分体空调插座,垂直向上管长为 2 m-0.3 m=1.7 m;再穿墙到书房,管长为 0.5 m。W5 回路接到此结束。

主卧室⑤轴插座到①轴普通插座是沿墙配管,3 线(W6 的 L、N、PE),管长为 0.9 m+3.3 m+0.9 m=5.1 m;再到另一个插座,管长为 3.6 m。从主卧室到次卧室普通插座,3 线(W6 的 L、N、PE),管长为 2.4 m;再到另一个插座,管长为 2.2 m。该回路分析到此结束。

2)从配电箱到过厅 W2、W3 回路分析

(1)干线分析

W2 在配电箱内就有 3 个分支,即到客厅、过厅、餐厅。W2 回路(如果再增加一个回路为 W7)到过厅主要是为主卧室、次卧室、书房等照明配电;W3 回路主要是为 E 轴插座,次卧室插座,大、小卫插座等配电。E 轴插座根据功能不同安装高度可以不同,过厅插座为 0.3 m(距客厅地坪 0.3 m+0.4 m),餐厅插座为 1 m,大卫插座为 1.3 m(距客厅地坪 1.3 m+0.4 m),因此,考虑在过厅灯的开关上方墙面安装接线盒进行分支比较方便,这样 W2、W3 回路可以共管沿顶棚、再沿墙配管到接线盒处,接线盒位置距②轴 1.3 m,高度为 3 m-0.4 m=2.6 m,管长为 3 m-2 m+7.2 m-0.8 m-1.3 m=6.1 m,5 线(W2 的 L、N、2.5 mm²;W3 的 L、N、PE,4 mm²),单根线长为 6.1 m+0.6 m(箱预留)=6.7 m。

(2)W2 分支到次卧室荧光灯

荧光灯的安装高度为 2.5 m,这里可以考虑安装在 2.6 m 处。接线盒到荧光灯,管长为 1.3 m+0.7 m=2 m,2 线(L、N,2.5 mm²)。荧光灯到开关,管长为 2.6 m-1.3 m+0.7 m=2 m,2 线(L、K,1.5 mm²)。

次卧室荧光灯到主卧室荧光灯,管长为 1.2 m+0.7 m+2.8 m=4.7 m,2 线(L、N,2.5 mm²)。主卧室荧光灯到开关,管长为 2.8 m-1.3 m+1.3 m=2.8 m,3 线(L、2K,1.5 mm²)。主卧室荧光灯到中间顶棚灯(沿预制楼板缝),管长为 0.5 m+1.6 m=2.1 m,2 线(2K,1.5 mm²)。

主卧室荧光灯到书房荧光灯,穿墙管长为 0.2 m,2 线(L、N,2.5 mm²)。书房荧光灯到开关,管长为 1.8 m+1.3 m+1.3 m=4.4 m,3 线(L、2K,1.5 mm²)。书房荧光灯到风扇(沿预制楼板缝),管长为 0.5 m+1.3 m=1.8 m,2 线(N、K,1.5 mm²)。

(3)W2 分支到过厅灯

接线盒到过厅灯,管长为 3 m-2.6 m+1.2 m=1.6 m,2 线(N、K,1.5 mm²)。接线盒到开关,管长为 2.6 m-1.3 m=1.3 m,3 线(L、2K,1.5 mm²),其中 1 个开关是控制大卫

灯。接线盒到大卫灯,因为大卫灯有吊顶,高度可以考虑为 2.6 m,在吊顶内有接线盒,穿墙管长为 0.5 m,3 线(L、N,2.5 mm^2;K,1.5 mm^2)。吊顶接线盒分支到开关,管长为 2.6 m—1.3 m=1.3 m,5 线(L,2.5 mm^2;4K,1.5 mm^2)。吊顶接线盒分支到大卫灯,管长为 2.7 m,6 线(N,2.5 mm^2;5K,1.5 mm^2),因为大卫灯可以分为镜前灯、正常照明灯、浴霸和换气扇,因此,K 是依次递减的,浴霸是 2 个开关控制,换气扇是 1 个开关控制,镜前灯是 1 个开关控制,正常照明灯是过厅的 1 个开关控制。到浴霸和换气扇位置时为 4 线(N,2.5 mm^2;3K,1.5 mm^2)。

(4)W3 回路分析

过厅接线盒到大卫插座,管长为 2.6 m—1.3 m=1.3 m,3 线(L、N、PE,2.5 mm^2)。大卫插座到过厅插座,管长为 1.3 m—0.3 m=1 m,3 线(L、N、PE,2.5 mm^2)。大卫插座到餐厅插座,管长为 1.3 m+0.4 m(错层)—1 m+1 m(平行)=1.7 m,3 线(L、N、PE,2.5 mm^2)。

接线盒到次卧室 15 A 插座,管长为 1.3 m+2.4 m+2.6 m(垂直)—2 m=4.3 m,3 线(L、N、PE,4 mm^2)。15 A 插座到普通插座,管长为 2 m—0.3 m=1.7 m,3 线(L、N、PE,2.5 mm^2)。

普通插座到小卫插座(安装高度为距地 1.3 m),管长为 0.3 m+0.6 m+1.8 m+1.3 m+0.5 m+0.6 m(垂直)=5.1 m,3 线(L、N、PE,2.5 mm^2);再到小卫灯,小卫也有吊顶,管长为 2.6 m—1.3 m+0.6 m=1.9 m,2 线(N、K,1.5 mm^2)。W2 和 W3 在大卫还可以有比较经济的配管配线方式,可自行分析。

3)W2 从配电箱到餐厅等回路分析

从配电箱到餐厅荧光灯沿墙配管,餐厅荧光灯安装高度为距地 2.5 m,管长为 2.5 m—2 m+0.7 m+1.6 m=2.8 m,2 线(L、N,2.5 mm^2);再穿墙到小卧室荧光灯,管长为 0.2 m,3 线(L、N,2.5 mm^2;K,1.5 mm^2)。小卧室荧光灯到开关,管长为 2.5 m—1.3 m=1.2 m,4 线(L,2.5 mm^2;3K,1.5 mm^2);再穿墙到餐厅荧光灯开关(可以省管、省线),管长为 0.2 m,2 线(L、K,1.5 mm^2)。小卧室荧光灯到风扇(沿预制楼板缝),管长为 0.5 m+1.3 m=1.8 m,2 线(N、K,1.5 mm^2)。

餐厅荧光灯到厨房开关上方接线盒(此处安装接线盒分支方便),管长为 1.4 m+0.9 m+1.7 m=4 m,2 线(N、L,2.5 mm^2)。接线盒到厨房灯(沿预制楼板缝),管长为 0.2 m+0.5 m+1.2 m=1.9 m,2 线(N、K,1.5 mm^2)。接线盒到开关,管长为 2.5 m—1.3 m=1.2 m,3 线(L、2K,1.5 mm^2)。厨房开关穿墙到内阳台开关,管长为 0.2 m,2 线(L、K,1.5 mm^2)。接线盒到内阳台灯,管长为 0.2 m+1.7 m=1.9 m,2 线(N、K,1.5 mm^2)。到此,W2 回路分析结束。

4)W1 回路分析

W1 回路为 3 线(L、N、PE,4 mm^2)。从配电箱到餐厅插座可以沿到餐厅荧光灯的管路配线,在餐厅荧光灯处进行分支,从配电箱到餐厅荧光灯,单根线长为 2.8 m,变成 5 线,管径变成 DN20。

从餐厅荧光灯到餐厅插座,管长为 1.7 m+0.4 m+2.5 m—0.3 m=4.3 m,3 线(L、N、PE,4 mm^2)。从餐厅插座到厨房⑥轴插座,沿门槛下墙配管,管长为 0.5 m+2×(0.3+0.1)m(垂直)+1.3 m=2.6 m,3 线(L、N、PE,2.5 mm^2)。厨房⑥轴插座穿墙到内阳台插座,管长为 0.2 m,3 线(L、N、PE,2.5 mm^2)。内阳台插座位置是可以变的。

从餐厅插座到小卧室插座,管长为 0.4 m+1.2 m=1.6 m,3 线(L、N、PE,4 mm^2)。小卧室插座到厨房插座,管长为 0.3 m+0.7 m(垂直)+0.8 m=1.8 m,3 线(L、N、PE,4 mm^2);再到①轴插座,管长为 2.2 m,3 线(L、N、PE,2.5 mm^2)。到此 W1 回路分析完毕。

任务 5.4　动力工程电气平面图

动力工程主要是为电动机供电,电动机是机械类设备的动力源。电动机的额定功率为 0.5 kW(家用电器除外)以上时,基本采用三相电动机。三相电动机的三相绕组为对称三相负载,由三相电源供电,可以不接中性线。中性线的作用主要是设备的金属外壳保护接地,为 TN-C 系统。

5.4.1　某车间电气动力平面图

图 5-19 所示为某车间电气动力平面图。

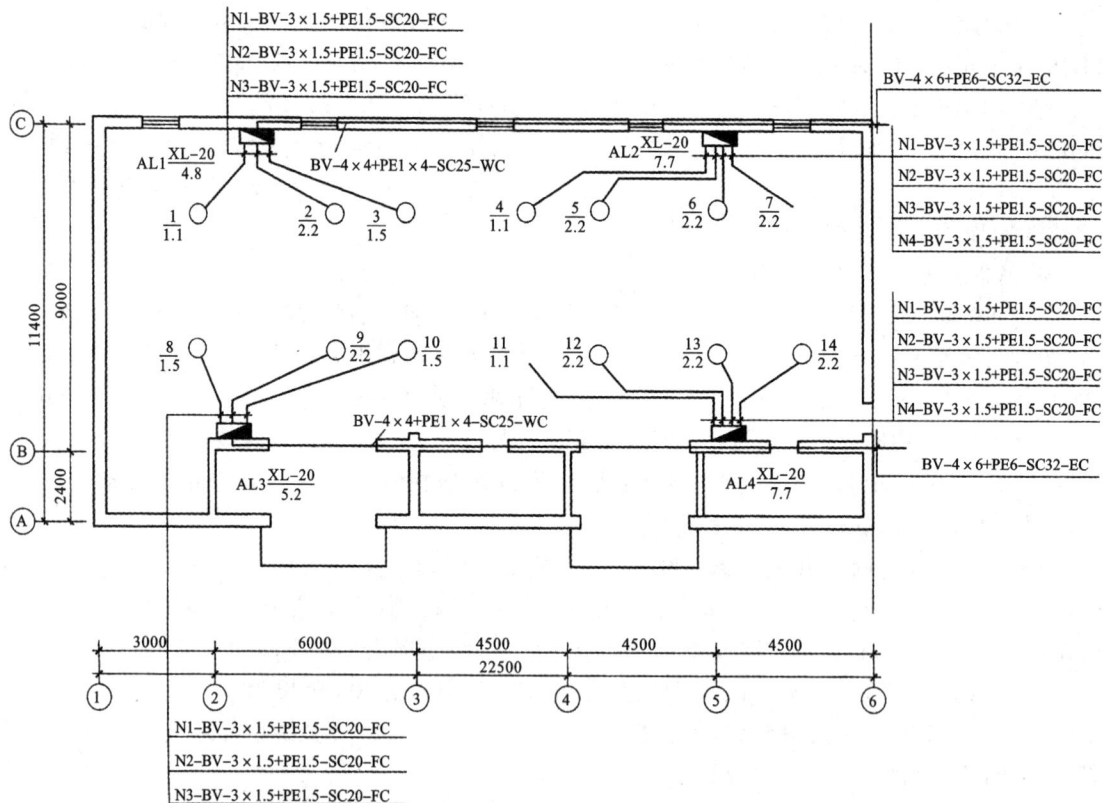

图 5-19　某车间电气动力平面图

车间有 4 台动力配电箱,即 AL1~AL4。如 AL3 $\dfrac{\text{XL-20}}{5.2}$ 表示配电箱的编号为 AL3,型号为 XL-20,容量为 5.2 kW。由 AL3 箱引出 3 个回路,分别给 3 台设备供电,其中 $\dfrac{10}{1.5}$ 表示设备编号为 10,设备容量为 1.5 kW。

5.4.2　某工厂动力工程电气平面图

图 5-20 为某工厂的机修车间动力工程电气平面图,图 5-21 为车间动力电气概略图(系统图、主接线图)。

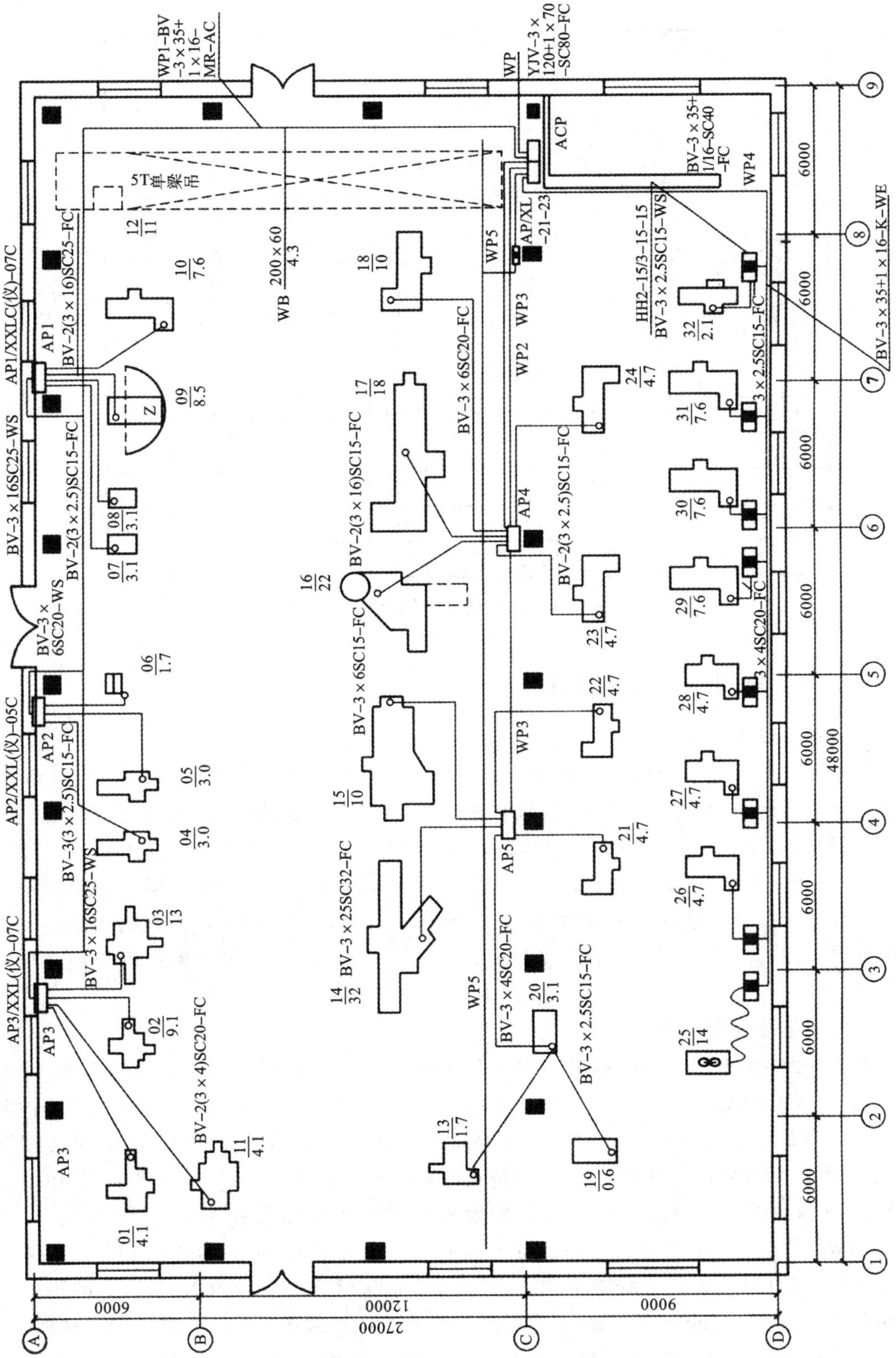

图 5-20 某工厂的机修车间动力工程电气平面图

XL-21-23

HR3-600/34

DZ20-200
或
DZ20-100

回路编号	WP1	WP2	WP3	备用	WP4	WP5	WP6	备用	WL1
额定容量/kW	60.3	59.4	56.8		60	11			12
计算容量/kW	48	48	44.4		48	11			12
计算电流/A	100	100	90		100	25			30
导线规格/mm²	3×35+1×16	3×35+1×16	3×35+1×16		3×35+1×16	4×6			4×6

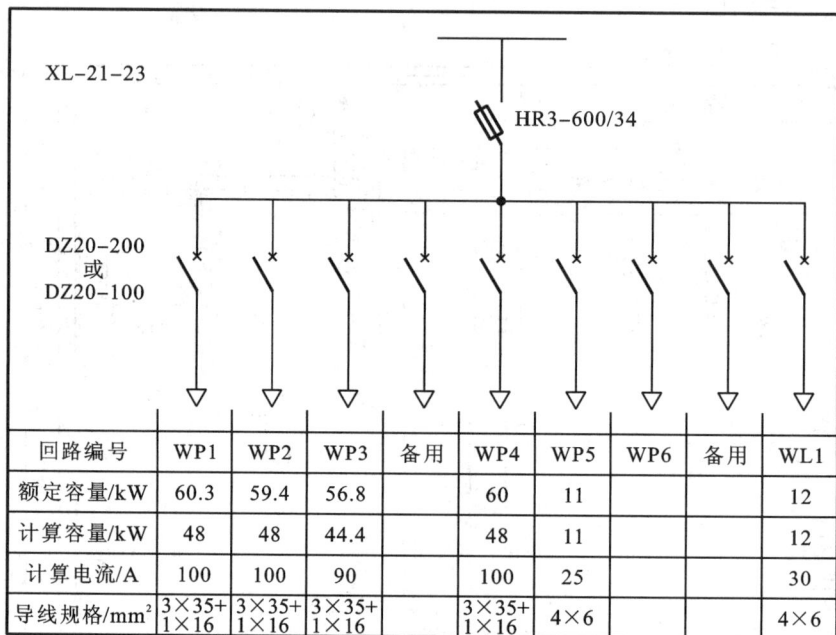

图 5-21　车间动力电气概略图(系统图、主接线图)

5.4.3　动力工程电气平面图概述

1. 车间动力设备概况

车间动力设备共有 32 台。12 号为单梁行车(桥式起重机),电动机的额定功率为 11 kW,实际上为 3 台电动机的功率;25 号为电焊机;其余均为机床类设备,包括车、磨、铣、刨、镗、钻等。额定功率最大的设备为 14 号,总功率为 32 kW。由于机床类设备的每台机床一般都有几台(或十几台)电动机分别拖动不同的运动机构,而几台电动机在同一时间内不会同时工作,因此,在供配电设计时,需要乘以一个系数(称为需要系数),其系数的大小由机床设备的种类来定(行业经验总结)。设备的配线只有部分标注,其他可参考相近的额定功率进行确定。

2. 动力设备配电概况

通过图 5-21 我们可以了解到,动力设备配电主要分为 5 个部分,车间北部(A 轴线)的 11 台设备由 WP1 回路供电,总功率为 60.3 kW;车间中部(C 轴线)的 12 台设备由 2 条回路供电,其中 WP2 为 59.4 kW,WP3 为 56.8 kW;车间南部(D 轴线)的 8 台设备由 WP4 回路供电,总功率为 60 kW;车间中部(C 轴线)桥式起重机的滑触线由 WP5 回路供电,总功率为 11 kW;WP6 配到电容器柜 ACP(功率因数集中补偿),车间照明由 WL1 回路供电,总功率为 12 kW,其他为备用回路。这些设备不会同时用电,一般同时用电功率在 100 kW 左右。经查阅《建筑电气安装工程施工图集》可知,总配电柜 AP,型号为 XL-21-23 的箱体规格为 600 mm×1600 mm×350 mm(宽×高×深)。ACP 为电容器柜,规格与 AP 相同。电源进线为电缆,型号规格为 YJV-3×120+1×70,穿钢管 DN80,沿地暗配至总配电柜 AP。

5.4.4　动力工程电气平面图分析

1. WP1 回路配电分析

(1)动力配电箱

WP1 回路连接 3 个动力配电箱,AP1 的型号为 XXL(仪)-07C。XXL(仪)为配电箱型号,含义为悬挂式动力配电箱,它表示箱内有部分测量仪表,如电压表、电流表等;07 为一次线路方案号;C 为方案分号。查阅《建筑电气安装工程施工图集》可知,该动力配电箱的箱体规格为 650 mm×540 mm×160 mm(宽×高×深),有 6 个回路。AP2 的型号为 XXL(仪)-05C,该动力配电路的箱体规格为 450 mm×450 mm×160 mm,有 4 个回路。AP3、AP4、AP5 与 AP1 的型号相同。图 5-22 为 XXL(仪)-07C 6 个回路动力配电箱概略图。

动力配电箱安装高度一般要求如下:箱体高度不大于 600 mm 时,箱体下口距地面宜为 1.5 m;箱体高度大于 600 mm 时,箱体上口距地面不宜大于 2.2 m;箱体高度为 1.2 m 以上时,宜落地安装,落地安装时柜下宜垫高 100 mm。

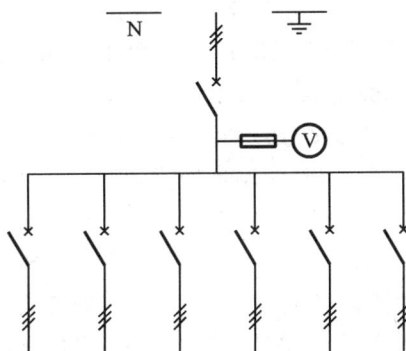

图 5-22　XXL(仪)-07C 6 个回路动力配电箱概略图

(2)金属线槽配线

WP1 回路用金属线槽跨柱配线,目前国内生产金属线槽的厂家非常多,其型号也不统一,长度有 2 m、3 m、6 m,还配有各种弯通和托臂,此处仅说明其配线路径及长度,不具体说明弯通数量。由于照明 WL1 回路与 WP1 回路可以同槽敷设,金属线槽可以选择截面大一些的规格,如选择重庆新世纪电器厂生产的 DJ-CI-01 型槽式大跨距汇线桥架,规格为 200 mm× 60 mm(宽×高),每节长度为 6 m。线槽固定高度应根据建筑结构情况来决定,由于该建筑 4 m 高处为上、下两窗的交汇处,中间有 800 mm 的墙,所以线槽安装高度为 4.3 m。

线槽总长度:由于照明 WL1 回路与 WP1 回路同槽敷设,可以考虑从 C 轴到 A 轴,再从⑨轴到⑦轴,共 11 个跨距,每个跨距为 6 m,线槽总长度为 6 m×11=66 m。每个跨距设 4 个支撑托臂,平均 1.5 m 设 1 个支撑托臂,在柱子上固定的支撑托臂选择 240 mm 长度,共 10 根,A 轴和⑨轴夹角处应选择长的托臂。在墙上固定的支撑托臂选择 840 mm 长度(设柱子的厚度为 600 mm),11 个跨距,每跨 3 个,共 33 个,加夹角处 2 个,总共 35 个 840 mm 长度的支撑托臂。也可以选择自己用角钢加工支撑托臂。

从车间动力配电柜到⑨轴也用金属线槽配线,既方便又美观,线槽长度为 4.3 m(垂直)—1.6 m+6 m(平行)—2 m—0.9 m(0.9 m 为柱子厚 0.6 m 加 1/2 柜宽)=5.8 m。可以直接固定在墙上,不需要支撑托臂。线槽总长度为 66 m+ 5.8 m=71.8 m。

(3)线槽配线导线

线槽内导线为 BV-500-3×35+1×16,16 mm² 的导线是 PEN 线。用焊接钢管 SC 时,焊接钢管可以作为 PEN 线。金属线槽的金属外壳不能代替 PEN 线,但金属线槽也必须进行可靠接地。线槽内的 35 mm² 导线可以考虑配到⑤轴线再改变截面,其长度为 7 跨×6,加上前端 5.8 m 引上及预留,单根导线长度为 7×6 m+5.8 m+2.2 m(柜预留)=50 m。35 mm² 导线长度为 3×50 m=150 m,16 mm² 的导线长度为 50 m。

(4)AP1 配线

从金属线槽到动力配电箱 AP1 采用镀锌焊接钢管配线,钢管直径为 DN 25 mm。钢管长度为 4.3 m－1.5 m－0.54 m＋0.6 m＝2.86 m,导线为 3×16 mm²,直接用钢管作为 PEN 线,钢管的壁厚必须是 3 mm 及以上,单根导线长度为 1.5 m(线槽预留)＋2.86 m＋1.19 m(箱预留)＝5.55 m,导线总长度为 3×5.55 m＝16.65 m。

从动力配电箱 AP1 到 10 号设备,标注为 BV-3×6SC20-FC。钢管长度为 1.5 m＋0.2 m(埋深)＋5 m＋0.2 m(埋深)＋0.2 m(出地面)＝7.1 m。6 mm² 单根导线长度为 1.19 m(箱预留)＋7.1 m＋0.3 m(金属波纹管)＋1.0 m(设备预留)＝9.59 m。导线总长度为 3×9.59 m＝28.77 m。管子埋深由设计决定,一般可考虑 200～300 mm。配管到设备进线口一般要求露出地面 200 mm 及以上,然后再用一段金属波纹管保护进入设备的电源接线箱内。金属波纹管长度一般要求为 300 mm 及以上,准确的长度只有设备定位后才能确定。从 AP1 到其他设备处读者可以自己统计。

(5)AP2 配线与 AP3 配线

AP2 配线的标注为 BV-3×6SC20-WS。AP3 配线的标注为 BV-3×16SC25-WS。2 个回路导线在⑥轴处金属线槽内进行并接,6 mm² 导线到 AP2 配电箱,16 mm² 导线到 AP3 配电箱。到 AP2 配电箱的 SC20 管长为 4.3 m－1.5 m－0.45 m＋0.6 m＝2.95 m,单根导线长度为 1.5 m(线槽预留)＋2.95 m＋0.9 m(箱预留)＝5.35 m,导线总长度为 3×5.35 m＝16.05 m。

AP3 配线的钢管长度与 AP1 配线相同,直径为 25 mm,管长为 2.86 m。16 mm² 导线长度应增加⑤轴到②轴段,为 4 线,即 16 mm² 导线总长度为 3×5.55 m＋4×12 m＝64.65 m。从动力配电箱到设备处读者可以自己统计。

2. WP2 回路配电分析

WP2 回路连接的 AP4 为 XXL(仪)-07C 型动力配电箱,动力配电箱在柱子上安装时一般不采用钻孔埋膨胀螺栓的方法,因为有时孔中心距柱子边角太近,会造成柱角崩裂。常采用角钢支架,先将角钢支架加工好,按配电箱安装孔尺寸钻好孔,然后用扁钢制成的抱箍将支架固定在柱子上,再将配电箱用螺栓固定在支架上。

配线标注为 BV-3×35SC32-FC,配线用 SC32 钢管为地下暗敷,管长为 2×6 m＋2.3 m＋2×0.2 m(埋深)＋1.5 m＝16.2 m。35 mm² 单根导线长度为 16.2 m＋1.19 m(配电箱预留)＋2.2 m(柜预留)＝19.59 m,导线总长度为 3×19.59 m＝58.77 m。

3. WP3 回路配电分析

WP3 回路连接的 AP5 也是 XXL(仪)-07C 型动力配电箱,配线标注也相同,只是距离增加了 2 个跨距,即为 12 m。管长为 12 m＋16.2 m＝28.2 m。35 mm² 导线长度为 58.77 m＋3×12 m＝94.77 m。

因为机床类设备本身自带开关、控制与保护电器,动力配电箱内的开关主要起电源隔离开关的作用,所以部分设备可以采用链式配电方式。在 WR 回路的 13 号和 19 号设备,因为容量较小,为链式配电方式。

4. WP4 回路配电分析

(1)配线方式

WP4 回路为 25～32 号设备配电,属于树干式配电方式,用负荷开关(铁壳开关)单独控制。负荷开关安装高度一般为操作手柄中心距地面的高度,一般要求为 1.5 m。WP4 回路采用的是针式瓷绝缘子支架配线方式。

支架采用一字型角钢支架,角钢规格为∟30×4 mm,每个一字型角钢支架的长度是 3×100 mm(绝缘子间距)＋60 mm(墙体距离)＋30 mm(端部距离)＋180 mm(嵌入墙体)＝570 mm。

角钢支架的安装距离是根据导线截面而定的,绝缘导线间的最大差距见表 5-5。因为导线截面面积为 35 mm²,但有 1 根为 16 mm²,根据建筑结构情况,取安装距离为 3 m,支架配线可以配到③轴,总长度可以考虑为 33 m,支架数量为 11 具＋1 具＝12 具,角钢总长度为 12×570 mm＝6.84 m。安装高度与金属线槽配线相同,为 4.3 m,针式绝缘子支架配线方式示意图如图 5-23 所示。

表 5-5　绝缘导线间的最大距离　　　　　　　　　　　　单位:mm

配线方式	线芯截面面积/mm²				
	1～4	6～10	16～25	35～70	95～120
瓷柱配线	1500	2000	3000	—	—
瓷瓶配线	2000	2500	3000	6000	6000

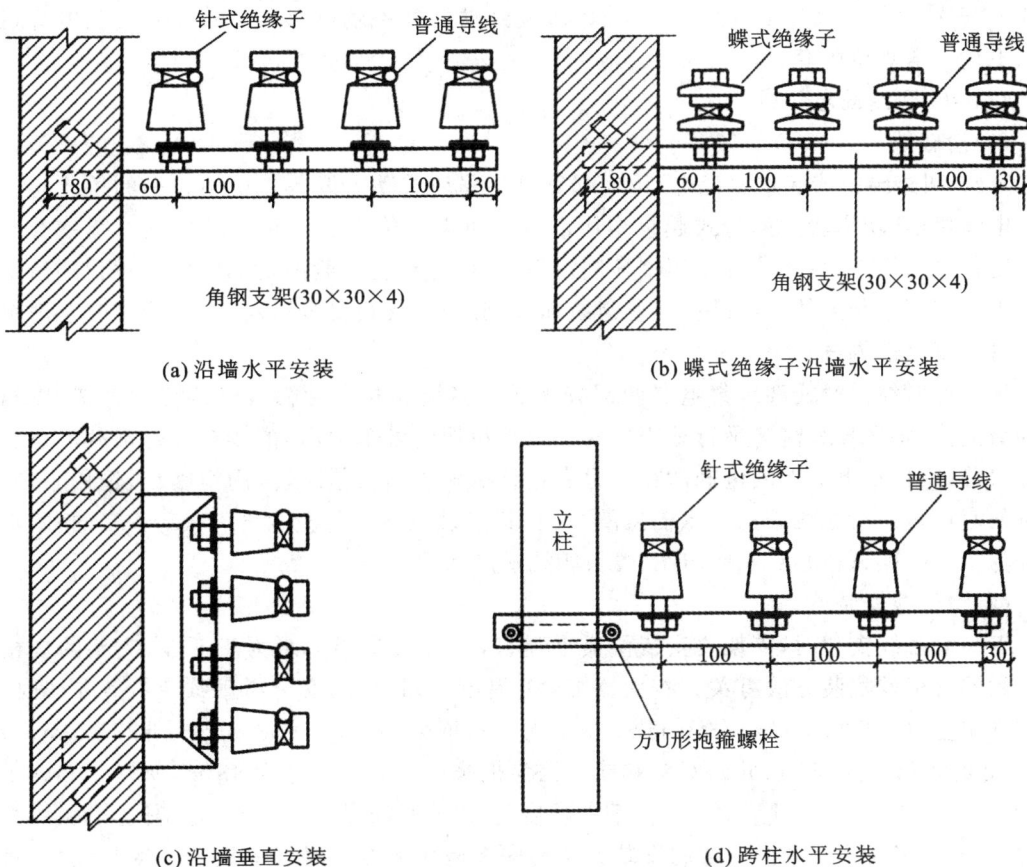

图 5-23　针式绝缘子支架配线方式示意图

电源干线从配电柜 AP 到支架采用钢管配线,沿地面平行距离为 9 m＋0.3 m＋2×0.2 m＝9.7 m,沿墙垂直距离为 4.3 m,用 MT32 电线管,总长度为 14 m。

导线单根长度为 2.2 m(配电柜预留)＋14 m＋1.5 m(预留)＝17.7 m。支架上配线长度为 33 m+2×1.5 m(末端预留)=36 m。35 mm² 导线总长度为 3×(17.7+36)m= 161.1 m。16 mm² 导线长度为 53.7 m。

(2)32 号设备分支线分析

WP4 回路到 32 号设备配线是先由 SC15 沿墙配到铁壳开关,再由铁壳开关用 SC15 配到 32 号设备接线口。铁壳开关(中心)安装高度取 1.5 m,WP4 回路到铁壳开关的管长为 4.3 m-1.5 m=2.8 m,单根线长为 1.5 m(预留)+2.8 m+0.3 m(铁壳开关预留)= 4.6 m。2.5 mm² 导线长度为 3×4.6 m=13.8 m。铁壳开关到设备的管长为 1.5 m+ 0.2 m(埋深)+2 m+0.2 m(埋深)+0.2 m(出地面)+0.3 m(金属波纹管)=4.4 m。单根线长为 0.3 m(开关预留)+ 4.4 m+1 m(设备预留)=5.7 m。2.5 mm² 导线长度为 3× 5.7 m=17.1 m。2.5 mm² 导线总长度为 13.8 m+17.1 m=30.9 m。到其他机床类设备配线与到 32 号设备相同,可自行分析。

(3)25 号设备分支线分析

25 号设备为电焊机,电焊机为接 2 根线的负荷,其额定电压可以分为 380 V 和 220 V 两种。额定电压为 380 V 时,需要接 2 根相线;额定电压为 220 V 时,需要接 1 根相线和 1 根零线。25 号设备功率为 14 kW,将 4 线沿墙配到铁壳开关就可以了。铁壳开关到电焊机采用软电缆与电焊机配套。

5. WP5 回路配电分析

(1)滑触线

WP5 回路给桥式起重机配电,桥式起重机是移动式动力设备。功率较小的桥式起重机用软电缆供电,功率较大的桥式起重机用滑触线供电。传统的滑触线用角钢或圆钢等导电体固定在绝缘子上,再将绝缘子用螺栓固定在角钢支架上,一般为现场制作。现代的滑触线多数由生产厂家制造的半成品在现场组装而成,分为多线式安全滑触线、单线式安全滑触线和导管式安全滑触线。

安全滑触线由滑线架与集电器两部分组成。多线式安全滑触线以塑料为骨架,以扁铜线为载流体,将多根载流体平行地嵌入同一根塑料架的各个槽内,槽体对应每根载流体有一个开口缝,用作集电器上的电刷滑行通道。这种滑触线结构紧凑,占用空间小,适用于中、小容量的起重机。滑触线结构示意图见图 5-24,其滑触线载流量分为 60 A、100 A 两种,集电器分为 15 A、30 A、50 A 三种,有二线与四线式产品。

(2)滑触线安装

安装滑触线支架时,支架要安装得横平竖直,直线段支架间距为 1.5 m,支架的规格与吊车梁的规格及安装方法有关。查阅 06D401 图集可知,采用安全滑触线 1-1 型支架时,支架构件用∟50×5 角钢,h_2=350 mm,每个支架长度为 100 mm+350 mm+270 mm=720 mm,配 2 个 M16×260 mm 的双头螺栓。因为机修车间的总长度为 48 m,所以支架的个数为 48÷1.5+1=33 个。∟50 ×5 角钢总长度为 33×0.72 m=23.76 m。安全滑触线总长度为 48 m。多线式安全滑触线的安装方法是先在地面上按滑触线的设计长度与线数,将扁铜线平整调直,平行地插入同一根塑料架的各个槽内,每段长度为 3~6 m;然后从端头开始逐段拼接,扁铜线拼接为焊接,焊接后表面必须打磨平整,也可以用连接板和 4 个 M4×12 mm 螺钉进行连接。滑触线拼接是在塑料槽外用螺栓固定好连接板(夹板)。全线滑触线组装好后逐步提升到支架高度,用专用的吊挂螺栓套入支架孔内进行初步定位,全线调整后再紧固。

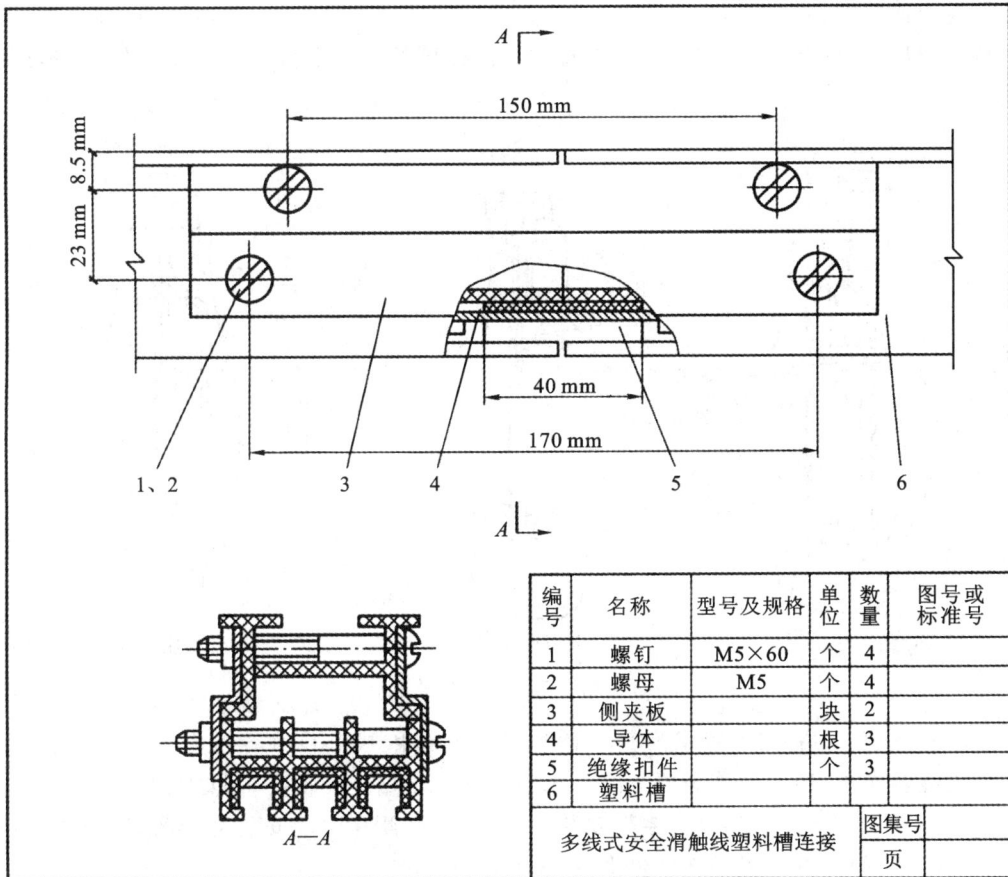

图 5-24　滑触线结构示意图

（3）钢管配线分析

C 轴和⑧轴柱子的铁壳开关为滑触线的电源开关，其配线是用 SC20 的钢管沿柱子和地面由配电柜 AP 配到铁壳开关的，管长为 2 m＋0.3 m＋2×0.2 m＋1.5 m＝4.2 m，6 mm² 单根线长为 2.2 m（预留）＋4.2 m＋0.3 m（开关预留）＝6.7 m，导线总长度为 4×6.7 m＝26.8 m。

铁壳开关配到滑触线，滑触线的安装高度为 8 m，管长为 8 m－1.5 m＝6.5 m，6 mm² 单根线长为 6.5 m＋0.3 m（开关预留）＋1.5 m（预留）＝8.3 m，导线总长度为 4×8.3 m＝33.2 m。

5.4.5　车间照明电路配电分析

1.照明电路配线

（1）电光源选择

因为机修车间的每台机床设备上都带有 36 V 的局部照明，所以只考虑一般照明。机修车间的照度一般为 100 lx，根据车间的具体情况，可考虑用混合光源。电光源根据工作原理分为：热辐射光源，如白炽灯、卤钨灯等；气体放电光源，如荧光灯、高压汞灯（高压指气体压力高）、高压钠灯。虽然荧光灯有光色好、光效高等优点，但存在频闪效应，因机床设备的运动机构有旋转运动，当旋转运动的转速与荧光灯的频闪接近时，人们在视觉上会感觉到旋转运动的转速很慢或不动，造成错误的信息，虽然使用电子镇流器的荧光灯无频闪效应，但其使用寿命还需要提高，所以有机床类设备的车间都不采用荧光灯作为电光源，一般采用高压汞灯和高压钠灯作为电光源。

高压汞灯、高压钠灯、金属卤化物灯都属于高强度气体放电灯。高强度气体放电灯的结构见图 5-25。

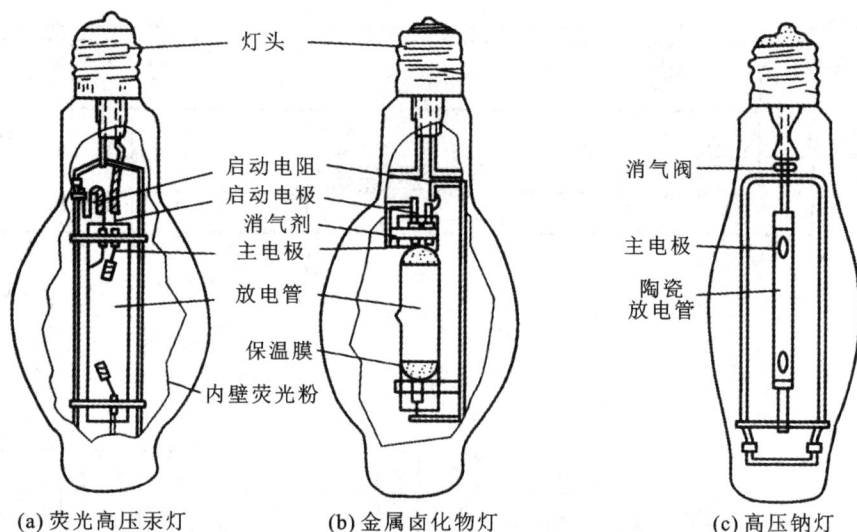

(a) 荧光高压汞灯　　(b) 金属卤化物灯　　(c) 高压钠灯

图 5-25　高强度气体放电灯

该车间选用 GGY-250(容量为 250W)型高压汞灯和 NG-110(容量为 110 W)型高压钠灯组合成混合光源,通过计算需要 21 组,每组 2 盏。根据车间情况,考虑安装在屋内的下弦梁上,车间中间有 7 架屋架,每个屋架安装 3 组,东西两侧在墙上安装部分弯灯,基本可以满足照度要求,车间灯具布置平面图见图 5-26。

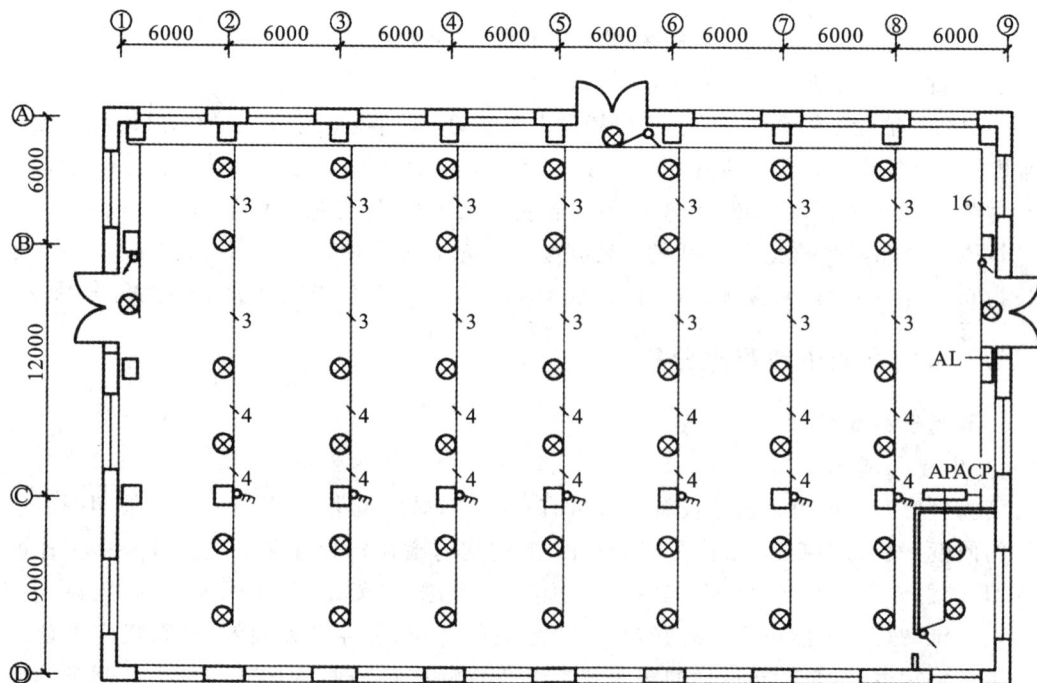

图 5-26　车间灯具布置平面图

（2）灯具配线

车间照明可以采用照明配电箱集中控制，每个屋架 3 组灯，每组灯 360 W，3 组的总功率为 1080 W。作为一个回路（单相），也可以采用分散控制，分散控制是指用跷板开关控制。因为每个回路有 3 组灯，每组灯用一个开关，每个回路的灯开关集中安装在 C 轴立柱上（明装），垂直配线为 4 根。再考虑其他灯设 2 个回路，选择照明配电箱型号为 XXM（横向）-08，整体规格为 580 mm×280 mm×90 mm（宽×高×深），共 12 个回路，其余的作为备用。

导线标注为 BV-4×6mm²-WS，干线为金属线槽配线到照明配电箱。照明配电箱的进线为 4 根 6 mm²，出线为 2.5 mm²，屋架上有 7 个回路，再加上另外 2 个回路，共 9 个回路 18 根线。总配线数为（2×9+4）根＝22 根。所以从动力线的金属线槽到照明配电箱最好继续用金属线槽配线，长度为 0.6 m＋4.3 m－1.5 m－0.28 m＝3.12 m，在金属线槽分支处用一个弯通，需要加一个托臂。

屋架的下弦梁一般距地面 10 m，从金属线槽到屋架的下弦梁的高度为 10 m－4.3 m＝5.7 m，保护管可以选择电线管 DN16，在下弦梁上也可以用 PVC 管，每个回路配线从 A 轴的第一个灯开始为 3 线，从第三个灯到 C 独立柱为 4 线，工程量可自行分析。其灯具安装也固定在屋架的下弦梁上，安装方法可参考标准图 D702-1～3（常用低压配电设备及灯具安装）。

2. 车间电气接地

（1）跨接接地线

桥式起重机为金属导轨，需要可靠接地，导轨与导轨之间的连接称为跨接接地线，导轨的跨接接地线可以用扁钢或圆钢焊接。连接方法在工程量的统计中用多少处表示，应先知道导轨长度，设导轨长度为 6 m，可以得出每边 8 处－1 处＝7 处，两边共 14 处。

（2）接地与接零

桥式起重机的金属导轨两端用━40×4 的镀锌扁钢连接成闭合回路，作为接零干线，并与主动力箱的中性线连接，同时在 A 轴两端的金属导轨分别接接地引下线，埋地接地线也用━40×4 的镀锌扁钢，接地体采用长 2.5 m 的 3 根镀锌角钢∟50×50×5 垂直配置。其接地电阻 $R \leqslant 10$ Ω，若实测电阻大于 10 Ω，则需要增加接地体。

主动力箱电源的中性线在进线处也需要重复接地，所有电气设备在正常情况下，不带电的金属外壳、构架以及保护导线的钢管均需要接零，所有的电气连接均采用焊接。

习 题 5

1. 选择题

（1）导线进入开关箱的预留量是（　　　）。

A. 高＋宽　　　　　　B. 0.3 m　　　　　　C. 1 m　　　　　　D. 1.5 m

（2）灯具安装方式的标注中，壁装式的标注为（　　　）。

A. WR　　　　　　B. S　　　　　　C. HM　　　　　　D. W

（3）在配电箱图形符号的文字标注中，动力配电箱的标注为（　　　）。

A. AL　　　　　　B. AP　　　　　　C. AH　　　　　　D. AE

（4）在工程图中，如需要指出灯具种类，则在其一般符号的边上标注字母，其中壁灯的文字标注为（　　　）。

A. C   B. R   C. W   D. EN

(5)在工程图中,如需要指出灯具种类,则在其一般符号的边上标注字母,其中圆球灯的文字标注为(　　)。

A. P   B. L   C. G   D. SA

(6)在工程图中,如需要指出插座和带保护接点插座的种类,则在其一般符号内标注字母以区别不同插座,其中单相暗敷(电源)插座的文字标注为(　　)。

A. 1P   B. 1C   C. 3P   D. 3C

(7)在工程图中,如需要指出插座和带保护接点插座的种类,则在其一般符号内标注字母以区别不同插座,其中单相防爆(电源)插座的文字标注为(　　)。

A. 1P   B. 1EX   C. 1C   D. 3C

(8)在工程图中,如需要指出电信插座的种类,则在其一般符号内标注字母以区别不同插座,其中电话插座的文字标注为(　　)。

A. TV   B. TO   C. TP   D. FX

(9)在工程图中,如需要指出导线的作用,根据需要可在其边上用文字标注,其中动力干线的文字标注为(　　)。

A. WL   B. WE   C. WP   D. E

(10)在工程图中,如需要指出导线的作用,根据需要可在其边上用文字标注,其中接地线的文字标注为(　　)。

A. PE   B. WE   C. E   D. LP

(11)在灯具安装方式的标注中,链吊式的标注为(　　)。

A. SW   B. CS   C. DS   D. CR

(12)进户线的预留量是(　　)。

A. 高+宽   B. 0.3 m   C. 1 m   D. 1.5 m

2. 简答题

(1)导线进入开关箱的预留量是多少?

(2)导线进入单独安装(无箱、盘)的铁壳开关、闸刀开关、启动器、母线槽进出线盒等的预留量是多少?

(3)如果将浴室房间内到男卫生间的开关处的配管配线直接配向男卫生间灯位盒处能节约什么?是否合理?

(4)在办公科研楼一层照明工程图中的浴室房间内,开关的垂直配管内需要穿几根线?各用于什么。

(5)在办公科研楼一层照明工程图中的分析室内,开关的垂直配管内需要穿几根线?各用于什么?

(6)在办公科研楼一层照明工程图中的走廊,从④轴至⑤轴间的走廊灯到⑤轴至⑥轴间的走廊灯处为什么要标注5根线?

(7)一个双控开关需要连接几根线?分别说明各用于什么。

(8)用列表方法统计出小住宅照明平面图的全部工程量。

(9)用列表方法统计出办公科研楼照明工程图的全部工程量。

(10)导线穿电管,3根导线为 BV 型 2.5 mm²,长度为 1.5 m,管径为多少?

(11)导线穿 PVC 管,6根导线为 BV 型 4 mm²,长度为 2 m,管径为多少?

(12)导线穿 SC 钢管,8 根导线为 BV 型 2.5 mm²,长度为 3 m,管径为多少?

3. 说出下列标注的含义

(1)灯具:$16\text{-}YU60\dfrac{260}{3}SW$。

(2)线路:$BVR(3\times50+2\times25)SC50\text{-}FC$。

(3)配电箱:$A_2\dfrac{XL\text{-}3\text{-}38.56}{BVR\text{-}(3\times25+1\times4)SC40\text{-}CLC}$。

项目6 建筑防雷接地工程

任务 6.1 建筑物防雷等级划分及防雷措施

6.1.1 雷电的形成及危害

雷电是由"雷云"(带电的云层)之间或"雷云"与地面建筑物(包括大地)之间产生急剧放电的一种自然现象。其放电的电流即雷电流,可达几十万安,电压可达几百万伏,温度可达20000 ℃,在几微秒时间内,使周围的空气通道烧成白热而猛烈膨胀,并出现耀眼的光亮和巨响,这就是通常所说的"闪电"和"打雷"。因为光速远超声速,所以在雷电发生时人们总是先看到闪电的光芒,后听到雷声。

雷电是自然界存在的现象,它能产生强烈的闪光,有时落到地面上,击毁房屋、杀伤人畜,雷电对生命财产造成的损失是不可估量的,尤其对供电设施的破坏作用更大。随着我国建筑行业的迅猛发展,高层建筑日益增多,如何保证建筑物及设备、人身的安全,防止雷电的危害,就显得尤为重要。

6.1.2 雷击的类型

1. 直击雷

空中带电荷的雷云直接与地面上的建(构)筑物、电气设备或树木之间发生的放电称为直击雷。强大的雷电流流过被击物时产生大量的热,在短时间内又不易散发出来,所以,凡雷电流流过的物体,金属被熔化,树木被烧焦,建筑物被炸裂。尤其是雷电流流过易燃易爆物体时,会引起火灾或爆炸,造成建筑物倒塌、设备毁坏及人身伤害等重大事故。直击雷的破坏在所有雷击中最为严重。

2. 感应雷

直击雷放电时,周围产生交变磁场,使周围金属构件产生较大感应电动势,形成火花放电,称为感应雷。雷云放电后,放电通道中的电荷迅速中和,而残留的电荷就会形成很高的对地电位,这就是静电感应引起的过电压。发生雷击后,雷电流在周围空间迅速形成强大且有变化的电磁场,处在电磁场中的物体会感应出较大的电动势和电流,这就是电磁感应引起的过电压。不论是静电感应还是电磁感应引起的过电压,都可能引起火花放电,造成火灾或爆炸并危及人身安全。

3. 雷电波侵入

雷云出现在架空线路上方时,在线路上就会因静电感应而聚集大量异性等量的束缚电荷,雷云向其他地方放电后,线路上的束缚电荷被释放,成为自由电荷向线路两端行进,形成很高的过电压,在高压线路可高达几十万伏,在低压线路也可达几万伏。这个高电压沿着架空线路、金属管道引入室内,这种现象叫作雷电波侵入。

雷电波侵入可由线路上遭受直击雷或产生感应雷引起。据调查统计,供电系统中由于雷电波侵入而造成的雷害事故,在整个雷害事故中占 50%～70%,因此对雷电波侵入的防护应予以足够的重视。

6.1.3　建筑物防雷等级划分

根据《建筑物防雷设计规范》(GB 50057—2010)的规定,建筑物应根据其重要性、使用性质、发生雷电事故的可能性和后果,按防雷要求分为三类。

1. 第一类防雷建筑物

①凡制造、使用或贮存火炸药及其制品的危险建筑物,因电火花而引起爆炸、爆轰,会造成巨大破坏和人身伤亡者。

②具有 0 区或 20 区爆炸危险场所的建筑物。

③具有 1 区或 21 区爆炸危险场所的建筑物,因电火花而引起爆炸,会造成巨大破坏和人身伤亡者。

2. 第二类防雷建筑物

①国家级重点文物保护的建筑物。

②国家级的会堂、办公建筑物、大型展览和博览建筑物、大型火车站和飞机场、国宾馆、国家级档案馆、大型城市的重要给水泵房等特别重要的建筑物。

③国家级计算中心、国际通信枢纽等对国民经济有重要意义的建筑物。

④国家特级和甲级大型体育馆。

⑤制造、使用或贮存火炸药及其制品的危险建筑物,且电火花不易引起爆炸或不致造成巨大破坏和人身伤亡者。

⑥具有 1 区或 21 区爆炸危险场所的建筑物,且电火花不易引起爆炸或不致造成巨大破坏和人身伤亡者。

⑦具有 2 区或 22 区爆炸危险场所的建筑物。

⑧有爆炸危险的露天钢质封闭气罐。

⑨预计雷击次数大于 0.05 次/a(a 为年的计量单位符号)的部、省级办公建筑物及其他重要或人员密集的公共建筑物以及火灾危险场所。

⑩预计雷击次数大于 0.25 次/a 的住宅、办公楼等一般性民用建筑物或一般性工业建筑物。

3. 第三类防雷建筑物

①省级重点文物保护的建筑物及省级档案馆。

②预计雷击次数大于或等于 0.01 次/a,且小于或等于 0.05 次/a 的部、省级办公建筑物和其他重要或人员密集的公共建筑物,以及火灾危险场所。

③预计雷击次数大于或等于 0.05 次/a,且小于或等于 0.25 次/a 的住宅、办公楼等一般性民用建筑物或一般性工业建筑物。

④在平均雷暴日大于 15 d/a 的地区,高度在 15 m 及以上的烟囱、水塔等孤立的高耸建筑物;在平均雷暴日小于或等于 15 d/a 的地区,高度在 20 m 及以上的烟囱、水塔等孤立的高耸建筑物。

规范中的 0 区、1 区、2 区、11 区、12 区、21 区、22 区、23 区是指在生产过程中,能产生与空气混合成爆炸性混合物的可燃气体、可燃蒸气、浮游状态的灰尘或纤维的有爆炸危险的场所。

根据以上规定,民用建筑物应划分为第二类和第三类防雷建筑物(无第一类防雷建筑物)。

6.1.4 建筑物易受雷击部位

建筑物的性质、结构以及建筑物所处位置等都对落雷有着很大影响,特别是建筑物屋顶坡度与雷击部位关系较大。建筑物易受雷击部位如图6-1所示。

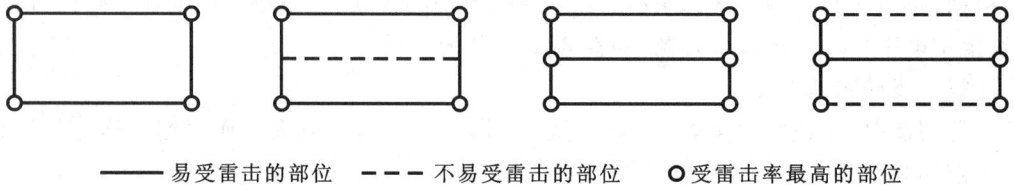

——— 易受雷击的部位　- - - 不易受雷击的部位　○ 受雷击率最高的部位

图6-1　建筑物易受雷击部位

①平屋面或坡度不大于1/10的屋面——檐角、女儿墙、屋檐[图6-1中的(a)和(b)]。

②坡度大于1/10且小于1/2的屋面——屋角、屋脊、檐角、屋檐[图6-1中的(c)]。

③坡度不小于1/2的屋面——屋角、屋脊、檐角[图6-1中的(d)]。

知道了建筑物易受雷击的部位,设计时就可对这些部位进行重点保护。

6.1.5 建筑物防雷措施

由于雷电有不同的危害形式,防雷措施可分为如下几种类型。

1. 防直击雷及侧击雷的措施

防直击雷采取的措施是引导雷云对避雷装置放电,使雷电流迅速流入大地,从而保护建(构)筑物免受雷击。

1)第一类防雷建筑物防直击雷的措施

装设独立避雷针或架空避雷网(线),使被保护的建筑物及风帽、放散管等突出屋面的物体均处于接闪器的保护范围内。架空避雷网的网格尺寸不应大于5 m×5 m或6 m×4 m。

引下线不应少于2根,应沿建筑物四周均匀或对称布置,其间距不应大于12 m。每根引下线的冲击电阻不应大于10 Ω。

建筑物高于30 m时,应采取防侧击雷的措施,即从30 m起每隔不大于6 m沿建筑物四周设水平避雷带并与引下线相连;同时,应将30 m及以上外墙上的栏杆、门窗等较大的金属物与防雷装置连接。

2)第二类防雷建筑物防直击雷的措施

接闪器宜采用避雷网(带)、避雷针或由其混合组成。避雷网(带)应沿图6-1所示的屋角、屋脊、檐角和屋檐等易受雷击的部位敷设,应在整个屋面上装设不大于10 m×10 m或12 m×8 m的网格。所有的避雷针应采用避雷带相互连接。引下线不应少于2根,应沿建筑物四周均匀或对称布置,其间距不应大于18 m。钢筋或圆钢仅1根时,其直径不应小于10 mm。每根引下线的冲击电阻不应大于10 Ω。

建筑物高于45 m时,应采取防侧击雷和等电位的保护措施,即利用钢柱或钢筋混凝土柱子内钢筋作为防雷引下线,结构圈梁中的钢筋应每3层连成闭合回路并应同防雷引下线连接;同时,应将45 m及以上外墙上的栏杆、门窗等较大的金属物与防雷装置连接。

3)第三类防雷建筑物防直击雷的措施

宜采用装设在建筑物上的避雷网(带)、避雷针或由其混合组成的接闪器。避雷网(带)

应沿图 6-1 所示的屋角、屋脊、檐角和屋檐等易受雷击的部位敷设,应在整个屋面组成不大于 20 m×20 m 或 24 m×16 m 的网格。平屋面的建筑物的宽度不大于 20 m 时,可仅沿周边敷设一圈避雷带。引下线不应少于 2 根,但周长不超过 25 m 且高度不超过 40 m 的建筑物可只设 1 根引下线。引下线应沿建筑物四周均匀或对称布置,其间距不应大于 25 m。仅利用建筑物四周的钢柱或柱子钢筋作为引下线时,可按跨度设引下线,但引下线的平均间距不应大于 25 m。每根引下线的冲击电阻不宜大于 30 Ω。

建筑物高于 60 m 时,应采取防侧击雷和等电位的保护措施,即从 60 m 起每隔不大于 6 m 沿建筑物四周设水平避雷带并与引下线相连;同时,应将 60 m 及以上外墙上的栏杆、门窗等较大的金属物与防雷装置连接。

2. 防雷电感应的措施

防止由于雷电感应在建筑物上聚集电荷的方法是在建筑物上设置收集并泄放电荷的装置(如避雷带、避雷网)。防止建筑物内金属物上雷电感应的方法是将金属设备、管道等金属物,通过接地装置与大地可靠连接,以便将雷电感应电荷迅速引入大地,避免雷害。

防雷电感应的接地装置应与电气和电子系统的接地装置共用,其工频接地电阻不应大于 10 Ω。

3. 防雷电波侵入的措施

对于第二类防雷建筑物来说,防雷电波侵入的主要措施如下。

①为防止雷电波侵入,进入建筑物的各种线路及金属管道宜采用全线埋地引入,并应在入户端将电缆的金属外皮、钢导管及金属管道与接地网连接。采用全线埋地电缆确有困难而无法实现时,可采用一段长度不小于 $2\sqrt{\rho}$ m(注:ρ 为埋地电缆处的土壤电阻率,Ω·m)的铠装电缆或穿管导管的全塑电缆直接埋地引入,电缆埋地长度不应小于 15 m。

②在电缆与架空线连接处,应装设避雷器,并应与电缆的金属外皮及绝缘子铁脚、金具连在一起接地,其冲击接地电阻不应大于 10 Ω。

③当低压电源采用全长电缆或架空线换电缆引入时,应在电源引入处的总配电箱装设浪涌保护器。

④设在建筑物内、外的配电变压器,宜在高、低压侧的各相装设避雷器。

4. 防雷电反击的措施

防雷装置受到雷击时,在接闪器、引下线和接地体上都产生很高的电位,如果防雷装置与建筑物内外的电气设备、电线或其他金属管线之间的绝缘距离不够,它们之间就会发生放电现象,这种现象称为雷电反击。雷电反击也会造成电气设备绝缘破坏、金属管道烧穿,甚至引起火灾和爆炸。

防止雷电反击的措施有 2 种:一种是将建筑物的金属物体(含钢筋)与防雷装置的接闪器、引下线分隔开,并且保持一定的距离;另一种是防雷装置不易与建筑物内的钢筋、金属管道分隔开时,将建筑物内的金属管道系统在其主干管道处与靠近的防雷装置连接,有条件时宜将建筑物每层的钢筋与所有的防雷引下线连接。

6.1.6 防雷装置的组成

建筑物的防雷装置由外部防雷装置和内部防雷装置组成。外部防雷装置由接闪器、引下线和接地装置 3 部分组成。内部防雷装置由防雷等电位连接以及与外部防雷装置的间隔距离组成,并将等电位连接网络和接地装置连接在一起,组成共同的接地系统,其作用原理是将雷电引向自身并安全导入地内,从而使被保护的建筑物免遭雷击。

1. 接闪器

接闪器是专门用来接受雷击的金属导体。接闪器包括避雷针、避雷带(线)、避雷网以及兼作接闪器的金属屋面和金属构件(如金属烟囱、风管)等。"避雷"是习惯叫法,按本章主要介绍的防雷装置做法实际上是"引雷",即将雷电流按预先安排的通道安全地引入大地。因此,所有接闪器都必须经过接地引下线与接地装置连接。

(1)避雷针(接闪杆)

避雷针是安装在建筑物突出部位或独立装设的针形导体。它能对雷电场产生一个附加电场(这是由于雷云对避雷针产生静电感应),使雷电场畸变,将雷云的放电通路吸引到避雷针本身,由它及与它相连的引下线和接地体将雷电流安全导入地中,从而保护附近的建筑物和设备免受雷击。避雷针采用热镀锌圆钢或钢管制成时,其直径应符合下列规定。

①针长为1 m以下时:圆钢直径≥12 mm,钢管直径≥20 mm。

②针长为1~2 m时:圆钢直径≥16 mm,钢管直径≥25 mm。

③独立烟囱顶上的避雷针:圆钢直径≥20 mm,钢管直径≥40 mm。

避雷针较长时,针体由针尖和不同直径的管段组成。针体的顶端均应加工成尖形,并用镀锌或搪锡等方法防止其锈蚀。它可以安装在电杆(支柱)、构架或建筑物上,下端经引下线与接地装置焊接。

(2)避雷带(接闪带)和避雷网

避雷带,就是指利用小截面圆钢或扁钢做成的条形长带,装于建筑物易遭雷击的部位,如屋脊、屋檐、屋角、女儿墙和山墙等。避雷网相当于纵横交错的避雷带叠加在一起,形成多个网孔,它既是接闪器,又是防感应雷的装置,因此是接近全部保护的方法,一般用于重要的建筑物。

避雷带和避雷网可以采用镀锌圆钢或扁钢。接闪器、接闪杆和引下线的材料、结构与最小截面如表6-1所示。

表6-1 接闪器、接闪杆和引下线的材料、结构与最小截面

材料	结构	最小截面面积/mm²	备注/mm
铜、镀锡铜	单根扁铜	50	厚度为2
	单根圆铜	50	直径为8
	铜绞线	50	每股线直径为1.7
	单根圆铜	176	直径为15
铝	单根扁铝	70	厚度为3
	单根圆铝	50	直径为8
	铝绞线	50	每股线直径为1.7
铝合金	单根扁形导体	50	厚度为2.5
	单根圆形导体	50	直径为8
	绞线	50	每股线直径为1.7
	单根圆线导体①	176	直径为15

续表

材料	结构	最小截面面积/mm²	备注/mm
铝合金	外表面镀铜的单根圆形导体	50	直径为 8,径向镀铜厚度至少为 0.07,铜纯度为 99.9%
热浸镀锌钢	单根扁钢	50	厚度为 2.5
	单根圆钢	50	直径为 8
	绞线	50	每股线直径为 1.7
	单根圆钢①	176	直径为 15
不锈钢	单根扁钢②	50	厚度为 2.5
	单根圆钢②	50	直径为 8
	绞线	70	每股线直径为 1.7
	单根圆钢①	176	直径为 15
外表面镀铜的钢	单根圆钢	50	镀铜厚度至少为 0.07,铜纯度为 99.9%
	单根扁钢		

注:①仅应用于接闪杆,当应用于机械应力没达到临界值处,可采用直径为 10 mm、最长为 1 m 的闪接杆,并增加固定;

②对埋于混凝土中以及可燃材料接触不锈钢,其最小尺寸宜增大至直径为 10 mm 的 78 mm²(单根圆钢)和最小厚度为 3 mm 的 75 mm²(单根扁钢)。

避雷网也可以做成笼式避雷网,简称为避雷笼。避雷笼是用来笼罩整个建筑物的金属笼。根据电学中的 Faraday 笼的原理,对于雷电,它起到均压和屏蔽的作用,任凭接闪时笼网上出现多高的电压,笼内空间的电场强度为零,笼内各处电位相等,形成一个等电位体,因此笼内人身和设备都是安全的。

我国高层建筑的防雷设计多采用避雷笼。避雷笼的特点是把整个建筑物的梁、柱、板、基础等主要结构钢筋连成一体,因此是最安全可靠的防雷措施。避雷笼是利用建筑物的结构配筋形成的,配筋的连接点只要按结构要求用钢丝绑扎的,就不必进行焊接。对于预制大板和现浇大板结构建筑,网格较小,是较理想的笼网;框架结构建筑属于大格笼网,虽不如预制大板和现浇大板笼网严密,但一般民用建筑的柱间距离都在 7.5 m 以内,故也是安全的。

(3)避雷线

避雷线一般采用截面面积不小于 50 mm² 的镀锌钢绞线架设在架空线路之上,以保护架空线路免受直接雷击。避雷线的作用原理与避雷针相同,只是保护范围小一些。

2. 引下线

(1)引下线的选择和设置

引下线的材料、结构和最小截面应符合表 6-1 的规定。引下线是连接接闪器和接地装置的金属导体,应采用热镀锌圆钢或扁钢,优先采用圆钢。

引下线应沿建筑物外墙明敷,并经最短路径接地;建筑外观要求较高者可暗敷,但其圆钢直径不应小于 10 mm,扁钢截面面积不应小于 80 mm²。明敷的引下线应镀锌,焊接处应涂防腐漆,在腐蚀性较强的场所还应适当加大截面或采取其他防腐措施。

独立烟囱上的引下线采用圆钢时,其直径不应小于 12 mm;采用扁钢时,其截面面积不应小于 100 mm²,厚度不应小于 4 mm。

建筑物的全局构件(如消防梯等)、金属烟囱、烟囱的金属爬梯、混凝土柱内钢筋、钢柱等都可作为引下线,但其所有部件之间均应连成电气通路。在易受机械损坏和人身接触的地方,地面上 1.7 m 至地面下 0.3 m 的一段引下线应采取暗敷或采用镀锌角钢、改性塑料管等保护设施。

防直击雷的专设引下线距出入口或人行道边缘不宜小于 3 m。

(2)断接卡

设置断接卡的目的是便于运行、维护和检测接地电阻。采用多根专设引下线时,为了便于测量接地电阻以及检查引下线、接地线的连接状况,应在各引下线上距地面 0.3~1.8 m 之间设置断接卡。断接卡应有保护措施。

利用混凝土内钢筋、钢柱作为自然引下线并同时采用基础接地体时,可不设断接卡,但利用钢筋作为引下线时应在室内外的适当地点设若干连接板,该连接板可供测量、接人工接地体和做等电位连接用。仅利用钢筋做引下线并采用埋于土壤中的人工接地体时,应在每根引下线上距地面不低于 0.3 m 处设接地体连接板。采用埋于土壤中的人工接地体时应设断接卡,其上端应与连接板焊接。连接板处应有明显标志。

3. 接地装置

接地装置是接地体(又称接地极)和接地线的总合。它的作用是把引下线引下的雷电流迅速流散到大地中去。

(1)接地体

接地体是指埋入土壤中或混凝土基础中用于散流雷电流的金属导体。接地体分为人工接地体和自然接地体两种。自然接地体即兼作接地用的直接与大地接触的各种金属构件,如建筑物的钢结构、行车钢轨、埋地的金属管道(可燃液体和可燃气体管道除外)等。人工接地体即直接打入地下专作接地用的、经加工的各种型钢或钢管等,按其敷设方式可分为人工垂直接地体和人工水平接地体。

埋入土壤中的人工垂直接地体宜采用角钢、钢管或圆钢,埋入土壤中的人工水平接地体应采用扁钢或圆钢。

人工垂直接地体的长度应为 2.5 m,人工垂直接地体间的距离及人工水平接地体间的距离宜为 5 m,受地方限制可适当减小。人工接地体在土壤中的埋设深度不应小于 0.6 m。

在腐蚀性较强的土壤中,应采取热镀锌等防腐措施或加大截面。

(2)接地线

接地线是指从引下线断接卡或换线处至接地体的连接导体,也是接地体与接地体之间的连接导体。接地线的截面应与水平接地体的截面相同。

(3)基础接地体

在高层建筑中,利用柱子和基础内的钢筋作为引下线和接地体,具有经济、美观和有利于雷电流流散,以及不必维护和寿命长等优点。把设在建筑物钢筋混凝土桩基和基础内的钢筋作为接地体时,此种接地体常被称为基础接地体。利用基础接地体的接地方式称为基础接地。基础接地体可分为以下两类。

①自然基础接地体。利用钢筋混凝土基础中的钢筋或混凝土基础中的金属结构作为接地体时,这种接地体称为自然基础接地体。

②人工基础接地体。把人工接地体敷设在没有钢筋的混凝土基础内时,这种接地体称为人工基础接地体。有时候,在混凝土基础内虽有钢筋,但由于不能满足利用钢筋作为自然

基础接地体的要求(如由于钢筋直径太小或钢筋总截面太小),也有在这种钢筋混凝土基础内加设人工接地体的情况,这时所加的人工接地体也称为人工基础接地体。

利用基础接地时,对建筑物地梁的处理是很重要的一个环节。地梁内的主筋要和基础主筋连接,要把各段地梁的钢筋连成一个环路,这样才能将各基础连成一个接地体,而且地梁的钢筋会形成一个很好的水平接地环,综合组成一个完整的接地系统。

6.1.7 避雷器

避雷器是用来防护雷电产生的过电压波,沿线路侵入变电所或其他建(构)筑物内,以免危及被保护设备的绝缘。避雷器与被保护设备并联,装在被保护设备的电源侧。线路上出现危及设备绝缘的过电压时,它就对大地放电。

避雷器有阀式、管形和金属氧化物避雷器。常用的是阀式避雷器。

阀式避雷器应垂直安装。图 6-2 为阀式避雷器在墙上的安装及接线示意图。避雷器各连接处的金属接触平面,应除去氧化膜及油漆,并涂一层凡士林或复合脂。室外避雷器可用镀锌螺栓将上部端子接到高压母线上,将下部端子接至接地线后接地。但引线的连接,不应使避雷器结构内部产生超过允许的外加应力。接地线应尽可能短而直,以减小电阻,其截面应根据接地装置的规定选择。

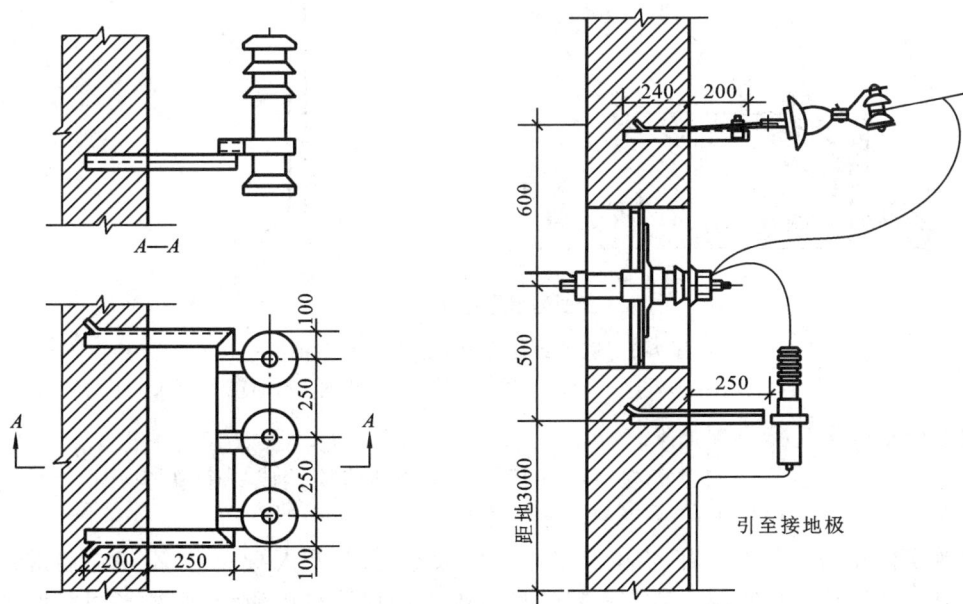

图 6-2 阀式避雷器在墙上的安装及接线示意图

避雷器在安装前除了应进行必要的外观检查,还应进行绝缘电阻测定、直流泄漏电流测量、工频放电电压测量和检查放电记录器动作情况及其基座绝缘。

任务 6.2   防雷与接地装置安装

6.2.1 接闪器的安装

接闪器的安装主要包括避雷针的安装和避雷带(网)的安装。

1. 避雷针(接闪杆)的安装

避雷针的安装可参照全国通用电气装置标准图集执行(D 562、D 565)。图 6-3 为避雷针在屋面上的安装示意图。

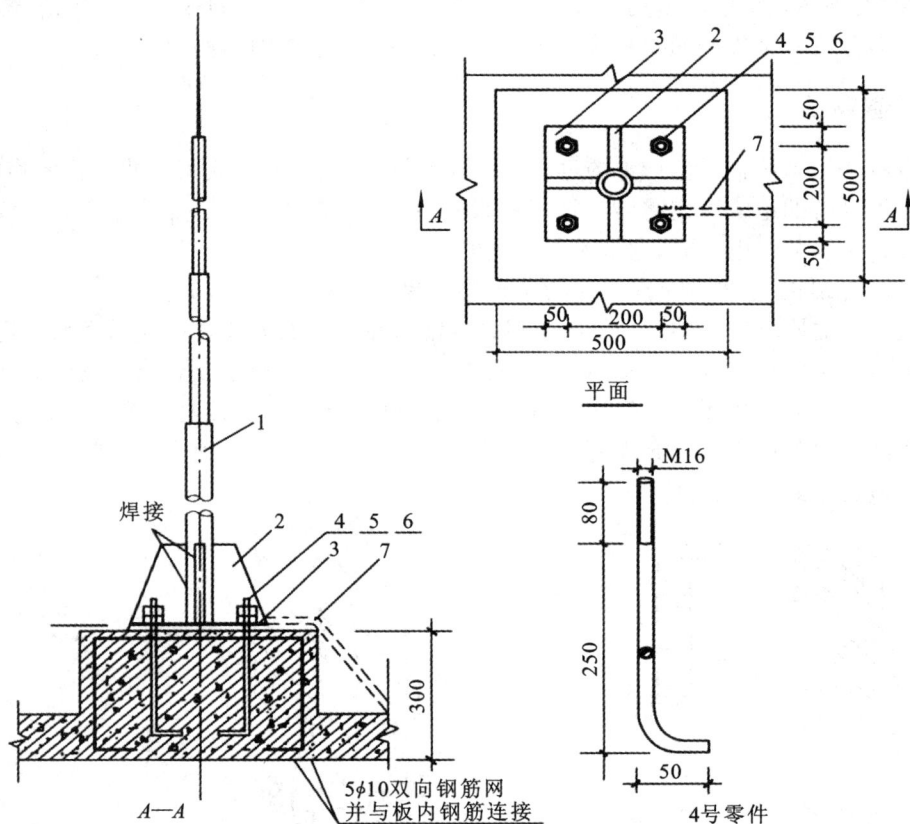

图 6-3　避雷针在屋面上的安装示意图

1—避雷针;2—肋板;3—底板;4—底脚螺栓;5—螺母;6—垫圈;7—引下线

避雷针的安装注意事项如下。

①建筑物上的避雷针和建筑物顶部的其他金属物体应连接成一个整体。

②独立避雷针的接地电阻一般不宜超过 10 Ω。

③为了防止雷击避雷针时,雷电波沿电线传入室内,危及人身安全,不得在避雷针构架上架设低压线路或通信线路。装有避雷针的构架上的照明灯电源线,必须采用直埋于地下的带金属护层的电缆或穿入金属管的导线。电缆护层或金属管必须接地,埋地长度应在 10 m 以上,方可与配电装置的接地网相连或与电源线、低压配电装置相连。

④避雷针及其接地装置,应采取自下而上的施工程序。首先安装集中接地装置,然后安装引下线,最后安装接闪器。

2. 避雷带(接闪带)和避雷网的安装

避雷带和避雷网宜采用圆钢或扁钢,优先采用圆钢,应装设在建筑物易遭受雷击的部位。

(1)明装避雷带(网)(接闪带)安装

避雷带适合安装在建筑物的屋脊、屋檐(坡屋顶)或屋顶边缘及女儿墙(平屋顶)等处,对建筑物易受雷击部位进行重点保护。避雷带之间的间距较小,成一定的网格时,称为避雷网。明装避雷网是在屋顶上部以较疏的明装金属网格作为接闪器,沿外墙敷设引下线,接到接地装置上。

①避雷带在屋面混凝土支座上的安装。避雷带（网）的支座可以在建筑物屋面面层施工过程中现场浇制，也可以预制再砌牢或与屋面防水层进行固定。混凝土支座设置如图6-4所示。屋面上支座的安装位置是由避雷带（网）的安装位置决定的。避雷带（网）与屋面的边缘的距离不应大于500 mm。避雷带（网）转角中心严禁设置避雷带（网）支座。

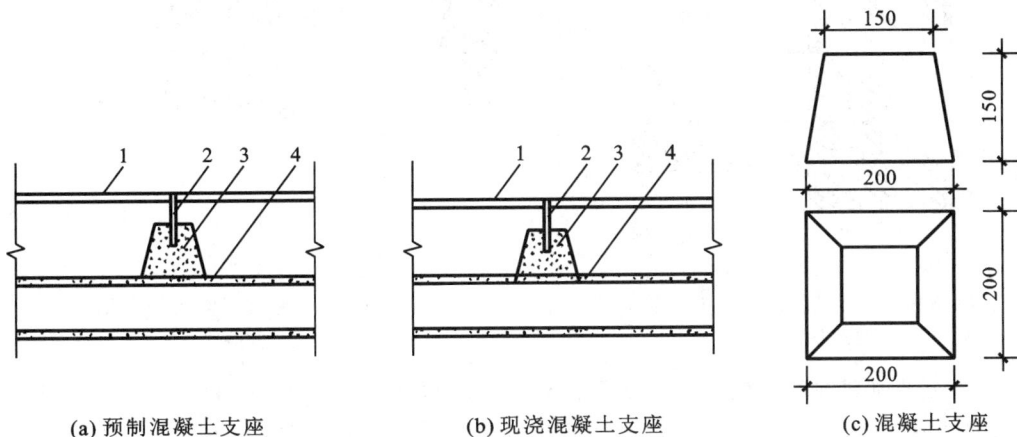

(a) 预制混凝土支座　　　　**(b) 现浇混凝土支座**　　　　**(c) 混凝土支座**

图6-4　混凝土支座设置

1—避雷带；2—支架；3—混凝土支座；4—屋面板

在屋面上制作或安装支座时，应在直线段两端点（弯曲处的起点）拉通线，确定好中间支座位置，中间支座的间距为1～1.5 m，相互间距离应均匀分布，在转弯处支座的间距为0.5 m。

②避雷带在女儿墙或天沟支架上的安装。避雷带（网）沿女儿墙安装时，应使用支架固定，并应尽量随结构施工预埋支架，条件受限制时应在墙体施工时预留不小于100 mm × 100 mm的孔洞，洞口的大小应里外一致。首先埋设直线段两端的支架，然后拉通线埋设中间支架，其转弯处支架应距转弯中点0.25～0.5 m，直线段支架水平间距为1～1.5 m，垂直间距为1.5～2 m，支架间距应平均分布。

女儿墙上设置的支架应与墙顶面垂直。在预留孔洞内埋设支架前，应先用素水泥浆湿润，放置好支架时，用水泥砂浆浇筑牢靠，支架的支起高度不应小于150 mm，待达到强度后再敷设避雷带（网），如图6-5所示。避雷带（网）在建筑物天沟上安装使用支架固定时，应随土建施工先设置好预埋件，支架与预埋件进行焊接固定，如图6-6所示。

（2）暗装避雷带（网）的安装

暗装避雷网是指利用建筑物内的钢筋作为避雷网，暗装避雷网比明装避雷网美观，越来越被广泛应用，尤其是在工业厂房和高层建筑中应用较多。

①用建筑物V形折板内钢筋作为避雷网。建筑物有防雷要求时，可利用V形折板内钢筋作为避雷网。折板插筋应与吊环和网筋绑扎，通长钢筋应和插筋、吊环绑扎。折板接头部位的通长钢筋在端部预留钢筋头100 mm，便于与引下线连接。引下线的位置由设计图决定。等高多跨塔接处，通长钢筋与通长钢筋应绑扎；不等高多跨交接处，通长钢筋之间应用 ϕ8 mm圆钢连接焊牢。绑扎或连接的间距为6 m。

②用女儿墙压顶钢筋作为暗装避雷带。女儿墙上压顶为现浇混凝土时，可利用压顶板内的通长钢筋作为建筑物的暗装避雷带；女儿墙上压顶为预制混凝土板时，可在顶板上预埋支架设避雷带。用女儿墙现浇混凝土压顶钢筋作为暗装避雷带时，防雷引下线应采用不小于 ϕ10 mm的圆钢。

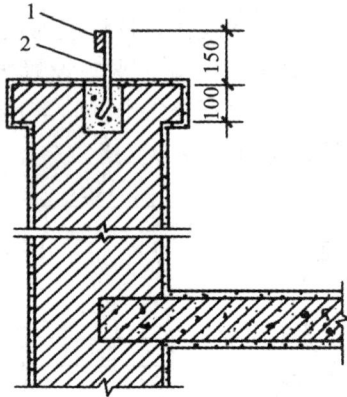

图 6-5 避雷带在女儿墙上的安装
1—避雷带;2—支架

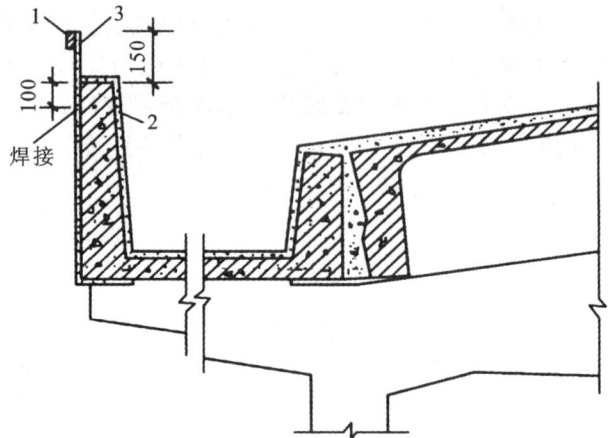

图 6-6 避雷带在天沟上的安装
1—避雷带;2—预埋件;3—支架

在女儿墙预制混凝土板上预埋支架设避雷带或女儿墙上有铁栏杆时,防雷引下线由板缝引出顶板与避雷带连接。引下线在压顶处与女儿墙设计通长钢筋之间应用 $\phi 10$ mm 圆钢进行连接。

③高层建筑暗装避雷网的安装。暗装避雷网利用建筑物屋面板内钢筋作为接闪装置,将避雷网、引下线和接地装置三个部分组成一个钢铁大网笼,也称为笼式避雷网。

土建施工做法和构件不同,屋面板上的网格大小也不一样,现浇混凝土屋面板的网格均不大于 30 cm × 30 cm,而且整个现浇屋面板的钢筋是连成一体的。预制屋面板由定型板块拼成,如作为暗装接闪装置,要将板与板间的甩头钢筋可靠连接或焊接。采用明装避雷带和暗装避雷网相结合的方法是最好的防雷措施,即屋顶上部如有女儿墙,为使女儿墙不受损伤,在女儿墙上部安装避雷带,再与暗装避雷网连接在一起。框架结构笼式避雷网示意图如图 6-7 所示。

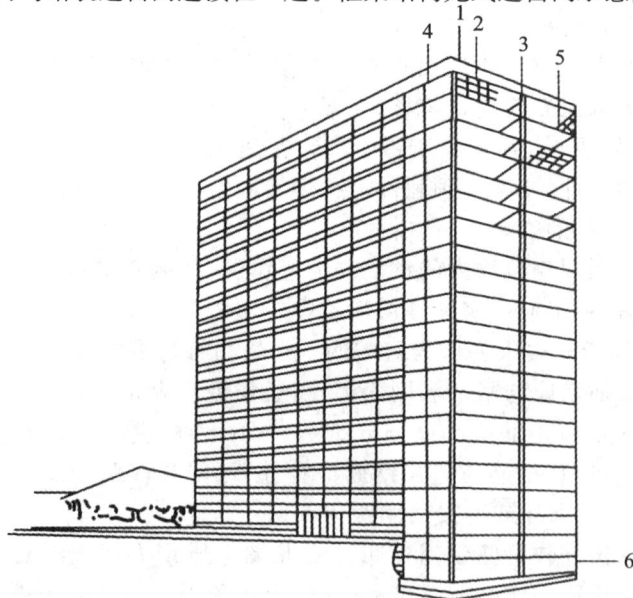

图 6-7 框架结构笼式避雷网示意图
1—女儿墙避雷带;2—屋面钢筋;3—柱内钢筋;4—外墙板钢筋;5—楼板钢筋;6—基础钢筋

对高层建筑物,一定要注意防侧向雷击和采取等电位措施,应在建筑物首层起每3层设均压环一圈。建筑物全部为钢筋混凝土结构时,可将结构圈梁钢筋与柱内充当引下线的钢筋进行连接(绑扎或焊接)作为均压环。建筑物为砖混结构但有钢筋混凝土组合柱和圈梁时,均压环做法同钢筋混凝土结构。没有组合柱和圈梁的建筑物,应每3层在建筑物外墙内敷设一圈12 mm镀锌圆钢作为均压环,并与防雷装置的所有引下线连接,如图6-8所示。

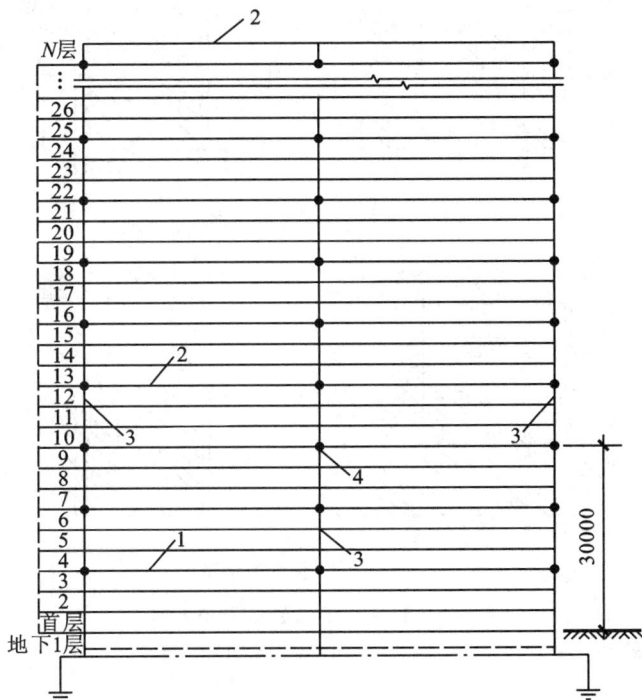

图6-8 高层建筑物避雷带(网或均压环)引下线连接示意图

1—避雷带(网或均压环);2—避雷带(网);3—防雷引下线;4—防雷引下线与避雷带(网或均压环)的连接处

6.2.2 引下线的安装

防雷引下线将接闪器接收的雷电流引到接地装置,常见的引下线为暗敷。

1.引下线沿墙或混凝土构造柱暗敷

引下线沿砖墙或混凝土构造柱暗敷,应配合土建主体外墙(或构造柱)施工,将钢筋调直后先与接地体(或断接卡子)连接好,由下至上展放(或一段段连接)钢筋,敷设路径尽量短而直。

2.利用建筑物钢筋作为防雷引下线

防直击雷装置的引下线应优先利用建筑物钢筋混凝土中的钢筋,不仅可节约钢材,更重要的是比较安全。

利用建筑物钢筋作为引下线是从上而下连接一体,因此不能设置断接卡子测试接地电阻,应在柱(或剪力墙)内作为引下线的钢筋上另焊一根圆钢引至柱(或墙)外侧的墙体上,在距护坡1.8 m处设置接地电阻测试箱。在建筑结构完成后,必须通过测试点测试接地电阻,若达不到设计要求,可在柱(或墙)外距地0.8~1 m预留导体处加接外附人工接地体。

3.断接卡子制作安装

断接卡子可以明装和暗装,断接卡子可利用25×4的镀锌扁钢制作,断接卡子应用2根镀锌螺栓拧紧。断接卡子安装见图 6-9 和图 6-10。

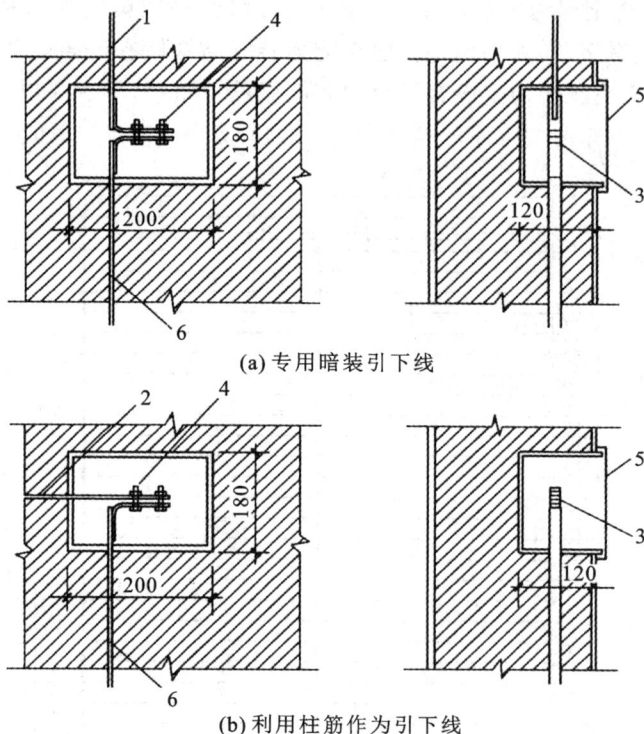

(a)专用暗装引下线

(b)利用柱筋作为引下线

图 6-9 暗装引下线断接卡子安装

1—专用引下线;2—柱筋引下线;3—断接卡子;4—M10×30 镀锌螺栓;5—断接卡子箱;6—接地线

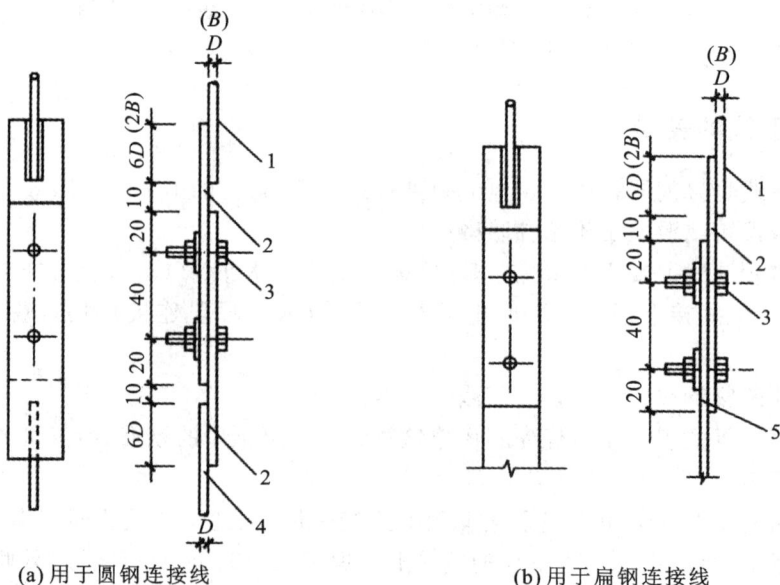

(a)用于圆钢连接线　　　　　　　(b)用于扁钢连接线

图 6-10 明装引下线断接卡子安装

D—圆钢直径;B—扁钢宽度

1—圆钢引下线;2—25 扁钢,$L=90×6D$ 连接板;3—M8×30 镀锌螺栓;4—圆钢接地线;5—扁钢接地线

6.2.3 接地装置的安装

1.接地体的选用

1)自然接地体

在设计和装设接地装置时,应充分利用自然接地体,以节约投资。若实地测量所利用的自然接地体电阻已能满足要求,则可不必再装设人工接地装置。

可作为自然接地体的物件包括与大地有可靠连接的建筑物的钢结构和钢筋、行车的钢轨、埋地的金属管道(不包含有易燃易爆物质的管道)及电缆金属外皮等。对于变配电所来说,可利用其建筑物钢筋混凝土基础作为自然接地体。

利用自然接地体时,一定要保证良好的电气连接,在建(构)筑物结构的结合处,除了已焊接者,凡用螺栓连接或其他连接的,都要采用跨接焊接,而且跨接线不得小于规定值。

2)人工接地体

人工接地体有垂直接地体和水平接地体。人工接地体一般采用钢管、圆钢、角钢或扁钢等安装和埋入地下,但不应埋设在垃圾堆、炉渣和强烈腐蚀性土壤处。最常用的垂直接地体为直径 50 mm、长 2.5 m 的钢管,这是最为经济合理的。如果采用的钢管直径小于 50 mm,钢管的机械强度较小,易弯曲,不适合采用机械方法打入土中;若采用直径大于 50 mm 的钢管,耗材增大且流散电阻减小甚微,很不合算。

垂直接地体一般采用镀锌角钢或镀锌钢管。角钢一般选用∟ 40 mm×40 mm×5 mm 或∟ 50 mm×50 mm×5 mm 两种规格,其长度一般为 2.5 m。镀锌钢管规格一般为直径 50 mm、壁厚不小于 3.5 mm。水平接地体一般采用扁钢(━25×4 mm^2)或圆钢(ϕ10 mm)。

2.人工接地体的安装

1)接地体的加工

垂直接地体多使用角钢或钢管,一般应按设计所定数量和规格进行加工,其长度宜为 2.5 m,两接地体间距宜为 5 m。通常情况下,在一般土壤中采用角钢接地体,在坚实土壤中采用钢管接地体。为便于接地体垂直打入土中,应将打入地下的一端加工成尖形。为了防止将钢管或角钢打裂,可用圆钢加工一种护管帽套入钢管端或用一块短角钢(约长 10 cm)焊在接地角钢的一端。

2)挖沟

装设接地体前,应沿接地体的线路先挖沟,以便打入接地体和敷设连接这些接地体的扁钢。接地装置应埋于地表以下,一般接地体顶部距地面不应小于 0.6 m。

按设计规定的接地网路线进行测量、划线,然后依线开挖,一般沟深 0.8~1 m,沟的上部宽 0.6 m,底部宽 0.4 m,沟要挖得平直,深浅一致,并且要求沟底平整,如有石子则应清除。挖沟时,如果附近有建筑物或构筑物,沟的中心线与建筑物或构筑物的距离不宜小于 2 m。

3)敷设接地体

沟挖好后应尽快敷设接地体,以防止塌方。接地体一般用手锤打入地下,并与地面保持垂直,防止与土壤产生间隙,增加接地电阻,影响散流效果。

3.接地线敷设

接地线分为人工接地线和自然接地线。一般情况下,人工接地线应采用扁钢或圆钢,应敷设在易于检查的地方,应有防止机械损伤及化学腐蚀的保护措施。从接地干线敷设到用电设备的接地支线的距离越短越好。接地线与电缆或其他电线交叉时,其间距至少要维持在 25 mm。在接地线与管道、公路、铁路等交叉处及其他可能使接地线遭受机械损伤的地方,应套钢管或角钢保护。接地线跨越有振动的地方时,如铁路轨道,接地线应略弯曲,以便振动时有伸缩的余地,避免断裂。

1)接地体间的连接

垂直接地体之间多用扁钢连接。接地体打入地下后,可将扁钢放置于沟内,扁钢与接地体用焊接的方法连接。扁钢应侧放,这样既便于焊接,又可减小其散流电阻。接地体与连接扁钢的焊接如图 6-11 所示。

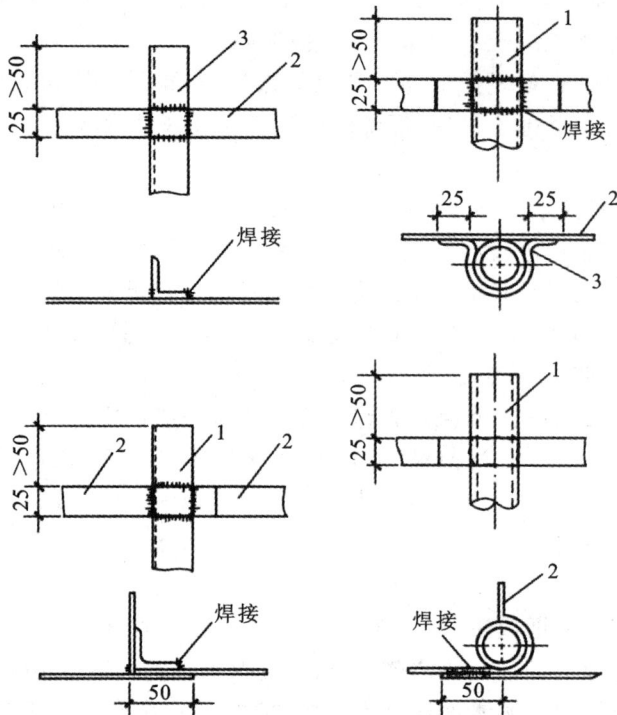

图 6-11　接地体与连接扁钢的焊接

1—接地线;2—扁钢;3—卡箍

接地体与连接扁钢焊好之后,经过检查确认接地体埋设深度、焊接质量、接地电阻等均符合要求后,即可将沟填平。

2)接地干线与接地支线的敷设

接地干线与接地支线的敷设分为室外和室内两种。室外接地干线与接地支线一般敷设在沟内,敷设前应按设计要求挖沟,然后埋入扁钢。接地干线与接地支线不起接地散流作用,所以埋设时不一定要立放。接地干线与接地体及接地支线均采用焊接连接。室内的接地线一般多为明敷,明敷的接地线一般敷设在墙上、母线架上或电缆桥架上。

3)敷设接地线

固定钩或支持托板埋设牢固后,即可将调直的扁钢或圆钢放在固定钩或支持托板内进行固定。在直线段上不应有高低起伏及弯曲等现象。接地线跨越建筑物伸缩缝、沉降缝时,应加设补偿器或将接地线弯成弧状。

接地干线过门时,可在门上明敷通过,也可在门下室内地面暗敷通过,接电气设备的接地支线往往要在混凝土地面中暗敷,在土建施工时应及时配合敷设好。敷设时应根据设计将接地线一端接电气设备、另一端接距离最近的接地干线。所有电气设备都需要单独敷设接地支线,不可将电气设备串联接地。为了便于测量接地电阻,接地线引入室内后,必须用螺栓与室内接地线连接。

4. 接地体(线)的连接

接地体(线)的连接一般采用搭接焊,焊接处必须牢固无虚焊。有色金属接地线不能采用焊接时,可采用螺栓连接。接地线与电气设备的连接采用螺栓连接。

接地体(线)连接时的搭接长度如下:扁钢与扁钢连接为其宽度的 2 倍,宽度不同时以窄的为准,至少 3 个棱边焊接;圆钢与圆钢连接为其直径的 6 倍;圆钢与扁钢连接为圆钢直径的 6 倍;扁钢与钢管(角钢)焊接时,为了连接可靠,除了应在其接触部位两侧进行焊接,还应焊上由扁钢弯成的弧形(或直角形)卡子或直接将接地扁钢弯成弧形(或直角形)与钢管(或角钢)焊接。

5. 建筑物基础接地装置安装

高层建筑大多以建筑物的深基础作为接地装置。利用钢筋混凝土基础内的钢筋作为接地装置时,敷设在钢筋混凝土中的单根钢筋或圆钢的直径应不小于 10 mm。作为防雷装置的混凝土构件内用于箍筋连接的钢筋的截面积总和应不小于 1 根直径为 10 mm 钢筋的截面积。

利用建筑物基础内的钢筋作为接地装置时,应在与防雷引下线对应的室外埋深 0.8~1 m 处,由被用作引下线的钢筋上焊出一根 ϕ12 mm 圆钢或 40 mm×4 mm 镀锌扁钢,此导体伸向室外,距外墙皮的距离不宜小于 1 m。此圆钢或扁钢能起到遥测接地电阻的作用,以及当整个建筑物的接地电阻值达不到规定要求时,可以为补打人工接地体创造条件。

1)钢筋混凝土桩基础接地体的安装

高层建筑的桩基础,不论是挖孔桩、钻孔桩,还是冲击桩,都是将钢筋混凝土桩子伸入地中,桩基顶端设承台,承台用承台梁连接起来,形成一座大型框架地梁。承台顶端设置混凝土桩、梁、剪力墙及现浇楼板等,空间和地下构成一个整体,墙、柱内的钢筋均与承台梁内的钢筋互相绑扎固定,它们之间的电气导通是可靠的。

桩基础接地体的安装如图 6-12 所示。一般是在作为防雷引下线的柱子(或者剪力墙内钢筋作为引下线)位置处,将桩基础的抛头钢筋与承台梁主钢筋焊接,如图 6-13 所示,并与上面作为引下线的柱(或剪力墙)中的钢筋焊接。当每组桩基都多于 4 根时,连接其四角桩基的钢筋作为防雷接地体。

2)独立柱基础、箱形基础接地体的安装

钢筋混凝土独立柱基础接地体的安装如图 6-14 所示。钢筋混凝土箱形基础接地体的安装如图 6-15 所示。

钢筋混凝土独立柱基础及钢筋混凝土箱形基础作为接地体时,应将用作防雷引下线的现浇钢筋混凝土柱内的符合要求的主筋,与基础底层钢筋网进行焊接连接。

钢筋混凝土独立柱基础如有防水油毡及沥青包裹,应通过预埋件和引下线,跨越防水油毡及沥青层,将柱内的引下线钢筋、垫层内的钢筋与接地柱焊接。垫层钢筋和接地桩桩柱作为接地装置。

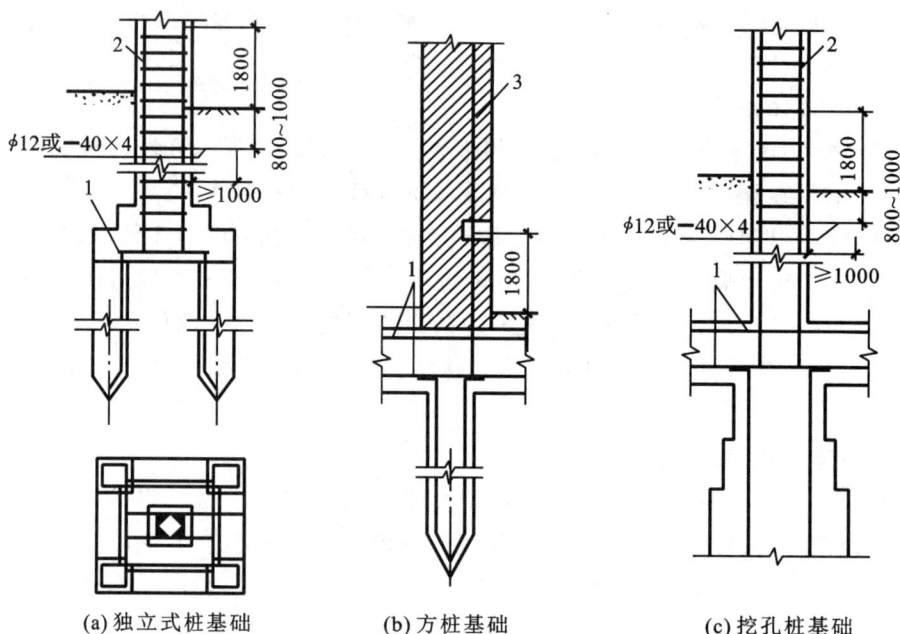

(a) 独立式桩基础　　(b) 方桩基础　　(c) 挖孔桩基础

图 6-12　钢筋混凝土桩基础接地体安装

1—承台梁钢筋;2—桩主筋;3—独立引下线

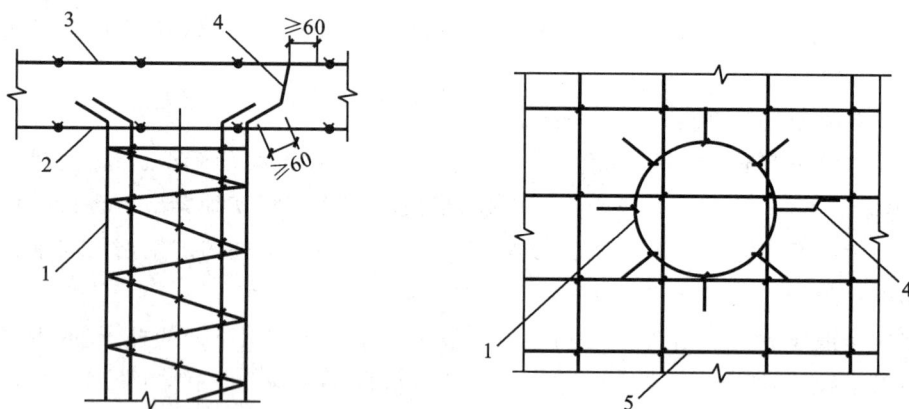

图 6-13　桩基础钢筋与承台钢筋的焊接

1—桩基钢筋;2—承台下层钢筋;3—承台上层钢筋;4—连接导体;5—承台钢筋

3)钢筋混凝土板式基础接地体的安装

利用无防水层底板的钢筋混凝土板式基础作为接地体,应将用作防雷引下线的符合规定的柱主筋与底板的钢筋进行焊接连接,如图 6-16 所示。

在进行钢筋混凝土板式基础接地体的安装时,若板式基础有防水层,应将符合规格和数量的、可以作为防雷引下线的柱内主筋,在室外自然地面以下的适当位置处,利用预埋连接板与外引的 φ12 或—40×4 的镀锌圆钢或扁钢焊接作为连接线,与有防水层的钢筋混凝土板式基础的接地装置连接,如图 6-17 所示。

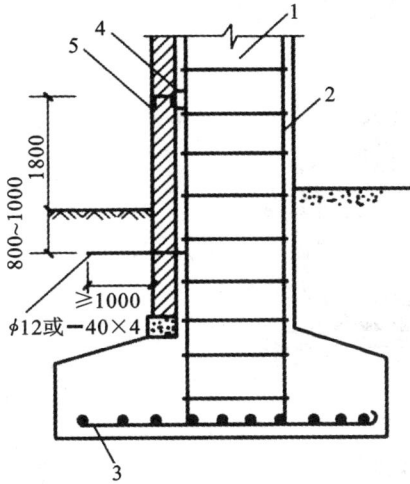

图 6-14 独立柱基础接地体的安装

1—现浇混凝土柱;2—柱主筋;3—基础底层钢筋网;

4—预埋连接板;5—引出连接板

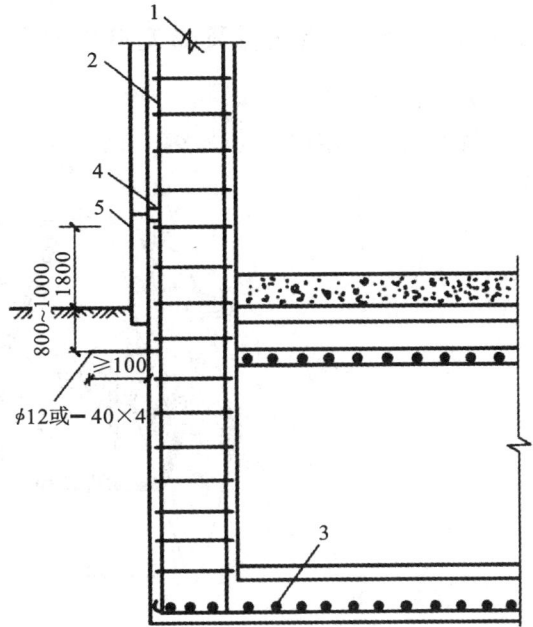

图 6-15 箱形基础接地体的安装

1—现浇混凝土柱;2—柱主筋;3—基础底层钢筋网;

4—预埋连接板;5—引出连接板

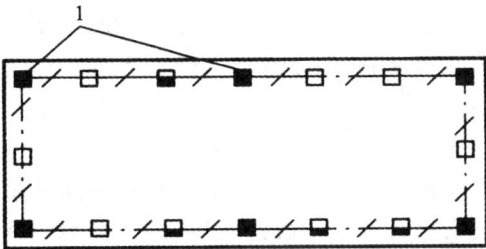

(a) 平面图

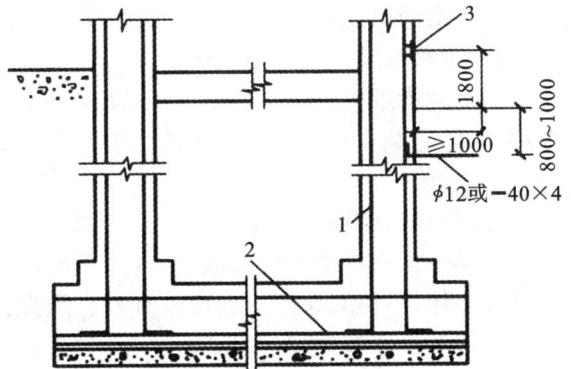

(b) 基础安装

图 6-16 钢筋混凝土板式基础接地体的安装

1—柱主筋;2—底板钢筋;3—预埋连接板

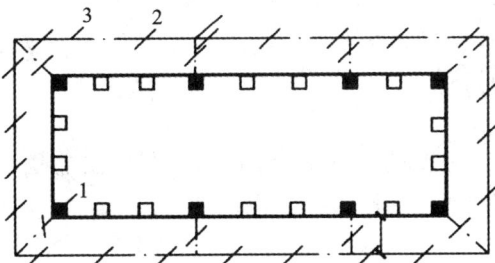

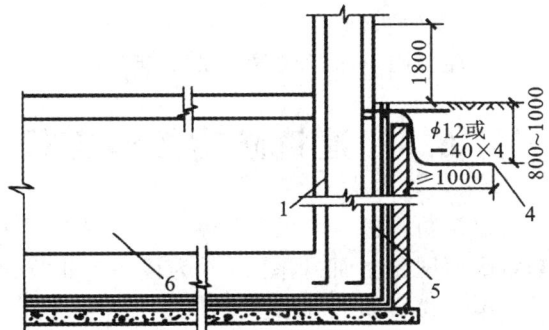

图 6-17 钢筋混凝土板式(有防水层)基础接地体安装图

1—柱主筋;2—接地体;3—连接线;4—引至接地体;5—防水层;6—基础底板

6.2.4 接地电阻测量及降低接地电阻的措施

1.接地电阻测量

测量接地电阻的方法较多,目前普遍使用的是利用接地电阻测量仪(接地摇表),如图 6-18 所示。

图 6-18 接地电阻测量仪

2.降低接地电阻的措施

接地体的散流电阻与土壤的电阻有直接关系,在电阻率较高的土壤中(如砂质、岩石及长期冰冻的土壤)装设人工接地体,要达到设计要求的接地电阻往往是很困难的,此时应采取适当的措施以达到接地电阻设计值,常用方法如下。

(1)置换电阻率较低的土壤

接地体附近为电阻率较低的土壤时常采用此法,即用黏土、黑土或砂质黏土等电阻率较低的土壤,置换原有电阻率较高的土壤。置换范围是在接地体周围 0.5 m 以内和接地体长度的 1/3 处。

(2)接地体深埋

地层深处土壤电阻率较低时,人工深埋接地体往往非常困难,此时可采用井式或深钻式深埋接地体,一般对含砂土壤比较有效。因为含砂土壤中的砂层一般都在表面层,在地层深处的土壤电阻率较低。

(3)使用化学降阻剂

在不便采用其他方法或达不到必要的效果时,可在接地体周围土壤中加入低电阻系数的降阻剂,以降低土壤电阻率,从而降低接地电阻。

(4)外引式接地

接地体附近有导电良好的土壤及不冰冻的湖泊、河流时,也可采用外引式接地。

任务6.3　建筑防雷接地工程图实例

建筑防雷接地工程图包括防雷工程图和接地工程图两个部分。图 6-19 为某住宅建筑防雷平面图和立面图,图 6-20 为该住宅建筑的接地平面图,均附施工说明。

施工说明如下所示。

①避雷带、引下线均采用—25×4 的扁钢,镀锌或做防腐处理。

②引下线在地面上 1.7 m 至地面下 0.3 m 一段,用 50 mm 硬塑料管加以保护。

③本工程采用━25×4 扁钢作为水平接地体,绕建筑物一周埋设,其接地电阻不大于 10 Ω。施工后达不到要求时,可增设接地极。

④施工采用国家标准图集(D 562、D 563)并应与土建密切配合。

1)工程概况

由图 6-19 可知,该住宅建筑避雷带沿屋面四周女儿墙敷设,支持卡子间距为 1 m。在西面和东面墙上分别敷设 2 根引下线(━25×4 扁钢),与埋于地下的接地体连接,引下线在距地面 1.8 m 处设置引下线断接卡子。固定引下线支架间距为 1.5 m。由图 5-20 可知,接地体沿建筑物基础四周埋设,埋设深度在地面以下 1.65 m,−0.68 m 开始向外,距基础中心距离为 0.65 m。

2)避雷带及引下线的敷设

首先在女儿墙上埋设支架,间距为 1 m,转角处为 0.5 m,然后将避雷带与扁钢支架焊为一体。引下线在墙上明敷与避雷带敷设基本相同,也是在墙上埋好扁钢支架之后再与引下线焊接在一起。避雷带及引下线的连接均用搭接焊接,搭接长度为扁钢宽度的 2 倍,安装如图 6-19(b)所示。

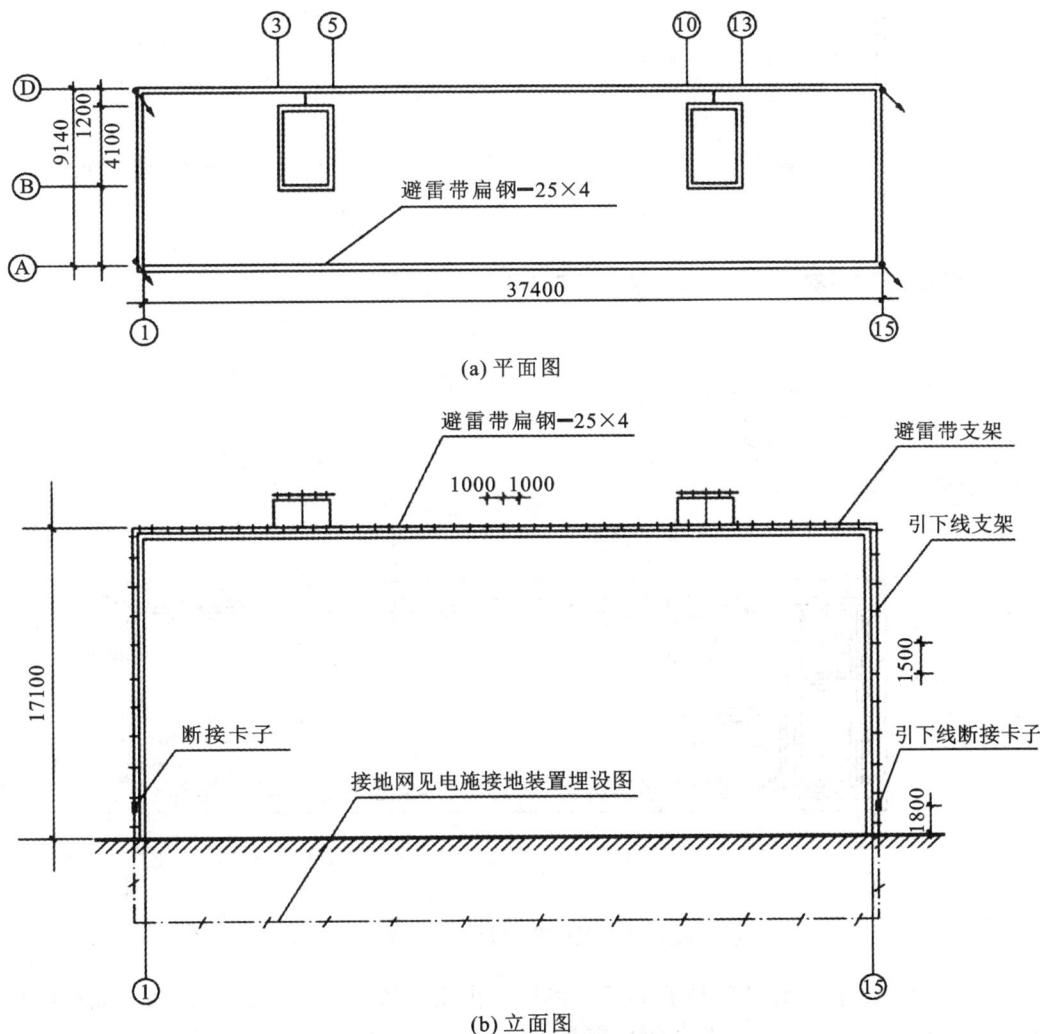

(a) 平面图

(b) 立面图

图 6-19 某住宅建筑防雷平面图和立面图

3)接地装置安装

该住宅建筑接地体为水平接地体,一定要注意配合土建施工,在土建基础工程完工后,未进行回填土之前,将扁钢接地体敷设好;在与引下线连接处,引出一根扁钢,做好与引下线连接的准备工作。扁钢连接应焊接牢固,形成一个环形闭合的电气通路,实测接地电阻达到设计要求后,再进行回填。

4)避雷带、引下线和接地装置的计算

避雷带、引下线和接地装置都采用━25×4的扁钢制成,具体如下。

(1)避雷带

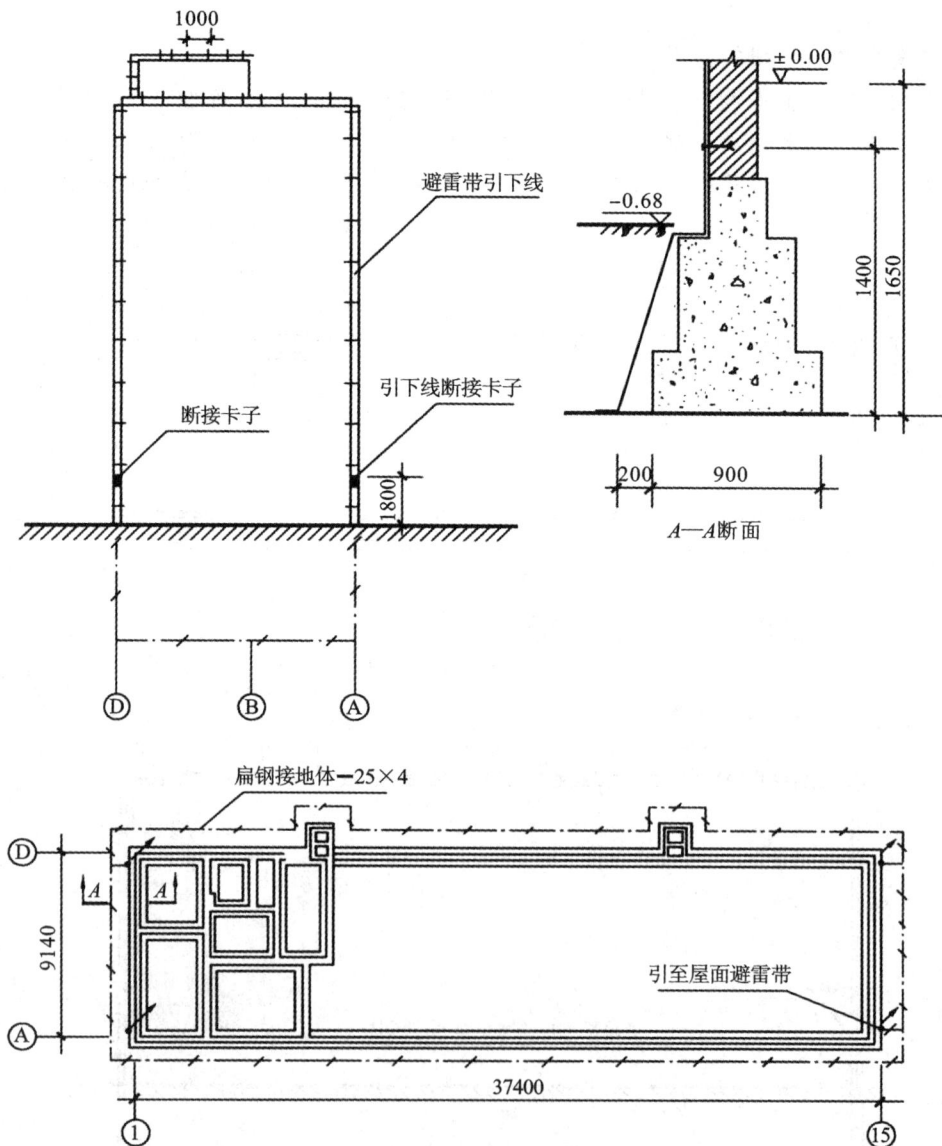

图 6-20　某住宅建筑接地平面图

避雷带消耗的扁钢的长度计算如下。避雷带由女儿墙上的避雷带和楼梯间阁楼屋面上的避雷带组成,女儿墙上的避雷带的长度为(37.4 m+9.14 m)×2=93.08 m。楼梯间阁楼屋面上的避雷带沿其顶面敷设一周,并用 25×4 的扁钢与屋面避雷带连接。因楼梯间阁楼屋面尺寸没有标注完全,实际尺寸为宽 4.1 m、长 2.6 m、高 2.8 m。楼梯间阁楼屋面上的避雷带的长度为(4.1 m+2.6 m)×2=13.4 m,共两个楼梯间阁楼,长度为 13.4 m×2=26.8 m。因女儿墙的高度为 1 m,阁楼上的避雷带要与女儿墙上的避雷带连接,阁楼距女儿墙最近的距离为 1.2 m。连接线长度为 1 m+1.2 m+2.8 m=5 m,两条连接线共长 10 m。

因此,屋面上的避雷带的总长度为 93.08 m+26.8 m+10 m=129.88 m。

(2)引下线

引下线共有 4 根,分别沿建筑物四周敷设,在地面以上 1.8 m 处用断接卡子与接地装置连接,考虑女儿墙后,引下线的长度为(17.1 m+1 m−1.8 m)×4=65.2 m。

(3)接地装置

接地装置由水平接地体和接地线组成,水平接地体沿建筑物一周埋设,距基础中心线 0.65 m,其长度为[(37.4 m+0.65 m×2)+(9.14 m+0.65 m×2)]×2=98.28 m。因为该建筑物建有垃圾道,向外突出 1 m,又增加 2×2×1 m=4 m,水平接地体的长度为 98.28 m+4 m=102.28 m。

接地线是连接水平接地体和引下线的导体,不考虑地基基础的坡度时,其长度约为(0.65 m+1.65 m+1.8 m)×4=16.4 m。

(4)引下线的保护管

引下线的保护管采用硬塑料管制成,其长度为(1.7 m+0.3 m)×4=8 m。

(5)避雷带和引下线的支架

安装避雷带所用支架的数量可根据避雷带的长度和支架间距算出。引下线支架的数量计算也用同样方法,还有断接卡子的制作等,所用的─25×4 的扁钢总长可以自行统计。

任务 6.4　等电位联结安装

6.4.1　等电位联结

目前高层建筑比较通用的等电位联结做法如下:在变配电间设置总等电位端子板与接地装置联结,对于设有大量电子信息设备的建筑物,其电气、电信竖井内的接地干线应与每层楼板钢筋进行等电位联结。一般建筑物的电气、电信竖井内的接地干线应每 3 层与楼板钢筋进行等电位联结,利用钢筋混凝土结构内钢筋设置局部等电位连接端子板,将建筑物内的各种竖向金属管道每 3 层与局部等电位联结端子板联结一次,使整个建筑形成一个共用接地系统。

在保护等电位联结中,应将总保护导体、总接地导体或总接地端子、建筑物内的金属管道和可利用的建筑物金属结构等可导电部分连接到一起。

总等电位联结的作用,在于降低建筑物内间接接触电击的接触电压和不同金属部件间的电位差,并消除自建筑物外经电气线路和各种金属管道引入的危险故障电压的危险。它应通过进线配电箱近旁的总等电位连接端子板(接地母排)将下列导电部分互相连通:

①总保护导体(PE、PEN 母排);

②建筑物接地装置或电气装置总接地导体;

③建筑物内的水管、燃气管、采暖和空调管道等各种金属干管;

④建筑物金属结构。

建筑物电源进线都应进行总等电位联结,各总等电位联结端子板应互相连通。

总等电位联结导体的截面面积,不应小于配电线路的最大保护导体截面面积的1/2,保护联结导体截面面积的最小值和最大值应符合表 6-2 的规定。

表 6-2　保护联结导体截面面积的最小值和最大值　　　　　　　　单位:mm

导体材料	最小值	最大值
铜	6	25
铝	16	按载流量与 25 mm^2 铜导体的载流量相同确定
钢	50	

建筑物处的低压系统电源中性点、电气装置外露导电部分的保护接地、保护等电位联结的接地极等,可与建筑物的雷电保护接地共用同一个接地装置。共用接地装置的接地电阻,应不大于各要求值中的最小值。

总等电位联结系统示例如图 6-21 所示。

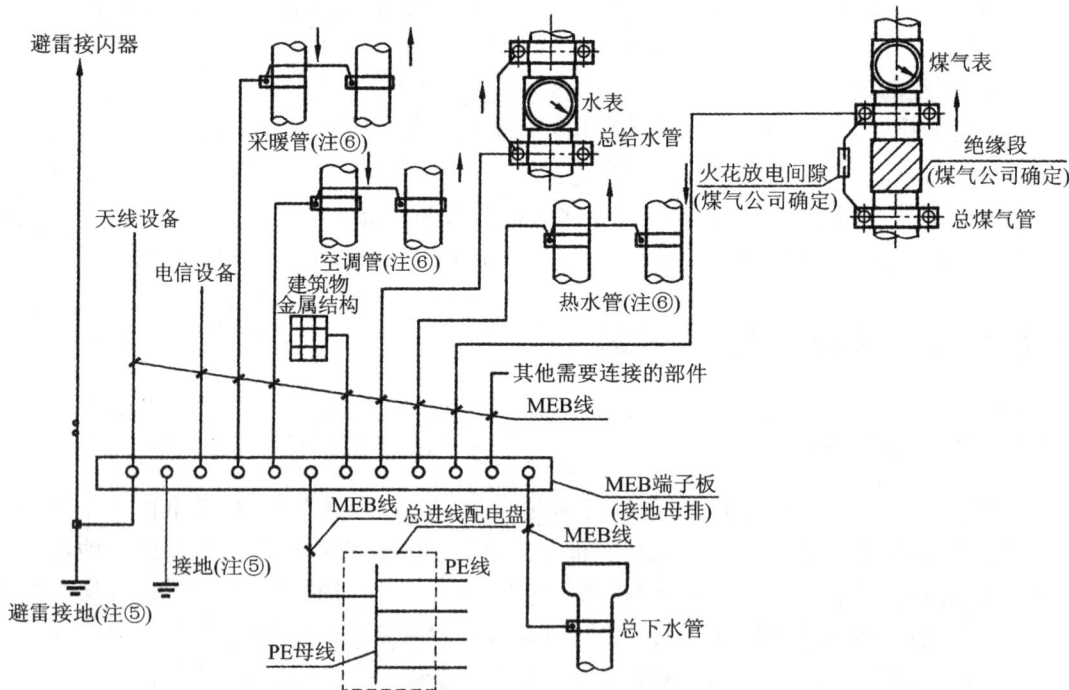

图 6-21　总等电位联结系统示例

注:①MEB 线截面见具体工程设计;

②MEB 端子板宜设置在电源进线或进线配电盘处并应加罩,防止无关人员触动;

③相邻管道及金属结构允许用一根 MEB 线连接;

④经实测,总等电位联结系统内的水管、基础钢筋等自然接地体的接地电阻已满足电气装置的接地要求时,无须另打人工接地极,保护接地与避雷接地宜直接连通;

⑤利用建筑物金属体作为防雷及接地时,MEB 端子板宜直接短接地与该建筑物用作防雷及接地的金属体连通;

⑥图中箭头方向表示水、气流动方向,进水管、回水管相距较远时,也可由 MEB 端子板分别用 1 根 MEB 线连接。

等电位联结端子板的做法如图 6-22 所示,卫生间局部等电位联结可参见图 6-23。

6.4.2　局部等电位联结

局部等电位联结就是在局部范围内将各导电部分连通而实施的保护等电位联结。

要在局部场所范围内进行多个辅助等电位联结时,可通过局部等电位联结端子板将下列部分互相连通,以简便地实现该局部范围内的多个辅助等电位联结,被称为局部等电位联结。

①PE 母线或 PE 干线。

②公用设施的金属管道。

③建筑物金属结构部分。

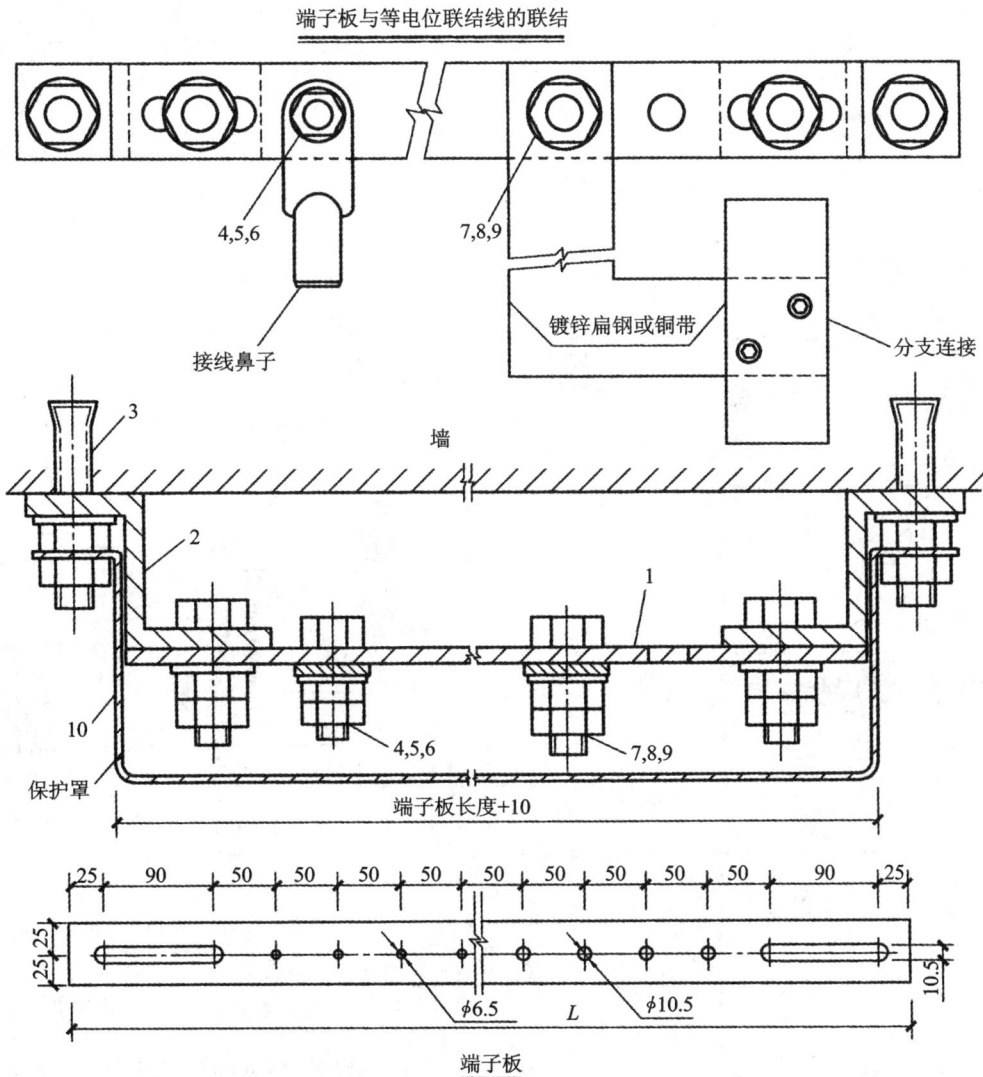

注:①端子板采用紫铜板,根据等电位联结线的出线数决定端子板长度;

②端子板用于墙上明装。

图 6-22　等电位联结端子板做法

端子数	端子板长度 L/mm
2	380
3	430
4	480
5	530
每增加 1 个	增加 50

编号	名称	型号及规格	计量单位	数量	
1	端子板	厚 4 mm 紫铜板	个	2	—
2	扁钢支架	—	个	2	—
3	膨胀螺栓	M10×80	个		—
4	螺栓	M6×30	个		GB/T 5786—2016
5	螺母	M6	个		GB/T 6172—2016
6	垫圈	6	个		GB/T 95—2002
7	螺栓	M10×30	个		GB/T 5786—2016
8	螺母	M10	个		GB/T 6172—2016
9	垫圈	10	个		GB/T 95—2002
10	保护罩	厚 2 mm 钢板	个	1	—

续图 6-22

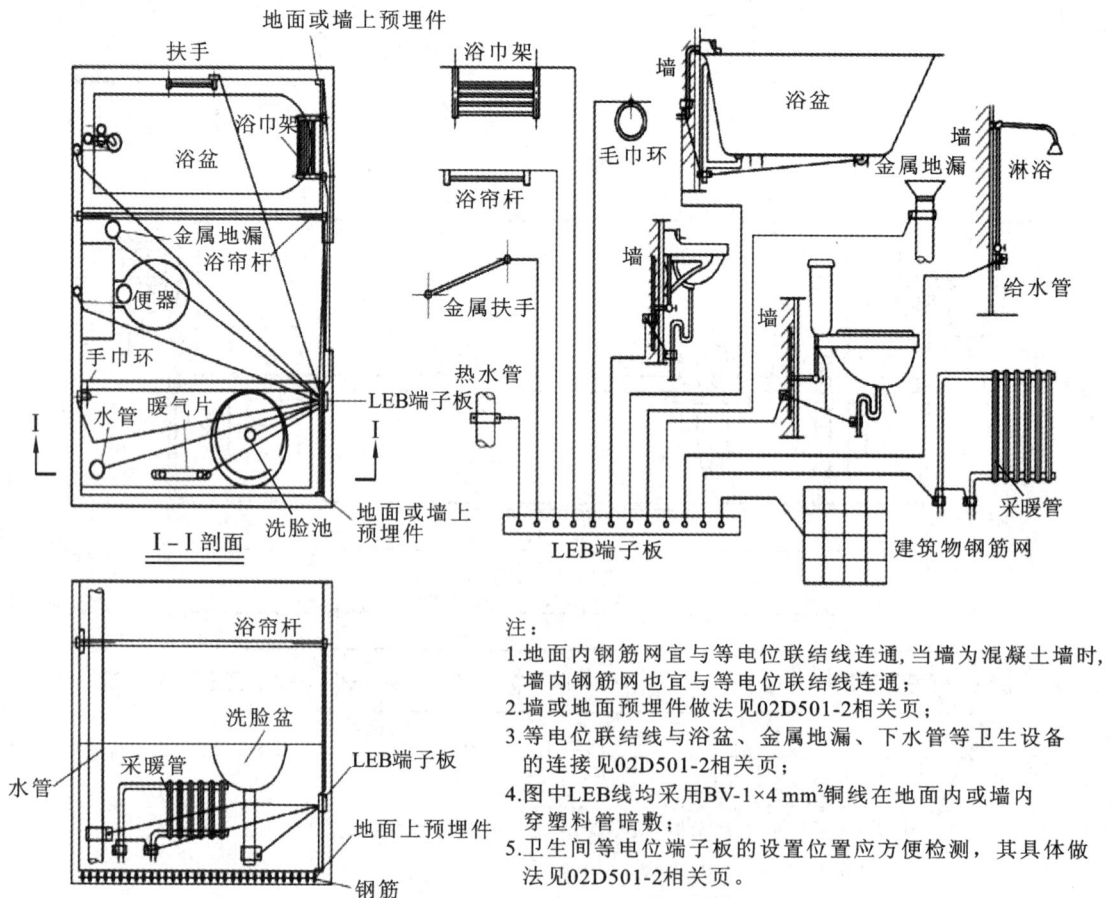

注:
1.地面内钢筋网宜与等电位联结线连通,当墙为混凝土墙时,墙内钢筋网也宜与等电位联结线连通;
2.墙或地面预埋件做法见02D501-2相关页;
3.等电位联结线与浴盆、金属地漏、下水管等卫生设备的连接见02D501-2相关页;
4.图中LEB线均采用BV-1×4 mm²铜线在地面内或墙内穿塑料管暗敷;
5.卫生间等电位端子板的设置位置应方便检测,其具体做法见02D501-2相关页。

图 6-23 卫生间局部等电位联结示例

习　题　6

1. 选择题

(1) 人工垂直接地体的长度宜为(　　)。

A. 5 m　　　　　　B. 2.2 m　　　　　　C. 1.5 m　　　　　　D. 2.5 m

(2) 关于第三类防雷建筑物上装设的避雷网的网格,下列正确的是(　　)。

A. 小于等于 5 m×5 m 或小于等于 6 m×4 m

B. 小于等于 10 m×10 m 或小于等于 12 m×8 m

C. 小于等于 15 m×15 m 或小于等于 18 m×12 m

D. 小于等于 20 m×20 m 或小于等于 24 m×16 m

(3) 人工接地体在土壤中的埋设深度不应小于(　　)。

A. 0.8 m　　　　　　B. 1.2 m　　　　　　C. 1.0 m　　　　　　D. 0.6 m

(4) 避雷带在女儿墙或天沟支架上安装时,应使用支架固定。支架的支起高度不应小于(　　)。

A. 100 mm　　　　　　B. 110 mm　　　　　　C. 120 mm　　　　　　D. 150 mm

(5) 接地线扁钢的焊接应采用搭接焊,其搭接长度为其宽度的(　　),且至少三个棱边焊接。

A. 2 倍　　　　　　B. 3 倍　　　　　　C. 5 倍　　　　　　D. 6 倍

(6) 19 层及以上的住宅建筑及高度超过(　　)的建筑物属于三类防雷建筑物。

A. 30 m　　　　　　B. 24 m　　　　　　C. 45 m　　　　　　D. 50 m

(7) 高度超过(　　)的建筑物属于二类防雷建筑物。

A. 70 m　　　　　　B. 50 m　　　　　　C. 100 m　　　　　　D. 80 m

(8) 二类防雷建筑物的引下线不应少于两根,其间距不应大于(　　)。

A. 10 m　　　　　　B. 12 m　　　　　　C. 16 m　　　　　　D. 18 m

2. 简答题

(1) 雷电的类型有哪些?

(2) 接地装置由哪几部分组成? 接地装置的安装或敷设有哪些要求?

(3) 各类防雷建筑物防直击雷的措施有哪些?

(4) 建筑用防雷装置由哪几部分组成? 一般应用哪些材料?

(5) 如何测试接地电阻?

(6) 明敷接地引下线的安装应符合哪些要求?

(7) 降低接地电阻的措施有哪些? 各类防雷建筑物对接地电阻的要求一般是多少欧姆?

(8) 人工垂直接地体应用的材料有哪些? 规格是多少? 长度一般为多少?

项目 7 低压配电系统的接地及安全防护

任务 7.1 建筑物接地系统

现代高层民用建筑中,为了保障人身的安全、供电的可靠性以及用电设备的正常运行,特别是现代智能建筑中越来越多的电子设备都要求有一个完整的、可靠的接地系统,因此采用哪一种接地系统就显得尤其重要。

7.1.1 接地的概念

1. 接地

电气设备的任何部分与土壤进行良好的电气连接,称为接地。

2. 接地体或接地极

直接与土壤接触的金属导体称为接地体或接地极。接地体可分为人工接地体和天然接地体。人工接地体是指专门为接地而装设的接地体;天然接地体是指兼作接地的直接与大地接触的各种金属构件、金属管道及建筑物的钢筋混凝土基础等。

3. 接地线

连接于电气设备接地部分与接地体间的金属导线称为接地线。

4. 接地装置

接地体和接地线组成的总体称为接地装置。

5. 接地装置的散流场

由于某种原因有电流流入接地体时,电流通过接地体向大地呈半球形散开,这一电流称为接地电流,接地电流流散的范围称为散流场。接地装置的对地电压与接地电流之比称为接地电阻。实验表明,离接地体越远,土壤导电面积越大,电阻越小。在距 2.5 m 长的单根接地体 20 m 处的土壤散流电阻已小到可以忽略,也就是这里的电位已接近于零,可以认为远离接地体 20 m 以外的地方电位为零,称为电气上的"地"或"大地"。

6. 接触电压

电气设备的绝缘损坏时,在身体可同时触及的两部分之间出现的电位差称为接触电压。

7. 跨步电压

人在散流场中走动时,两脚间出现的电位差称为跨步电压。

8. 接地电阻

接地电阻是指构成接地装置的各部分的电阻之和。工频(50 Hz)接地电流流经接地装置所呈现出来的接地电阻称为工频接地电阻;冲击电流(如雷电流)流经接地装置所呈现出来的接地电阻称为冲击接地电阻。

7.1.2 接地的类型

建筑物接地按用途主要可分为保护接地、工作接地、雷电保护接地。

1.保护接地

保护接地是指保护建筑物内的人身免遭间接接触的电击(配电线路及设备在发生接地故障情况下的电击)和在发生接地故障情况下避免因金属壳体间有电位差而产生打火引发火灾。配电回路发生接地故障而产生足够大的接地故障电流时,配电回路的保护开关迅速动作,从而及时切除故障回路电源,达到保护的目的。

(1)保护接地的范围

除了另有规定,下列电气装置的外露可导电部分均应接地。

①电动机、变压器、电器、手持式及移动式电器。

②配电设备、配电屏与控制屏的框架。

③室内、室外配电装置的金属构架、钢筋混凝土构架的钢筋及靠近带电部分的金属围栏等。

④电缆的金属外皮及电力电缆的金属保护管、接线盒和终端盒。

⑤建筑电气设备的基础金属构架。

⑥Ⅰ类照明灯具的金属外壳。

(2)保护接地系统方式的选择

按国际电工委员会(IEC)的规定,低压电网有 5 种接地方式。设备的外露可导电部分经各自的接地线(PE 线)直接接地,如在 TT 和 IT 系统中的接地;外露可导电部分经公共的PE 线(在 TN-S 系统中)或经 PEN 线(在 TN-C 系统中)接地。

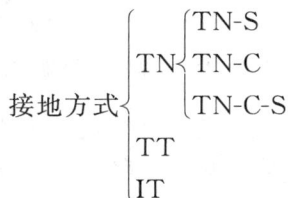

$$接地方式\begin{cases}TN\begin{cases}TN\text{-}S\\TN\text{-}C\\TN\text{-}C\text{-}S\end{cases}\\TT\\IT\end{cases}$$

第一个字母(T 或 I)表示电源中性点的对地关系。

第二个字母(N 或 T)表示装置的外露可导电部分的对地关系;横线后面的字母(S、C 或C-S)表示保护线与中性线的结合情况。

(3)TN 系统

T——through(通过)表示电力网的中性点(发电机、变压器的星形联结的中间结点)是直接接地系统;

N——neutral(中性点)表示电气设备正常运行时不带电的金属外露部分与电力网的中性点采取直接的电气连接,即"保护接零"系统。

TN 系统按照中性点与保护线组合情况可分为 3 种形式。

①TN-S 系统。S——separate(分开,指 PE 与 N 分开)即五线制系统,三根相线分别是L1、L2、L3,一根零线 N,一根保护线 PE,仅电力系统中性点一点接地,用电设备的外露可导电部分直接接到 PE 线上,如图 7-1 所示。

TN-S 系统中的 PE 线中在正常运行时无电流,电气设备的外露可导电部分无对地电压,当电气设备发生漏电或接地故障时,PE 线中有电流通过,使保护装置迅速动作,切断故障,从而保证操作人员的人身安全。一般规定 PE 线不允许断线和进入开关。N 线(工作零线)在接有单相负载时,可能有不平衡电流通过。TN-S 系统适用于工业与民用建筑等低压供电系统,是目前我国在低压系统中普遍采取的接地方式。

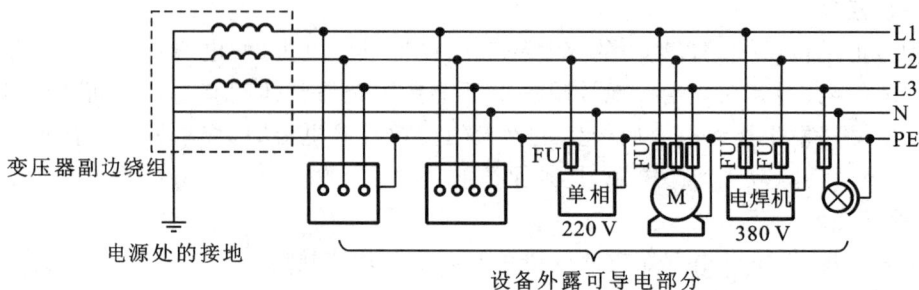

图 7-1　TN-S 系统的接地方式

②TN-C 系统。C——common(公共,指 PE 与 N 合一)即四线制系统,三根相线 L1、L2、L3,一根中性线与保护地线合并的 PEN 线,用电设备的外露可导电部分接到 PEN 线上,如图 7-2 所示。

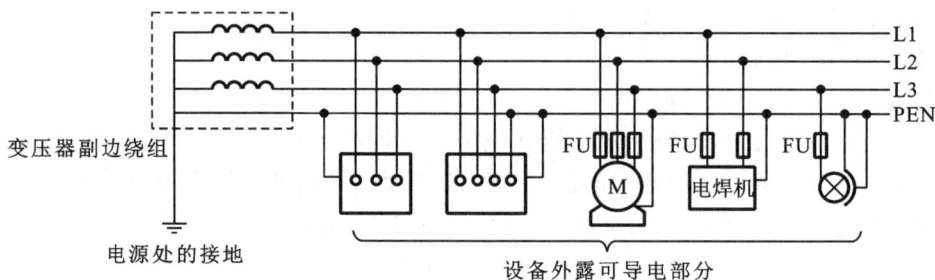

图 7-2　TN-C 系统的接地方式

在 TN-C 系统接线中当存在三相负荷不平衡或有单相负荷时,PEN 线上呈现不平衡电流,电气设备的外露可导电部分有对地电压的存在。由于 N 线不得断线,故在进入建筑物前,N 或 PE 应加做重复接地。

TN-C 系统适用于三相负荷基本平衡的情况,即三相动力设备比较多的系统,如工厂、车间等,因为少配一根线,所以比较经济;也适用于有单相 220 V 的便携式、移动式的用电设备。

③TN-C-S 系统。TN-C-S 系统即四线半系统,在 TN-C 系统的末端将 PEN 线分开为 PE 线和 N 线,分开后不允许再合并,如图 7-3 所示。

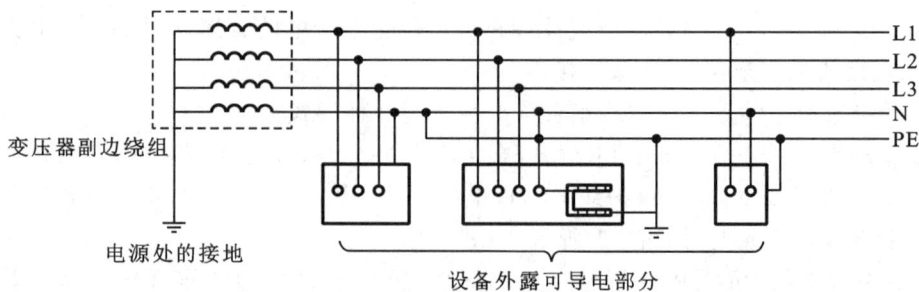

图 7-3　TN-C-S 系统的接地方式

该系统的前半部分具有 TN-C 系统的特点,系统的后半部分则具有 TN-S 系统的特点。系统主要应用在配电线路为架空配线、用电负荷较分散、距离较远的系统,但在一些民用建

筑中,在电源入户后,要求将中性线进行重复接地,同时再分出一根保护线,即 PEN 线分为
N 线和 PE 线,比较经济。

该系统适用于工业企业和一般民用建筑,负荷端装有漏电开关、干线末端装有接零保护
时,也可用于新建住宅小区。

在 TN 系统中,为确保公共 PE 线或 PEN 线安全可靠,除了在中性点进行工作接地,还
应在 PE 线或 PEN 线的下列地方进行再一次接地,称为重复接地。

a.架空线路终端及沿线每 1 km 处。

b.电缆和架空线引入车间或大型建筑物处。

(4)TT 系统

第一个"T"表示电力网的中性点(发电机、变压器的星形联结的中间结点)是直接接地
系统;第二个"T"表示电气设备正常运行时,不带电的金属外露可导电部分对地做直接的电
气连接,即"保护接地"系统。三根相线 L1、L2、L3,一根中性线 N 线,用电设备的外露部分
采用各自的 PE 线直接接地,如图 7-4 所示。

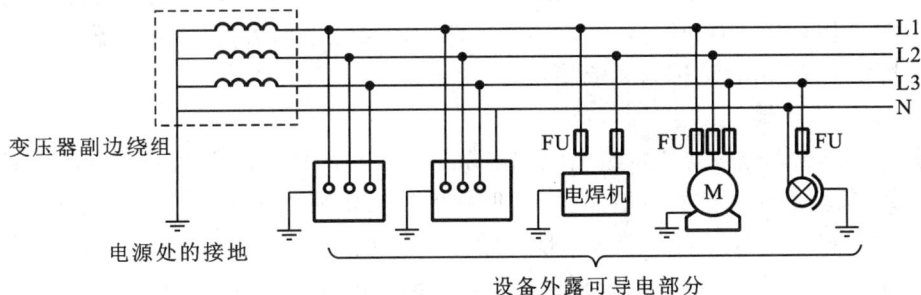

图 7-4 TT 系统的接地方式

在 TT 系统中,当电气设备的金属外壳带电(相线碰壳或漏电)时,接地保护装置可以减
少触电危险,但低压断路器不一定跳闸,设备的外壳对地电压可能超过安全电压。当漏电电
流较小时,需要加漏电保护器。接地装置的接地电阻应满足:单相接地发生故障时,在规定
的时间内切断供电线路的要求或使接地电压限制在 50 V 以下。

在 TT 系统中,保护线可以各自设置,互不相关,因此电磁环境适应性较好,但保护人身
安全性较差,仅适用于供给小负荷的接地系统。

(5)IT 系统

IT 即电力系统不接地或经过高阻抗接地,三线制系统。三根相线 L1、L2、L3,用电设备
的外露可导电部分采用各自的 PE 线接地,如图 7-5 所示。

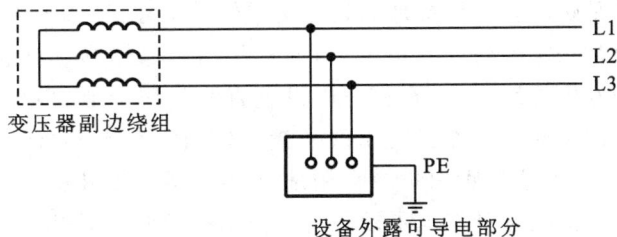

图 7-5 IT 系统的接地方式

在 IT 系统中,任何一相发生故障接地时,因为大地可作为相线继续工作,系统可以继续运行,所以在线路中应加单相接地检测、监视装置,故障时报警。

IT 系统多适用于煤矿及工厂等要求尽量少停电的场合。

以上几种低压配电系统的接地形式各有优缺点,目前 TN-S 系统应用比较多。必须注意:同一低压系统中,不能有的采取保护接地,有的采取保护接零,否则当采取保护接地的设备发生单相接地故障时,采取保护接零的设备外露可导电部分将带上危险的电压。

2. 工作接地

工作接地是指为了建筑物内各种用电设备能正常工作而进行的一种接地,工作接地可分为交流工作接地和直流工作接地。

在民用建筑内的交流工作接地是指交流低压配电系统中电源变压器中性点或引入建筑物交流电源中性线的直接接地,从而使建筑物内的用电设备获得 220 V/380 V 正常稳定的工作电压,而电源中性点经消弧线圈接地,能在单相接地时消除接地点的断续电弧,防止系统出现过电压;直流工作接地是为了让建筑物内电子设备的信号放大、信号传输,以及数字电路中各种电路信息的传递有一个稳定的基准电位,从而使建筑物内的弱电系统能够稳定地正常工作。电子设备中的信号放大、传输电路中的接地也称为信号接地,数字电路中的接地也称为逻辑接地,两者统称为直流接地。

(1)交流工作接地

建筑物内交流工作接地通常指交流配电系统中性点的接地。当大楼由附近区域变电所供电时,工作接地已在区域变电所内完成,但从区域变电所引来的配电线路进入大楼前,中性线(PEN 线)必须进行重复接地。大楼设置独立变电所时,交流工作接地就在变电所内完成,即将变压器中性点、中性线一起直接接地。变电所内设有发电机组时应将发电机中性点直接接地。变压器、发电机中性点的直接接地应采用 40 mm×4 mm 镀锌扁钢作为接地线直接与接地体焊接。交流工作接地采用独立接地体时,接地电阻应不大于 4 Ω;采用共用接地体时,接地电阻应不大于 1 Ω。

(2)直流工作接地

在高层建筑中需要设置直流工作接地的场所通常有消防控制室等。通信机房(综合布线机房)、计算机机房、BA 机房、监控中心、广播音响机房、电梯机房以及其他集中使用电子设备的场所,直流工作接地的接地电阻值除另有特殊要求外,一般应不大于 4 Ω 并采用一点接地;采用共用接地体时,其接地电阻要求小于 1 Ω。在设计中,弱电系统设备的供货商往往提出设置单独接地系统的要求。与建筑物防雷系统分开时,两个接地系统距离不宜小于 20 m,否则会产生强烈的干扰。在建筑密度很高的城市中,要将两个接地系统在电气线路上真正分开一般较难,满足地下 20 m 的距离要求往往是不可能的。因此,许多工程实际情况已证明采用共用接地体是解决多系统接地的较为实用的最佳方案,如图 7-6 所示。

直流工作接地通常采用放射式接地形式,即从共用接地体上或总等电位铜排上分别引出各弱电机房设备的专用接地干线,在机房内设置直流工作接地的专用端子板并与专用接地干线连接供设备工作接地。工作接地干线从接地体引出后不再与任何"地"连接,通常采用塑料绝缘导线、电缆穿硬塑料管保护或采用扁钢(铜)穿硬塑料管保护方式敷设。直流工作接地的干线材质及规格的选择与电子设备的工作频率及系统对接地电阻的要求有关。直流工作接地干线宜采用扁钢(铜)穿硬塑料管的保护方式敷设。直流工作接地干线宜采用铜质材料。

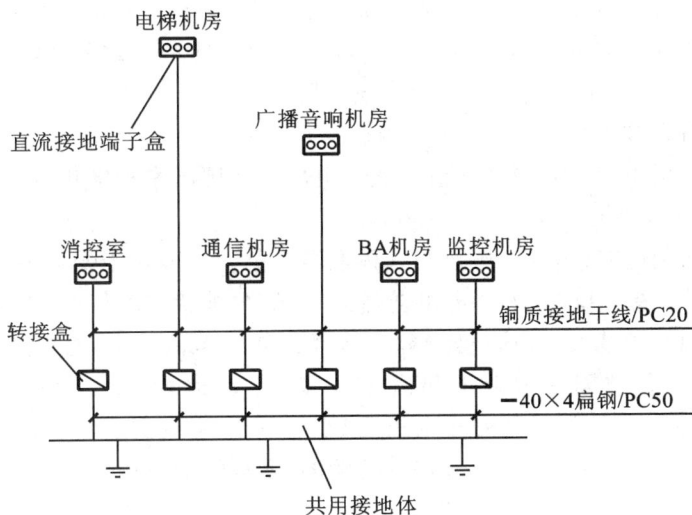

图 7-6　直流工作接地连接图

　　总之,在直流工作接地系统设计中应充分考虑不同工作频率的工作接地的独立性。高频接地系统有条件时应单独设置。采用共用接地装置时,只能在地下接地体一处相连接,应与其他系统接地点相隔一定距离,上引的其他部分应保持各自的独立性,防止相互干扰。

　　3.雷电保护接地

　　雷电保护接地是指将雷电流迅速安全地引入大地,避免建筑物及其内部电气设备遭受雷电侵害。不进行接地就无法对地泄放雷电流,从而无法实现防雷的要求。

任务 7.2　安全防护

7.2.1　安全用电

　　人体触电可分为两种:一种是雷击和高压触电,较大的电流通过人体产生热效应、化学效应和机械效应,使人的机体遭受严重的电灼伤及其他难以恢复的永久性伤害;另一种是低压触电,在数十至数百毫安电流作用下,使人的机体产生病理及生理性反应。较轻的触电有针刺痛感,或出现痉挛、血压升高、心律不齐以至于昏迷等暂时性的功能失常;较重的触电可引起呼吸停止、心搏骤停、心室纤维性颤动等危及生命的伤害。

　　1.电流对人体的危害

　　交流电对人体的危害比直流大,不同频率的交流电对人体的影响也不同。人接触直流电时,其强度达 250 mA 时也不会引起特殊的损伤;接触 50 Hz 交流电时,只要有 50 mA 的电流通过人体,持续数十秒即可导致死亡。

　　电流通过人体的途径不同,对人体的伤害情况也不同。电流从头到身体的任何部位及从左手流经前胸到脚的途径是最危险的,其次是从一侧手到另一侧脚的途径,再次是从同侧的手到脚的电流途径,然后是手到手的电流途径,最后是脚到脚的电流途径。

　　安全电流是指人体触电后最大的摆脱电流。各国规定的安全电流并不完全一致。我国规定为 30 mA(50 Hz 交流),按触电时间不超过 1 s(1000 ms),因此安全电流为 30 mA·s。

通过人体电流不超过 30 mA·s 时,对人的机体不会造成损伤,不会引起心室纤维性颤动和器质性损伤。通过人体的电流达到 50 mA·s 时,会对人体造成致命危险;达到 100 mA·s 时,一般会致人死亡。50 mA·s 即为"致命电流"。

2. 安全电压与人体电阻

安全电压就是指不使人直接致死或致残的电压。我国国家标准规定的安全电压等级见《特低电压(ELV)限值》(GB/T 3805—2008)。

从电气安全的角度来说,安全电压与人体电阻有关。一般在干燥环境中,人体电阻大约为 2 kΩ;皮肤出汗或有伤口时,人体电阻会降低;人的精神状态不好时,人体电阻也会降低。皮肤与带电体接触面积越大、人体电阻越小,流经人体的电流越大,触电者越危险。从人身安全的角度考虑,人体电阻一般取下限值 1700 Ω(平均值为 2000 Ω)。由于安全电流取 30 mA,因此人体允许持续接触的安全电压为 $U_{saf} = 30\ mA \times 1700\ \Omega \approx 50\ V$,50 V(50 Hz 交流有效值)称为一般正常环境条件允许持续接触的"安全特低电压"。

7.2.2 直接接触防护措施

根据人体触电的情况,触电防护分为直接接触防护和间接接触防护两类。直接接触防护是指对直接接触正常带电部分的防护,直接接触防护应采用以下一种或几种防护措施。

1. 将带电部分绝缘

带电部分应全部用绝缘层覆盖,其绝缘层应能长期承受在运行中遇到的机械、化学、电学及热的各种不利影响。

2. 采用遮拦或外护物

①标称电压超过交流 25 V(均方根值)容易被触及的裸带电体,应设置遮拦或外护物。其防护等级不应低于现行国家标准《外壳防护等级(IP 代码)》(GB/T 4208—2017)规定的 IP××B 级或 IP2× 级。

②设置的遮拦或外护物与裸带电体之间的净距,应符合下列规定:

a.采用网状遮拦或外护物时,不应小于 100 mm;

b.采用板状遮拦或外护物时,不应小于 50 mm。

3. 采用阻挡物

阻挡物应能防止人体无意识地接近裸带电体和在操作设备过程中人体无意识地触及裸带电体;阻挡物应适当固定,但可以不用钥匙或工具将其移开。

4. 置于伸臂范围之外

①在电气专用房间或区域,不采用防护等级等于或高于现行国家标准《外壳防护等级(IP 代码)》(GB/T 4208—2017)规定的 IP××B 级或 IP2× 级的遮拦、外护物或阻挡物时,应将人可能无意识同时触及的不同电位的可导电部分置于伸臂范围之外。

②伸臂范围(见图 7-7)应符合下列规定:

a.裸带电体布置在有人活动的区域上方时,其与平台或地面的垂直净距不应小于 2.5 m;

b.裸带电体布置在有人活动的平台侧面时,其与平台边缘的水平净距不应小于 1.25 m;

c.裸带电体布置在有人活动的平台下方时,其与平台下方的垂直净距不应小于 1.25 m,与平台边缘的水平净距不应小于 0.75 m;

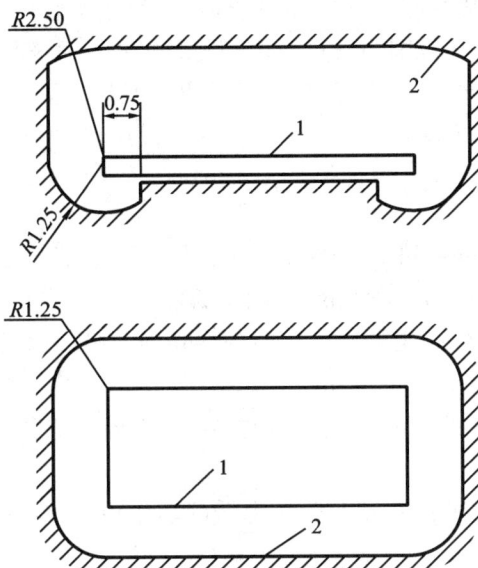

图 7-7 伸臂范围(单位:m)
1—平台;2—手臂可达到的界限

d. 裸带电体在水平方向的阻挡物、遮拦或外护物,其防护等级低于现行国家标准《外壳防护等级(IP 代码)》(GB/T 4208—2017)规定的 IP××B 级或 IP2×级时,伸臂范围应从阻挡物、遮拦或外护物算起;

e. 在有人活动区域上方的裸带电体的阻挡物、遮拦或外护物,其防护等级低于现行国家标准《外壳防护等级(IP 代码)》(GB/T 4208—2017)规定的 IP××B 级或 IP2×级时,伸臂范围 2.5 m 应从人所在地面算起;

f. 人手持大或长的导电物体时,伸臂范围应计及该物体的尺寸。

5. 用剩余电流动作保护器的附加防护

额定剩余动作电流不超过 30 mA 的剩余电流动作保护器,可作为其他直接接触防护措施失效或使用者疏忽时的附加防护,但不能单独作为直接接触防护措施。

7.2.3 间接接触防护措施

间接接触防护指对故障时带危险的电压而正常时不带电的外露可导电部分(如金属外壳、框架等)的防护。

1. 一般规定

间接接触防护应采用下列一种或几种防护措施:

①采用Ⅱ类设备;

②采取电气分隔措施;

③采用特低电压供电;

④将电气设备安装在非导电场所内;

⑤设置不接地的等电位联结。

电气装置的外露可导电部分,应与保护导体连接。应在建筑物内距离引入点最近的地方做总等电位联结。

电气装置或电气装置某一部分发生接地故障后,间接接触的保护电器不能满足自动切断电源的要求时,尚应在局部范围内将可导电部分再做一次局部等电位联结,亦可将伸臂范围内能同时触及的两个可导电部分之间做辅助等电位联结。局部等电位联结或辅助等电位联结的有效性,应符合如下要求:

$$R \leqslant \frac{50}{I_a} \tag{7-1}$$

式中:R——可同时触及的外露可导电部分和装置外可导电部分之间,故障电流产生的电压降引起接触电压的一段线路的电阻(Ω);

    I_a——保证间接接触保护电器在规定时间内切断故障回路的动作电流(A)。

2. TN 系统

①TN 系统中电气装置的所有外露可导电部分,应通过保护导体与电源系统的接地点连接。

②TN 系统中配电线路的间接接触防护电器的动作特性,应符合如下要求:

$$Z_s I_a \leqslant U_0 \tag{7-2}$$

式中:Z_s——接地故障回路的阻抗(Ω);

    I_a——保证间接接触保护电器在规定时间内切断故障回路的动作电流(A);

    U_0——相导体对地标称电压(V)。

③TN 系统中配电线路的间接接触防护电器切断故障回路的时间,应符合下列规定:

a. 配电线路或仅供给固定式电气设备用电的末端线路,不宜大于 5 s;

b. 供给手持式电气设备和移动式电气设备用电的末端线路或插座回路,TN 系统的最长切断时间不应大于表 7-1 的规定。

表 7-1　TN 系统的最长切断时间

相导体对地标称电压/V	切断时间/s
220	0.4
380	0.2
>380	0.1

④在 TN 系统中,当配电箱或配电回路同时直接或间接给固定式、手持式和移动式电气设备供电时,应采取下列措施之一。

a. 应使配电箱至总等电位联结点之间的一段保护导体的阻抗符合如下要求:

$$Z_L \leqslant \frac{50}{U_0} Z_s \tag{7-3}$$

式中:Z_L——配电箱至总等电位联结点之间的一段保护导体的阻抗(Ω);

    U_0——相导体对地标称电压(V);

    Z_s——接地故障回路的阻抗(Ω)。

b. 应将配电箱内保护导体母排与该局部范围内的装置外可导电部分做局部等电位联结,或按一般规定中第⑤条的有关要求做辅助等电位联结。

⑤TN 系统相导体与无等电位联结作用的地之间发生接地故障时,为使保护导体和与之连接的外露可导电部分的对地电压不超过 50 V,其接地电阻的比值应符合如下要求:

$$\frac{R_B}{R_E} \leqslant \frac{50}{U_0 - 50} \tag{7-4}$$

式中：R_B——所有与系统接地极并联的接地电阻（Ω）；

　　　R_E——相导体与大地之间的接地电阻（Ω）；

　　　U_0——相导体对地标称电压（V）。

⑥不符合⑤中的要求时，应补充其他有效的间接接触防护措施或采用局部 TT 系统。

⑦在 TN 系统中，配电线路采用过电流保护电器兼作间接接触防护电器时，其动作特性应符合②的规定，不符合规定时应采用剩余电流动作保护电器。

3. TT 系统

①TT 系统中，配电线路内由同一间接接触防护电器保护的外露可导电部分，应用保护导体连接至共用或各自的接地极上。有多级保护时，各级应有各自的或共同的接地极。

②TT 系统配电线路间接接触防护电器的动作特性，应符合如下要求：

$$R_A I_a \leqslant 50 \tag{7-5}$$

式中：R_A——外露可导电部分的接地电阻和保护导体电阻之和（Ω）；

　　　I_a——保证间接接触保护电器在规定时间内切断故障回路的动作电流（A）。

③TT 系统中，间接接触防护的保护电器切断故障回路的动作电流应符合如下要求：采用熔断器时，应为保证熔断器在 5 s 内切断故障回路的电流；采用断路器时，应为保证断路器瞬时切断故障回路的电流；采用剩余电流保护器时，应为额定剩余动作电流。

④TT 系统中，配电线路间接接触防护电器的动作特性不符合②中的规定时，应按一般规定中第⑤条的要求做局部等电位联结或辅助等电位联结。

⑤TT 系统中，配电线路的间接接触防护的保护电器应采用剩余电流动作保护电器或过电流保护电器。

4. IT 系统

①在 IT 系统的配电线路中，发生第一次接地故障时，应发出报警信号，故障电流应符合如下要求：

$$R_A I_d \leqslant 50 \tag{7-6}$$

式中：R_A——外露可导电部分的接地电阻和保护导体电阻之和（Ω）；

　　　I_d——相导体和外露可导电部分间第一次接地故障的故障电流（A），此值应计及泄漏电流和电气装置全部接地阻抗的影响。

②IT 系统应设置绝缘监测器。发生第一次接地故障或绝缘电阻低于规定的整定值时，应由绝缘监测器发出音响和灯光信号且灯光信号应持续到故障消除。

③IT 系统的外露可导电部分可采用共同的接地极接地，亦可个别或成组地采用单独的接地极接地，并应符合下列规定：

a. 当外露可导电部分为共同接地，发生第二次接地故障时，故障回路的切断应符合本规范规定的 TN 系统自动切断电源的要求；

b. 当外露可导电部分单独或成组接地，发生第二次接地故障时，故障回路的切断应符合规范规定的 TT 系统自动切断电源的要求。

④IT 系统不宜配出中性导体。

⑤IT 系统的配电线路符合③中第 a 款规定时，应由过电流保护电器或剩余电流动作保护电器切断故障回路并应符合如下的规定。

a. IT 系统不配出中性导体时,保护电器动作特性应符合如下要求:

$$Z_c I_e \leqslant \frac{\sqrt{3}}{2} U_0 \tag{7-7}$$

b. IT 系统配出中性导体时,保护电器动作特性应符合如下要求:

$$Z_d I_e \leqslant \frac{1}{2} U_0 \tag{7-8}$$

式中:Z_c——包括相导体和保护导体的故障回路的阻抗(Ω);

Z_d——包括相导体、中性导体和保护导体的故障回路的阻抗(Ω);

I_e——保证保护电器在表 7-1 规定的时间或其他回路允许的 5 s 内切断故障回路的电流(A)。

7.2.4 接地导体(线)

1. 对接地导体(线)的要求

①接地导体(线)应能满足电气系统间接接触防护自动切断电源的条件,应能承受预期的故障电流或短路电流,其截面积的选择应符合如下要求或可按表 7-2 的规定进行确定,埋入土壤中的接地导体(线)的最小截面面积应符合表 7-3 的要求。

$$S \geqslant \frac{I}{k} \sqrt{t} \tag{7-9}$$

式中:S——接地导体(线)的截面面积(mm²);

I——通过保护电器的预期故障电流或短路电流有效值[交流均方根值(A)];

k——由 PE、绝缘和其他部分的材料以及初始和最终温度决定的系数,按相关规范的规定取值;

t——保护电器自动切断电流的动作时间(s)。

表 7-2 接地导体(线)的最小截面面积 单位:mm²

相导体截面面积	接地导体(线)的最小截面面积	
	接地导体(线)与相导体使用相同材料	接地导体(线)与相导体使用不同材料
≤16	S	$\dfrac{S \times k_1}{k_2}$
16~35	16	$\dfrac{16 \times k_1}{k_2}$
>35	$\dfrac{S}{2}$	$\dfrac{S \times k_1}{2 \times k_2}$

注:①S——相导体截面面积(mm²);

②k_1——相导体的系数;

③k_2——接地导体(线)的系数。

表 7-3 埋入土壤中的接地导体(线)的最小截面面积 单位:mm²

防腐蚀保护	有防机械损伤保护	无防机械损伤保护
有	铜:2.5 钢:10	铜:16 钢:16
无		铜:25 钢:50

②接地导体(线)与接地极的连接应牢固,应有良好的导电性能,应采用放热焊接、压接夹具或其他机械连接器连接。机械接头应按厂家的说明书安装。采用夹具时,不得损伤接地极或接地导体(线)。

2. 对 PEN 的要求

①PEN 应只在固定的电气装置中采用,铜 PEN 的截面面积不应小于 10 mm^2,铝 PEN 的截面面积不应小于 16 mm^2。

②PEN 应按可能遭受的最高电压加以绝缘。

③从装置的任一点起,N 和 PE 分别采用单独的导体时,不允许 N 再连接到装置的任何其他的接地部分,允许由 PEN 分接出的 PE 和 N 超过一根以上。PE 和 N 可分别设置单独的端子或母线,PEN 应接到为 PE 预设的端子或母线上。

配电变压器设置在建筑物外且低压采用 TN 系统时,在低压线路引入建筑物处,PE 或 PEN 应重复接地,接地电阻不宜超过 10 Ω。

向低压电气装置供电的配电变压器的高压侧工作于低电阻接地系统(如发电厂和变电站),变压器的保护接地装置的接地电阻应符合下列要求。

a. 接地网的接地电阻宜符合如下的要求,保护接地接至变电站接地网的站用变压器的低压应采用 TN 系统,低压电气装置应采用(含建筑物钢筋的)保护总等电位联结系统:

$$R \leqslant 2000/I_G \tag{7-10}$$

式中:R——考虑季节变化的最大接地电阻(Ω);

I_G——计算用经接地网入地的最大接地故障不对称电流有效值(A),应按规范规定取值。

I_G 应采用设计水平年系统最大运行方式下在接地网内、外发生接地故障时,经接地网流入地中并计及直流分量的最大接地故障电流有效值。对其计算时,还应计算系统中各接地中性点间的故障电流分配,以及避雷线中分走的接地故障电流。

b. 接地网的接地电阻不符合式(7-10)的要求时,可通过技术经济比较适当增大接地电阻,但不应大于 4 Ω,保护接地接至变电站接地网的站用变压器的低压侧电气装置,应采用(含建筑物钢筋的)保护总等电位联结系统,确保人身和设备安全、可靠,接地网及有关电气装置在符合规范规定范围内,接地网地电位升高可提高至 5 kV。

建筑物内低压采用 TN 系统且低压电气装置采用(含建筑物钢筋的)保护总等电位联结系统时,低压系统电源中性点可与该变压器保护接地共用接地装置;建筑物内低压电气装置虽采用 TN 系统,但未采用(含建筑物钢筋的)保护总等电位联结系统,以及建筑物内低压电气装置采用 TT 或 IT 系统时,低压系统电源中性点严禁与该变压器保护接地共用接地装置,低压电源系统的接地应按工程条件研究确定。

建筑物处的低压系统电源中性点、电气装置外露导电部分的保护接地、保护等电位联结的接地极等,可与建筑物的雷电保护接地共用同一接地装置。共用接地装置的接地电阻,应不大于各要求值中的最小值。

不同电压等级用电设备的保护接地和功能接地,宜采用共用接地网。除了有特殊要求,电信及其他电子设备等非电力设备也可采用共用接地网。接地网的接地电阻应符合其中设备最小值的要求。

习　题　7

1. 判断题

(1)不同电压等级和不同的用电设备,宜采用共用接地装置,其接地电阻应不大于 4 Ω。
（　　）

(2)电源采用 TV 系统时,从建筑物配电盘(箱)引出的配电线路和分支线路必须采用 TN-S 系统。（　　）

(3)装置外导电部分可以作 PEN 线。（　　）

(4)在 TN-C-S 系统中,保护线和中性线从分开点起不允许再相互连接。（　　）

(5)电子设备可以采用 TN-C 接地系统。（　　）

(6)在正常或事故的情况下,为了保护电气设备可靠地运行,在电力系统中某一点进行接地,此接地称为保护接地。（　　）

(7)低压配电系统的接地方式第二字母代号表示用电装置外露的可导电部分对地关系。
（　　）

(8)低压配电线路的 PE 线或 PEN 线的每一重复接地系统接地电阻最大允许值为 4 Ω。
（　　）

(9)应急用发电机组建议采用 TN 接地系统。（　　）

2. 简答题

(1)简述保护接地及工作接地的概念。

(2)接地方式分为哪几种？ TN 系统有哪几种接地形式？

(3)简述建筑物内的总等电位联结应符合的规定。

项目 8　智能建筑工程

任务 8.1　智能建筑工程概述

8.1.1　智能建筑的定义

智能建筑具有多门学科融合集成的综合特点,由于发展历史较短,国内、外对它的定义有各种描述和不同理解,尚无统一的准确概念和标准。智能建筑是将建筑、通信、计算机网络和监控等各方面的先进技术相互融合,集成为最优化的整体,使建筑物内电力、照明、空调、防灾、防盗和运输设备等实现通信自动化(communication automation)、建筑设备自动化(building automation)、办公自动化(office automation),具有工程投资合理、设备高度自控、信息管理科学、服务优质高效、使用灵活方便和环境安全舒适等特点,能够适应信息化社会发展需要的现代化新型建筑。

现代智能建筑的基本功能从建筑自动化或楼宇自动化(BA)、通信自动化(CA)和办公自动化(OA)的"3A"升级为通信与网络系统、安全防范系统、办公自动化系统、建筑设备监控系统和火灾自动报警及消防联动控制系统的"5A",集合了系统、结构、服务、管理及它们之间的最优化组合,随着科学技术的进步而逐渐发展和充实。它的技术基础有现代建筑技术(architecture technology)、现代控制技术(control technology)、计算机技术(computer technology)、通信技术(communication technology)、图像显示技术(CRT),即所谓的"A+4C"技术。"A+4C"的发展,推动着智能建筑不断集成化发展的进程,并在一些现代建筑中形成一种崭新形式的建筑弱电系统(建筑智能化系统),从而实现信息资源和任务的共享与综合管理。

8.1.2　智能建筑工程的组成

智能建筑工程作为建筑工程的一个独立的"分部工程",根据《建筑工程施工质量验收统一标准》(GB 50300—2013)对智能建筑工程内容的划分,其具体内容及结构体系见表8-1。

表 8-1　智能建筑工程

分部工程	子分部工程	分项工程
智能建筑	安全技术防范系统	梯架、托盘、槽盒和导管安装,线缆敷设,设备安装,软件安装,系统调试,试运行
	应急响应系统	设备安装,软件安装,系统调试,试运行
	机房	供配电系统,防雷与接地系统,空气调节系统,给水排水系统,综合布线系统,监控与安全防范系统,消防系统,室内装饰装修,电磁屏蔽,系统调试,试运行
	防雷与接地	接地装置,接地线,等电位联结,屏蔽设施,电涌保护器,线缆敷设,系统调试,试运行

分部工程	子分部工程	分项工程
	智能化集成系统	设备安装,软件安装,接口及系统调式,试运行
	信息接入系统	安装场地检查
	用户电话交换系统	线缆敷设,设备安装,软件安装,接口及系统调试,试运行
	信息网络系统	计算机网络设备安装,计算机网络软件安装,网络安全设备安装,网络安全软件安装,系统调试,试运行
	综合布线系统	梯架、托盘、槽盒和导管安装,线缆敷设,机柜、机架、配线架安装,信息插座安装,链路或信道测试,软件安装,系统调试,试运行
	移动通信室内信号覆盖系统	安装场地检查
	卫星通信系统	安装场地检查
	有线电视及卫星电视接收系统	梯架、托盘、槽盒和导管安装,线缆敷设,设备安装,软件安装,系统调试,试运行
智能建筑	公共广播系统	梯架、托盘、槽盒和导管安装,线缆敷设,设备安装,软件安装,系统调试,试运行
	会议系统	梯架、托盘、槽盒和导管安装,线缆敷设,设备安装,软件安装,系统调试,试运行
	信息导引及发布系统	梯架、托盘、槽盒和导管安装,线缆敷设,显示设备安装,机房设备安装,软件安装,系统调试,试运行
	时钟系统	梯架、托盘、槽盒和导管安装,线缆敷设,设备安装,软件安装,系统调试,试运行
	信息化应用系统	梯架、托盘、槽盒和导管安装,线缆敷设,设备安装,软件安装,系统调试,试运行
	建筑设备监控系统	梯架、托盘、槽盒和导管安装,线缆敷设,传感器安装,执行器安装,控制器、箱安装,中央管理工作站和操作分站设备安装,软件安装,系统调试,试运行
	火灾自动报警系统	梯架、托盘、槽盒和导管安装,线缆敷设,探测器类设备安装,控制器类设备安装,其他设备安装,软件安装,系统调试,试运行

8.1.3 智能建筑工程的特点

智能建筑在我国起步较晚,直到 20 世纪 80 年代末才开始有较大发展,因此,智能建筑工程从设计到施工都还是建筑工程的薄弱环节,但发展很快。国家于 2000 年 7 月批准《智能建筑设计标准》(GB/T 50314—2000)[现行《智能建筑设计标准》(GB 50314—2015)],2003 年 7 月又批准《智能建筑工程质量验收规范》(GB 50339—2003)[现行《智能建筑工程质量验收规范(GB 50339—2013)》]。两个标准的颁布实施对智能建筑工程的设计和施工起到了积极的指导作用。

智能建筑工程从建筑电气工程中独立出来,是由它的特点决定的。智能建筑工程的特点可概括如下。

①智能建筑的重要标志是智能化集成系统。它是多种技术的集成、多门学科的综合,涉及电子技术、通信技术、网络技术、计算机技术、自动控制技术、传感器技术等。系统集成的实现,关键在于解决系统之间的互连性和互操作性问题,贯穿于智能建筑的规划、设计、施工和管理的全过程。随着科学技术的发展,还会有新的技术和系统充实和加盟这一领域。

②智能建筑工程系统多,具有高科技特性,特别是大型公共建筑的智能化工程,施工周期长,作业空间大,使用设备和材料品种多,一般由一家具有实力和智能系统集成经验的大型工程公司,来完成从技术到施工设计、产品供货、安装调试、验收直至交钥匙的全方位服务。智能建筑工程往往从建筑工程的基础施工就要开始介入,进行施工配合,到系统进入联调阶段时,往往建筑工程已完成,装修与安装都已结束,甚至有时建筑工程都已交付使用,智能建筑工程各系统都还处在试运行阶段。

③智能化系统的工程质量构成复杂,是由采用的元器件、主机设备、终端、系统软件以及安装调试等多种环节的质量综合而成,而这需要工程设计、施工安装、设备制造等密切配合,相互支持,不能搞条块分割。有些智能建筑工程质量不高,系统开通率低下,主要原因并不是选用的设备不好,而是因为把设计、设备制造、安装调试、维护保养、技术服务分割成条条块块,造成许多协调上的困难。如果系统设备采购发生了变化,设计就要随之进行改变,同时要求施工也随之改变;如果施工中发现问题,要求设计改变,此时,设计应根据实际情况予以变更。系统设备进入调试阶段和集成阶段时,也离不开设备供应商和集成软件供应商,必须解决各类设备、子系统之间的接口和协议等。

④智能建筑工程要特别注意与其他工程密切配合,如土建、设备、管道、电力、照明和空调等各类工程。因为它与建筑物的性质、功能和规模紧密相关,信息点的分布各异,所以必须充分考虑建筑物的现场情况,合理协调,解决好管线敷设的配合问题,特别是与装饰工程的施工配合问题。

⑤智能建筑工程竣工验收一般是分系统单独验收,有些系统还应在投入正常运行相当长时间(1～3个月)后再进行,所依据的标准是《智能建筑工程质量验收规范》(GB 50339—2013)及各系统相应的现行国家标准,如《火灾自动报警系统施工及验收标准》(GB 50166—2019)、《安全防范工程技术标准》(GB 50348—2018)、《综合布线系统工程验收规范》(GB/T 50312—2016)等。

验收时由建设单位负责组织,施工单位、设计单位、监理单位都应参加。有些系统由建设单位申报当地主管部门验收合格后方可投入使用,如火灾自动报警与消防联动系统由公安消防部门审批和验收、安全防范系统由公安技防部门审批和验收、通信系统对口于电信部门、有线电视和卫星电视接收系统对口于广播电视部门等。

8.1.4　智能建筑工程施工图内容

智能建筑工程施工图的主要内容是系统图和平面图,都是用简图形式表示的。这些图都是用图形符号和文字标注并附加说明绘制出来的。系统图主要是表示系统的基本组成、各设备之间相互关系和连接关系,对具体施工起指导作用。平面图主要是表示设备的平面具体布置位置,包括线路走向、敷设路径、敷设方式、导线型号、规格及数量等。由于各建筑物要求不同,智能建筑工程的内容也不同,所以一定要在熟悉系统图的基础上去阅读平面图。同一平面图上有时会表示出几种线路,如电话、有线电视、广播音响等经常会画在同一张图上,安防系统的防入侵报警、视频监控、门禁、巡更、对讲等也经常会出现在同一张图纸上。安装施工时必须仔细审读施工图,避免管线敷设错误。

任务8.2 火灾自动报警与消防联动工程实例

根据建筑物防火等级,各类民用建筑物火灾自动报警系统保护对象分级见表8-2。火灾自动报警与消防联动是保障智能建筑防火安全的关键,既可与安防系统、建筑设备自动化系统联网通信,向上级管理系统传递信息,又能与城市消防调度指挥系统、城市消防管理系统及城市综合信息管理网络联网运行,它是现代消防工程的主要内容。

表8-2 民用建筑物火灾自动报警系统保护对象分级

保护对象分级	建筑物分类
特级	建筑高度超过100 m的高层民用建筑
一级	建筑高度不超过100 m的高层民用建筑(一类)
	建筑高度不超过24 m的多层民用建筑及超过24 m的单层公共建筑
	地下民用建筑
二级	建筑高度不超过100 m的高层民用建筑(二类)
	建筑高度不超过24 m的民用建筑
	地下民用建筑

注意:本表未列出的建筑的等级可按同类建筑的类比原则确定,即舞厅、卡拉OK厅(房)、夜总会等商业娱乐场所不论规模大小作同等建筑对待。

8.2.1 火灾自动报警系统组成及功能

火灾自动报警系统通常由火灾探测器、区域火灾报警探测器以及联动控制器等组成。集中报警系统原理框图如图8-1所示。

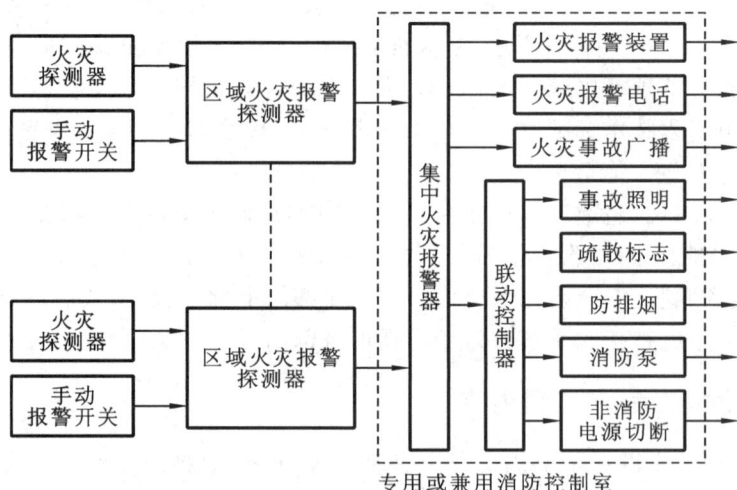

图8-1 集中报警系统原理框图

自动监测区域内火灾发生时,在火灾初期阶段,火灾探测器根据现场探测到热、光和烟雾,将动作信号发送给所在区域的报警显示器及消防控制室的系统主机;人员发现后,用手动报警器或消防专用电话报警给系统主机。消防系统主机在收到报警信号后，迅速进行火情确认，根据火情及时发出声光报警并联动其他设备的输出接点，控制自动灭火系统、紧急广播、事故照明、电梯、消防给水和排烟系统等，实现监测、报警和灭火的自动化。

8.2.2　火灾探测器

1.火灾探测器的种类

火灾探测器一般设于顶棚上，是按照火场的特点制作的，分成感烟式、感温式和感光式火灾探测器。发生火灾时，火灾探测器自动探测火灾信号，同时发送给火灾报警控制器，启动自动喷水灭火系统实施灭火。火灾探测器的种类与性能见表8-3。

表 8-3　火灾探测器的种类与性能

火灾探测器种类			火灾探测器性能	
感烟式火灾探测器	定点型	离子感烟式	及时探测火灾初期烟雾，报警功能较好。可探测微小颗粒（油漆味、烤焦味及大分子量气体分子，均能反应并引起探测器动作；风速大于 10 m 时不稳定，甚至引起误动作）	
		光电感烟式	对光电敏感，适用于特定场所。附近有过强红外光源时会导致探测器不稳定，其使用寿命比离子感烟式短	
感温式火灾探测器	缆式线型感温电缆		火灾早、中期产生一定温度时报警，较稳定。不宜采用感烟探测器，非爆炸性场所、允许一定损失的场所选用	不以明火或温升速率报警，而是以被测物体温度升高到某定值报警
	定温式	双金属定温式		仅以固定限度的温度值发出火警信号，允许环境温度有较大变化而工作比较稳定，但火灾引起的损失较大
		热敏电阻定温式		
		半导体定温式		
		易熔合金定温式		
	差温式	双金属差温式		适用于早期报警，它以环境温度升高率为动作报警参数，当环境温度达到一定要求时发出报警信号
		热敏电阻差温式		
		半导体差温式		
	差定温式	膜盒差定温式		具有感温探测器的所有优点又比较稳定
		热敏电阻差定温式		
		半导体差定温式		
感光式火灾探测器	紫外线火焰式		监测微小火焰发生，灵敏度高，对火焰反应快，抗干扰能力强	
	红外线火焰式		能在常温下工作，对任何一种含碳物质燃烧时产生的火焰都能反应，对恒定的红外辐射和一般光源（如灯泡、太阳光和一般的热辐射，X 射线和 γ 射线）都不起反应	

火灾探测器种类	火灾探测器性能
可燃气体探测器	探测空气中可燃气体含量、浓度,超过一定数值时报警
复合型探测器	全方位火灾探测器,综合各种优点,适用于各种场合,能实现早期火情的全范围报警

2. 火灾探测器的选择

(1)选择火灾探测器的原则

①火灾初期为阴燃阶段,产生大量烟雾和少量热,很少或没有火焰辐射,因此应选用感烟式火灾探测器。

②火灾发展迅速,产生大量热、烟和火焰辐射,可选用感温式火灾探测器、感烟式火灾探测器、感光式火灾探测器或其组合。

③火灾发展迅速,有强烈的火焰辐射和少量烟、热,应选用感光式火灾探测器。

④对火灾形成特征不可预料的场所,根据火焰形成的特点进行模拟试验,再根据试验结果选择火灾探测器。

⑤对使用、生产或聚集可燃气体或可燃液体蒸气的场所或部位,应选用可燃气体探测器。

(2)火灾探测器的选择

高层民用建筑及其有关部位火灾探测器类型的选择见表 8-4。

表 8-4　高层民用建筑及其有关部位火灾探测器类型的选择

项目	设置场所	火灾探测器类型											
		差温式			差定温式			定温式			感烟式		
		一级	二级	三级	一级	二级	三级	一级	二级	三级	一级	二级	三级
1	剧场、电影院、礼堂、会场、百货公司、商场、旅馆、饭店、集体宿舍、公寓、住宅、医院、图书馆、博物馆等	△	O	O	△	O	O	O	△	△	×	O	O
2	厨房、锅炉房、开水间、消毒室等	×	×	×	×	×	×	△	O	O	×	×	×
3	进行干燥、烘干的场所	×	×	×	×	×	×	△	O	O	×	×	×
4	有可能产生大量蒸汽的场所	×	×	×	×	×	×	△	O	O	×	×	×
5	发电机市场、立体停车场、飞机库等	×	O	O	O	O	O	O	×	×	×	△	O
6	电视演播室、电影放映室	×	O	△	O	O	△	O	O	O	×	O	O
7	在项目中差温式及差定温式有可能不预报火灾发生的场所	×	×	×	×	×	×	O	O	O	O	O	O

续表

项目	设置场所	火灾探测器类型											
		差温式			差定温式			定温式			感烟式		
		一级	二级	三级	一级	二级	三级	一级	二级	三级	一级	二级	三级
8	火灾发生时温度变化缓慢的小房间	×	×	×	O	O	O	O	O	O	△	O	O
9	楼梯及倾斜路	×	×	×	×	×	×	×	×	×	△	O	O
10	走廊及通道	×	×	×	×	×	×	×	×	×	△	O	O
11	电梯竖井、管道井	×	×	×	×	×	×	×	×	×	△	O	O
12	电子计算机房、通信机房	△	×	×	△	×	×	△	×	×	△	O	O
13	书库、地下仓库	△	O	O	△	O	O	O	×	×	△	O	O
14	吸烟室、小会议室等	×	×	O	O	O	O	O	O	O	×	×	O

注:"O"表示适合使用;

"△"表示根据安装场所等情况,适合能够有效地探测火灾发生的场所使用;

"×"表示不适合使用。

3. 火灾探测器的设置

(1)一般规定

①探测器应水平安装,如必须倾斜安装,则倾斜角不宜大于 45°。探测区域内的每个房间都至少应设置一个火灾探测器。

②感烟式、感温式火灾探测器的保护面积和保护半径应按表 8-5 确定。

③在宽度小于 3.0 m 的走廊顶棚上设置火灾探测器时,宜居中布置。感温式火灾探测器的安装间距不应超过 10 m,感烟式火灾探测器的安装间距不应超过 15 m。火灾探测器至端墙的距离不应大于探测器安装距离的一半。

表 8-5 感烟式、感温式火灾探测器的保护面积和保护半径

火灾探测器的种类	地面面积 S/m^2	房间高度 h/m	火灾探测器的保护面积 A 和保护半径 R					
			屋顶坡度 θ					
			$\theta \leqslant 15°$		$15° < \theta \leqslant 30°$		$\theta > 30°$	
			A/m^2	R/m	A/m^2	R/m	A/m^2	R/m
感烟式火灾探测器	$S \leqslant 80$	$h \leqslant 12$	80	6.7	80	7.2	80	8.0
	$S > 80$	$6 < h \leqslant 12$	80	6.7	100	8.0	120	9.9
		$h \leqslant 6$	60	5.8	80	7.2	100	9.0
感温式火灾探测器	$S \leqslant 30$	$h \leqslant 8$	30	4.4	30	4.9	30	5.5
	$S > 30$	$h \leqslant 8$	20	3.6	30	4.9	40	6.3

④火灾探测器至墙壁、梁边的水平距离不应小于 0.5 m,周围 0.5 m 内不应有遮挡物。

⑤火灾探测器与空调送风门边的水平距离不应小于 1.5 m 并应接近回风口安装。

⑥顶棚较低(小于 2.2 m)且面积较小(面积不大于 10 m²)的房间,安装感烟式火灾探测器时宜设置在入口附近。

⑦在楼梯间、走廊等处安装感烟式火灾探测器时,应设置在不直接受外部风吹的位置。采用光电感烟式火灾探测器时,应避免日光或强光直射火灾探测器。

⑧电梯井未按每层封闭的管道井(竖井)等安装火灾探测器时,应在最上层顶部安装。在下述场所可以不安装火灾探测器。

a.隔断楼板高度在 3 层以下且完全处于水平警戒范围内的管道井(竖井)及其他类似的场所。

b.垃圾井顶部,安装火灾探测器时检修困难的平顶。安装在顶棚上的火灾探测器边缘,与下列设施的边缘水平方向应保持以下距离:

● 与照明灯具的水平距离不应小于 0.2 m;

● 感温式火灾探测器距高温光源灯具(卤钨灯、大于 100 W 的白炽灯等)的净距不应小于 0.5 m;

● 距电风扇的净距不应小于 1.5 m;

● 与不突出的扬声器的净距不应小于 0.1 m;

● 与各种自动灭火喷头净距不应小于 0.3 m;

● 与防火门、防火卷帘的间距一般在 1.2 m 的适当位置。

⑨在梁突出顶棚的高度小于 200 mm 的顶棚上设置感烟式、感温式火灾探测器时保护面积的影响。

梁突出顶棚的高度超过 600 mm 时,被梁隔断的每个梁间区域应至少设置一个探测器,如图 8-2 所示。

被梁隔断的区域面积超过一只探测器的保护范围面积时,应将被隔断的区域视为一个探测区,如图 8-3 所示。

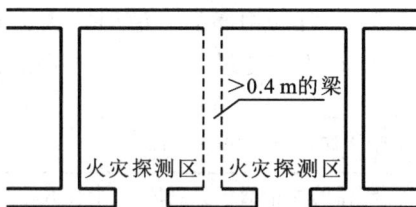

图 8-2 火灾探测器在有梁顶棚的保护范围

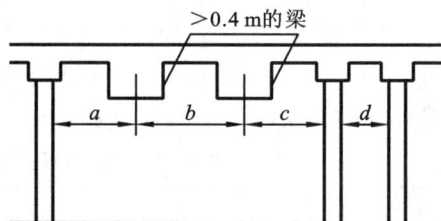

图 8-3 火灾探测器在有梁场所的保护范围

(2)火灾探测器的安装间距及布置

一个探测区域内所需设置的火灾探测器数量计算公式如下。

$$N \geqslant \frac{S}{K \cdot A} \tag{8-1}$$

式中:N——一个探测器区域内所需设置的火灾探测器数量(个);

S——一个探测区域的面积(m^2);

K——一个火灾探测器的保护面积(m^2);

A——修正系数,重点建筑取 0.7~0.9,非重点建筑取 1.0。

4.手动火灾报警按钮

手动火灾报警按钮是人工通过报警线路向报警中心发出信息的一种方式,手动火灾报警按钮的设置要求如下。

①报警区域内每个防火区,应至少设置一个手动火灾报警按钮。从一个防火分区的任

何位置到最邻近的一个手动火灾报警按钮的步行距离不宜大于 30 m。

②手动火灾报警按钮宜在下列部位装设：

a.楼层的楼梯间、电梯前室；

b.大厅、过厅、主要公共活动场所出入口；

c.餐厅、多功能厅等处的主要出入门；

d.主要通道等经常有人通过的地方。

③手动火灾报警按钮应在火灾报警控制器或消防控制室（值班）内监视，报警盘上有专用独立的报警显示部位号；不应与火灾自动报警显示部位号混合布置或排列，应有明显的标志。

④手动火灾报警按钮安装在墙上的高度应为 1.5 m，按钮盒应具有明显的标志和防误动作的保护措施。

8.2.3　火灾自动报警器

目前我国大量生产的火灾自动报警器严格讲应算"火灾报警控制器"。它能给火灾探测器供电，接收、显示和传递火灾报警等信号，对自动消防等装置发出控制信号。

根据建筑物的规模和防火要求，火灾自动报警系统可选用以下 3 种形式：区域报警系统、集中报警系统、控制中心报警系统。区域报警系统宜用于二级保护对象，集中报警系统宜用于一级和二级保护对象，控制中心报警系统宜用于特级和一级保护对象。

1.区域报警控制器

（1）主要功能

①火灾自动报警功能。区域报警控制器收到火灾探测器送来的火灾报警信号后，由原监控状态立即转为报警状态，发出报警信号，总火警红灯闪亮并记忆，发出变调火警音响，房号灯亮指出火情部位，电子钟停走指出首次火警时间，向集中报警器送出火警信号。

②断线故障自动报警功能。探测器至区域报警控制器之间连线断路或任何连接处松动时，黄色故障指示灯亮，发出不变调断线报警音响。

③自检功能。为保证每个探测器及区域报警控制器电路单元始终处于正常工作状态，设在区域报警控制器面板的按键供值班人员随时对系统功能进行检查，同时在断线故障报警时，用该按键可迅速查找故障所在回路编号。

④火警优先功能。断线故障报警之后又发生火警信号或二者同时发生时，区域报警控制器能自动转换成火灾报警状态。

⑤联动控制。外控触点可自动或手动与其他外控设备联动。

⑥其他监控功能。过压保护和过压声光报警、过流保护、交直流自动切换，备用电池自动定压充电、备用电池欠压报警等功能。

（2）区域报警系统的设计

①应置于有人值班的房间或场所。

②一个报警区域宜设置一台区域报警控制器，系统中区域报警控制器不应超过 3 台。

③用一台区域报警控制器警戒数个楼层时，应在每层各楼梯口或消防电梯前室等明显部位设置识别楼层的灯光显示装置。

④区域报警控制器安装在墙上时，底边距地面的高度不应大于 1.5 m，靠近门轴的侧面距墙不应小于 0.5 m，正面操作距离不应小于 1.2 m。

⑤区域报警系统应设置在有人值班的房间或场所。

2. 集中报警控制器

集中报警控制器的功能大致和区域报警控制器相同,其差别是增加了一个巡回检测电路。巡回检测电路将若干区域报警控制器连接起来,组成一个系统,巡检各区域报警控制器是否有火灾信号或故障信号,及时指示火灾或故障发生的区域和部位(层号和房号)并发出声光报警信号。

集中报警系统的设计应符合下列要求。

①系统中应设一台集中报警控制器和两台以上的区域报警控制器。

②集中报警控制器要从后面检修时,后面板距墙不应小于1 m;其一侧靠墙安装时,另一侧距墙不应小于1 m。

③集中报警控制器的正面操作距离:设备单列布置时不应小于1.5 m,双列布置时不应小于2 m。在值班人员经常工作的一面,控制盘距墙不应小于3 m。

④集中报警控制器应能显示火灾报警部位信号和控制信号,也可进行联动控制,应设置在有人值班的专用房间或消防值班室内。

⑤集中报警控制器和消防联动控制设备等在消防控制室或值班室内的布置,应符合下列规定。

a.设备面盘前的操作距离:单列布置时不应小于1.5 m,双列布置时不应小于2 m。

b.在值班人员经常工作的一面,设备面盘距墙不应小于3 m。

c.设备面盘后的维修距离不宜小于1 m。

d.设备面盘的排列长度大于4 m时,其两端应设置宽度不小于1 m的通道。

e.集中报警控制器或火灾报警控制器安装在墙上时,其底边距地面高度宜为1.3~1.5 m,其靠近门轴的侧面距墙不应小于0.5 m,正面操作距离不应小于1.2 m。

3. 控制中心报警控制器

控制中心报警控制器由设置在消防控制室的消防控制设备、集中报警控制器、区域报警控制器和火灾探测器等组成。控制中心报警控制器与上述两个系统相比,功能更全、更完善,增加了消防控制联动功能和设备,为整个消防设施的保护对象提供了更完善、更安全、更可靠的安全保障,适合特级和一级保护对象。

控制中心报警系统的设计应符合下列要求。

①系统中至少应设置一台集中报警控制器、一台专用消防联动控制设备和两台及以上区域报警控制器,或至少设置一台火灾报警控制器、一台专用消防联动控制设备和两台以上区域火灾显示器。

②系统应能集中显示火灾报警部位信号和联动控制状态信号。

③系统中设置的集中报警控制器或火灾报警控制器和消防联动控制设备在消防控制室,室内的布置同样应符合规定。

控制中心报警系统必须设置消防值班室,报警控制器和联动设备必须放置在消防值班室中,并且联动设备应符合《火灾自动报警系统设计规范》(GB 50116—2013)中6.3.1的规定。

比较这三种系统,三者不仅在控制设备上有区别,对消防控制室的要求也不同。控制中心报警系统的安全性和可靠性比其他两者更好,但在实际应用中,要根据保护对象的危险等级、重要程度、经济可能性,选择能够达到安全要求的报警系统。

4. 火灾报警控制器安装

区域报警控制器和集中报警控制器分为台式、壁挂式和落地式3种,其安装示意图如图8-4所示。

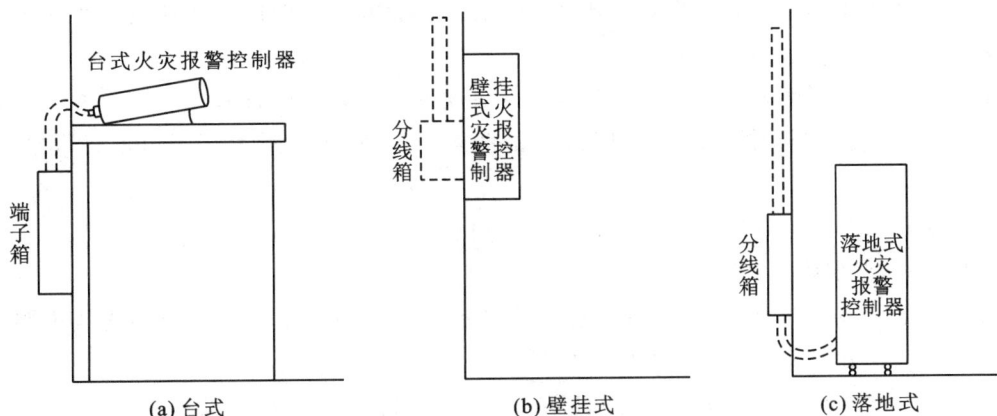

(a) 台式　　　　(b) 壁挂式　　　　(c) 落地式

图 8-4　火灾报警控制器安装示意图

火灾报警控制器的安装一般应满足下列要求。

①火灾报警控制器宜安装在专用房间或楼层值班室,也可设在经常有人值班的房间或场所,确因建筑面积限制而不可能实现时,也可安装在过厅、门厅、走道的墙上,但安装位置应能确保设备的安全。

②引入火灾报警控制器的电缆或导线应符合下列要求:配线应整齐,避免交叉,应固定牢靠;电缆芯线和所配导线的端部,均应标明编号并与图纸一致,字迹清晰不易褪色;端子板的每个接线端上,接线不得超过 2 根;电缆芯和导线,应留有不小于 20 cm 的余量;导线应绑扎成束;导线引入线穿管后,在进线管处应封堵。

5. 报警区域和探测区域的划分

(1)报警区域划分

报警区域是指将火灾报警系统所监视的范围按防火分区或楼层布局划分的单元。一个报警区域一般是由一个或相邻几个防火分区组成的。对于高层建筑来说,一个报警监视区域一般不宜超出一个楼层。视具体情况和建筑物的特点,可按防火分区或按楼层划分报警区域。一般保护对象的主楼以楼层划分比较合理,而裙房一般按防火分区划分为宜。有时将独立于主楼的建筑物单独划分报警区域。

对于总线制或智能型报警控制系统,一个报警区域一般可设置一台区域显示器。

(2)防火和防烟分区

①高层建筑内应采用防火墙、防火卷帘等划分防火分区,每个防火分区允许最大建筑面积不应超过表 8-6 的规定。

表 8-6　防火分区允许最大建筑面积　　　　　　　单位:m²

建筑类别	每个防火分区允许最大建筑面积
一类建筑	1000
二类建筑	1500
地下室	500

注:设有自动喷水灭火系统的防火分区,其允许最大建筑面积可按本表增加 1 倍;局部设置灭火系统时,增加面积可按局部面积的 1 倍计算。

②高层建筑中的防火分区面积应按上、下层连通的面积叠加计算,当超过一个防火分区面积时,应符合下列规定:

a.房间与中厅回廊相通的门、窗,应设自行关闭的一级防火门、窗;

b.与中厅相通的过厅、通道等,应设一级防火门或耐火极限大于 3.0 h 的防火卷帘分割;

c.中厅每层回廊应设自动灭火系统;

d.中厅每层回廊应设火灾报警系统;

e.设排烟设施的走道,净高不超过 6.0 m 的房间,应采用挡烟垂壁、隔墙或从顶棚下突出不小于 0.5 m 的梁划分防烟分区;

f.每个防烟分区的建筑面积不应超过 500 m^2,防烟分区不应跨越防火分区。

(3)探测区域划分

探测区域是指将报警区域按部位划分的单元。一个报警区域通常面积比较大,为了快速、准确、可靠地探测出被探测范围的哪个部位发生火灾,有必要将被探测范围划分成若干区域。探测区域也是火灾探测器探测部位编号的基本单元。探测区域可以是由一只或多只探测器组成的保护区域。

①通常探测区域是按独立房(套)间划分的,一个探测区域的面积不宜超过 500 m^2。在一个面积比较大的房间内,如果从主要入口能看清其内部且面积不超过 1000 m^2,也可划分为一个探测区域。

②符合下列条件之一的二级保护对象,可将几个房间划分成一个探测区域:

a.相邻房间不超过 5 间,总面积不超过 400 m^2,在每个门口设有灯光显示装置;

b.相邻房间不超过 10 间,总面积不超过 1000 m^2,在每个房间门口均能看清其内部,在每个门口设有灯光显示装置。

③下列场所应分别单独划分探测区域:

a.敞开和封闭楼梯间;

b.防烟楼梯间前室、消防电梯间前室、消防电梯与防烟楼梯间合用的前室;

c.走道、坡道、管道井、电缆隧道;

d.建筑物闷顶、夹层。

④红外光束线型感烟式火灾探测器的探测区域长度不宜超过 100 m;缆式感温式火灾探测器的探测区域长度不宜超过 200 m,空气管差温式火灾探测器的探测区域长度宜为 20～100 m。为较好地显示火灾自动报警部位,一般以探测区域作为报警单元,但对于非重点建筑,当采用非总线制时,亦可考虑以分路作为报警显示单元。合理、正确地划分报警区域和探测区域,常能在火灾发生时,有效可靠地发挥防火系统报警装置的作用,在着火初期快速发现火情部位,及时采取消防灭火措施。

8.2.4 消防联动控制系统

消防联动控制对象包括以下内容:灭火设施、防排烟设施、电动防火卷帘、防火门、水幕、电梯及非消防电源的断电控制设施等。消防联动控制的功能包括消火栓系统的控制、自动喷水灭火系统的控制、二氧化碳气体自动灭火系统的控制、消防控制设备对联动控制对象的控制以及消防控制设备接通火灾报警装置的控制。

在接收到火灾报警信号后,能满足下列功能要求:

①切断火灾发生区域的正常供电电源,接通消防电源;

②能启动消火栓灭火系统的消防泵并显示状态;

③能启动自动喷水灭火系统的喷淋泵并显示状态;

④能打开雨淋灭火系统的控制阀,启动雨淋泵并显示状态;

⑤能打开气体或化学灭火系统的容器阀,能在容器阀动作之前手动急停并显示状态;

⑥能控制防火卷帘的半降、全降并显示状态;

⑦能控制平开防火门并显示状态;

⑧能关闭空调送风系统的送风机、送风口并显示状态;

⑨能打开防排烟系统的排烟机、正压送风机及排烟口、送风口,能关闭排烟机、送风机,能显示状态;

⑩能控制常用电梯,使其自动降至首层;

⑪能使受其控制的火灾应急广播投入使用;

⑫能使受其控制的应急照明系统投入工作;

⑬能使受其控制的疏散、诱导指示设备投入工作;

⑭能使与其连接的警报装置进入工作状态。

对于以上各功能,应能以手动或自动两种方式进行操作。设置在消防控制室以外的消防联动控制设备的动作状态信号,均应在消防控制室显示。

当联动控制器设备内部、外部发生下述故障时,应能在 100s 内发出与火灾报警信号有明显区别的声光故障信号。声故障信号应能手动消除,光故障信号在故障排除之前应保持。故障期间,非故障回路的正常工作不受影响。

此外,联动控制设备应具有电源转换功能。主电源断电时,能自动转换到备用电源;主电源恢复时,能自动转换到主电源;主、备电源应有工作状态指示。主电源容量应能保证联动控制器设备在最大负载条件下,连续工作 4 h 以上。

8.2.5 线路敷设

①消防用电设备必须采用单独回路,电源直接取自配电室的母线,切断工作电源时,消防电源不受影响,保证扑救工作的正常进行。

②火灾自动报警系统的传输线路,耐压不低于交流 250 V。导线采用铜芯绝缘导线或电缆,而并不规定选用耐热导线或耐火导线。之所以这样规定,是因为火灾报警探测器传输线路主要用于早期报警。在火灾初期阴燃阶段是以烟雾为主,不会出现火焰。探测器一旦早期进行报警就完成了使命。火灾发展到燃烧阶段时,火灾自动报警系统传输线路也就失去了作用。此时若有线路损坏,火灾报警控制器因有火警记忆功能,故也不影响其火警部位显示。因此,火灾报警探测器传输线路符合规定耐压即可。

③重要消防设备(如消防水泵、消防电梯、防烟排烟风机等)的供电回路,有条件时可采用耐火型电缆或采用其他防火措施以达防火配线要求。二类高、低层建筑内的消防用电设备,宜采用阻燃型电线和电缆。

④火灾自动报警系统传输线路的线芯截面选择,除了满足自动报警装置技术条件要求,尚应满足机械强度的要求,线芯的最小截面面积不应小于表 8-7 的规定。

表 8-7　线芯最小截面面积　　　　　　　　　　　　　　　单位:mm²

类别	线芯最小截面面积	备注
穿管敷设的绝缘导线	1.00	
线槽内敷设的绝缘导线	0.75	
多芯电缆	0.50	
由探测器至区域报警器	0.75	多股铜芯耐热线
由区域报警控制器到集中报警控制器	1.00	单股铜芯线
水流指示器控制线	1.00	
排烟防火电源线	1.50	控制线>1.00
电动卷帘门电源线	2.50	控制线>1.50
消火栓箱控制按钮线	1.50	
湿式报警阀及信号阀	1.00	

⑤火灾自动报警系统传输线路采用屏蔽电缆时,应采取穿金属管或封闭线槽保护方式布线。消防联动控制、自动灭火控制、通信、应急照明、紧急广播等线路,应采取金属管保护,宜暗敷在非燃烧体结构内,其保护层厚度不应小于 30 mm。

⑥横向敷设的报警系统传输线路采用穿管布线时,不同防火分区的线路不宜穿入同一根管内,探测器报警线路采用总线制(2 线)时可不受此限。从接线盒、线槽等处引至探测器底座盒,控制设备接线盒、扬声器箱等的线路应加金属软管保护,但其长度不宜超过 1.5 m。建筑物内横向布放暗埋管的管路,管径不宜大于 40 mm。不宜在管路内穿太多的导线,同时还要顾及结构安全的要求,上述要求主要是为了便于管理和维修。消防联动控制系统的电力线路,考虑到它的重要性和安全性,其导线截面的选择应适当放宽,一般加大一级为宜。

在建筑物各楼层内布线时,由于线路种类和数量较多,并且布线长度在施工时也受限制,若太长,施工及维修都不便,特别是会给维护线路故障带来困难,为此,在各楼层宜分别设置火警专用配线箱或接线箱(盒)。箱体宜采用红色标志,箱内采用端子板汇接各种导线,并应按不同用途、不同电压及电流类别等需要分别设置不同端子板,并将交、直流电压的中间继电器、端子板加保护罩进行隔离,以保证人身安全和设备完好,对提高火警线路的可靠性等方面都是必要的。

整个系统线路的敷设施工应严格遵守现行施工及验收规范的有关规定。

8.2.6　火灾报警与消防联动工程实例

1. 常用图形符号

绘制火灾自动报警系统工程图应首先选用国家标准(GB/T 4728.2—2018、GB/T 4327—2008)和相关部颁标准所规定的图形符号和附加文字符号,分别见表 8-8 和表 8-9。线路的表示和动力、照明线路的表示相同。

表 8-8 火灾自动报警设备常用图形符号

序号	图形符号	名称	序号	图形符号	名称
1		消防控制中心	8		手动火灾报警按钮
2		火灾报警装置	9		报警电话
3	B	火灾报警控制器	10		火灾警铃
4	或 W	感温式火灾探测器	11		火灾警报发声器
5	或 Y	感烟式火灾探测器	12		火灾警报扬声器（广播）
6	或 G	感光式火灾探测器	13		火灾光信号装置
7	或 Q	可燃气体探测器			

表 8-9 火灾自动报警设备常用附加文字符号

序号	文字符号	名称	序号	文字符号	名称
1	W	感温式火灾探测器	8	WCD	差定温式火灾探测器
2	Y	感烟式火灾探测器	9	B	火灾报警控制器
3	G	感光式火灾探测器	10	B-Q	区域报警控制器
4	Q	可燃气体探测器	11	B-J	集中报警控制器
5	F	复合式火灾探测器	12	B-T	通用报警控制器
6	WD	定温式火灾探测器	13	DY	电源
7	WC	差温式火灾探测器			

2. 工程概况

（1）工程说明

某综合楼,建筑总面积为 7000 m²,总高度为 31.80 m,其中主体檐口至地面高度为 23.80 m,各层基本数据见表 8-10。

表 8-10 某综合楼各层基本数据

层数	面积/mm²	层高/m	主要功能
B1	915	3.40	汽车库、泵房、水池、配电室
1	935	3.80	大堂、服务、接待
2	1040	4.00	餐饮
3～5	750	3.20	客房
6	725	3.20	客房、会议室

层数	面积/mm²	层高/m	主要功能
7	700	3.20	客房、会议室
8	170	4.60	机房

①保护等级:本建筑火灾自动报警系统保护对象为二级。

②消防控制室与广播音响控制室合用,位于一层,有直通室外的门。

③设备选择与设置:地下层的汽车库、泵房和楼顶冷冻机房选用感温式火灾探测器,其他场所选择感烟式火灾探测器。

客房层火灾显示盘设置在楼层服务间,一层火灾显示盘设置在总服务台,二层火灾显示盘设置在电梯前室。

④联动控制要求:消防泵、喷淋泵和消防电梯为多线联动,其余设备为总线联动。

⑤火灾应急广播与消防电话:火灾应急广播与背景音乐系统共用,火灾时强迫切换至消防广播状态,平面团中竖井内1825模块即为扬声器切换模块。

消防控制室设消防专用电话,消防泵房、配电室、电梯机房设固定消防对讲电话、手动报警按钮带电话塞孔。

⑥设备安装:火灾报警控制器为柜式结构。火灾显示盘底边距地1.5 m挂墙安装,探测器吸顶安装,消防电话和手动报警按钮中心距地1.4 m暗装,消火栓按钮设置在消火栓箱内,控制模块安装在被控设备控制柜内或与其上边平行的近旁。火灾应急扬声器与背景音乐系统共用,火灾时强切。

⑦线路选择与敷设:消防用电设备的供电线路采用阻燃电线电缆沿阻燃桥架敷设,火灾自动报警系统传输线路、联动控制线路、通信线路和应急照明线路为BV线穿钢管沿墙、地和楼板暗敷。

(2)火灾报警控制器及线制

现代的火灾报警控制器已经是计算机技术、通信技术、数字控制技术的综合应用,集报警与控制为一体。其报警部分接线形式多为2总线制(也有3总线或4总线)。2总线制,即每条回路只有2条报警总线(控制信号线和被控制设备的电源线不包括在内),应用了地址编码技术的火灾探测器、火灾报警按钮及其他需要向火灾报警中心传递信号的设备(一般是通过控制模块转换)等,都直接并接在总线上。

总线制的火灾报警控制器采用了先进的单片机技术,CPU主机将不断地向各编址单元发出数字脉冲信号(称发码),当编址单元接收到CPU主机发来的信号后,加以判断,如果编址单元的码与主机的发码相同,则该编址单元响应。主机接收到编址单元返回来的地址及状态信号,进行判断和处理。如果编址单元正常,主机将继续向下巡检;经判断如果是故障信号,报警器将发出部位故障声光报警;发生火灾时,经主机确认后火警信号被记忆,同时发出火灾声光报警信号。

为了提高系统的可靠性,报警器主机和各编址单元在地址和状态信号的传播中,采用了多次应答、判断的方式。各种数据经过反复判断后,才给出报警信号。火灾报警、故障报警、火警记忆、音响、火警优先于故障报警等功能由计算机自动完成。

(3)火灾报警设备的布线方式

火灾报警设备的布线方式可以分为树状(串形)接线和环形接线。

树状接线像一棵大树,在大树上有分支,但分支不宜过多,在同一点的分支也不宜超过 3 个。大多数产品用树状接线,总线的传输质量最佳,传输距离最长。

环形接线是一条回路的报警点组成一个闭合的环路,但这个环路必须是在火灾报警设备内形成的一个闭合环路,这就要求火灾报警设备的出口每条回路最少为 4 条报警总线(2 总线制)。环形接线的优点是环路中某一处发生断线,可以形成 2 条独立的回路,仍可继续工作。

(4)编码开关

各信息点(火灾探测器、火灾报警按钮或控制模块等)的安装底座上都设置有编码电路和编码开关,编码开关多数为 7 位,采用 2 进制方式编码(也有其他的编码方式),每个位置的开关代表的数字为 2^{n-1},即 1、2、3、4、5、6、7 位开关分别对应的数字为 1、2、4、8、16、32、64。分别合上不同位置的开关,再将其代表的数字累加起来,就代表其地址编码位置号,7 位编码开关可以编到 127 号。

例如,某个火灾探测器底座盒上的是 2、5、7 位置的开关,其数字为 $2^{2-1}+2^{5-1}+2^{7-1}=2+16+64=82$,其地址码为 82 号。因此,在设计和安装时,只要将该条回路的编址单元(信息点)编成不同的地址码,与总线制的火灾报警控制器组合,就能实现火灾报警与消防联动的控制功能了。

发生火灾时,某个火灾探测器电路导通,报警总线就有较大的电流通过(毫安级),火灾报警控制器接到信息,再用数字脉冲巡检,对应的火灾探测器就能将其数字脉冲接收,火灾报警控制器就可以知道是哪个火灾探测器报警。没有发生火灾时,火灾报警控制器也在发出数字脉冲进行巡检,通过不同的反馈信息,就可以得出某个火灾探测器是否报警、是否故障及丢失等。

(5)编址型与非编址型混用连接

一般编址型火灾探测器价格高于非编址型,为了节省投资,采用编址型与非编址型混合应用的情况在开关量式火灾报警系统中比较常见,可以使每条回路的保护面积增大。有的房间探测区域虽然比较大,但只需要报一个地址号,即数个探测器共用一个地址号并联使用。混用连接一般是采用母底座带子底座的方式,只有母底座安装有编码开关,也就是子底座的信息是通过母底座传递的,几个火灾探测器共用一个地址号,一个母底座所带的子底座一般不超过 4 个。

3. 系统图分析

1)工程图的基本情况

从图和工程概况中所得到的文字信息并不多,这就需要从系统图和平面图中进行对照分析,可以得到一些工程信息。

2)系统图分析

从图 8-5 中可以知道,火灾报警与消防联动设备安装在一层,安装在消防及广播值班室。火灾报警与消防联动控制设备的型号为 JB-1501A/G508-64,JB 为国家标准中的火灾报警控制器,其他为产品开发商的系列产品编号。消防电话设备的型号为 HJ-1756/2,消防广播设备型号为 HJ-1757(120W×2),外控电源设备型号为 HJ-1752,这些设备一般都是产品开发商配套的。JB 共有 4 条回路总线,可编为 JN1~JN4,JN1 用于地下层,JN2 用于 1、2、3 层,JN3 用于 4、5、6 层,JN4 用于 7、8 层。

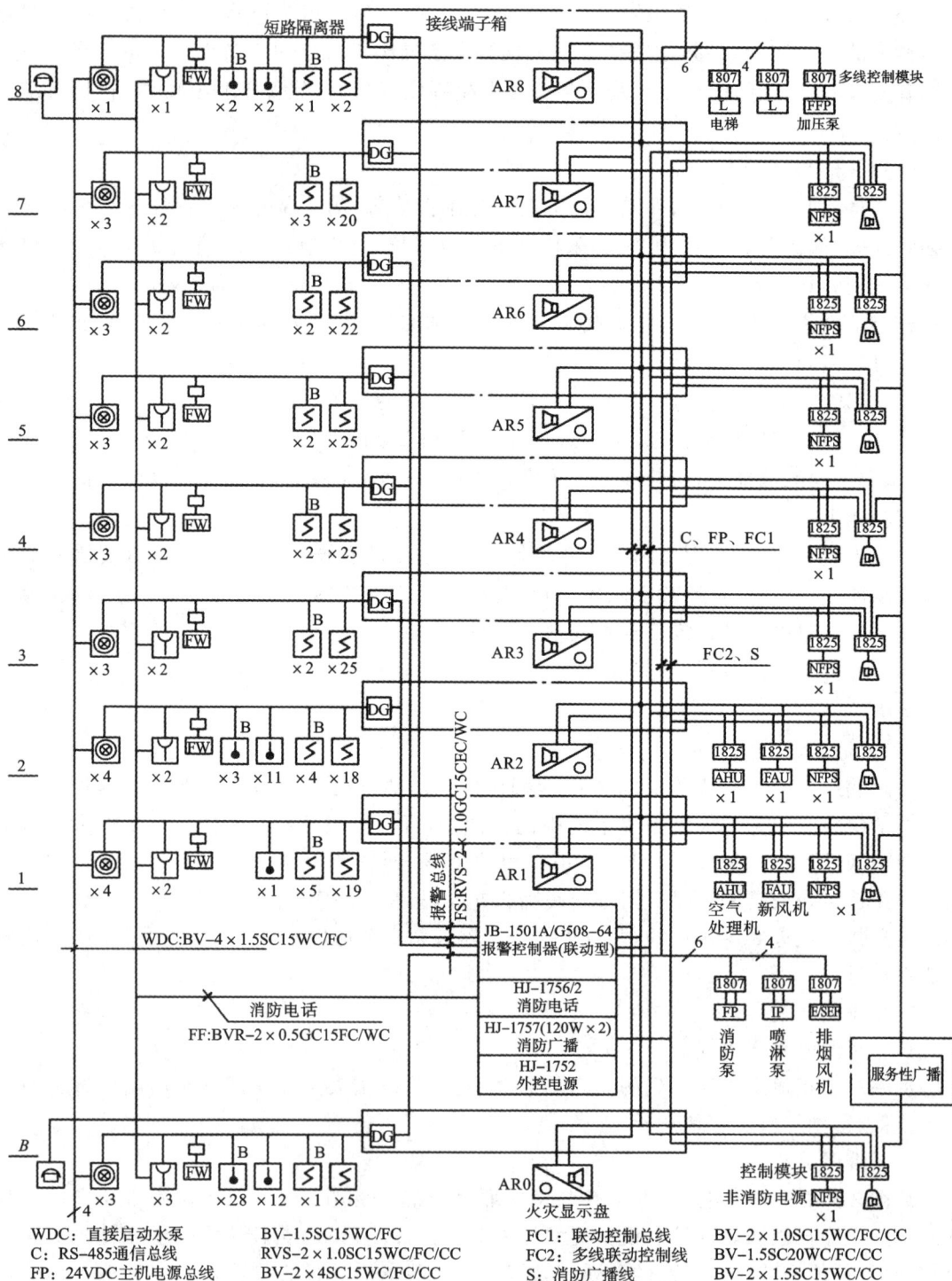

图 8-5 火灾报警与消防联动控制系统图

(1)配线标注情况

报警总线 FS 标注为 RVS-2×1.0SC15CC/WC,对应的含义为:软导线(多股)、塑料绝缘、双绞线,2 根,截面面积为 1 mm²;保护管为水煤气钢管,直径为 15 mm;沿顶捆、暗敷设及有一段沿墙。

消防电话线 FF 标注为 BVR-2×0.5SC15FC/WC。BVR 为布线用塑料绝缘软导线,其他与报警总线类似。

火灾报警控制器的右手面也有 5 个回路标注,依次为 C、FP、FC1、FC2、S。C 表示 RS-485 通信总线 RVS-2×1.0SC15WC/FC/CC,FP 表示 24VDC 主机电源总线 BV-2×4SC15WC/FC/CC,FC1 表示联动控制总线 BV-2×1.0SC15WC/FC/CC,FC2 表示多线联动控制线 BV-1.5SC20WC/FC/CC,S 表示消防广播线 BV-2×1.5SC15WC/CC。这些标注比较详细,较易于理解。

在火灾报警与消防联动系统中,最难懂的是多线联动控制线,所谓消防联动主要指这部分,而这部分的设备是跨专业的,比如消防水泵、喷淋泵的启动,防烟设备的关闭,排烟设备的打开,工作电梯轿厢下降到底层后停止运行,消防电梯投入运行等,究竟有多少需要联动的设备,在火灾报警与消防联动的平面图上是不表示的,只有在动力平面图中才能表示出来。

在系统图中,多线联动控制线的标注为 BV-1.5SC20WC/FC/CC。多线,即不是一根线,究竟为几根线就要看被控制设备的点数了。从系统图中可以看出,多线联动控制线主要是控制在 1 层的消防泵、喷淋泵、排烟风机(消防泵、喷淋泵、排烟风机实际是安装在地下层),其标注为 6 根线,在 8 层有 2 台电梯和加压泵,其标注也是 6 根线,应该标注的是 2(6×1.5),但究竟为多长,只有在动力平面图中才能看出。

(2)接线端子箱

从系统图中可以知道,每层楼安装一个接线端子箱,端子箱中安装有短路隔离器 DG,其作用是某一层的报警总线发生短路故障时,将发生短路故障的楼层报警总线断开,就不会影响其他楼层的报警设备正常工作了。

(3)火灾显示盘

每层楼安装一个火灾显示盘 AR,可以显示对应的楼层,显示盘接 485 通信总线,火灾报警与消防联动设备可以将信息传送到火灾显示盘上,显示火灾发生的楼层。火灾显示盘有灯光显示,所以还要接主机电源总线 FP。

(4)消火栓箱报警按钮

消火栓箱报警按钮也是消防泵的启动按钮(在应用喷水枪灭火时),消火栓箱是人工用喷水枪灭火最常用的方式。人工用喷水枪灭火时,如果给水管网压力低,就必须启动消防泵。消火栓箱报警按钮是击碎玻璃式(或有机玻璃),将玻璃击碎(也有按压式,需要专用工具将其复位),按钮将自动动作,接通消防泵的控制电路,及时启动消防水泵(如过早启动水泵,喷水枪的压力会太高,使消防人员无法手持水枪),同时通过报警总线向消防报警中心传送信息。因此,每个消火栓箱报警按钮占一个地址码。

在该系统图中,纵向第 2 排图形符号为消火栓箱报警按钮,×3 代表地下层有 3 个消火栓箱,报警按钮的编号为 SF01、SF02、SF03。消火栓箱报警按钮的连接线为 4 根线,因为消火栓箱内还有水泵启动指示灯,而指示灯的电压为直流 24 V 的安全电压,因此形成了 2 个回路,每个回路仍然是 2 线。线的标注是 WDC,直接启动水泵。每个消火栓箱报警按钮与报警总线相接。

(5)火灾报警按钮

火灾报警按钮是人工向消防报警中心传递信息的一种方式,一般要求在防火区的任何地方至火灾报警按钮不超过 30 m,纵向第 3 排图形符号是火灾报警按钮。火灾报警按钮也是击碎玻璃式或按压玻璃式,发生火灾而需要向消防报警中心报警时,击碎玻璃,火灾报警按钮就可以通过报警总线向消防报警中心传递信息。每个火灾报警按钮占一个地址码。×3 代表地下层有 3 个火灾报警按钮,火灾报警按钮的编号为 SB01、SB02、SB03。同时火灾报警按钮也与消防电话线 FF 连接,每个火灾报警按钮板上都设置有电话柄孔,插上消防电话就可以用,其 8 层纵向第 1 个图形符号就是电话符号。火灾报警按钮与消火栓箱报警按钮是不能相互替代的,火灾报警按钮是可以实现早期人工报警的,而消火栓箱报警按钮只有在应用喷水枪灭火时才能进行人工报警。

(6)水流指示器

纵向第 4 排图形符号是水流指示器 FW,每层楼一个。由此可以推断,该建筑每层楼都安装有自动喷淋灭火系统。火灾发生超过一定温度时,自动喷淋灭火的闭式喷头感温元件熔化或炸裂,系统将自动喷水灭火,此时需要启动喷淋泵加压。水流指示器安装在喷淋灭火给水的支干管上,当支干管有水流动时,其水流指示器的电触点闭合,通过控制模块接入报警总线,向消防报警中心传递信息。每个水流指示器占一个地址码。喷淋泵是通过压力开关启动加压的。

(7)感温式火灾探测器

在地下层,1、2、8 层安装有感温式火灾探测器。感温式火灾探测器主要应用在火灾发生时很少产生烟或平时可能有烟的场所,如车库、餐厅等场所。纵向第 5 排图形符号上标注 B 的为子座,6 排没有标注 B 的为母座,如图 8-5 所示。编码为 ST012 的母座带有 3 个子座,分别编码为 ST012-1、ST012-2、ST012-3,此 4 个探测器只有一个地址码。子座接到母座的线是另外接的 3 根线,ST 是感温式火灾探测器的文字符号。有的系统子座接到母座是 2 根线。

(8)感烟式火灾探测器

该建筑应用的感烟式火灾探测器数量比较多,如图 8-5 所示,7 排图形符号上标注 B 的为子座,8 排没有标注 B 的为母座,SS 是感烟式火灾探测器的文字符号。

(9)其他消防设备

系统图的右面基本上是联动设备,1807 和 1825 是控制模块,该控制模块是将报警控制器送出的控制信号放大,再控制需要动作的消防设备。空气处理机 AHU 和新风机 FAU 是中央空调设备,发生火灾时,要求其停止运行,控制模块 1825 就是通知其停止运行的模块。新风机 PAU 共有 2 台,一层是安装在右侧楼梯走廊处,二层是安装在左侧楼梯前厅。非消防电源(正常用电)配电箱,安装在电梯井道后面的电气井的配电间内,火灾发生时需要切换消防电源。广播有服务广播和消防广播,两者的扬声器合用,发生火灾时切换成消防广播。

以上分析不一定全面,读者可以通过实践得到提高。对于火灾报警与消防联动控制,因为采用了总线制,火灾报警部分并不难,难的是消防联动部分。消防联动部分是跨专业的内容,首先应该搞清楚、哪些设备需要联动、都安装在什么位置、需要什么信息,搞清这些问题就要向其他专业索取必要的资料,才能获得全面的读图知识。

任务 8.3　电话通信系统

电话通信系统是各类建筑物必须设置的系统,它为智能建筑内部各类办公人员提供快捷便利的通信服务。

8.3.1　电话通信系统概述

1.电话通信系统组成

电话通信系统主要包括用户交换设备、通信线路网络及用户终端设备 3 大部分。

智能建筑中独立电话通信系统用户交换设备一般采用程控数字用户交换机(private automatic branch exchange,PABE)或虚拟交换机(centrex),其通信线路网络采用结构化综合布线系统(structured cabling system)或常规线路传输系统。用户终端设备包括电话机、传真机等,用户终端设备通过接入 PABE 的中继线连成全国乃至全球电话网络。

2.电话通信线路的组成

电话通信线路从进户管线一直到用户出线盒,一般由以下几部分组成。

(1)引入(进户)电缆管路

引入(进户)电缆管路可以分为地下进户和外墙进户两种方式。

(2)交接设备或总配线设备

交接设备是引入电缆后的终端设备,有设置与不设置用户交换机两种情况。如设置用户交换机,采用总配线箱或总配线架;如不设置用户交换机,采用交换箱或交接间。交接设备宜安装在建筑的 1 层、2 层,如有地下室且较干燥、通风,可考虑设置在地下室。

(3)上升电缆管路

上升电缆管路有上升管路、上升房和竖井 3 种建筑类型。

(4)楼层电缆管路

楼层电缆管路配置在各楼层。

(5)配线设备

配线设备有电缆接头箱、过路箱、分线箱、用户出线盒,是通信线路分支、中间检查、终端用设备。

3.电话系统使用的材料

(1)电缆

电话系统的干线使用电话电缆。室外埋地敷设时使用铠装电缆,架空敷设时使用钢丝绳悬挂普通电缆或自带钢丝绳的电缆,室内使用普通电缆。常用电缆有 HYA 型综合护层塑料绝缘电缆和 HPVV 铜芯全聚氯乙烯电缆。电缆规格标注为 HYA10×2×0.5,其中 HYA 为型号,10 表示缆内有 10 对电话线,2×0.5 表示每对线为 2 根直径 0.5 mm 的导线。电缆的对数从 5 对到 2400 对,线芯有两种规格直径,分别为 0.5 mm 和 0.4 mm。

在选择电缆时,电缆对数要比实际设计用户数多 20% 左右,用于线路增容和维护。

(2)电话线

管内暗敷设使用的电话线,常用的是 RVB 型塑料并行软导线或 RVS 型双绞线,规格为 $(2×0.2)～(2×0.5)$ mm²;要求较高的系统使用 HPW 型并行线,规格为 $2×0.5$ mm²,也可以使用 HBV 型绞线,规格为 $2×0.6$ mm²。

(3)分线箱

电话系统干线电缆与进户连接要使用电话分线箱,也叫电话组线箱或电话交接箱。电话分线箱按要求安装在需要分线的位置,非高层建筑物内的分线箱暗装在楼道中,高层建筑内的分线箱安装在电缆竖井中,分线箱的规格为 10 对、20 对、30 对等,按需要分线数量选择适当规格的分线箱。

(4)用户出线盒

室内用户要安装用户出线盒,出线盒面板规格与前面的开关插座面板规格相同,如 86 型、75 型等。面板分为无插座型和有插座型。

无插座型出线盒面板只是一个塑料面板,中央留直径 1 cm 的圆孔,线路电话线与用户电话机线在盒内直接连接,适用于电话机位置较远的用户,用户可以用 RVB 导线作为室内线,连接电话机接线盒。

有插座型出线盒面板分为单插座型和双插座型,面板上为通信设备专用插座,要使用专用插头与之连接。现在电话机都使用这种插头进行线路连接,如话筒与机座的连接。使用插座型面板时,线路导线直接接在面板背面的接线螺钉上。

8.3.2 电话系统工程图

1.住宅楼电话工程图

某住宅楼电话工程系统图如图 8-6 所示。

该系统图中进户使用 HYA-50(2×0.5)型电话电缆,电缆为 50 对线,每根线的直径为 0.5 mm,穿直径为 50 mm 的焊接钢管埋地敷设。电话组线箱 TP-1-1 为一只 50 对线电话组线箱,型号为 STO -50。箱体尺寸为 400 mm×650 mm×160 mm,安装高度为距地 0.5 m。进线电缆在箱内与本单元分户线和分户电缆以及到下一单元的干线电缆连接。下一单元的干线电缆为 HYA-30(2×0.5)型电话电缆,电缆为 30 对线,每根线的直径为 0.5 mm,穿直径为 40 mm 的焊接钢管埋地敷设。

一、二层用户线从电话组线箱 TP-1-1 引出,各用户线使用 RVS 型双绞线,每根线的直径为 0.5 mm,穿直径为 15 mm 的焊接钢管埋地,沿墙暗敷设(SC15-FC,WC),从 TP-1-1 到三层电话组线箱用一根 10 对线电缆,电缆线型号为 HYV-10(2×0.5),穿直径为 25 mm 的焊接钢管沿墙暗敷设。在三层和五层各设一个电话组线箱,型号为 STO -10,箱体尺寸为 200 mm×280 mm×120 mm,均为 10 对线电话组线箱,安装高度为距地 0.5 m。三层到五层也使用一根 10 对线电缆。三层和五层电话组线箱分别连接上、下层四户的用户电话出线口,均使用 RVS 型双绞线,每根线的直径为 0.5 mm。每户有两个电话出线口。

电话电缆从室外埋地敷设引出,穿直径为 50 mm 的焊接钢管引入建筑物(SC50),钢管连接至一层 TP-1-1 箱,到另外两个单元组线箱的钢管,横向埋地敷设。单元干线电缆 TP 从 TP-1-1 箱向左下到楼梯对面墙,干线电缆沿墙从一楼向上到五楼,三层和五层装有电话组线箱,从各层的电话组线箱引出本层和上一层的用户电话线。

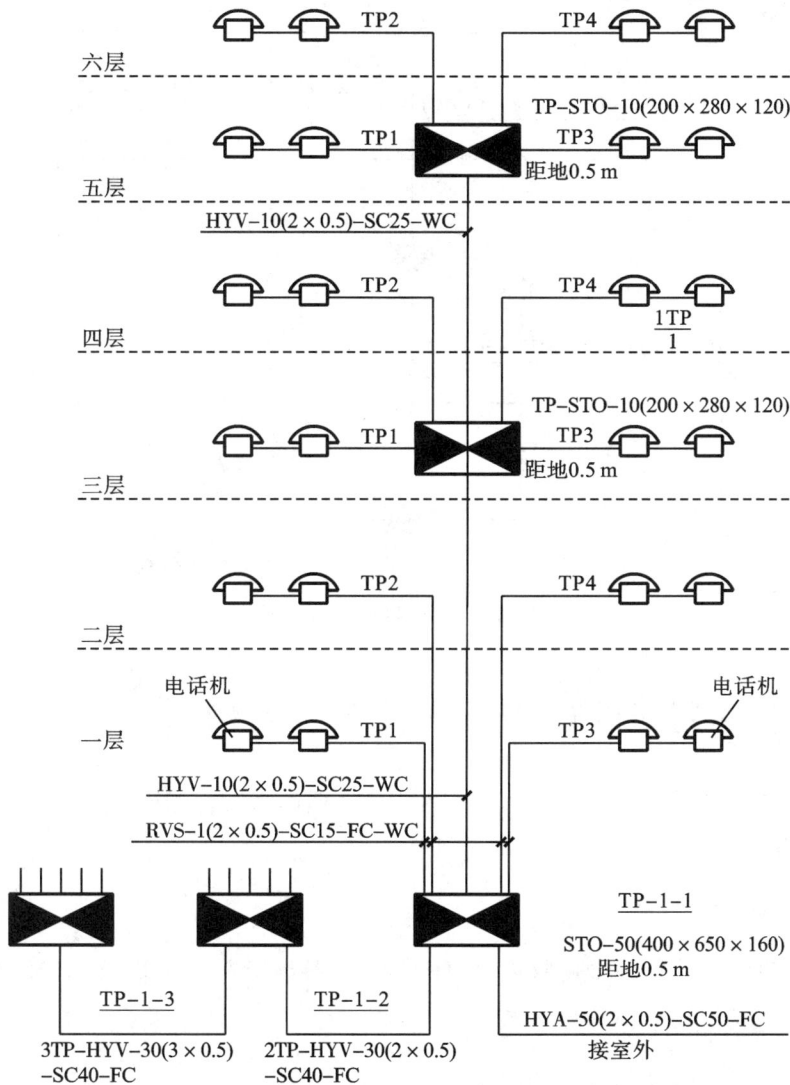

图 8-6 某住宅楼电话工程系统图

2. 综合楼电话工程图

综合楼电话工程图如图 8-7 所示。

本楼电话系统没有画出电缆进线,一层为 30 对线电话组线箱(STO-30)F-1,箱体尺寸为 400 mm×650 mm×160 mm。一层有 3 个电话出线口,箱左边线管内穿一对电话线,箱右边线管内穿两对电话线,到第一个电话出线口分出一对线,再向右边线管内穿剩下的一对电话线。二、三层各为 10 对线电话组线箱(STO-10)F-2、F-3,箱体尺寸为 200 mm×280 mm×120 mm。每层有 2 个电话出线口。电话组线箱之间使用 10 对线电话电缆,电缆线型号为 HYV-10(2×0.5),穿直径为 25 mm 的焊接钢管埋地,沿墙暗敷设(SC25-FC,WC)。到电话出线口的电话线均为 RVB 型并行线[RVB-(2×0.5)-SC15-FC],穿直径为 15 mm 的焊接钢管埋地敷设。

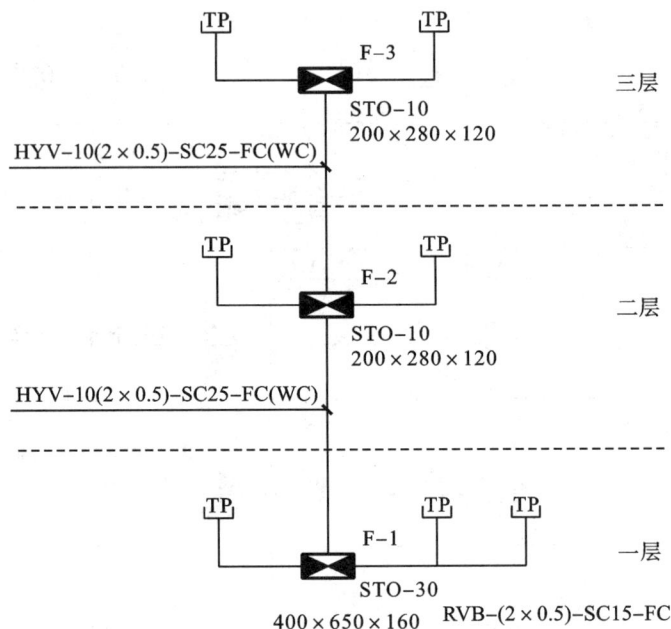

图 8-7 综合楼电话工程图

任务 8.4 共用天线电视系统及工程实例

共用天线电视系统是建筑弱电系统中应用最普遍的系统。国际上称共用天线电视系统为"community antenna television",缩写为 CATV。

8.4.1 系统组成

共用天线电视系统主要由接收天线、前端设备、传输分配网络以及用户终端组成,如图 8-8 所示。

1.接收天线

接收天线是为获得地面无线电视信号、调频广播信号、微波传输电视信号和卫星电视信号而设立的。对 C 波段微波和卫星电视信号大多采用抛物面天线,对 VHF、UHF 电视信号和调频信号大多采用引向天线(八木天线)。天线性能对系统传送的信号质量起着重要的作用,因此,常选用方向性强、增益高的天线,并将其架设在易于接收、干扰少、反射波少的高处。

(1)引向天线

引向天线为共用天线电视系统中最常用的天线,它由一个辐射器(有源振子或称馈电振子)和多个无源振子组成,所有振子互相平行并在同一平面上,结构如图 8-9 所示。在有源振子前的若干个无源振子,统称为引向器。在有源振子后的一个无源振子,称为反射振子或反射器。引向器的作用是增大对前方电波的灵敏度,其数量越多,越能提高增益,但数量也不宜过多,数量过多对天线增益的继续增加作用不大,反而使天线通频带变窄、输入阻抗降低,造成匹配困难。反射器的功能是减弱来自天线后方的干扰波,提高前方的灵敏度。

引向天线具有结构简单、质量小、架设容易、方向性好、增益高等优点,因此得到广泛应

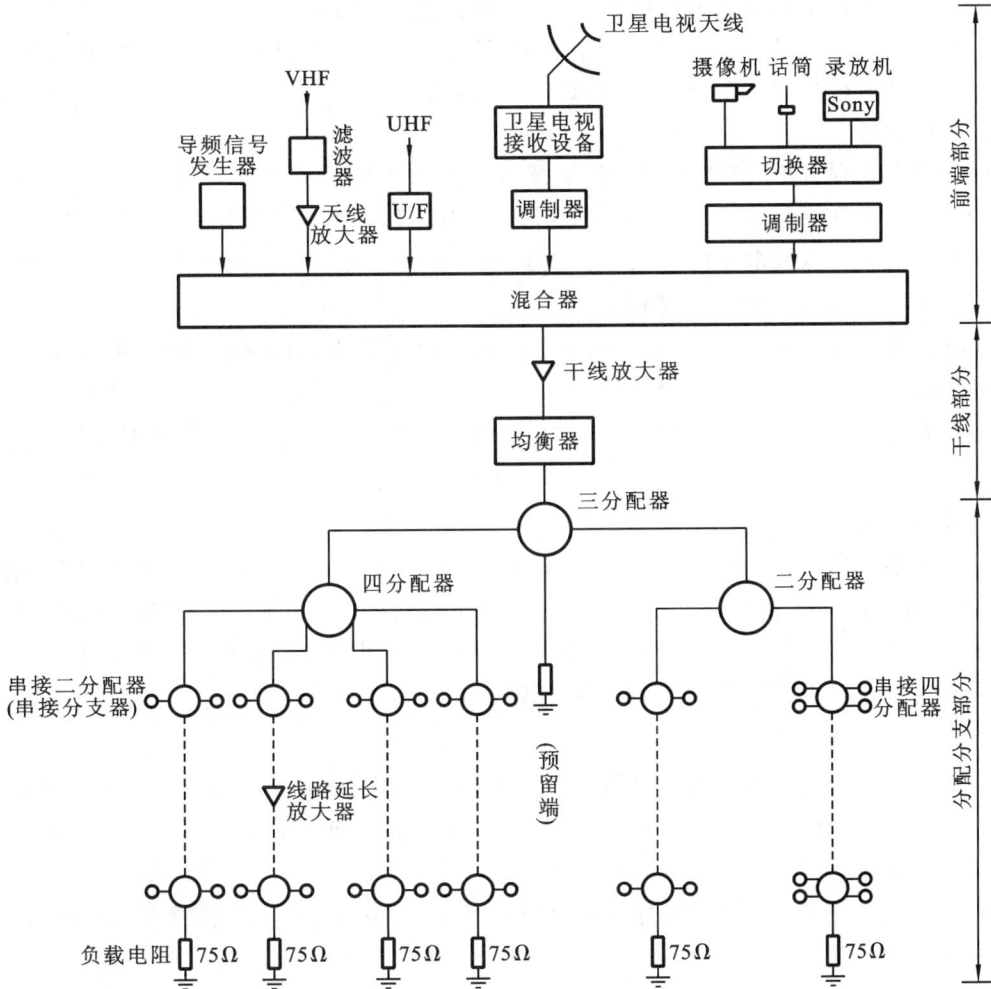

图 8-8 共用天线电视系统结构

用。引向天线可以做成单频道的,也可以做成多频道或全频道的。

(2)抛物面天线

抛物面天线是卫星电视广播地面站使用的设备,现在也有一些家庭使用小型抛物面天线。它一般由反射面、背架、馈源及支撑件 3 部分组成,结构如图 8-10 所示。

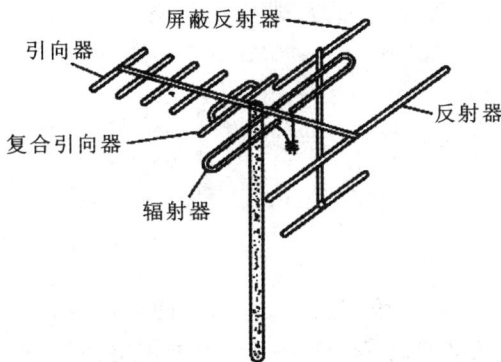

图 8-9 VHF 引向天线结构

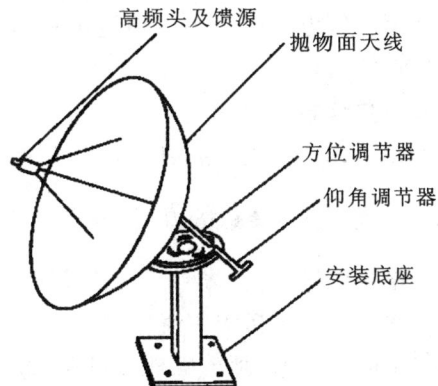

图 8-10 抛物面天线结构

卫星电视广播地面站用天线反射面板,一般分为 2 种形式,一种是板状面板,另一种是网状面板。对于 C 频段电视,2 种形式都可以满足要求。对于相同口径的抛物面天线,板状面板要比网状面板接收效果好,但网状面板防风能力强。

2. 前端设备

前端设备主要包括天线放大器、混合器、干线放大器等。天线放大器的作用是提高接收天线的输出电平和改善信噪比,以满足处于弱场强区和电视信号阴影区共用天线电视传输系统主干线放大器输入电平的要求。天线放大器有宽频带型和单频道型 2 种,通常安装在离接收天线 1.2 m 左右的天线竖杆上。

干线放大器安装于干线上,主要用于干线信号电平放大,以补偿干线电缆的损耗,增加信号的传输距离。

混合器是指将所接收的多路信号混合在一起,合成一路输送出去,而又不互相干扰的一种设备,使用它可以消除因不同天线接收同一信号而互相叠加所产生的重影现象。

3. 传输分配网络

分配网络分为有源及无源两类。无源分配网络只有分配器、分支器和传输电缆等无源器件,其可连接的用户较少。有源分配网络增加了线路放大器,因而其所接的用户数可以增多。分配器用于分配信号,将一路信号等分成几路。常见的有二分配器、三分配器、四分配器。分配器的输出端不能开路或短路,否则会造成输入端严重失配,还会影响到其他输出端。

分支器用于把干线信号取出一部分送到支线,它与分配器配合使用可组成各种各样的传输分配网络。在输入端加入信号时,主路输出端加上反向干扰信号,对主路输出无影响,所以分支器又称定向耦合器。

线路放大器是用于补偿传输过程中因用户增多、线路增长而引起信号损失的放大器,多采用全频道放大器。

在分配网络中,各元件之间均用馈线连接,它是信号传输的通路,分为主干线、干线、分支线等。主干线接在前端与传输分配网络之间,干线用于分配网络中信号的传输,分支线用于分配网络与用户终端的连接。现在馈线一般采用同轴电缆,同轴电缆由一根导线作芯线和外层屏蔽铜网组成,内外导体间填充绝缘材料,其导线规格是按填充绝缘材料的直径来划分的,如 7 mm、9 mm 等,外包塑料套。同轴电缆不能与有强电流的线路并行敷设,也不能靠近低频信号线路,如广播线和载波电话线等。

共用天线电视系统使用特性阻抗为 75 Ω 的同轴电缆,最常使用的有 SYV 型、SYFV 型、SDV 型、SYKY 型、SYDY 型等。

4. 用户终端

共用天线电视系统的用户终端是向用户提供电视信号的末端插孔。

8.4.2 有关 CATV 的几个概念

1. 电视频道

电视信号中包括图像信号(视频信号 V)和伴音信号(音频信号 A),两个信号合成为射频信号 RF。一个频道的电视节目要占用一定的频率范围,称频带。我国规定:一个频道的频带宽度为 8 MHz。

电视频道分为甚高频段(V 段)和超高频段(U 段)。V 段中又有低频段 VL 和高频段 VH。电视频道划分及频率范围见表 8-11。

表 8-11　电视频道划分及频率范围

序号	类别	代号	频道	频率范围/MHz
1	甚高频低频段	VL	1～3 4～5	48.5～72.5 76～92
2	甚高频高频段	VH	6～12	92～167
3	超高频段	U	13～24 25～68	470～566 606～958

2. 信号电平

电视信号在空间传播的强度,用场强表示;信号进入接收传输器件后变成电压信号,用信号电压表示。为了便于计算,在工程中用信号电平表示,单位是 dBμV,使用时只用 dB 表示。测量电视信号电平要用场强计。

我国规定的用户使用电平是 62～72 dB。电平低于 62 dB 时,图像会不清晰,有雪花状干扰,影响收看;电平高于 72 dB 时,电视机内部的失真变大,造成信号串台干扰,也无法正常收看。

3. 宽带放大器

电视信号要想进行传输,就要克服一路上的衰减,因此需要先把信号电平提高到一定水平,这就需要使用放大器,现在的信号是全频道信号,放大器的工作频率也要够宽,要能放大所有频道信号而不失真,这种放大器叫宽带放大器。放大器根据所处位置不同又分为主放大器和线路放大器。

放大器的参数有 2 个,一个是增益,一般为 20～40 dB;另一个是最高输出电平,一般为 90～120 dB。放在混合器后面,作为系统放大器的叫主放大器,放在每栋楼中,作为楼栋放大器的也叫线路放大器。

放大器使用的电源一般都放在前端设备箱中,也有挂在电杆上的防雨式放大器。有的放大器上有可调衰减器,可以调整输入信号强度。

4. 分配器

电视信号要分配给各用户,不能像接电灯一样把所有导线并联在一起,而要通过一定的器件进行分接,分配器就是这样一种器件。分配器把一个信号平均地分成几等份,传输到各支路中,有二分配器、三分配器、四分配器等。

信号在分配器上有衰减,衰减量是指一个支路接近 2 dB,也就是说二分配衰减接近 4 dB,三分配衰减接近 6 dB。把分配器反过来,出口当入口、入口当出口,也可以当作简单的混合器使用。

分配器有铝壳的,也有塑料壳的,铝壳的用插头连接,塑料壳的用螺钉压接。暗敷施工时,分配器放在顶层的天线箱里,一般用铝壳的。明敷施工时,分配器固定在墙上,在室外要加防雨盒。分配器入口端标有"IN",出口端标有"OUT"。

5. 分支器

分支器也是一种把信号分开的器件,与分配器不同的是,分支器串接在干线里,从干线上分出几个分支线路,干线还要继续传输。分支器有一分支器、二分支器、三分支器和四分支器等。

分支器外形与分配器相同,用铝壳,用插头连接,输入端标"IN",输出端标"OUT",分支端标"BRAN"。

信号通过分支器时有衰减,其衰减又分为接入损失和分支损失。接入损失(插入损失):它等于分支器主路输入端电平与主路输出端电平之差,一般为 0.3~4 dB。分支损失(耦合损失):它等于分支器主路输入端电平与支路输出端电平之差,一般为 7~35 dB。设计时可选用分支损失较大者用在系统始端,选用分支损失较小者用在系统末端,以使用户端的电平差别减小。接入损失与分支损失有着密切的关系:分支器接入损失越小,分支损失越大;接入损失越大,分支损失越小。

8.4.3 共用天线电视系统工程图

共用天线电视系统工程图主要包括电视系统图、电视平面图、安装大样图及必要的文字说明。系统图、平面图是编制造价和施工的主要依据。

一幢楼中信号分配可以使用分支器加用户终端盒,也可以使用分配器加串接单元盒,如图 8-11 所示。

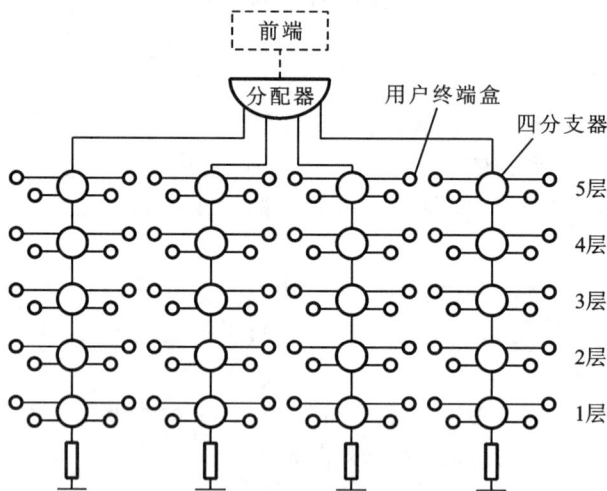

图 8-11 用户分配网络的两种形式

图中分配器的线路末端不能是空置的,要接一只 75 Ω 负载电阻,用来防止线路末端产生的反射波干扰。

系统施工中,用户线可以穿钢管暗敷,也可以用卡钉配线明敷,分配器和分支器装在楼梯间,前端箱装在顶层(有天线的或架空进线的)或装在底层(电缆埋地进线的)。

楼与楼之间的电缆可以埋地敷设,也可以用钢索布线的方式架空引入,架空引入时高度不应超过 6 m,架空引入时要装专用避雷器。

系统施工完成后,要进行验收,验收时要对用户输出端电平进行逐户测试,一般要求达到(67±5) dB。对用户端电视信号要用电视机抽检,要求达到图像质量 4 级以上标准。图像质量评价见表 8-12。

表 8-12 图像质量评价

图像等级	主观评价	图像质量
5	优	不能察觉干扰和杂波
4	良	可察觉,但不令人讨厌
3	中	明显察觉,稍令人讨厌
2	差	很显著,令人讨厌
1	劣	极显著,无法收看

共用天线电视系统工程图是共用天线电视系统安装施工和系统调试的主要依据和资料。图 8-12 为某建筑的共用天线电视系统工程图。从图中可以看出,该共用天线电视系统的系统干线选用 SYKV-75-9 型同轴电缆,穿直径为 25 mm 的水煤气管埋地引入,在三层处由二分配器分为两条分支线;分支线采用 SYKV-75-7 型同轴电缆,穿直径为 20 mm 的硬塑料管暗敷设。在每个楼层用四分支器将信号传输至用户端。

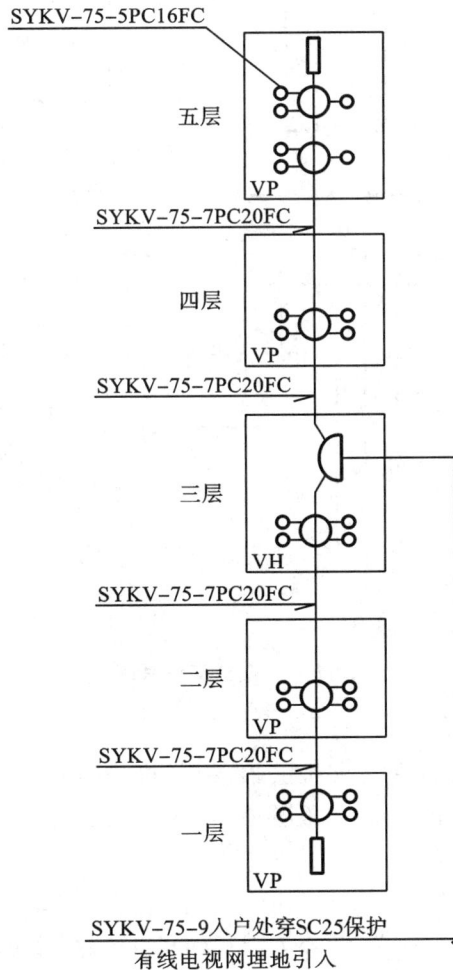

图 8-12 共用天线电视系统工程图

任务8.5　安全防范系统

现代建筑(商业、餐饮、娱乐、银行和办公楼)出入口多,人员流动大,因此安全防范管理极为重要。安全防范系统一般由安全管理系统和若干子系统组成,主要包括防盗安保系统、电视监控系统、楼宇对讲系统及停车场管理系统等。安全防范系统按系统集成度可分为集成式、组合式和分散式三种类型,设计时应保证系统的信息安全性,同时考虑系统的防破坏能力。

8.5.1　防盗安保系统

防盗安保系统是现代化管理、监视、控制的重要手段,有防盗报警器、电视监视器、电子门锁、巡更系统、对讲电话等,如图8-13所示。

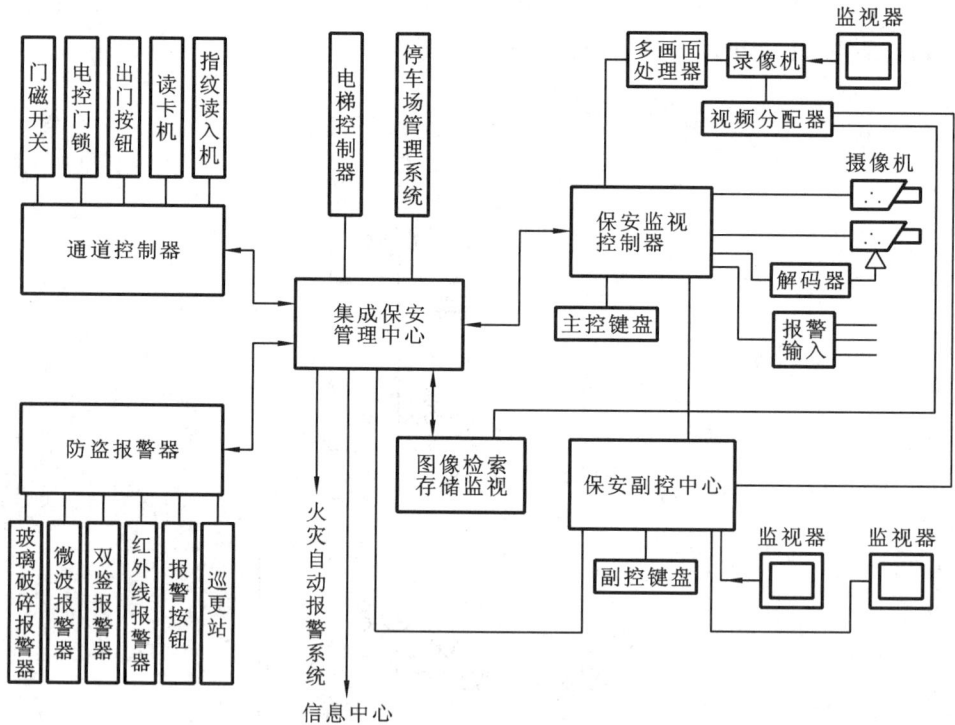

图8-13　防盗安保系统

1.防盗报警器

防盗安保系统主要的设备有防盗报警器、摄像机、监视器、电子门锁等。防盗报警器的种类很多,有红外线报警器、电磁式报警器、超声波报警器、微波报警器、玻璃破碎报警器等。

(1)红外线报警器

红外线报警器是利用不可见光(红外线)制成的防盗报警器,是非接触警戒型报警器,可昼夜监控。红外线报警器分为主动式和被动式两种。

主动式红外线报警器由发射器、接收器和信息处理器3个部分组成,是一种红外线光束截断型报警器。红外线发射器发射一束红外线光束,通过警戒区域,投射到对应定位的红外线接收器的敏感元件上,有人入侵时,红外线光被截断,接收器电路发出信号,信息处理器识别是不是有人入侵,发出声光报警,记录时间、显示部位等。

被动式红外线报警器不发射红外线光束,而是装有灵敏的红外线传感器,有人入侵时,人的身体发出的红外线被红外线传感器接收到,便立即报警,是一种室内型静默式防入侵报警器。

(2)电磁式报警器

电磁式报警器由报警传感器和报警控制器两部分组成。报警控制器有报警扬声器、报警显示、报警记录等内容,报警传感器主要由一只电磁开关、永久磁铁和干簧管继电器组成。干簧管触点闭合时正常,干簧管触点断开时报警。在报警器信号输入回路可以串接若干防盗传感器,传感器可以安装在门、窗、柜等部位。在报警状态时,若有人打开门或窗,则发出声光报警信号,显示被盗位置和被盗时间。

(3)超声波报警器

超声波报警器利用超声波来探测运动目标。若建筑物内安装有超声波报警器,发射器便向警戒区域发射超声波。有人入侵时,在人身上产生反射信号,使报警器得到信号,发出声光报警,显示部位,记录入侵时间。

(4)微波报警器

微波报警器是利用微波技术的报警器,相当于小型雷达装置,不受环境气候的影响。工作原理是报警器向入侵者发射微波,入侵者反射微波,被微波控制器接收,经分析后,判断是否有入侵,记录入侵时间、显示地点,发出声光报警。

(5)玻璃破碎报警器

玻璃破碎报警器是一种探测玻璃破碎时发出特殊声响的报警器,主要由探头和报警器两部分组成,探头设在被保护的场所附近(玻璃橱窗、玻璃窗等)。玻璃被敲碎后,探头将其特殊声响信号转化为电信号,经信号线传输给报警器,发出声响报警,提示安保人员采取防盗措施。

(6)双技术报警器

各种报警器都有优点,但也有不足,如超声波、红外线、微波 3 种单技术报警器因环境干扰及其他因素会出现误报警的情况。为了减少报警器的误报问题,人们提出互补双技术方法,即把两种不同探测原理的探测器结合起来,组成双技术报警器,又称双鉴报警器。

防盗报警系统的设置应符合国家有关标准和防护范围的风险等级及保护级别的要求。

2.防盗报警系统实例

图 8-14 为某大厦(9 层涉外商务办公楼)的防盗报警系统图。该设计根据大楼特点和安全要求,在 1 层各出入口各装置 1 个双鉴报警器(被动式红外线报警器、微波报警器),共装置 4 个双鉴报警器,对所有出入门的内侧进行保护。2 楼至 9 楼的每层走廊进出通道各配置 2 个双鉴报警器,共配置 16 个双鉴报警器;同时,每层各配置 4 个紧急按钮,共配置 32 个紧急按钮,其安装位置视办公室具体情况而定。

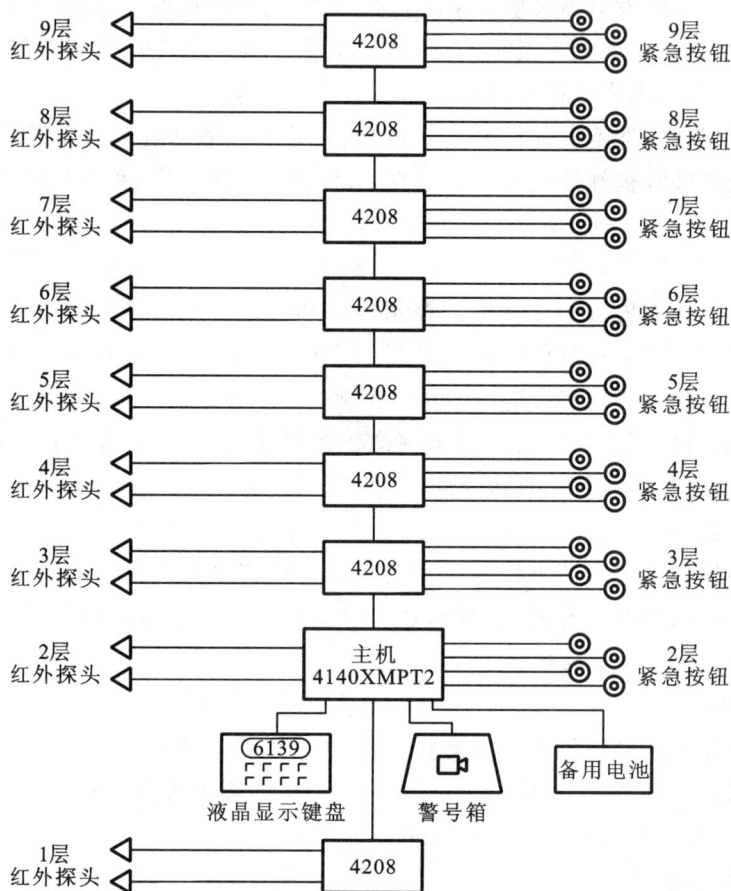

图 8-14 某大厦防盗报警系统图

8.5.2 电视监控系统

1. 系统组成

电视监控系统由摄像、传输、显示及控制四个部分组成。

(1)摄像部分

系统设置黑白及彩色 CCD 摄像机,对车库、底层各出入口、大堂、客房过道、电梯轿厢等处进行监视。摄像机根据监视目标及环境特点,采用彩色、黑白合理配置,一般首层各出口、大堂、走道等处采用彩色摄像机,其余可用黑白摄像机。

带电动云台摄像机安装方法见图 8-15。室内宜距地面 2.5～5 m,室外应距地面 3.5～10 m。在有吊顶的室内,解码箱可安装在吊顶内,但要在吊顶上预留检修口。从摄像机引出的电缆宜留有 1 m 余量,不得影响摄像机的转动。室外摄像机支架可用膨胀螺栓固定在墙上。

云台是监视系统中不可缺少的配套设备之一,它与摄像机的配合使用能扩大监视范围,提高摄像机的使用价值。云台的种类很多,有室外型和室内型,有手动固定式和遥控电动式等。电动式云台又可分为平摆式电动云台和全方位电动云台。

平摆式电动云台是以电动机为驱动,具有水平方向旋转能力的遥控电动云台,它能使安

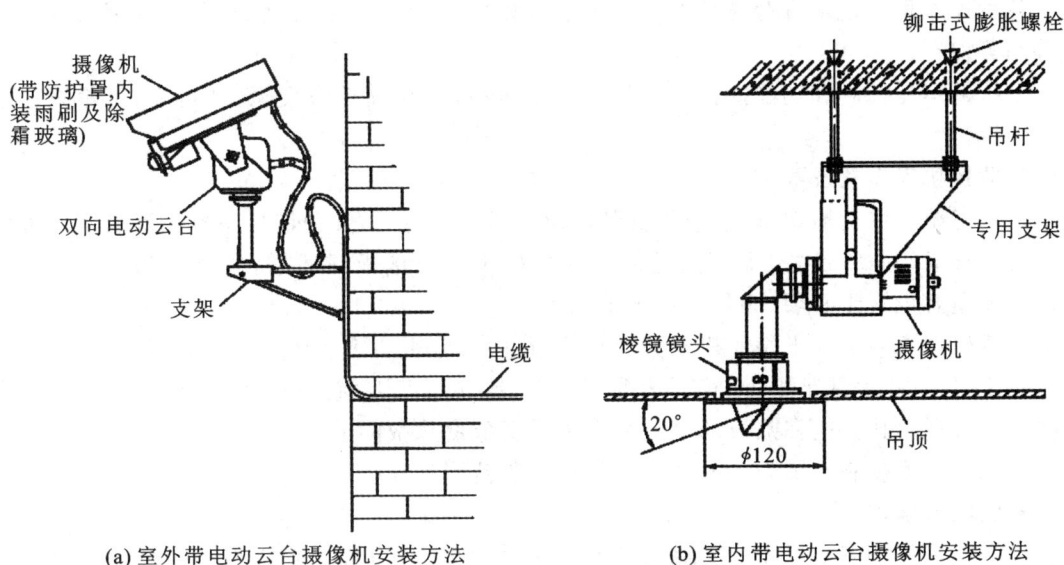

(a) 室外带电动云台摄像机安装方法　　　(b) 室内带电动云台摄像机安装方法

图 8-15　带电动云台摄像机安装方法

装在云台支架上的摄像机在预定的角度范围内进行录像或跟踪,水平方向的旋转角度可以通过机械限位预先设定,云台的垂直方向靠手工固定,在摄像机系统调试时按实际需要来调节固定。

(2)传输部分

系统采用同轴电缆传输视频信号、双绞电缆传输控制信号,视频、控制及电源线均采用线槽及管道敷设方式,电源与视频及控制电缆分管敷设。

(3)显示部分

摄像机的视频信号可分多路使用。一路监视重要目标同时录像:采用多画面处理器24 h录像机,在多幅画面中录下图像信号,同时使用黑白监视器或彩色监视器进行监视,以达到重要信号不丢失的目的。一路进行实时监视、录像:通过微机矩阵切换器从多幅图像信号中选择输出实时图像,轮流将多幅图像按设定时序,分别在多台彩色监视器上做实时监视显示,并配备 24 h 录像机进行实时录像。

(4)控制部分

控制系统采用微机功能模块结构,中心控制室中使用微机矩阵切换器对各监控点进行时序或手动切换和控制,根据本系统监视点数量,配置多路进、多路出的矩阵切换器。

2. 系统功能

微机控制器能进行编程,对整个系统中的活动监控点的云台及可变镜头实现各种动作的控制,对所有视频信号在指定的监视器上进行固定或时序的切换显示,视频图像上叠加摄像机序号、地址、时间等字符,电梯轿厢图像上叠加楼层显示。

系统使用多画面处理器可在一台录像机上记录多达 16 路视频信号,并可根据需要进行全屏及 16、9、4 画面回放。

系统配置报警输入、输出响应器以实现与防盗报警系统的联动,矩阵切换器编程后能对报警触点信号做出相应响应,自动把报警点处相应的摄像机图像信号切换到指定监视器上,使录像机长时间对其进行录像。

各种操作程序设定有存储功能。电源中断关机时,所有编程设置、摄像机序号、时间、地址等均可保存。

系统的运行控制和功能操作均在控制台上进行,操作简单方便,灵活可靠,可根据需要另设分控。

3. 监控机房布置及要求

监控室统一供给摄像机、监视机及其他设备所需的电源,并由监控室操作通断。监控室应配有内外通信联络设备(如直线电话一部),提供架空地板或线槽,提供不间断的稳压电源。监控室宜设置于底层,面积不小于 12 m²。

设备机架安装竖直平稳。机架侧面与墙、背面与墙距离不小于 0.8 m,以便于检修。设备安装于机架内,保证牢固、端正。电缆从机架、操作台底部引入,应顺着所盘方向理直,引入机架时成捆绑扎。应在敷设的电缆两端留适度余量并做标记。

监控室温度控制范围为 16～28 ℃,湿度控制范围为 30%～50%。

4. 供电与接地

电视监控系统应由可靠的交流电源回路单独供电,配电设备应设有明显标志。供电电源采用 AC220 V、50 Hz 的单相交流电源。

整个系统宜采用一点接地方式,接地母线应采用铜质线,接地电阻不得大于 4 Ω。系统采用综合接地时,其接地电阻不得大于 1 Ω。

5. 系统管线敷设

管线的敷设要避开强电磁场干扰,从每台摄像机附近吊顶排管经弱电线槽到弱井,再引到电视监控机房地槽。电源线(AC220 V)与信号线、控制线分开敷设。尽可能避免视频电缆的续接。电缆续接时采用专用接插件,并做好防潮处理。电缆的弯曲半径宜大于电缆直径的 1.5 倍。

6. 出入口控制

出入口控制系统使用 IC 卡结合监控电视(CCTV)摄像机进行出入个人身份鉴别和管理。

8.5.3 楼宇对讲系统

楼宇对讲系统由各单元口的防盗门、小区总控中心的管理员总机、楼宇出入口的对讲主机、电控锁、闭门器及用户家中的对讲分机通过专用网络组成,在同一网络中包含住宅入口、住户及保安人员三面的通信,它与防盗监控系统配合,满足了当今人们对住宅的安全与通信需求。

1. 楼宇对讲系统的功能

楼宇对讲系统采用单片机编程技术、双工对讲技术、CCD 摄像及视频显像技术实现访客识别电信息管理,通常可以分为单对讲型和可视对讲型两种类型。

平时,楼门总处于闭锁状态,本楼内住户可以用钥匙或密码开门自由出入。有客人来访时,客人需要在楼门外的对讲主机键盘上按出被访住户的房间号,呼叫被访住户的对讲分机,接通后与被访住户进行双向通话或可视通话。通过对话或图像确认来访者的身份后,住户允许来访者进入,就用对讲分机上的开锁按键打开控制大楼入口门上的电控门锁,来访客人便可进入楼内。来访客人进入后,楼门自动闭锁。

住宅小区物业管理部门通过小区对讲管理主机,可以对小区内各住宅楼宇对讲系统的工作情况进行监视。如有住宅楼入口门被非法打开、对讲系统出现故障，小区对讲管理主机会发出报警信号和显示报警的内容及地点。

2. 单对讲系统

单对讲系统是指来访客人与住户双向通话，住户遥控防盗门的开关及向保安管理中心进行紧急报警的一种安全防范系统。从国内功能需求与价格定位出发，单对讲型系统应用最普遍，适用于单元式公寓、高层住宅楼和居住小区等。它由对讲系统、控制系统和电控防盗安全门及电源箱组成。

（1）对讲系统

对讲系统主要由传声器、语言放大器及振铃电路等组成，要求对讲语言清晰、信噪比高、失真度低。

（2）控制系统

控制系统一般采用总线制传输、数字编码解码方式控制，只要访客按下户主的代码（房号），对应的户主摘机就可以与访客通话并决定是否打开防盗安全门。户主可以凭电磁钥匙出入该单元大门。

（3）电控防盗安全门

对讲系统用的电控防盗安全门是在一般防盗安全门的基础上加上电控锁、闭门器等构件。若需打开防盗安全门，户主可通过分机的开锁键遥控防盗门电控门锁开锁。客人进入大门后，闭门器使大门自动关闭并锁好。

（4）电源箱

电源箱是提供对讲电控门、防盗门的主机、分机、电控锁等各部分电源的装置。

直通式楼宇防盗对讲系统价格低廉，颇受居民欢迎，如 JB-200Ⅱ型楼宇防盗对讲系统就属于该类型。ML-1000A 型是一种双向对讲数字式大楼管理系统，其系统功能特点如下。

①整个系统具有两个通话频道，可以允许两路双向对讲同时进行。

②住户可以选择加接住户门口门铃按键，使可通过主机发出的两种音乐声区别来访者的位置。

③每个住户可以摘机呼叫管理员与其双向对讲，也可通过管理员转接以达到与系统内任意住户双向对讲。

④来访者可以通过按管理员键呼叫管理员，也可以按拜访的住户房号呼叫住户。住户摘机后可以按开锁键打开电控锁。门口机具有密码系统，还设有按错密码 3 次转接管理员主机的功能，防止误撞。

⑤该系统可安装两个标准型门口机。

3. 可视对讲系统

可视对讲系统在单对讲系统的基础上增加了一部微型摄像机，安装在大门入口处附近，用户终端设一部监视器，这样除了对讲功能外，还具有视频信号传输功能，使户主在通话时可同时观察来访者的情况。

可视对讲室内分机可配置报警控制器并连接到住宅区管理机上，管理机与计算机连接，运行专门的安全管理软件，可随时在电子地图上直观地看出报警发生的具体位置、报警住户资料等，便于小区物业管理人员或安保人员采取相应措施。

可视对讲系统主要具有以下功能：

①通过观察监视器上来访者的图像,可判断是否允许来访者进入;

②按下呼出键,即使没人拿起听筒,屋里的人也可以听到来客的声音;

③按下"电子门锁打开按钮",门锁可以自动打开;

④按下"监视按钮",即使不拿起听筒,也可以监听和监视来访者长达 30 s,而来访者却听不到屋里的任何声音;再按一次即可解除监视状态。

4. 楼宇对讲系统图

楼宇对讲系统为住户提供安全、舒适的生活环境,是现代化住宅小区智能化施工的重要内容。图 8-16 所示为某高层住宅楼楼宇可视对讲系统图。

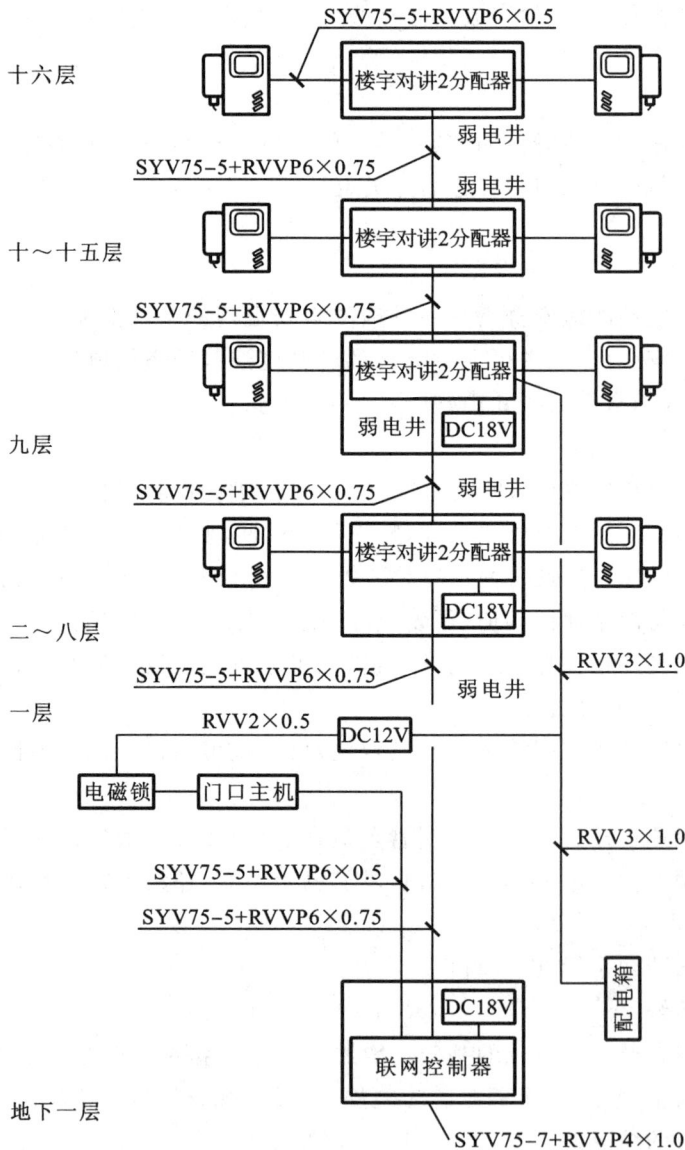

图 8-16 某高层住宅楼楼宇可视对讲系统图

通过识读系统图可以知道,该楼宇对讲系统为联网型可视对讲系统。每个用户室内设置一台可视电话分机,单元楼梯口设一台带门禁编码式可视梯口机。住户可以通过智能卡和密码开启单元门。访客可通过门口主机实现在楼梯口与住户的呼叫对讲。楼梯间设备采用就近供电方式,由单元配电箱引一路 220 V 电源至梯间箱,实现对每楼层楼宇对讲 2 分配器及室内可视分机供电。从图中还可得知,视频信号线型号分别为 SYV75-5＋RVVP6×0.75 和 SYV75-5＋RVVP6×0.5,楼梯间电源线型号分别为 RVV3×1.0 和 RVV2×0.5。

8.5.4　停车场管理系统

1. 系统组成及功能

停车场管理系统由计算机、车牌摄像机、信息显示屏、读卡机、车辆感应器、场内车位及车辆行驶路径引导指示等设备设施组成。

停车场管理系统包括对车库的车辆通行道口实施出入控制、监视、行车信号指示、停车计费及汽车防盗报警等综合管理。根据安全防范管理的需要,设计功能如下:入口处车位显示,出入口及场内通道的行车指示,车辆出入识别、比对、控制,车辆和车型的自动识别,自动控制出入挡车器,自动计费与收费金额显示,多个出入口的联网与监控管理,停车场整体收费的统计与管理,分层的车辆统计与在位车显示,意外情况发生时向外报警。

系统可独立运行,也可与安全防范系统的出入口控制系统联合设置。停车场内可设置独立的视频安防监控系统,并与停车场管理系统联动。停车场管理系统也可与安全防范系统的视频安防监控系统联动。

独立运行的停车场管理系统应能与安全防范系统的安全管理系统联网,并满足安全管理系统对该系统管理的相关要求。

2. 工作过程

停车场管理系统的工作过程如下。

①车辆进停车场前,通过信息显示屏,在车位还有空余的情况下,驾驶人将停车卡经读卡机检验后,入口处的电动栏杆自动升起放行,在车辆驶过复位环形线圈感应器后,栏杆自动归位。

②在车辆驶入时,摄像机将车牌号码摄入并送到车牌图像识别器,转换成入场车辆的车牌数据并与停车卡数据(卡的类型、编号、进库时间)一起存入系统的计算机内。

③进场车辆在指示灯的引导下,停入规定位置,这时车位检测器输出信号,管理中心的显示屏上立即显示该车位已被占用的信息。

④车辆离场时,汽车驶进出口,驾车人持卡经读卡机识读,此时,卡号、出库时间以及出口车牌摄像机摄取并经车牌图像识别器输出的数据一起送入系统的计算机内,进行核对与计费,然后从停车卡存储金额中扣除。

⑤出口电动栏杆升起放行,车出库后,栏杆放下,车库停车数减 1,入口处信息显示屏显示状态刷新一次。

3. 停车场管理设备安装

(1)读卡机(IC 卡机、磁卡机、出票读卡机、验卡票机)与挡车器安装

①安装应平整、牢固,与水平面垂直,不得倾斜。

②读卡机与挡车器的中心间距应符合设计要求或产品使用要求。

③宜安装在室内,安装在室外时应考虑防水及防撞措施。

(2)感应线圈安装

①感应线圈埋设位置与埋设深度应符合设计要求或产品使用要求。

②感应线圈至机箱处的线缆应采用金属管保护,并固定牢固。

（3）信号指示器安装

①车位状况信号指示器应安装在车道出入口的明显位置。

②车位状况信号指示器宜安装在室内；安装在室外时，应考虑防水措施。

③车位引导显示器应安装在车道中央上方，便于识别与引导。

任务 8.6　综合布线系统

综合布线系统是开放式网络拓扑结构，支持建筑物内以及建筑群之间的信息传递。它能使建筑物内以及建筑群之间的语音设备、数据通信设备、信息交换设备、建筑物物业管理设备和建筑物自动化管理设备等各系统相连，也能使建筑物内的信息传输设备与外部的信息传输网络相连。

8.6.1　综合布线系统概述

1.综合布线系统的发展

综合布线系统主要是将建筑物中的 CNS 通信网络系统（communication networks system）、OAS 办公自动化系统（office automation system）、BAS 建筑设备监控系统（building automation system）、SAS 安全防范系统（security automation system）（也可包含消防系统）、FAS 消防自动化系统（fire automation system）、BMS 建筑物管理系统（building management system）、MAS 大厦管理自动化系统（management automation system）等各单系统所需连接的线一起统筹考虑，进行综合布置连线。

综合布线系统是一个模块化、灵活性极高的建筑物或建筑群内的信息传输系统，是建筑物内的"信息高速公路"。它既可使语音、数据、图像通信设备和交换设备与其他信息管理系统彼此相连，又可使这些设备与外部通信网络连接。它包括建筑物到外部网络或电信局线路上的连接点，与工作区的语音或数据终端之间的所有电缆及相关联的布线部件。综合布线系统分层星形拓扑结构示意图如图 8-17 所示。

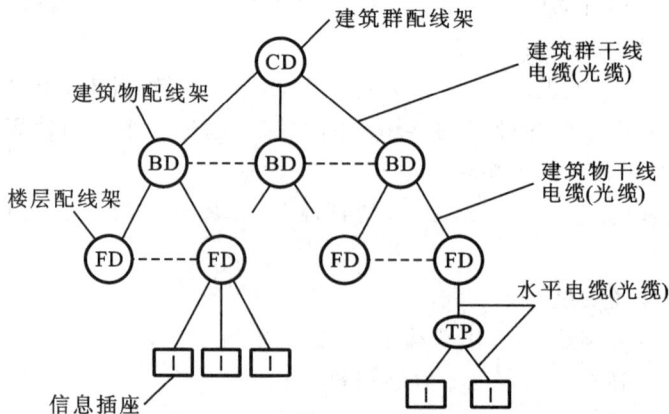

图 8-17　综合布线系统分层星形拓扑结构

2.综台布线系统的特点

综合布线系统的特点是"设备与线路无关"。也就是说，在综合布线系统上，设备可以进行更换与添加，但是设备之间的连线可以不进行更换与添加，具体表现在它的兼容性、开放性、灵活性、可靠性和经济性等方面。①兼容性。它自身是完全独立的,与应用系统无关,可以适用于多种应用系统。②开放性。符合国际标准的设备都能连接,不需要重新布线。③灵活性。综合布线采用标准的传输线缆和相关连接硬件,模块化设计。因此,所有通道都是通用的,均可以连接不同的设备。④可靠性。综合布线采用高品质的材料和组合压接的方式,构成一套高标准信息传输通道,而且每条通道都要采用仪器进行综合测试,以保证其电气性能。⑤经济性。综合布线在经济方面比传统的布线方式有优越性,随着时间的推移,综合布线是不断增值的,而传统的布线方式是不断减值的。

8.6.2 综合布线系统的结构

综合布线系统采用模块化结构,所以又称为结构化综合布线系统。它消除了传统信息传输系统在物理结构上的差别,不仅能传输语音、数据、视频信号,还支持传输其他弱电信号,如空调自控、给排水设备的传感器、子母钟、电梯运行、监控电视、防盗报警、消防报警、公共广播、传呼对讲等信号,成为建筑物的综合弱电平台。它选择了安全性和互换性最佳的星形结构作为基本结构,将整个弱电布线平台划分为6个基本组成部分,通过多层次的管理和跳接线,实现各种弱电通信系统对传输线路结构的要求,结构示意图见图8-18。

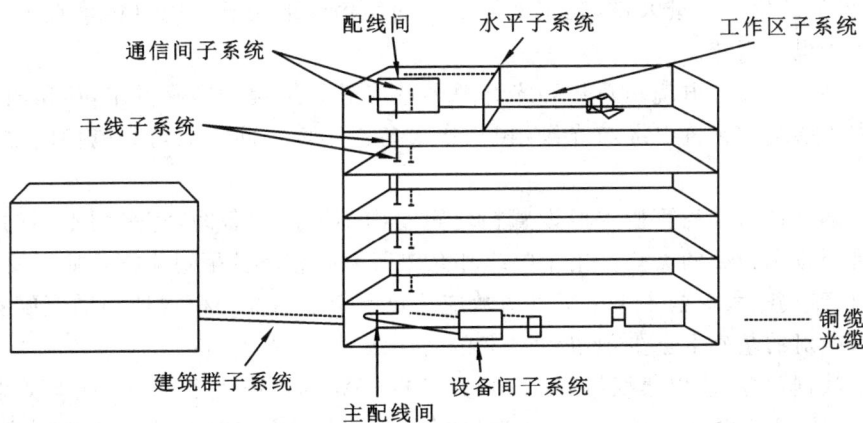

图 8-18 综合布线系统结构示意图

综合布线系统的每个基本组成部分均可视为相对独立的一个子系统,更改其中任一子系统不会影响到其他子系统。这6个子系统如下所示。

1. 工作区子系统

(1)工作区子系统的基本概念

一个独立的需要设置终端设备(TE)的区域宜划分为一个工作区。工作区应由配线子系统的信息插座模块(TO)延伸到终端设备处的连接缆线及适配器组成。

工作区子系统位于建筑物内、水平范围、个人办公的区域内,也称为终端连接系统,它将用户的通信设备(电话、计算机、传真机等)连接到综合布线系统的信息插座上。在综合布线系统中,一个信息插座称为一个信息点。信息点是综合布线系统中一个比较重要的概念,它是数据统计的基础。一个信息点就是一根水平非屏蔽双绞电缆(UTP)。

(2)信息插座

信息插座是终端设备与水平子系统连接的接口,它是工作区子系统与水平布线子系统之间的分界点,也是连接点、管理点,也称为I/O口或通信接线盒,常用的是RJ-45插座。信息插座的数量一般为 6~10 m² 配置一个。

(3)工作区线缆

工作区线缆也就是连接插座与终端设备的电缆,也称组合跳线,它是在非屏蔽双绞线(UTP)的两端安装上模块化插头(RJ-45 型水晶头)制成的。活动场合采用多芯 UTP,固定场合采用单芯 UTP。

(4)工作区适配器的选用应符合下列规定

①设备的连接插座应与连接电缆的插头匹配,不同的插座与插头之间应加装适配器。②在连接使用信号的数模转换,光、电转换,数据传输速率转换等相应的装置时,采用适配器。③对于网络规程的兼容,采用协议转换适配器。④各种不同的终端设备或适配器均安装在工作区的适当位置,应考虑现场的电源与接地。

2.干线子系统

(1)干线子系统的基本概念

干线子系统应由设备间至电信间的干线电缆和光缆、安装在设备间的建筑物配线设备(BD)及设备线缆和跳线组成。它是综合布线系统的主干,一般在大楼的弱电井内,平面位置位于大楼的中部,它将每层楼的通信间与本大楼的设备连接起来,负责将大楼的信号传出,同时将外界的信号传进大楼,起到上传下达的作用。干线子系统也称垂直子系统、主干子系统或骨干电缆系统。

干线子系统所需的电缆总对数和光纤总芯数应满足工程的实际要求,应留有适当的备份容量。主干线缆宜设置电缆与光缆,相互作为备份路由。同一层若干电信间之间宜设置干线路由。

如果电话交换机和计算机主机设置在建筑物内不同的设备间,宜采用不同的主干缆线来分别满足语音和数据的需要。主干电缆和光缆所需的容量及配置应符合如下要求。

①对语音业务,大对数主干电缆的对数应按每一个电话 8 为模块通用插座配置 1 对线,并在总需求线对的基础上至少预留约 10% 的备用线对。

②对于数据业务,应以集线器(HUB)、交换机(SW)群(按 4 个 HUB 或 SW 组成 1 群)或以每个 HUB、SW 设备设置 1 个主干端口配置。每 1 群网络设备或每 4 个网络设备宜考虑 1 个备份端口。主干端口为电端口时,应按 4 对线容量;为光端口时,应按 2 芯光纤容量配置。

③工作区至电信间的水平光缆延伸至设备间的光配线设备时,主干光缆的容量应包括延伸的水平光缆光纤的容量。

(2)干线子系统布线的线缆类型

干线子系统硬件主要有大对数铜缆或光缆,起到主干传输作用,同时承受高速数据传输的任务,因此,也要有很高的传输性能,应达到相应的国际标准要求。

大对数铜缆是以 25 对为基数进行增加的,分别是 25 对、50 对、75 对、100 对等多种规格,类型上分为 3 类和 5 类 2 种。在大对数铜缆中,每 25 对线为一束,每束为一个独立单元,不论此根铜缆有多少束,都认为束是相对独立的,不同功能的线对不能在同一束电缆中,以避免相互干扰,但可在同一根铜缆的不同束中。

大对数铜缆的传输距离如下:带宽大于 5 MHz 时,只考虑系统在收发之间不超过 100 m 的最高上线;带宽小于 5 MHz 时,最长可达到 800 m。

光缆应采用 62.5/125 μm 多模光纤,干线光缆一般选择六芯多模光缆,传输距离一般是

2000 m。

3. 水平子系统

（1）水平子系统的基本概念

水平子系统位于一个平面上，由建筑物楼层平面范围内的信息传输介质，如四对非屏蔽双绞电缆（UTP）铜缆或光缆组成，也称为水平配线系统。它的特点是水平布线 UTP 的一端连接在信息插座上，另一端集中到一个固定位置的通信间内。

水平子系统是综合布线结构中重要的一部分，它是向一楼层所有水平布线的一个集合，是工作区子系统和通信间子系统之间的连接桥梁。它与整栋建筑的布线设计有关且不易改变，因此，它的设置成功与否和综合布线系统的设计成功与否有极大的关系。

水平子系统是一个星形结构，通信间是这个星形结构的"中心位"，各信息插座是"星位"。

（2）水平子系统布线的线缆类型

水平子系统布线线缆类型常用的有：4 对 100 Ω 非屏蔽双绞线电缆（UTP）、4 对 100 Ω 屏蔽双绞线电缆（STP）、62.5/125 μm 多模光纤线缆（多模光缆）。水平子系统应用 62.5/125 μm 多模光纤线缆时，就是俗称的光纤到桌。

（3）水平子系统的布线距离

水平子系统对布线的距离有着较严格的限制，它的最大距离不超过 90 m。要明确的是，90 m 的水平布线距离是指信息插座到通信间配线架的距离，不包括两端与设备相连的设备连线的距离，因为设备生产厂家提供的保证是收发 100 m 以内，线缆能达到标准所规定的传输技术参数要求。

水平子系统的布线可以采用预埋在本楼层的顶棚内配管或在吊顶内明配管，也可以采用在地面预埋管或地面线槽布线等方式。

4. 建筑群子系统

建筑群子系统应由连接多个建筑物的主干电缆和光缆、建筑群配线设备（CD）及设备缆线和跳线组成。建筑群子系统用来连接分散的楼群，主要负责建筑群中楼与楼之间的相互通信及建筑物、建筑群对外的通信工作。建筑群配线设备安装应符合下列规定。

①CD 宜安装在进线间或设备间，可与入口设施或建筑群配线设备（BD）合用场地。

②CD 配线设备内、外侧的容量应与建筑物内连接 BD 配线设备的建筑群主干线容量及建筑物外部引入的建筑群主干缆线容量一致。

现代的建筑群子系统主要使用六芯多模光纤。

5. 设备间子系统

设备间是在每幢建筑物的适当地点进行网络管理和信息交换的场所。对于综合布线系统工程设计，设备间主要安装建筑物配线设备。电话交换机、计算机主机设备及入口设施也可与配线设备安装在一起。

设备间子系统也称为设备间或主配线终端，位于大楼的中心位置，是综合布线系统的管理中心，它负责大楼内外信息的交流与管理。设备间子系统和通信间子系统在综合布线系统中的功能相同，只是在层次、环境、面积等方面有区别，也可以认为通信间是设备间的简单化、小型化。通信间负责本楼层信息点的管理；设备间是综合布线系统的总控中心、总机房，也是大楼对外进行信息交换的中心枢纽。但是，设备间的设备特指的是一些综合布线的连接硬件,如配线架、网络服务器、路由器、网络交换机、消防控制、监控设备等。

在设备间安装的 BD 配线设备干线侧容量应与主干缆线的容量一致。设备侧的容量应与设备端口容量一致或与干线侧配线设备容量相同。

BD 配线设备与电话交换机及计算机网络设备的连接方式应符合下列规定。

(1)电话交换配线连接方式

电话交换配线连接方式应符合图 8-19 的要求。

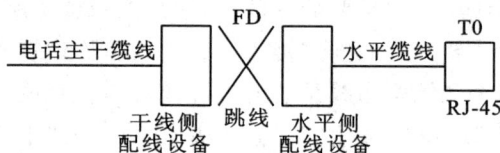

图 8-19　电话交换配线连接方式

(2)计算机网络设备连接方式

①经跳线连接应符合图 8-20 的要求。

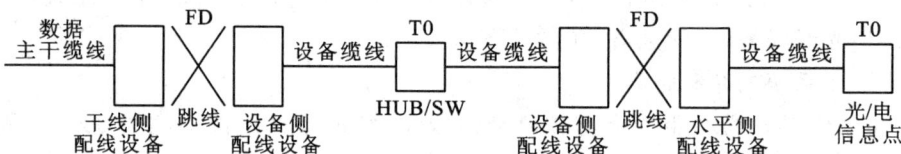

图 8-20　数据系统连接方式(经跳线连接)

②经设备缆线连接方式应符合图 8-21 的要求。

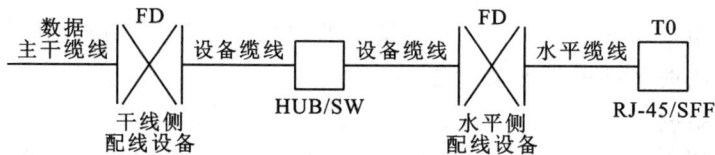

图 8-21　数据系统连接方式(经设备缆线连接)

6.通信间子系统

(1)通信间子系统的基本概念

通信间子系统简称为通信间,也称为楼层管理间、通信配线间,位于大楼的每一层且在相同的位置,上下有一垂直的通道将它们相连。一般通信间就在本楼层的弱电井内或相邻的房间内,它负责管理所在楼层信息插座(信息点)的使用情况。

(2)通信间子系统的硬件

通信间子系统由配线架及相关安装部件组成。配线架主要对信息点的使用、停用、转移等进行管理,也起到将各信息点连接到网络设备的作用,是综合布线系统的一个管理点。

铜缆的配线架连接方式有 2 种,即夹接式连接板(IDC)方式和插座面板(RJ-45)连接方式。夹接式(IDC)的配线架都是以 25 对为一行。例如,300 对的配线架为 12 行组成,由专用的配线架操作工具将线进行夹接。插座面板(RJ-45)式是将线连接在 RJ-45 型水晶头上,进行插接,多用在机架上,一行(45 mm 空间)可安排 24 个插座。

光纤的配线架是面板插座式,连接方式是用光纤连接器,常用的光纤连接器是用户连接器(SC)和直尖连接器(ST)。

习　题　8

1. 填空题或选择填空题

(1)电话系统的常用电缆型号有(　　)和(　　),常用电话线型号有(　　)和(　　)。

(2)电视系统应用的同轴电缆特性阻抗为(　　)Ω。(A.50　B.65　C.70　D.75)

(3)电视系统常用的同轴电缆型号有(　　)、(　　)和(　　)。

(4)在综合布线系统中,水平子系统对布线的距离有着较严格的距离限制,它的最大距离不超过(　　)m。(A.50　B.70　C.90　D.110)

(5)常用的光纤连接器是(　　)和(　　)。

(6)在综合布线系统中,常用的信息插座是(　　)插座。

(7)在综合布线系统中,铜缆的配线架连接方式有 2 种,分别是(　　)方式和插座面板(RJ-45)连接方式。

(8)在走廊、门厅及公共活动场所的背景音乐、业务广播,宜选用(　　)的扬声器。(A. 1～2 W　B.3～5 W　C.6～7 W　D.8～10 W)

2. 简答题

(1)共用天线及有线电视系统中,分配器的作用是什么?其信号衰减量有什么特点?

(2)分支器的作用是什么?其接入损失、分支损失各指什么?两者有什么特点?在系统配线的末端使用什么损失的分支器(大或小)?

(3)有线电视系统为什么只用系统图就可以实现工程量的统计?

(4)防盗安保系统中的防盗报警器有哪几种?

(5)电视监控系统中的云台起什么作用?管线敷设有什么要求?

(6)访客对讲系统的单对讲系统由哪几部分组成?一般有哪几种功能的导线?

(7)综台布线系统的特点是什么?

(8)综合布线系统分成哪几个子系统?

(9)综合布线系统中的大对数铜缆是以多少对为基数进行增加的?

(10)主干子系统采用的线缆主要有哪几种?UTP、STP 各指什么?

参 考 文 献

[1] 低压配电设计规范(GB 50054—2011)[S].北京:中国计划出版社,2012.

[2] 建筑物防雷设计规范(GB 50057—2010)[S].北京:中国计划出版社,2011.

[3] 供配电系统设计规范(GB 50052—2009)[S].北京:中国计划出版社,2010.

[4] 交流电气装置的接地设计规范(GB/T 50065—2011)[S].北京:中国计划出版社,2012.

[5] 35 kV~110 kV 变电站设计规范(GB 50059—2011)[S].北京:中国计划出版社,2012.

[6] 杨光臣.建筑电气工程施工[M].3 版.重庆:重庆大学出版社,2012.

[7] 赵宏家.电气工程识图与施工工艺[M].2 版.重庆:重庆大学出版社,2006.

[8] 陈思荣,赵岐华.建筑设备与识图[M].北京:冶金工业出版社,2010.

[9] 侯志伟.建筑电气识图与工程实例[M].北京:中国电力出版社,2007.

[10] 刘昌明,鲍东杰等.建筑设备工程[M].武汉:武汉理工大学出版社,2012.

[11] 朱栋华.建筑电气工程图识图方法与实例[M].北京:中国水利水电出版社,2005.

[12] 江缉光,刘秀成.电路原理[M].2 版.北京:清华大学出版社,2007.

[13] 吴雪琴.电工技术[M].3 版.北京:北京理工大学出版社,2013.

[14] 刘国林.电工学[M].北京:高等教育出版社,2007.

[15] 中国建筑标准设计研究所.建筑电气工程设计常用图形和文字符号[M].北京:中国建筑工业出版社,2001.

[16] 重庆市建设委员会.全国统一安装工程预算定额[M].重庆:重庆出版社,2000.

[17] 栾海明.建筑电气工程快速识图[M].北京:中国铁道出版社,2012.

[18] 夏国明.建筑电气工程图识读[M].北京:机械工业出版社,2010.